石油化工职业技能培训教材

化学水处理工

中国石油化工集团公司人事部
中国石油天然气集团公司人事服务中心　编

中国石化出版社

内 容 提 要

　　《化学水处理工》为《石油化工职业技能培训教材》系列之一，涵盖石油化工生产人员《石油石化职业资格等级标准》中对该工种初级工、中级工、高级工、技师四个级别的专业理论知识和操作技能的要求。主要内容包括水的预处理、膜法处理、离子交换处理、冷凝水回收处理和炉内水处理五种水处理方法的工艺原理、工艺操作、设备使用与维护、事故判断与处理等知识。

　　本书是化学水处理装置操作人员进行职业技能培训的必备教材，也可作为专业技术人员的参考书。

图书在版编目（CIP）数据

　　化学水处理工/中国石油化工集团公司人事部，中国
石油天然气集团公司人事服务中心编 . —北京：中国石化
出版社，2009（2023.3 重印）
　　石油化工职业技能培训教材
　　ISBN 978-7-5114-0151-9

　　Ⅰ. 化… Ⅱ. ①中…②中… Ⅲ. 水处理：化学处理-技
术培训-教材 Ⅳ. TQ085

　　中国版本图书馆 CIP 数据核字（2009）第 199504 号

中国石化出版社出版发行

地址：北京市东城区安定门外大街 58 号
邮编：100011　电话：(010)57512500
发行部电话：(010)57512575
http://www.sinopec-press.com
E-mail：press@sinopec.com.cn
北京科信印刷有限公司印刷
全国各地新华书店经销
*
787×1092 毫米 16 开本 20.25 印张 501 千字
2009 年 12 月第 1 版　2023 年 3 月第 6 次印刷
定价：40.00 元

《石油化工职业技能培训教材》
开发工作领导小组

组　长：周　原

成　员：（按姓氏笔画顺序）

于洪涛　王子康　王玉霖　王妙云　王者顺　王　彪
付　建　向守源　孙伟君　何敏君　余小余　冷胜军
吴　耘　张　凯　张继田　李　刚　杨继钢　邹建华
陆伟群　周赢冠　苟连杰　赵日峰　唐成建　钱衡格
蒋　凡

编审专家组
（按姓氏笔画顺序）

王　强　史瑞生　孙宝慈　李兆斌　李志英　李本高
岑奇顺　杨　徐　郑世桂　唐　杰　黎宗坚

编审委员会

主　任：王者顺

副主任：向守源　周志明

成　员：（按姓氏笔画顺序）

王力健　王凤维　叶方军　任　伟　刘文玉　刘忠华
刘保书　刘瑞善　朱长根　朱家成　江毅平　许　坚
余立辉　吴　云　张云燕　张月娥　张全胜　肖铁岩
陆正伟　罗锡庆　倪春志　贾铁成　高　原　崔　昶
曹宗祥　职丽枫　黄义贤　彭干明　谢　东　谢学民
韩　伟　雷建忠　谭忠阁　潘　慧　穆晓秋

前言

为了进一步加强石油化工行业技能人才队伍建设，满足职业技能培训和鉴定的需要，中国石油化工集团公司人事部、中国石油天然气集团公司人事服务中心联合组织编写了《石油化工职业技能培训教材》。本套教材的编写依照劳动和社会保障部制定的石油化工生产人员《国家职业标准》及中国石油化工集团公司人事部编制的《石油化工职业技能培训考核大纲》，坚持以职业活动为导向，以职业技能为核心，以"实用、管用、够用"为编写原则，结合石油化工行业生产实际，以适应技术进步、技术创新、新工艺、新设备、新材料、新方法等要求，突出实用性、先进性、通用性，力求为石油化工行业生产人员职业技能培训提供一套高质量的教材。

根据国家职业分类和石油化工行业各工种的特点，本套教材采用共性知识集中编写，各工种特有知识单独分册编写的模式。全套教材共分为三个层次，涵盖石油化工生产人员《国家职业标准》各职业(工种)对初级、中级、高级、技师和高级技师各级别的要求。

第一层次《石油化工通用知识》为石油化工行业通用基础知识，涵盖石油化工生产人员《国家职业标准》对各职业(工种)共性知识的要求。主要内容包括职业道德，相关法律法规知识，安全生产与环境保护，生产管理，质量管理，生产记录、公文和技术文件，制图与识图，计算机基础，职业培训与职业技能鉴定等方面的基本知识。

第二层次为专业基础知识，分为《炼油基础知识》和《化工化纤基础知识》两册。其中《炼油基础知识》涵盖燃料油生产工、润滑油(脂)生产工等职业(工种)的专业基础及相关知识，《化工化纤基础知识》涵盖脂肪烃生产工、烃类衍生物生产工等职业(工种)的专业基础及相关知识。

第三层次为各工种专业理论知识和操作技能，涵盖石油化工生产人员《国家职业标准》对各工种操作技能和相关知识的要求，包括工艺原理、工艺操作、设备使用与维护、事故判断与处理等内容。

《化学水处理工》是第二、三层次教材，在编写时采用传统教材模式，不分级别，在编写顺序上遵循由浅到深、先基础理论知识后技能操作的编写原则，在章节安排上打破了常规操作法按操作顺序编写的惯例，把机、电、仪等基础理论知识单独编写，专业基础理论和操作知识分为水的预处理、膜法处理、离子交换处理、冷凝水处理和炉内水处理 5 个模块，每个模块的基础理论知识、工艺操作知识和典型设备的使用与维护知识分开编写，使得操作人员通过对有关设备从理论到技能的学习后，达到自觉把所学知识应用到操作中的目的。

《化学水处理工》教材由齐鲁石化负责组织编写，主编张辉俊(齐鲁石化)，参加编写的人员有仲积军(齐鲁石化)、顾明辉(广州石化)、崔勇(辽河石油)、王德文(齐鲁石化)。本教材已经中国石油化工集团公司人事部、中国石油天然气集团公司人事服务中心组织的职业技能培训教材审定委员会审定通过。主审周传停，参加审定的人员有黄玉通、徐砚屏、魏著宝。审定工作得到了齐鲁石化大力支持；中国石化出版社对教材的编写和出版工作给予了通力协作和配合，在此一并表示感谢。

由于石油化工职业技能培训教材涵盖的职业(工种)较多，同工种不同企业的生产装置之间也存在着差别，编写难度较大，加之编写时间紧迫，不足之处在所难免，敬请各使用单位及个人对教材提出宝贵意见和建议，以便教材修订时补充更正。

目　录

第1章　概　述

第2章　化学水处理工基础知识

第3章　水的预处理

第4章　水的膜法处理

第5章　水的离子交换处理

第6章 炉内水处理

第7章 冷凝水处理

第8章　常用设备的使用与维护

第9章　故障判断与处理

第10章　常规水质分析

第11章　装置的安全、环保和节能降耗

第1章 概　　述

水在石油化工生产中起着重要的作用。石化企业用水一般分为工艺用水、化学除盐水和循环冷却水补水。2008年我国炼油企业吨油水耗最好水平达到0.35t/t，其中化学除盐水约占45%的比例。化学除盐水的主要用途是作为动力锅炉或者电厂（站）的锅炉补水。天然水常含溶解的或悬浮的杂质，化学水处理的任务是除去水中的各种杂质，达到用水装置的工艺要求。除去水中杂质主要采用的工艺方法有：混凝、澄清、沉淀、吸附、膜处理、离子交换等。按照化学水处理的工艺过程，可分为水的预处理、膜法水处理、水的离子交换处理、冷凝水处理、炉内水处理五种水处理方法，本书主要介绍这五种水处理方法的工艺原理和装置操作。

1.1　天然水的水质

1.1.1　水的物理化学性质

1. 水的分子结构

水分子是由两个氢原子和一个氧原子组成的，分子式为H_2O。在水分子中，氢、氧原子核呈等腰三角形排列，氧原子核位于两腰相交的顶角上，而2个氢原子核位于2个底角上，两腰夹角为104.4°。这就造成了水分子的正、负电荷中心不重合，而且正负电荷间的距离很大，所以它是极性很强的分子，水分子之间易形成氢键，产生缔和作用。所以，液态水的水分子不是完全由简单的H_2O分子组成，而是还含有由两个、或两个以上缔和的H_2O分子以及少量的氢离子和氢氧根离子。

2. 水的物理性质

纯水是无色、无味、无臭的液体，导电能力很弱，但是水中有溶解盐类时，可使导电性增强。水的密度在3.98℃时最大，为$1.0000g/cm^3$，超过或低于此温度时，密度减小。

几乎在所有的固态和液态物质中，水的比热容最大。1g水温度升高或降低1℃，所吸收或放出的热量为4.1868J。由于水具有上述热性质，工业上适合做冷却介质，发电机组作为热量载体。同时水起到调节自然界温度的作用，使地球上气候适宜。

极纯的水几乎不导电，即水的电阻率很大。水本身为弱电解质，只有极少的分子离解成H^+和OH^-。理论上的纯水在25℃时的电导率为$0.054\mu S/cm$，电阻率为$18.248M\Omega \cdot cm$。在水中有电解质时，其导电能力增加。电导率是水的纯度的一种标志，在除盐水和蒸汽的质量监督中，电导率是重要的技术指标。

3. 水的化学性质

水具有很强的热稳定性，即使加热到2000℃，也只有0.588%的水分解为氢和氧，即

$$2H_2O = 2H_2\uparrow + O_2\uparrow$$

水能与某些金属和非金属反应放出氢。

$$2Na + 2H_2O = 2NaOH + H_2\uparrow$$

$$C + H_2O = CO\uparrow + H_2\uparrow$$

水还能和许多金属和非金属氧化物发生反应，生成碱或酸。此外，水还是一种很强的溶剂，能溶解许多物质。因此，天然水中通常溶解有各类杂质。

1.1.2 天然水中的杂质

天然水中的杂质是多种多样的，这些杂质按其颗粒大小的不同，可分成三类：颗粒最大的称为悬浮物，其次是胶体，最小的是离子和分子，即溶解物质。

1.1.2.1 悬浮物

悬浮物是颗粒直径约在 10^{-4} mm 以上的微粒，这类杂质在水中不稳定，容易除去。水发生浑浊现象，都是由此类物质所造成的。它们所以称为悬浮物，就是因为它们常常悬游在水流中，而当水静置时，有些较轻的物质会上浮于水面，称为漂浮物，较重的则下沉，称为可沉物。可沉物主要是砂子和粘土类无机化合物；漂浮物主要是动植物生存过程中产生的物质或死亡后的腐败产物，是一些有机化合物。

1.1.2.2 胶体

胶体是颗粒直径在 $10^{-6} \sim 10^{-4}$ mm 之间的微粒，是许多分子和离子的集合体。这些微粒，由于其比表面很大，显示出明显的表面活性，所以其表面常常因吸附有多量离子而带电。因此，同类胶体因为带有同性电荷而相互排斥，结果它们在水中不能相互粘合，而是稳定在微小的胶体颗粒状态下，不易于下沉。

天然水中的胶体通常带负电荷，有机胶体多数是由于水中植物或动物肢体的腐烂和分解而生成的，其中主要的为腐植质。在湖泊水中腐植质最多，它常常使水呈黄绿色或褐色。工业区的水源，由于受工业排水的污染，有机胶体也很多。天然水中的矿物质胶体，主要是铁、铝和硅的化合物。

1.1.2.3 溶解物质

在水中呈真溶液状态的物质有离子和分子，其颗粒大小约为 $\leqslant 10^{-6}$ mm。天然水中的溶解物质大都为离子和一些溶解气体，现概述于下。

1. 呈离子状态的杂质

天然水中常遇到的各种离子，其中最常见的有钠离子（Na^+）、钾离子（K^+）、钙离子（Ca^{2+}）、镁离子（Mg^{2+}）；碳酸氢根（HCO_3^-）、氯离子（Cl^-）、硫酸根（SO_4^{2-}）。这些离子的来源主要是当水流经地层时，溶解了某些矿物质而致。此外，天然水中还可能有少量化学组成不清楚的有机酸根与 H_2SiO_3 电离出的 $HSiO_3^-$，也属于离子态杂质。对几种主要的离子介绍如下。

（1）钙离子（Ca^{2+}）　在含盐量少的水中，钙离子的量常常在阳离子中占第一位。天然水中的钙离子（Ca^{2+}）主要来自地层中的石灰石（$CaCO_3$）和石膏（$CaSO_4 \cdot 2H_2O$）的溶解。$CaCO_3$ 在水中的溶解度虽然很小，但当水中含有二氧化碳（CO_2）时，$CaCO_3$ 就较易溶解。这是因为它们相互反应而生成溶解度较大的碳酸氢钙 [$Ca(HCO_3)_2$] 的缘故，其反应如下：

$$CaCO_3 + CO_2 + H_2O = Ca(HCO_3)_2$$

（2）镁离子（Mg^{2+}）　水中镁离子的来源大都由于白云石（$MgCO_3 \cdot CaCO_3$）受含 CO_2 水溶解而致。白云石在水中的溶解和石灰石相似。白云石中碳酸镁（$MgCO_3$）的溶解反应，如下：

$$MgCO_3 + CO_2 + H_2O = Mg(HCO_3)_2$$

在含盐量少的水中，镁离子的物质的量浓度一般为钙离子的 25% ~ 50%；在含盐量大的（>1000mg/L）水中，有的镁离子浓度和钙离子浓度大致相等或甚至超过。

（3）碳酸氢根（HCO_3^-）　水中的碳酸氢根，主要是由于水中溶解的 CO_2 和碳酸盐反应后产生的，HCO_3^- 常是天然水中最主要的阴离子。

（4）氯离子（Cl^-）　天然水中都含有氯离子，这是因水流经地层时，溶解了其中的氯化物。由于常见氯化物的溶解度很大，故可随地下水和河流带入海洋，逐渐积累起来，造成海水中含有大量的氯化物。

（5）硫酸根（SO_4^{2-}）　天然水中都含有 SO_4^{2-}，一般地下水中 SO_4^{2-} 的含量比江河、湖水中的大。地层中的石膏（$CaSO_4 \cdot 2H_2O$）也是水中的 SO_4^{2-} 的重要来源。

2. 溶解气体

天然水中常见的溶解气体有氧（O_2）和二氧化碳（CO_2），有时还有硫化氢（H_2S）、二氧化硫（SO_2）和氨（NH_3）等。

（1）氧（O_2）　天然水中氧的主要来源是由于水中溶解了大气中的氧。由于水中的溶解氧对金属有腐蚀作用，所以对于热力系统用水来说，水中含有溶解氧通常是不利的。

地下水中的含氧量一般较少。各种地面水中溶解氧的含量差别很大，这是因为各地水温和气压不同的关系；此外，水中有机物能和氧作用，所以也会改变水中溶解氧的含量，一般在 0~14mg/L 之间。

（2）二氧化碳（CO_2）　天然水中的 CO_2 主要是水中或泥土有机物的分解和氧化的产物，也有的是由于地层深处所进行的地层化学过程而生成的。至于大气中的 CO_2，因为只有 0.03%~0.04%（体积分数），而气体在水中的溶解度是和水面上该气体的分压力成正比（称为亨利定律），所以相应的 CO_2 溶解度仅为 0.5~1 mg/L，因而自大气中溶入的 CO_2 并非天然水中含有多量 CO_2 的来源。

天然水中 CO_2 含量在几十至几百 mg/L 之间。地表水中的 CO_2 含量不超过 20~30mg/L。地下水中的 CO_2 含量，有时很高。

1.1.3　天然水中的几种主要化合物

天然水中杂质种类较多，了解常见的几种主要化合物的特性，对研究水处理工艺有较为重要的意义。因此，这里介绍天然水中几种主要化合物的化学特征。

1. 碳酸化合物

碳酸是二元弱酸，它和它的盐类统称为碳酸化合物，是天然水中一种主要杂质，在含盐量低的天然水中，碳酸氢盐常常是杂质中含量最大的部分。

水中碳酸化合物有几种不同的存在形态：溶于水中的气体二氧化碳（CO_2）；分子态碳酸（H_2CO_3）；碳酸氢根（HCO_3^-）和碳酸根（CO_3^{2-}）。

在这四者之间有以下（如图 1-1）的关系：

当 pH≤4.3 时，水中只有 CO_2，pH=8.3~8.4 时，98%以上都是碳酸氢根，pH>8.3 时水中没有 CO_2。所以水中各种碳酸化合物，在一定的 pH 值和温度时，它们的相对量是一定的。

大多数天然水的 pH 值低于 8.35，所以其碳酸化合物主要是碳酸氢根（HCO_3^-）。碳酸根含量的增加会与水中的钙离子（Ca^{2+}）生成碳酸钙（$CaCO_3$），饱和后沉积成垢。

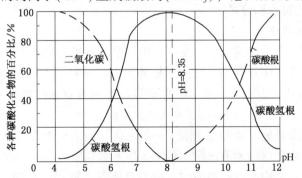

图 1-1　水中各种碳酸化合物的相对量和 pH 的关系（25℃）

2. 硅酸化合物

在天然水中，硅酸化合物是常见的杂质。它是因水流经地层时，与含有硅酸盐和铝硅酸盐岩石相作用而带入的。地下水的硅酸化合物含量通常比地面水的多，天然水中硅酸化合物（SiO_2）的含量一般在 $1\sim20mg/L$ 的范围内，地下水也有高达 $60mg/L$ 的。

硅酸是一种比较复杂的化合物，它的形态很多，其通式为 $xSiO_2 \cdot yH_2O$。例如当 x 和 y 等于 1 时，分子式可写成 H_2SiO_3，称为偏硅酸；当 $x=1$，$y=2$ 时，分子式为 H_4SiO_4，称为正硅酸；当 $x>1$ 时硅酸呈聚合态，称为多硅酸。

当 pH 值不很高时，溶于水的二氧化硅主要呈分子态的简单硅酸，硅酸显示出二元酸的性能，便它的酸性很弱，电离度并不比水本身大很多，所以当纯水中含有硅酸时不易用 pH 或电导检测出来。

当水中 SiO_2 的浓度增大时，它会聚合成二聚体、三聚体、四聚体等，这些聚合体在水中很难溶解。所以随着其聚合度的增大，二氧化硅会由溶解态转变成胶态，以至于成凝胶而自水中析出。

3. 铁的化合物

天然水中的铁离子有亚铁（Fe^{2+}）和高铁（Fe^{3+}）两种形态。当水中溶解氧的浓度很小和水的 pH 值很低（深井水）时，水中只有 Fe^{2+} 形态的铁离子。常见的亚铁盐类溶解度都较大，水解度较小，所以在这种情况下 Fe^{2+} 不易成沉淀物析出。当水中溶解氧的浓度较大和水的 pH 值升高时，Fe^{2+} 就会氧化成 Fe^{3+}，如：

$$Fe^{2+}e \longrightarrow Fe^{3+}$$

而 Fe^{3+} 很容易水解成难溶的氢氧化铁，如：

$$Fe^{3+}+3H_2O \longrightarrow Fe(OH)_3+3H^+$$

当 $pH \geqslant 8$ 时，水中的亚铁离子（Fe^{2+}）被水中溶解氧氧化的速度很快。在地面水中，由于含有溶解氧的量较多，当其 pH 值在 7 左右时，其中铁几乎只有胶溶状态的 $Fe(OH)_3$；其溶液态的 Fe^{2+} 浓度很小，在深井中，Fe^{2+} 的浓度很大，可达 $10mg/L$ 以上。

4. 氮的化合物

天然水中氮的无机化合物有 NH_4^+、NO_2^- 和 NO_3^-。天然水中这些离子的基本来源是动植物的各种有机物质、硝酸盐的溶解，以及随工业排水混入的 NH_4^+。

随污水带入水源的氮有机化合物（如蛋白质、尿素等），在微生物的作用下，会逐渐分解，变为组成较简单的氮化合物。如果没有氧，氨就是有机氮分解的最终产物；如果水中有氧，则在细菌参与下，能使氨继续发生分解，逐步转为亚硝酸盐或硝酸盐。

1.1.4 天然水的特点和分类

1.1.4.1 天然水的分类

在天然水中，雨、雪最为纯洁。但在下降中与空间各种杂质相遇，如氧、二氧化碳、灰尘等，使水质受到污染。雨水含钙、镁离子盐类很少，一般小于 $70\sim100\mu mol/L$，含盐量不大于 $40\sim50mg/L$。因此，雨水在天然水中水质最好。但因收集困难，不能作为工业用水的水源。

工业用水水源主要有地面水和地下水。一般来说，地面水的含盐量、硬度、碱度和氯离子比地下水低一些，而悬浮物和有机物含量又比地下水高一些。

地面水来自雨水，当雨水流经地面时，由于对地面土壤和岩石的冲刷和溶解作用使钙、镁、钠、钾等成分溶解于水中。土壤和岩石的主要成分铝硅酸盐则不易溶于水，而成为悬浮物存在于天然水中。在构成土壤和岩石的矿物质中，雨水主要溶解了钙、镁盐类。另外，由于土壤中的微生物的作用，有机物腐烂、氧化生成的二氧化碳不断补充到水中，使水的溶解能力逐渐增大。因此，天然水中总是含有较多的重碳酸盐类。但是地面水的 HCO_3^-、Ca^{2+}、Mg^{2+} 的含量一般比地下水含量少。我国地面水的含盐量和硬度一般都比较低，含盐量一般在 70~900 mg/L 之间，硬度在 1.0~8.0mmol/L 之间。

地下水由于通过土壤层时，起到了过滤的作用，所以没有悬浮物，经常是透明的。但由于它通过土壤和岩层时溶解了其中各种可溶性矿物质，故它的含盐量比地面水的大。地下水含盐量的多少决定其流经地层的矿物质成分，接触的时间和水流过路程的长短等。氯化钠（NaCl）、硫酸钠（Na_2SO_4）、硫酸镁（$MgSO_4$）、氯化镁（$MgCl_2$）、氯化钙（$CaCl_2$）和其他易溶盐类，最易溶于地下水中。$CaCO_3$ 和 $MgCO_3$ 可溶于含有游离 CO_2 的水中。由于钙、镁的碳酸盐常常丰于各种岩层中，如石灰石、白云石等，所以水中或多或少都含有钙、镁的碳酸氢盐。构成土壤的主要成分硅酸盐和铝硅酸盐几乎不溶于水，但当水含有 CO_2 和有机酸时，可以促使其溶于水。

地下水的含盐量在 100~5000mg/L 之间，在某些特殊情况下还可能更高些。硬度通常在 2~10mmol/L 之间，也有高达 10~25mmol/L 的。地下水的水质一般终年很稳定。

1.1.4.2 主要水质指标

上面已经谈到，天然水中总是含有许多杂质，这样就产生了水质有好有坏的问题。在不同的工业部门中，由于水的用途不一样，对水质要求也不同，故各种工业部门中所采用的水质指标常有所不同。化学水处理对用水的技术指标要求非常严格，现将某些技术指标的意义叙述如下。

1. 悬浮物

悬浮物是将一定体积的水样过滤，将分离出来的固形物在 105~110℃下干燥到恒重的称量值，单位是：mg/L。此方法由于操作麻烦，所以常用大致可以表征悬浮物多少的透明度或浑浊度（简称浊度）来代替。浑浊度指水的混浊程度，采用标准福马肼浑浊液，叫做福马肼浊度单位（FTU）。

2. 溶解盐类

（1）含盐量　含盐量表示水中所含盐类的总和，可以通过水质的全分析，用计算法求得。含盐量有两种表示方法：其一是物质的量表示法，即将水中全部阳离子（或全部阴离子）按（mmol/L）的数值相加；另一种是重量表示法，即将水中的各种阴、阳离子换算成（mg/L），然后全部相加而得。此外，还用矿物残渣表示水中溶有矿物质的量，其计算法和重量表示的含盐量法相似，但应将 HCO_3^- 换算成 CO_3^{2-}，并应将非离子态的 SiO_2、Al_2O_3、Fe_2O_3 加上。如果矿物残渣再加上有机物的含量，则求出的量就表示水中溶解固形物的量。

（2）蒸发残渣　蒸发残渣的测定方法是取一定体积的过滤水样蒸干，最后将残渣在 105~110℃下干燥至恒重，其单位用（mg/L）表示。蒸发残渣是表示水中不挥发物质（在上述温度下）的量。它只能近似地表示水中溶解固形物的量，因为在该温度下有许多物质的湿分和结晶水不能除尽，特别是在锅炉水中，常常会有许多难以在此温度下将湿分除尽的盐类，如 Na_2SO_4、$NaOH$、Na_3PO_4 等，而且某些有机物在该温度下开始氧化。水中原有的碳酸氢盐在蒸发残渣中都转变成碳酸盐。

（3）灼烧残渣　将蒸发残渣在 800℃时灼烧残渣。因为在灼烧时有机物被烧掉，残存的湿分被蒸干，所以此指标近似于水中矿物残渣。但它们还不完全相同，因为在灼烧时，矿物残渣中的部分氯化物挥发掉，部分碳酸盐分解，有时还有一些硫酸盐被还原。

（4）电导率　测定上述这些项目的工作量都比较大，需要一定的时间。如利用水中离子的导电能力来评价水中含盐量的多少，则操作简单，速度快，灵敏度也高，故它常作为自动控制的信号。指示水导电能力大小的指标，称做电导率。

所谓电导率是指截面积为 $1cm^2$，长度为 $1cm$ 水柱的电导值。电导率是电阻率的倒数，可用电导率仪测定。电导率的大小除了和水中离子量有关外，还和离子的种类有关，故单凭电导率不能计算其含盐量。但当水中各种离子的相对量一定时，则离子总浓度愈大，其电导率也愈大，所以在实际应用中可直接以电导率反映水中含盐量。对于同一种水，电导率愈大，含盐量就愈大，水质越差。

表示电导率的单位为：西/厘米（S/cm），它是电阻率单位欧·厘米（$\Omega \cdot cm$）的倒数。实用中，由于水的电导率常常很小，所以经常用微西/厘米（$\mu S/cm$）做单位，它是西/厘米（S/cm）的 10^{-6}。

3. 硬度

硬度是用来表示水中某些容易形成垢类以及洗涤时容易消耗肥皂一类物质。对于天然水来说，这些物质主要是钙、镁离子，所以通常把硬度看作是这两种离子。因此，总硬度（或简称硬度）就表示钙、镁离子之和。硬度可按水中存在的阴离子的情况，划分为碳酸盐硬度和非碳酸盐硬度两类。现分述如下：

（1）碳酸盐硬度（H_T）　碳酸盐硬度是指水中钙、镁的碳酸氢盐、碳酸盐之和。但由于天然水中碳酸根的含量常很少，所以一般将碳酸盐硬度看作钙、镁的碳酸氢盐。

在有些文献中，还有所谓暂时硬度，它是指水在长期煮沸后可以沉淀掉的那一部分硬度，如以下反应式：

$$Ca(HCO_3)_2 \xrightarrow{\Delta} CaCO_3 \downarrow +H_2O+CO_2 \uparrow$$

$$Mg(HCO_3)_2 \xrightarrow{\Delta} MgCO_3+H_2O+CO_2 \uparrow$$

$$MgCO_3+H_2O \xrightarrow{\Delta} Mg(OH)_2 \downarrow +CO_2 \uparrow$$

从反应的结果看，碳酸氢钙、镁都转变成沉淀物，所以暂时硬度近似于碳酸盐硬度，故有时把它们看成一样的。但实际上两者还有一点差别，因为在长期煮沸后的水中还溶解有少量的 $CaCO_3$。对于 $Mg(OH)_2$ 来说，因它的溶解度非常小，所以对上述这两种表示法已无实际影响。

（2）非碳酸盐硬度（H_F）　水的总硬度和碳酸硬度之差就是非碳酸盐硬度，它们是钙、镁的氯化物和硫酸盐等。水沸腾时不能除去的硬度称为永久硬度，它近似于非碳酸盐硬度。

硬度的单位，现在常用的是 mmol/L，因为这种表示法是由化学观点出发的，应用较方便。

4. 碱度和酸度

（1）碱度（A）　碱度表示水中含 OH^-、CO_3^{2-}、HCO_3^- 量及其他一些弱酸盐类量的总和。因为这些盐类在水溶液中都呈碱性，可以用酸中和，所以归纳为碱度。在天然水中，碱度主要由 HCO_3^- 的盐类所组成。

因为碱度是用酸中和的办法来测定的，所以当采用的指示剂不同，也就是滴定终点不同时，所测得的物质也不同。常用的指示剂为甲基橙和酚酞。当用甲基橙为指示剂时，终点 pH 为 $4.3 \sim 4.5$。此时，HCO_3^- 和 CO_3^{2-} 均中和成 H_2CO_3，OH^- 中和成 H_2O。

通常所称的碱度，如不加特殊说明，就是指总碱度，即甲基橙碱度。

（2）酸度　酸度是指水中含有能与强碱（如 NaOH、KOH 等）起中和作用的物质的量。可能形成酸度的物质有强酸、强酸弱碱盐、酸式盐和弱酸。

在天然水中，酸度有 H_2CO_3 和 HCO_3^- 盐类。在水净化过程中，有时还可能出现强酸。比如氢型阳床出水出现盐酸、硫酸等强酸酸度。

5. 有机物和耗氧量

天然水中有机物的种类繁多，但不论是对某些有机物的量还是对有机物的总量，都难以准确测定，为此，人们拟定了许多可以大致估量有机物总量的方法。在这些方法中，用的最广的是化学耗氧量。

（1）化学耗氧量　利用耗氧量来表征有机物多少的原理是基于有机物具有可氧化的共性。常用的高锰酸钾耗氧量法为：在一定条件下，用氧化剂（$KMnO_4$）处理水样，测定其反应过程中消耗的氧化剂量，其单位用 mg/LO_2 表示，即将消耗的氧化剂量换算成 O_2 来表示。化学耗氧量所表示的实际上是水中全部易氧化的物质，其中虽然主要是有机物，但有时免不掉有一些无机物参与反应，如 Fe^{2+} 等。

氧化剂 $KMnO_4$ 不能使水中所有有机物充分氧化，所以也有采用 $K_2Cr_2O_7$ 作为氧化剂的，则测得的耗氧量称为重铬酸钾耗氧量。$K_2Cr_2O_7$ 在一定的条件下可以将有机物氧化得较完全，用它测得耗氧量要比用 $KMnO_4$ 法大 2～3 倍。

用重铬酸钾法测得的耗氧量称为化学需氧量，通常用符号 COD 表示。

（2）生化需氧量　生化需氧量表示用微生物氧化水中有机物所消耗的氧量，通常用符号"BOD"表示，单位为 mg/LO_2。生物氧化的整个过程一般可分成两个阶段。在第一阶段中，主要是有机物转化成 CO_2、H_2O 和 NH_3；第二阶段主要是 NH_3 转化成 NO_2^- 和 NO_3^-。微生物的活动与环境有关，所以试验规定在温度为 20℃ 和在黑暗的条件下进行。在这样的环境中，用微生物来完全氧化有机物需要 21～28 天。21 天的时间太长，在实用上有困难，常以 5 天作为测定生化需氧量的时间，此时测得的量可用符号"BOD_5"来表示。

（3）其他方法　有时将测定灼烧残渣时算得的灼烧减量作为有机物，这种方法对于含盐量低的水比较近似，对于含盐量高的水误差则较大。另外还有紫外吸收法，是用波长为 260nm 的紫外分光光度计测定水样的消光度，根据其大小来相对地衡量有机物的多少，这是因为水中的有机物常具有某些能吸收此紫外光的基团。此外，还有总有机碳（TOC）的测定法，这是将有机物燃烧成 CO_2，然后利用 CO_2 吸收红外线的性能来测定其含量。

1.1.4.3 水中阳离子和阴离子间的关系

各种离子在水中并不是孤立存在的，它们之间存在一定的关系。

1. 阳离子和阴离子间的正负电荷平衡关系

一切天然水都保持电中性的事实说明：水中阳离子所带的正电量和阴离子所带的负电量一定相等。由于每种离子的带电量是由它的物质的量来反映的，因此就得到下列关系：

$$\sum 阳 = \sum 阴$$

式中　$\sum$ 阳——各种阳离子浓度的总和，mmol/L；

$\quad\quad$ $\sum$ 阴——各种阴离子浓度的总和，mmol/L。

由于分析误差的关系，分析结果不一定满足上式的要求，但应在一定的误差范围之内，一般规定，分析误差不大于 5%。

2. 水中阳离子和阴离子间的组合关系

水中阳离子和阴离子一般是独立存在的，并不结合成化合物。但如果将水加热或逐渐蒸发干时，它们便以一定的规律分别组合成某种化合物，先后从水中析出。在水处理中，为便于分析问题和解决问题，往往根据这一现象把有关离子写成假想化合物的形式。阳离子和阴离子间的组合规律基本上是根据组合所形成的化合物溶解度大小次序得出来的，即离子优先组合出溶解度较小的化合物。阳离子按 Ca^{2+}、Mg^{2+}、Na^+（包括 K^+）的顺序与阴离子组合，阴离子按 HCO_3^-、SO_4^{2-}、Cl^- 的顺序与阳离子组合。如果阴离子中含有 CO_3^{2-}，则 CO_3^{2-} 比 HCO_3^- 优先与阳离子组合。

1.2　化学水处理简介

1.2.1　水在动力设备中的作用

在火力发电厂中，水进入锅炉后，吸收燃料(煤、油或天然气)燃烧放出的热能，转变成蒸汽，导入汽轮机；在汽轮发电机组中，蒸汽的热能转变成机械能，发电机将机械能转变成电能，送至电网；蒸汽经汽轮机做完功后进入凝汽器，被冷却成凝结水，又由凝结水泵送至低压加热器，加热后送入除氧器，再由给水泵将已除氧的水送到高压加热器后进入锅炉。水汽就是如此循环运行的(如图 1-2)。

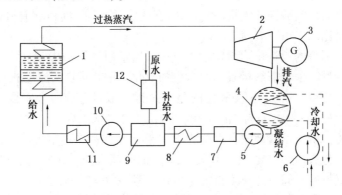

图 1-2　发电厂水汽循环系统简图

1—锅炉；2—汽轮机；3—发电机；4—凝汽器；5—凝结水泵；6—循环水泵；

7—凝结水精处理设备；8—低压加热器；9—高压除氧器；10—给水泵；

11—高压加热器；12—水处理设备

由于水在火力发电厂水汽循环系统中所经历的过程不同，其水质常有较大的差别。因此，根据实际上的需要，我们常给予这些水以不同的名称，现简述如下：

（1）生水　生水是未经任何处理的天然水(如江、河、湖及地下水等)。

（2）锅炉补给水　生水经过各种方法净化处理后，用来补充发电厂汽水损失的水。目前高参数的锅炉补给水主要是除盐水。凝汽式发电厂在正常运行情况下，补给水量不超过锅炉额定蒸发量的 2%~4%。石化企业一般是热电联产，所以补给水量很大。

（3）汽轮机凝结水　在汽轮机中做功后的蒸汽经冷凝成的水。

（4）疏水　各种蒸汽管道和用汽设备中的蒸汽冷凝水。

（5）给水　送进锅炉的水。凝汽式发电厂的给水，主要由汽轮机凝结水、补给水和各种疏水组成。

（6）锅炉水　在锅炉本体的蒸发系统中流动着的水 。

（7）冷却水　用作冷却介质的水。

（8）冷凝水　石油化工生产中，一般将汽轮机凝结水、疏水和化工装置各类换热器的冷凝水,统称冷凝水。

长期的实践使人们认识到,热力系统中水的品质,是影响发电厂热力设备(锅炉、汽轮机等)安全、经济运行的重要因素之一。没有经过净化处理的天然水含有许多杂质,这种水如进入水汽循环系统,将会造成结垢、积盐和腐蚀等各种危害。为了保证热力系统中有良好的水质,必须对水进行适当的净化处理和严格地监督汽水质量。

1.2.2 化学水处理的内容

(1)净化生水,制备热力系统所需高品质的除盐水。它包括除去天然水中的悬浮物和胶体状态杂质的澄清、过滤等预处理;除去水中溶解的钙、镁离子的软化处理;或除去水中部分或全部溶解盐类的反渗透或离子交换除盐处理。这些制备除盐水的处理,通常称为炉外水处理。

(2)对锅炉给水要进行除氧、加药等处理,以防止给水系统腐蚀,对于汽包锅炉要进行锅炉水的加药处理和排污,这些工作称为炉内水处理。

(3)对热力系统各部分的汽、水品质要进行监督和调整,必要时进行热化学实验。

(4)对冷凝水进行精处理。

此外,化学清洗热力设备以及机、炉停运期间的保养工作,与水处理有直接关系,故也应列入化学水处理工作。

1.3 水质标准

根据中华人民共和国国家标准 GB/T 12145—1999《火力发电机组及蒸汽动力设备水汽质量》的要求,化学水处理各个工艺过程的水质标准如下:

1.3.1 补给水质量标准

(1)澄清器出水质量标准

澄清器(池)出水水质应满足下一级处理对水质的要求;

澄清器(池)出水浊度正常情况下小于 5FTU,短时间小于 10FTU。

(2)进入离子交换器的水,应注意水中浊度、有机物和残余氯的含量。按下列数值控制:

浊度<5FTU(固定床顺流再生);

浊度<2FTU(固定床对流再生);

残余氯<0.1mg/L;

化学耗氧量<2mg/L(KmnO$_4$30min 水浴煮沸法)。

(3)离子交换器出水标准,一般可按表 1-1 控制。

表 1-1 锅炉补给水质量标准

种 类	硬度/ (μmol/L)	二氧化硅/ (μg/L)	电导率(25℃)/(μS/cm)		碱度/ (mmol/L)
			标准值	期望值	
一级化学除盐系统出水	≈0	≤100	≤5[2]	—	—
一级化学除盐-混床系统出水	≈0	≤20	≤0.30[1]	≤0.20[1]	—
石灰、二级钠离子交换系统出水	≤5.0	—	—	—	0.8~1.2
氢-钠离子交换系统出水	≤5.0	—	—	—	0.3~0.5
二级钠离子交换系统出水	≤5.0	—	—	—	—

① 离子交换器出水质量应能满足炉水处理的要求。

② 对于用一级化学除盐系统加混床出水的一级盐水的电导率可放宽至 10uS/cm。

通常，各企业生产实践中，离子交换器出口水水质可参照表1-2控制。

表1-2 各类离子交换器出口水水质控制标准

序号	种 类	监督项目	单 位	标 准
1	强酸离子交换器出口水	硬度	μmol/L	—
		酸度	μmol/L	—
		钠（Na$^+$）	μg/L	<100
2	除碳器	CO$_2$	mg/L	<5.0
3	强碱离子交换器出口水	电导率	μS/cm	<5.0
		二氧化硅	μg/L	<100.0
		碱度	μmol/L	—
4	混床出口水	pH 值	—	—
		电导率	μS/cm	<0.2
		二氧化硅	μg/L	<20.0
		钠（Na$^+$）	μg/L	<10.0

1.3.2 锅炉给水质量标准

（1）给水的硬度、溶解氧、铁、铜、钠、二氧化硅的含量和电导率（氢离子交换后），应符合表1-3的规定：

表1-3 锅炉给水质量标准

炉型	锅炉过热蒸汽压力/MPa	电导率(氢离子交换后，25℃/（μS/cm）		硬度/（μmol/L）	溶解氧	铁	铜		钠		二氧化硅	
					μg/L							
		标准值	期望值		标准值	标准值	标准值	期望值	标准值	期望值	标准值	期望值
汽包炉	3.8~5.8	—	—	≤2.0	≤15	≤50	≤10	—	—	—	应保证蒸汽二氧化硅符合标准	
	5.9~12.6	—	—	≤2.0	≤7	≤30	≤5	—	—	—		
	12.7~15.6	≤0.30	—	≤1.0	≤7	≤20	≤5	—	—	—		
	15.7~18.3	≤0.30	≤0.20	≈0	≤7	≤20	≤5	—	—	—		
直流炉	5.9~18.3	≤0.30	≤0.20	≈0	≤7	≤10	≤5	≤3	≤10	≤5	≤20	—
	18.4~25	≤0.20	≤0.15	≈0	≤7	≤10	≤5	≤3	≤5	—	≤15	≤10

液态排渣炉和原设计为燃油的锅炉，其给水的硬度和铁、铜的含量，应符合比其压力高一级锅炉的规定。

（2）给水的联氨、油的含量和pH值应符合表1-4的规定。

表 1-4 锅炉给水质量标准

炉 型	锅炉过热蒸汽压力/MPa	pH(25℃)	联氨/(μg/L)	油/(mg/L)
汽包炉	3.8~5.8	8.8~9.2		<1.0
	5.9~12.6	8.8~9.3(有铜系统)或 9.0~9.5(无铜系统)	10~50 或 10~30(挥发性处理)	≤0.3
	12.7~15.6			
	15.7~18.3			
直流炉	5.9~18.3	8.8~9.3(有铜系统)或 9.0~9.5(无铜系统)	10~50 或 10~30(挥发性处理)	≤0.3
	18.4~25.0		20~50	<0.1

注:① 压力在 3.8~5.8Mpa 的机组,加热器为钢管,其给水 PH 可控制在 8.8~9.5。

② 用石灰-钠离子交换水为补给水的锅炉,应改为控制汽轮机凝结水的 pH 值,最大不超过9.0。

③ 对大于12.7MPa 的锅炉,其给水的总碳酸盐(以二氧化碳计算)应小于或等于1mg/L。

1.3.3 锅炉炉水质量标准

(1) 汽包炉炉水的含盐量、氯离子和二氧化硅含量,根据制造厂的规范并通过水汽品质专门试验确定,可参考表 1-5 的规定控制。

表 1-5 汽包炉炉水含盐量、氯离子和二氧化硅含量标准

锅炉过热蒸汽压力/MPa	处理方式	总含盐量①	二氧化硅①	氯离子①	磷酸根/mg/L			pH(25℃)	电导率(25℃)/(μS/cm)
		mg/L			单段蒸发	分段蒸发			
						净段	盐段		
3.8~5.8		—	—	—	5~15	5~12	≤75	9.0~11.0	—
5.9~12.6	磷酸盐处理	≤100	≤2.00②		2~10	2~10	≤50	9.0~10.5	<150
12.7~15.8		≤50	≤0.45②	≤4	2~8	2~8	≤40	9.0~10.0	<60
15.7~18.3	磷酸盐处理	≤20	≤0.25	≤1	0.5~3		≤50	9.0~10.0	<50
	挥发性处理	≤2.0	≤0.20	≤0.5	—			9.0~9.5	<20

① 均指单段蒸发炉水,总含盐量为参考指标。

② 汽包内有洗汽装置时,其控制指标可适当放宽。

(2) 汽包炉进行磷酸盐-pH 协调控制时,其炉水的 Na^+ 与 PO_4^{3-} 的摩尔比值,应维持在 2.3~2.8。若炉水的 Na^+ 与 PO_4^{3-} 的摩尔比低于2.3或高于2.8时,可加中和剂进行调节。

1.3.4 蒸汽质量标准

自然循环、强制循环汽包炉或直流炉的饱和蒸汽和过热蒸汽质量应符合表 1-6 的规定。

表 1-6　蒸汽质量标准

项目		汽包炉			直流炉			
	压力/MPa	3.8~5.8	5.9~18.3		6.9~18.3		18.4~25	
	标准	标准值	标准值	期望值	标准值	期望值	标准值	期望值
钠/(μg/kg)	磷酸盐处理	≤15	≤10	—	≤10	≤5	<5	<3
	挥发性处理		≤10	≤5				
电导率(氢离子交换后,25)/(μS/cm)	磷酸盐处理	—	≤0.30		—	—	—	—
	挥发性处理				≤0.30	≤0.30	≤0.30	≤0.3
	中性水处理及联合水处理	—	—		≤0.20	≤0.15	<0.20	<0.15
二氧化硅/(μg/kg)		≤20	≤20		≤20		<15	<10

为了防止汽轮机内部积结金属氧化物，蒸汽中铁和铜的含量应符合表 1-7 的规定。

表 1-7　蒸汽质量标准

项目	汽包炉				直流炉			
压力	3.8~15.6MPa		15.7~18.3MPa		15.7~18.3MPa		18.4~25MPa	
标准	标准值	期望值	标准值	期望值	标准值	期望值	标准值	期望值
铁/(μg/kg)	≤20	—	≤20	—	≤10	—	≤10	—
铜/(μg/kg)	≤5		≤5	≤3	≤5	≤3	≤5	≤2

1.3.5　汽轮机凝结水质量标准

（1）汽轮机凝结水的硬度、钠和溶解氧的含量和电导率应符合表 1-8 的规定。

表 1-8　凝结水的硬度、钠和溶解氧的含量和电导率标准[1]

锅炉过热蒸汽压力/MPa	硬度/(μmol/L)	钠/(μg/L)	溶解氧/(μg/L)	电导率(经氢离子交换后,25℃)/(μS/cm)		二氧化硅(μg/L)
				标准值	期望值	
3.8~5.8	≤2.0	—	≤50			应保证炉水中二氧化硅含量符合标准
5.9~12.6	≤1.0	—	≤50			
12.7~15.6	≤1.0	—	≤40	≤0.30	<0.20	
15.7~18.3	≈0	≤5[3]	≤30[2]			
18.4~25.0	≈0	≤5[2]	<20[2]	<0.20	<0.15	

① 对于用海水、苦咸水及含盐量大而硬度小的水作为汽机凝汽器的冷却水时，还应监督凝结水的钠含量等。

② 采用中性处理时，溶解氧应控制在 50μg/L~250μg/L；电导率应小于 0.20μS/cm。

③ 凝结水有混床处理的钠可放宽至 10μg/L。

（2）凝结水经氢型混床精处理后硬度、二氧化硅、钠、铁、铜的含量和电导率应符合表 1-9 的规定。

表 1-9　凝结水经氢型混床处理后的硬度、二氧化硅、钠、铁、铜的含量和电导率标准

硬度/(μmol/L)	电导率(经氢离子交换后,25℃)/(μS/cm)		二氧化硅	钠	铁	铜
	标准值	正常运行值	μg/L			
≈0	≤0.20	≤0.15	≤15	≤5[1]	≤8	≤3

① 凝结水混床处理后的含钠量应能满足炉水处理的要求。

1.3.6 疏水和生产回水质量标准

疏水和生产回水质量以不影响给水质量为前提,按表1-10控制。生产回水还应根据回水的性质,增加必要的化验项目。

表 1-10 疏水和生产回水质量标准

名 称	硬度/(μmol/L)		铁/(μg/L)	油/(mg/L)
	标准值	期望值		
疏水	≤5.0	≤2.5	≤50	—
生产回水	≤5.0	≤2.5	≤100	≤1(经处理后)

1.3.7 停、备用机组启动时的水、汽质量标准

(1)锅炉启动后,并汽或汽轮机冲转前的蒸汽质量,可参照表1-11的规定控制,且在8h内应达到正常运行的标准值。

表 1-11 汽轮机冲转前的蒸汽质量标准

炉型	锅炉过热蒸汽压力/MPa	电导率(氢导,25℃)/(μS/cm)	二氧化硅	铁	铜	钠
			μg/kg			
汽包炉	3.8~5.8	≤3.00	≤80	—	—	≤50
	5.9~18.3	≤1.00	≤60	≤50	≤15	≤20
直流炉	—	—	≤30	≤50	≤15	≤20

(2)锅炉启动时,给水质量应符合表1-12的规定,且在8h内达到正常运行时的标准值。

表 1-12 锅炉启动时给水质量标准

炉型	锅炉过热蒸汽压力/MPa	硬度/(μmol/L)	铁	溶氧	二氧化硅
			μg/L		
汽包炉	3.8~5.8	≤10.0	≤150	≤50	—
	5.9~12.6	≤5.0	≤100	≤40	—
	12.7~18.3	≤5.0	≤75	≤30	≤80
直流炉	—	≈0	≤50	≤30	≤30

(3)机组启动时,凝结水质量可按表1-13的规定开始回收。

表 1-13 机组启动时,凝结水回收标准

外状	硬度/(μmol/L)	铁	二氧化硅	铜
		μg/L		
无色透明	≤10.0	≤80	≤80	≤30

注:对于滨海电厂还应控制含钠量不大于80μg/L。

(4)机组启动时,应严格监督疏水质量。当高、低压加热器的疏水含铁量不大于400μg/L时,可回收。

第2章 化学水处理工基础知识

2.1 化学基础知识

2.1.1 无机化学知识

2.1.1.1 物质的组成及变化

1. 组成物质的微粒

（1）分子 分子是构成物质的一种微粒，它保持物质的化学性质。同种物质的分子性质相同。分子间有距离，一切分子都在不停地运动着。一些非金属单质（如氢气、氧气、臭氧、卤素、硫、磷、惰气等）、气态氢化物、酸酐、酸类和有机物等，都是由分子构成的物质，它们在固态时为分子晶体。

（2）原子 原子是化学变化中的最小微粒。分子是由原子构成的。少数的非金属晶体（如金刚石、石墨、结晶硅、二氧化硅等），是由原子直接构成的物质，在固态时为原子晶体。金属单质虽可认为是由原子构成的，但实质是由金属离子和自由电子构成的。

（3）离子 离子是带电荷的原子或原子团。绝大多数盐类、强碱和低价金属氧化物是离子化合物。固态时为离子晶体。习惯上我们把它们的最简式叫分子式。

2. 物质的分类

（1）基本概念

① 元素 元素是具有相同核电荷数（质子数）的一类原子的总称。元素构成单质时，叫元素的游离态。构成化合物时，叫元素的化合态。

② 单质 由同种元素的原子组成的物质叫单质。如 H_2、O_2、He 等。

③ 化合物 由不同种元素的原子组成的物质叫化合物。如水（H_2O）、硫化氢（H_2S）等。

④ 纯净物 由同一种单质或化合物组成的物质叫纯净物。它具有固定的组成和一定的性质。例如氢气、氧气、二氧化碳等。

⑤ 混合物 由几种不同的单质或化合物组成的物质叫混合物。混合物没有固定的组成和性质。如空气、烟气等。

（2）物质的简单分类

物质简单分类如下：

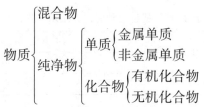

（3）元素、原子和物质的关系

元素只有"种"的概念，没有"个"的概念。原子是体现元素的最小微粒。它既有"种"的概念并有"个"的概念。涉及物质时，用元素表示。水是由氢元素和氧元素组成的。而不能说水是由氢原子和氧原子组成的。更不能说水是由两个氢元素和一个氧元素组成的。涉及物质分子时可用原子个数表示。例如一个水分子是由两个氢原子和一个氧原子组成的。若水分子没有说明个数，也可叙述为，水分子是由氢原子和氧原子组成。

3. 物质的变化

（1）物理变化 这是一类没有新物质产生的变化。物质只发生了状态或形态的变化，没有质变。

（2）化学变化 这是一类有新物质生成的变化。物质发生了质变。

2.1.1.2 化学式和化学量

1. 化学基本定律

物质参加化学反应时，是严格遵守着一定规律的。在化学反应中，物质按一定的数量关系进行反应，并生成一定量的产物。

（1）质量守恒定律(物质不灭定律) 化学反应时，反应物的总质量等于生成物的总质量。因为参加化学反应的各种原子，在反应过程中并没有被破坏变成其他原子，也就是说反应前后原子的种类和数目都没变化，物质的总质量必然相等。

（2）定组成定律(定比定律) 任何化合物都有固定的组成。(每一个化合物的分子，其组成元素、质量都有一定的比例)。

（3）等物质的量定律 在化学反应中，消耗了的两反应物的物质的量相等。或叙述为物质相互作用时物质的量相等。

2. 元素符号及化学式

（1）元素符号 在化学里，采用不同的符号来表示各种元素，这种符号叫元素符号。

（2）最简式(实验式) 用元素符号表示化合物分子中元素的种类和各元素原子个数最简单整数比的式子。例如乙炔分子中，碳、氢原子数之比都是 1∶1，则它的最简式为 CH。

（3）分子式 用元素符号表示物质分子组成的式子叫分子式. 一般分式是最简式的整数倍，多数无机物二者是一致的。例如乙炔(C_2H_2)、苯(C_6H_6)。

（4）电子式 在元素符号周围用记号码"·"或"×"表示原子最外层电子数的式子。例 HCl 表示为：

$$\overset{\ \ \times\times}{H}\ \overset{\times}{C}l\ \overset{\times}{\underset{\times\times}{}}$$

（5）结构式 用短线将分子中各原子，按排列顺序和结合方式相互连接起来的式子。例如：NH_4Cl 结构简式(示性式)：

$$\left[\begin{matrix} H \\ | \\ H-N{\rightarrow}H \\ | \\ H \end{matrix}\right]^{+}\ Cl^{-}$$

（6）化学方程式 用分子式表示物质化学反应的式子，叫化学方程式。

化学方程式表示：a. 反应物和生成物的种类；b. 反应中各物质间的质量比；c. 反应中各物质间分子个数(或摩尔数)之比；d. 反应中气态物质的体积比。

书写化学方程式时，是以反应事实与质量守恒定律为根据的，所以化学方程式必须配平。化学方程式的等号上面应注明反应条件。例如加热(△)、点燃、高温、催化剂、电解等。生成物的状态可用"↑"表示气体，用"↓"表示沉淀。

15

3. 化学量

（1）相对原子质量 相对原子质量是以碳的同位素$_6^{12}C$的一个原子质量的 1/12 为标准，其他原子的质量，跟它相比较所得的数值。因此相对原子质量是没有单位的。

原子、分子、离子和电子等微粒的质量都非常小。例如 1 个^{12}C原子的质量只有 1.9923×10^{-26} kg。这样小的微粒既看不到，又难以称量，对科学研究和应用都很不方便，何况参加化学反应时，根本不是几个分子或原子，而是亿万个分子或原子。因此，为了使用上的方便，1971 年 10 月第 14 届国际计量大会决定，在国际单位制中增加第七个基本物理量——"物质的量"及其单位"摩尔"（符号是 mol）。

（2）物质的量

0.012kg ^{12}C 应该含有碳原子数为：

$$\frac{0.012}{1.9923 \times 10^{-26}} \approx 6.023 \times 10^{23}（个碳原子）$$

0.012 kg ^{12}C 所含有碳原子数的多少，叫做阿佛加德罗常数。阿佛加德罗常数的近似值为 6.023×10^{23}。

"物质的量"是表示组成物质的基本单元数目多少的物理量，某物质中所含基本单元数是阿佛加德罗常数的多少倍，则该系统中"物质的量"就是多少摩尔。

6.023×10^{23} 个 Fe 原子是 1mol Fe。

6.023×10^{23} 个 Na^+ 是 1mol Na^+。

9.0345×10^{23} 个 O_2 分子是 1.5mol O_2。

国际计量大会对"物质的量"的单位摩尔定义如下：

a. 摩尔是一个系统的物质的量的单位，该系统中所包含基本单元数与 0.012 kg ^{12}C 原子数相等，即 1mol 任何物质均含有阿佛加德罗常数个微粒。

b. 使用摩尔时，基本单元应予指明，可以是分子、原子、离子、电子及其他粒子，或这些粒子的特定组合。例如：硫酸的基本单元可以是 H_2SO_4，也可以是 1/2 H_2SO_4。当用 H_2SO_4 做基本单元时，98.08g 的硫酸，其基本单元数与 0.012kg ^{12}C 含有碳原子数相等，因而其物质的量 $n(H_2SO_4)$ 为 1mol；而用 1/2 H_2SO_4 做基本单元时，98.08g 的硫酸，其基本单元数是 0.012kg ^{12}C 含有碳原子数的两倍，因而其物质的量 $n(1/2H_2SO_4)$ 为 2mol。

因此，使用单位摩尔时，必须注明基本单元。按照化学水处理专业的惯例，本书除有特殊说明外，均采用以一价离子作为基本单元，对二价离子以其 1/2 作为基本单元，对三价离子以其 1/3 作为基本单元。

（3）摩尔质量 每一种结构粒子（严格的讲应该是基本单元）都有一定的质量，因此 1mol 任何物质也有一定的质量。我们把 1mol 物质的质量叫做摩尔质量，用符号 M 表示，单位是克/摩尔（g/mol）。

由于不同物质结构粒子的质量不同，因此相同数目不同结构粒子的质量不同，即不同物质的摩尔质量不同。根据摩尔质量的定义，碳原子的摩尔质量是 12 g/mol（即 0.012 kg/mol）。由此我们可以推出其他原子、分子或离子的摩尔质量。例如：

硫的原子量为 32.06

$$\frac{32.06}{M_S} = \frac{12}{M_C^{12}}$$

所以：$M_S = 32.06（g/mol）$

可以说任何原子、分子或离子的摩尔质量，当单位是 g/mol 时，数值上等于其相对原子质量、相对分子质量或离子式量。

(4) 物质的量的计算：

用 m 表示物质的质量，用 n 表示物质的量，用 M 表示物质的摩尔质量，则计算"物质的量"(n)的一般公式如下：

$$n = \frac{m}{M}$$

例 2-1　求 200gNaCl 的物质的量。

解：NaCl 的分子量为 58.5

$$M_{NaCl} = 58.5 g/mol$$

$$n = \frac{m}{M} = \frac{200}{58.5} = 3.42 (mol)$$

2.1.1.3　溶液的浓度及有关计算

一定量的溶液里所含溶质的量叫做溶液的浓度。溶液浓度的表示方法有多种，下面介绍常用的几种

1. 质量百分比浓度

用溶质的质量占全部溶液质量的百分比来表示的浓度称为质量百分比浓度。例如 5% 的食盐溶液，就是表示 100g(或 100kg)的溶液里有 5g(或 5kg)食盐和 95g(或 95kg)水。

例 2-2　欲配制 150kg16% 的食盐溶液，需要食盐和水各多少千克？

解：设 150kg16% 的食盐溶液含有的食盐为 $x$kg，则

$$x = (16 \div 100) \times 150 = 24 (kg)$$

150kg16% 食盐溶液里所含水的重量为 150-24 = 126(kg)。

答：需要食盐和水的量分别为 24kg 和 126kg。

2. 物质的量浓度及应用

用在 1L 溶液中所含溶质的物质的量表示的浓度，叫做物质的量浓度，简称浓度。常用符号 c 表示，单位是摩尔/升(mol/L)。

设溶液的体积为 V(L)，溶液中溶质的质量为 m(g)，溶液中溶质的摩尔质量为 M(g/mol)，溶质的量为 n(mol)，则：

$$c = \frac{n}{V} = \frac{\frac{m}{M}}{V}$$

$$m = cVM$$

下面讨论有关浓度的计算。

(1) 已知溶液的体积和溶质的质量，求溶液的浓度

例 2-3　在 200 mL 稀盐酸中，含有 0.73 g 氯化氢，求该溶液的浓度。

解：根据公式 $c = \frac{n}{V} = \frac{\frac{m}{M}}{V}$ 得：

$$c = \frac{0.73/36.5}{200/1000} = 0.1 (mol/L)$$

(2) 已知溶液浓度，计算一定体积溶液中所含溶质

例 2-4　配制 500 mL 0.1 mol/L 的 NaOH 溶液，需要多少 gNaOH？

解：所需 NaOH 的质量为：

$$m = cVM = 0.1 \times \frac{500}{1000} \times 40 = 2.0(g)$$

（3）溶液稀释后浓度的计算

对溶液进行稀释，稀释前后溶液的体积和浓度发生改变，但溶质的物质的量不变。所以

$$c_1 V_1 = c_2 V_2$$

式中　c_1、V_1——稀释前溶液的浓度、体积；

　　　　c_2、V_2——稀释后溶液的浓度、体积。

例 2-5　配制 1 mol/L 的 NaOH 溶液 3L，需要 2mol/L 的 NaOH 溶液多少 L?

解：$c_1 = 2mol/L$，　$c_2 = 1mol/L$，　$V_2 = 3$ L

　　由　$c_1 V_1 = c_2 V_2$ 得

$$V_1 = \frac{c_2 V_2}{c_1} = \frac{1 \times 3}{2} = 1.5(L)$$

取原溶液 1.5 L，加蒸馏水至 3L，即得 1mol/LNaOH 的溶液

2.1.1.4 无机化学反应的基本类型

无机化学反应一般可分为化合反应、分解反应、置换反应和复分解反应。

1. 化合反应

由两种或两种以上的物质反应后生成另一种物质的反应：

金属与非金属直接化合：

$$2Mg + O_2 \xrightarrow{\text{点燃}} 2MgO$$

非金属与非金属直接化合：

$$C + O_2 \xrightarrow{\text{点燃}} CO_2$$

酸性氧化物与水作用：

$$CO_2 + H_2O = H_2CO_3$$

碱性氧化物与水作用：

$$CaO + H_2O = Ca(OH)_2$$

2. 分解反应

由一种物质反应后生成两种或两种以上的新物质的反应：

$$2HgO \xrightarrow{\Delta} 2Hg + O_2 \uparrow$$

$$CaCO_3 \xrightarrow{\Delta} CaO + CO_2 \uparrow$$

$$2KClO_3 \xrightarrow[\text{催化剂}]{\Delta} 3KCl + 3O_2 \uparrow$$

3. 置换反应

一种单质与一种化合物作用，生成另一种单质和另一种化合物的反应：

金属与酸作用：

$$Zn + 2HCl = ZnCl_2 + H_2 \uparrow$$

金属与盐作用：

$$Fe + CuSO_4 = FeSO_4 + Cu \downarrow$$

4. 复分解反应

由两种化合物相互交换组分，生成另外两种新的化合物的反应：

盐与盐的反应：

$$NaCl+AgNO_3 == NaNO_3+AgCl\downarrow$$

碱与盐的反应：

$$2NaOH+CuSO_4 == Na_2SO_4+Cu(OH)_2\downarrow$$

酸与盐的反应：

$$2HCl+CaCO_3 == CaCl_2+H_2O+CO_2\uparrow$$

酸与碱的反应：

$$HCl+NaOH == NaCl+H_2O$$

以上四种反应中，置换反应以及部分的分解反应和化合反应，反应前后有的元素的化合价发生升降，它们属于氧化还原反应。而复分解反应、酸性氧化物或碱性氧化物与水反应等，反应前后所有元素的化合价没有改变，它们不属于氧化还原反应，是非氧化还原反应。所以深入一步分析，按反应中元素化合价有无变化可将化学反应分成氧化还原反应和非氧化还原反应。

5. 氧化还原反应

（1）氧化还原反应的本质

以钠和氯气化合生成氯化钠为例：

$$\underset{化合价降低，\quad 被还原}{\overset{化合价升高，\quad 被氧化}{Na^0 + \frac{1}{2}Cl_2^0 = Na^{+1}Cl^{-1}}}$$

我们知道，氯化钠的生成是钠原子失去 1 个电子，成为+1 价钠离子，氯原子得到 1 个电子，成为−1 价的氯离子，阴阳离子通过静电引力而形成氯化钠。

$$\underset{得到1e^-}{\overset{失去1e^-}{Na^0 + \frac{1}{2}Cl_2^0 = Na^{+1}Cl^{-1}}}$$

由此看出，在反应过程中，钠原子失去 1 个电子，化合价从 0 价变到+1 价，化合价升高了；氯原子得到 1 个电子，氯从 0 价变到−1 价，化合价降低了。元素化合价升高是由于失去电子，升高的价数也就是失去的电子数。元素的化合价降低是由于得到电子，降低的价数也就是得到的电子数。元素化合价升降的原因就是它们的原子失去或得到电子的缘故。由此，我们可以说，氧化还原反应是具有电子得失的反应。

又如：　$H_0^2+Cl_0^2 = 2H^+Cl^{-1}$

在这个反应中，氯气和氢气化合生成氯化氢，不是由于得失电子，而是共用电子对的偏移，使氢原子显正电性，氯原子显负电性，这也发生了化合价的升降。

综上可得出结论：有电子得失或共用电子对偏移的反应，叫做氧化还原反应。因此氧化还原反应的本质是电子的得失或共用电子对的偏移。

在这里物质失去电子的反应叫做氧化反应，表现为元素化合价的升高；物质得到电子的反应叫做还原反应，表现为元素化合价的降低。

事实上，氧化还原反应是同时发生的，一种物质失去电子，必然同时有另一种物质得到电子；某一物质被氧化，必然同时有另一物质被还原。而且得失电子总数必定相等。

因此，前一个反应，钠失去电子，化合价升高是氧化反应，氯得到电子化合价降低是还原反应；后一个反应共用电子对偏向于氯原子，而使氯化合价降低是还原反应，共用电子对偏离氢原子，而使氢化合价升高是氧化反应。

（2）氧化剂与还原剂

在氧化还原反应中，失去电子的物质叫做还原剂，它具有还原性。得到电子的物质叫做氧化剂，它具有氧化性。

常用的氧化剂有活泼的非金属（卤素）、Na_2O_2、H_2O_2、$HClO$、$NaClO$、HNO_3、$KClO_3$、$KMnO_4$、浓 H_2SO_4、$K_2Cr_2O_7$等，它们在化学反应中都比较容易得到电子，所以具有氧化性。

常用的还原剂有活泼的金属以及 C、H_2、CO、H_2S 等，它们在化学反应中都比较容易失去电子或发生电子偏移，所以具有还原性。在常见的金属还原剂（如 Na、Mg、Al、Zn 等）中，以金属钠的还原能力为最强。

6. 离子反应和离子方程式

（1）离子反应和离子方程式

在复分解反应中，参加反应的物质在水溶液中常电离成阴、阳离子，反应的实质是水溶液中离子的互换和结合。我们把这种有离子参加的反应叫做离子反应。例如：

$$AgNO_3+NaCl=AgCl\downarrow+NaNO_3$$

因为 $AgNO_3$、NaCl、$NaNO_3$ 是易溶强电解质，在水溶液中几乎全部以离子形式存在，AgCl 是难溶物质，在水溶液中主要以 AgCl 沉淀形式存在，反应可写成：

$$Ag^++NO_3^-+Na^++Cl^-=AgCl\downarrow+Na^++NO_3^-$$

从上式看到 Na^+ 和 NO_3^-，反应前后没有变化，习惯上把没有参加反应的离子从等号两边消去，这样就得到：

$$Ag^++Cl^-=AgCl\downarrow$$

这种用参加反应的离子及化合物符号所写成的化学方程式叫做离子方程式。这个离子方程式不仅代表 $AgNO_3$ 与 NaCl 之间的反应，而且可代表任何可溶性银盐与可溶性氯化物之间的任何反应。

离子方程式和一般化学方程式不同点在于：离子方程式不仅表示一定物质间的某个反应，而且表示了同一类型的离子反应。

离子方程式的写法可归纳如下：

① 根据化学反应写出化学方程式。

② 把易溶于水、易电离的物质写成离子形式，难溶的或难电离的物质（如水），以及气体等仍写成分子形式。

③ 消去等号两边未参加反应的离子。

④ 检查等号两边各元素的原子数和电荷数总数是否相等。

（2）离子反应可以进行的条件

离子反应可以进行的条件，归纳起来有三种：

① 生成沉淀

例如：$BaCl_2+H_2SO_4=BaSO_4\downarrow+2HCl$

离子方程式：$Ba^{2+}+SO_4^{2-}=BaSO_4\downarrow$

② 生成气体

例如：$CaCO_3 + 2HCl = CaCl_2 + H_2O + CO_2\uparrow$

离子方程式：$CaCO_3 + 2H^+ = Ca^{2+} + H_2O + CO_2\uparrow$

③ 生成难电离的物质

例如：$HNO_3 + NaOH = NaNO_3 + H_2O$

离子方程式：$H^+ + OH^- = H_2O$

2.1.1.5 化学反应速率和化学平衡

1. 化学反应速率

（1）化学反应速率是指在一定条件下，反应中的反应物转变为生成物的速率。通常用单位时间内任何一种反应物或生成物浓度的变化来表示化学反应速率。

浓度单位：$mol \cdot L^{-1}$，时间单位：s 或 min。

化学反应速率(v)＝浓度变化/变化所需时间

化学反应速率单位：$mol \cdot L^{-1} \cdot S^{-1}$或 $mol \cdot L^{-1} \cdot min^{-1}$

采用不同的反应物来表示反应速率，其数值不是同的。因此，表示某一反应速率时，必须注明的是反应中以哪一种物质作为基准。

（2）影响化学反应速率的因素

化学反应速率首先决定于反应物的本性，这是内因。除内因外，几乎所有反应速率都受反应进行时的外界条件影响，其中主要是浓度、压力、温度和催化剂等的影响。

a. 浓度对反应速率的影响

在一定条件下，一些简单的化学反应反应物浓度增大，反应速率相应增大。

b. 压力对反应速率的影响

压力的影响实质上是对浓度的影响。如果反应物是固体或者液体，由于改变压力对它们浓度改变很小，可以认为压力与它们的浓度无关。

所以增大气体的压力，就是增大气体的浓度，因而增大了反应速率。

c. 温度对反应速率的影响

绝大多数化学反应随温度升高，反应速率加快。

d. 催化剂对反应速率的影响

催化剂对反应速率有影响。催化剂只能改变反应速率，使其加快或减慢，但不能使根本不可能反应的物质起反应。

2. 化学平衡

（1）可逆反应与不可逆反应

在同一条件下，既能向一个方向又能向相反方向进行的反应，叫做可逆反应。

一切化学反应都具有或多或少的可逆性。反应的可逆性是化学反应的普遍特征。但对有些反应来说，两个相反进行的趋势相差很大。

例如：

$$2KClO_3 \xrightarrow[\text{催化剂}]{\Delta} 2KCl + 3O_2\uparrow$$

氯酸钾在高温时分解为氯化钾和氧气的反应很容易进行，而相反的反应，就目前所能达到的条件下，氯化钾不能与氧反应生成氯酸钾。像这种几乎只能往一个方向进行的反应，叫做不可逆反应。

可逆反应中，化学方程式用两个相反箭头来代替等号。如：

$$2H_2 + O_2 \xrightleftharpoons[\quad]{2000\sim4000℃} = 2H_2O$$

从左向右的反应叫做正反应，与此相反的反应叫做逆反应。

（2）可逆反应和化学平衡

前面讨论了反应的可逆性，那么可逆反应有什么特点呢？

现在通过在高温时一氧化碳和水蒸气作用生成二氧化碳和氢气的反应进行讨论。

$$CO + H_2O(g) \xrightleftharpoons[\quad]{1200℃} = CO_2 + H_2$$

在1200℃时，把0.01 molCO和0.01 mol水蒸气放在容积为1L的密闭容器中。开始时，反应物CO和$H_2O(g)$浓度最大，正反应速率最大，而CO_2和H_2浓度为零，所以逆反应速率为零。随着反应的进行，反应物CO和水蒸气的浓度逐渐降低，正反应速率（$v_正$）逐渐变小，同时，由于CO_2和H_2的生成，CO_2和H_2的浓度逐渐增大，所以逆反应速率（$v_逆$）逐渐增大。经过一段时间，最后正反应速率必定会等于逆反应速率。

即$v_正 = v_逆$此时反应物和生成物的浓度不再随时间发生变化。这时反应物和生成物的混合物就处于化学平衡状态。

化学平衡是一种动态平衡，反应达到平衡时，正反应和逆反应都仍在继续进行，正逆反应速率相等，只是反应物、生成物的浓度不再随时间而改变。

3. 化学平衡常数和平衡转化率

在一定温度下可逆反应达到平衡时，生成物浓度指数幂的乘积跟反应物浓度指数幂乘积的比，叫做该反应的化学平衡常数。对一般的可逆反应，

$$mA + nB \rightleftharpoons pC + qD$$

在一定温度下的平衡常数K_c可表示为：

$$K_c = \frac{[C]^p[D]^q}{[A]^m[B]^n}$$

表达式中各物质的浓度必须是平衡状态下的值，不能用任一时刻的浓度值。所以平衡常数K_c不随反应物或生成物浓度而变，但随温度的改变而改变。有气体参加的反应，可用气体分压的指数幂表示，写成K_p。有固体物质参加的反应，固体浓度可以不写，因为分子间碰撞只能发生在固体表面，固体浓度可视为常数。稀溶液中的水分子浓度也可以不写。化学平衡常数表达式跟反应方程式的书写形式有关。平衡常数K值的大小，表明反应进行的程度。K值越大，表示平衡时生成物浓度对反应物浓度的比越大，即反应进行得越完全，反应物的转化率越高。使用催化剂能改变化学反应速率，但不会使平衡移动，因此不会改变平衡常数。

平衡转化率是指"化学反应达到平衡时，已转化了的反应物的量占反应前反应物的总量的百分数"。转化率中的量常用物质的量浓度或物质的量表示。如：

$$平衡转化率 = \frac{反应物的起始浓度 - 反应物的平衡浓度}{反应物的起始浓度} \times 100\%$$

在一定温度下达平衡时是具有最大的转化率，所以，平衡转化率即是在指定的条件下的最大转化率。

平衡转化率是表明平衡时反应进行的程度。反应的转化率越高，也就表示反应进行的更完全。生产上经常采用增加反应物的浓度，改变压强、温度的措施，以提高反应物的转化率。

4. 化学平衡的移动

化学平衡只是反应在一定外界条件下，一种相对的暂时的稳定状态。一旦外界条件有变化，使正逆反应速率不再相等，反应的平衡状态就遭到破坏，浓度就发生变化，直到和新的条件相适应，反应又达到新的平衡。这种因平衡被破坏而引起的浓度变化的过程，叫做化学平衡的移动。下面讨论浓度、压力和温度的改变对化学平衡的影响。

（1）浓度对平衡的影响

当其他条件不变时，增大反应物浓度(或降低生成物的浓度)平衡按增加生成物的方向，即正反应方向移动。增大生成物的浓度，或减少反应物浓度，可使化学平衡沿着逆反应方向移动。

（2）压力对平衡的影响

在其他条件下不变的情况下，增大压力会使化学平衡向着气体体积缩小的方向移动；减小压力，会使平衡向着气体体积增大的方向移动。

在有些可逆反应中，反应前后气态物质的总体积没有变化如：

$$CO+H_2O(g) \xrightleftharpoons[]{1200℃} CO_2+H_2$$

1 体积　1 体积　　　　1 体积　1 体积

在这种情况下，增大或减小压力，不能使化学平衡移动。

（3）温度对平衡的影响

在吸热或放热的可逆反应中，反应混合物达到平衡状态后，改变温度，平衡也能移动。

在其他条件下不变的情况下，温度升高，会使化学平衡向着吸热反应的方向移动。温度降低，会使化学平衡向着放热反应的方向移动。

（4）平衡移动原理(Le Chatelier 原理)

通过前面浓度、压力、温度对化学平衡的影响可知，如果平衡体系内增加反应物浓度，平衡就向正反应方向移动。增加平衡体系的压力，平衡就向气体分子数少的方向移动。升高温度，平衡就向吸热方向移动。将浓度、压力、温度等外界条件对平衡的影响概括起来，可得到一个普遍规律，即 Le Chatelier 原理：如果改变影响平衡的一个条件如浓度、压力、温度，平衡就沿着能减弱这个改变的方向移动。这个规律也叫做平衡移动原理，它不但适用于化学平衡，也适用于其他一切动态平衡，但必须注意，它只能应用于已经达到平衡的反应，对未达平衡的反应是完全不适用的。

2.1.1.6　电解质溶液

1. 电解质的电离

（1）电解质　电解质是指在水溶液中或熔融状态下能够导电的化合物，例如酸、碱和盐等。凡在上述情况下不能导电的化合物叫非电解质，例如蔗糖、酒精等。

判断某化合物是否为电解质，不能只凭它在水溶液中导电与否，还需要进一步考察其晶体结构和化学键的性质等因素。例如，判断硫酸钡、碳酸钙和氢氧化铁是否为电解质。硫酸钡难溶于水($20℃$ 时在水中的溶解度为 $2.4×10^{-4}g$)，溶液中离子浓度很小，其水溶液不导电，似乎为非电解质。但溶于水的那小部分硫酸钡却几乎完全电离($20℃$ 时硫酸钡饱和溶液的电离度为 97.5%)。因此，硫酸钡是电解质。碳酸钙和硫酸钡具有相类似的情况，也是电解质。从结构看，对其他难溶盐，只要是离子型化合物或强极性共价型化合物，尽管难溶，也是电解质。

23

氢氧化铁的情况则比较复杂，Fe^{3+} 与 OH^- 之间的化学键带有共价性质，它的溶解度比硫酸钡还要小（20℃时在水中的溶解度为 $9.8 \times 10^{-5}g$）；而溶于水的部分，其中少部分又有可能形成胶体，其余亦能电离成离子。但氢氧化铁也是电解质。

判断氧化物是否为电解质，也要作具体分析。非金属氧化物，如 SO_2、SO_3、P_2O_5、CO_2 等，它们是共价型化合物，液态时不导电，所以不是电解质。有些氧化物在水溶液中即便能导电，但也不是电解质。因为这些氧化物与水反应生成了新的能导电的物质，溶液中导电的不是原氧化物，如 SO_2 本身不能电离，而它和水反应，生成亚硫酸，亚硫酸为电解质。金属氧化物如 Na_2O，MgO，CaO，Al_2O_3 等是离子化合物，它们在熔化状态下能够导电，因此是电解质。

可见，电解质包括离子型或强极性共价型化合物；非电解质包括弱极性或非极性共价型化合物。电解质水溶液能够导电，是因电解质可以离解成离子。至于物质在水中能否电离，是由其结构决定的。因此，由物质结构识别电解质与非电解质是问题的本质。

另外，有些能导电的物质，如铜、铝等不是电解质。因它们并不是能导电的化合物，而是单质，不符合电解质的定义。

电解质溶解于水或受热熔化时，离解成自由移动的离子的过程叫做电离。电离过程并不是由于电流的作用而发生的，而是当电解质溶解在水里时就已经发生，由于离子的存在，溶液才能导电。

电解质的电离可表示如下：

$$NaCl \longrightarrow Na^+ + Cl^-$$
$$NaOH \longrightarrow Na^+ + OH^-$$
$$H_2SO_4 \longrightarrow 2H^+ + SO_4^{2-}$$

离子可以是带电荷的原子，也可以是带电荷的原子团（如 OH^-、SO_4^{2-}）。离子所带电荷一般可以根据它们在化合物中的化合价来判断。金属离子带正电荷，酸根离子带负电荷，所带正负电荷总数相等，所以整个溶液不显电性。

在水溶液中完全电离的电解质称为强电解质；在水溶液中部分电离的电解质称为弱电解质。强酸（如 HCl、HNO_3、H_2SO_4）；强碱（如 KOH、$NaOH$）和大多数盐（如 $NaCl$、KNO_3）是强电解质；而弱酸（如 H_2CO_3、H_2S）、弱碱（如 $NH_3 \cdot H_2O$）以及大部分有机酸等均属弱电解质。

（2）弱电解质的电离平衡　弱电解质在水溶液中只有一小部分分子电离成相应的离子，而大部分仍然以分子形式存在，例如在醋酸溶液中，醋酸分子远远地多于已电离的离子。因为弱电解质的分子受极性溶剂分子（水分子）的影响较小，在电离为离子的同时，由于离子的运动，一部分离子发生碰撞又重新结合成分子，因此弱电解质的电离过程是一个可逆过程。如醋酸在水溶液中电离，可表示如下：

$$HAc \rightleftharpoons H^+ + Ac^-$$

当 HAc 分子电离成 H^+ 和 Ac^- 离子的速度与溶液中 H^+ 和 Ac^- 离子相互碰撞结合成 HAc 分子的速度相等时，溶液中未电离的分子与电离生成离子的相对比例不再改变，此时电离达到了平衡状态，即电离平衡。

强电解质在水中完全电离，是个不可逆的过程，因而强电解质电离时不存在电离平衡。

电离平衡是一个动态平衡。当外界条件改变时，电离平衡也要发生移动，例如在醋酸溶液中加入少量固体醋酸钠时，醋酸的电离平衡要向生成 HAc 分子的方向移动，即溶液中未电离的醋酸分子数相对地要增加。因为醋酸钠是强电解质，加入到溶液中后即完全电离，使溶液中 Ac^- 离子浓度增加，H^+ 与 Ac^- 离子碰撞机会增加，又有一部分 H^+ 和 Ac^- 离子结合生成了 HAc 分子，即电离平衡向形成 HAc 分子的方向移动。

如果向醋酸溶液中加入少量的 NaOH，则醋酸的电离平衡向着电离的方向移动，即又有一部分醋酸分子电离成 H^+ 和 Ac^- 离子，溶液中 HAc 分子数相对要减少。因为 NaOH 也是强电解质，在溶液中完全电离而生成大量的 OH^- 离子，溶液中的 H^+ 和 OH^- 互相碰撞而结合成水分子，使溶液中 H^+ 离子浓度减小，H^+ 与 Ac^- 离子碰撞结合成 HAc 分子的机会减小。HAc 分子电离的多，H^+ 与 Ac^- 离子结合成 HAc 分子少，总的结果，HAc 分子相对减少，即电离平衡向着电离方向移动。

总之，弱电解质的电离平衡是相对的，有条件的，当条件改变时，电离平衡也要发生移动，重新达到新的平衡。

（3）电离度(α)和电离平衡常数($K_{电离}$)

a. 电离度(α)　电离度即弱电解质的电离程度。当弱电解质在溶液里达到电离平衡时，溶液中已经电离的溶质分子数与溶液中原有溶质分子总数的百分比称为电离度。

$$\alpha = (已电离的溶质分子数/溶液中原有溶质分子总数)\times100\%$$
$$= (已电离的溶质摩尔浓度/溶液中溶质原始摩尔浓度)\times100\%$$

电离度同溶液的浓度及温度有关。浓度减少，电离度增大，因为浓度小，离子相互碰撞而结合成分子的机会减少。温度升高，电离度相应增大。在温度、浓度相同时，电离度的大小可以表示电解质的相对强弱，电离度大的，电解质较强；电离度小的，电解质较弱。

b. 电离平衡常数($K_{电离}$)是一个与浓度无关的常数值，其值的大小只随温度的改变稍有变化。电离平衡常数($K_{电离}$)表示在一定的温度下，弱电解质在不同浓度的溶液里达到电离平衡时，各种离子浓度的乘积与溶液中未电离分子浓度的比值。以醋酸电离为例：

$$HAc \rightleftharpoons H^+ + Ac^-$$

平衡时，$K_{HAC} = \dfrac{[H^+][Ac^-]}{[HAc]}$

式中　$[H^+]$、$[Ac^-]$、$[HAc]$ 均为电离平衡时的浓度。

30℃时，不同浓度的醋酸溶液中 $K_{HAc} = [H^+][Ac^-]/[HAc] = 1.75\times10^{-5}$。

50℃时，不同浓度的醋酸溶液中 $K_{HAc} = [H^+][Ac^-]/[HAc] = 1.63\times10^{-5}$。

对于同一类型的弱电解质，电离平衡常数的大小比电离度更能表明其相应强弱。如 25℃时，$K_{HF} = 6.6\times10^{-4}$，$K_{HAc} = 1.752\times10^{-5}$，可见氢氟酸比醋酸要强。

2. 水的电离和溶液的 pH 值

水分子有两性作用，一个水分子可以从另一个水分子中夺取质子形成 H_3O^+ 及 OH^-，即

$$H_2O + H_2O = H_3O^+ + OH^-$$

因而在水分子之间存在着质子的传递作用，这种作用的平衡常数称为水的离解常数，用 K_W 表示

$$K_W = [H_3O^+][OH^-]$$

水合质子 H_3O^+ 也常常简写为 H^+，因而上式可以简写为 $K_W = [H^+][OH^-]$。常数 K_W 也就是水的离子积，在 25℃时，它等于 10^{-14}，因而

$$K_W = 10^{-14} 或 pK_W = 14$$

K_W 只与温度有关，而与溶液中的 H^+ 或 OH^- 的浓度无关。水溶液中的 H^+ 或 OH^- 的浓度

反映了溶液的酸碱性。

一般规定，溶液中 H^+ 的有效浓度（活度）可用其负对数表示，即

$$pH = -lg[H^+]$$

式中　$[H^+]$——H^+ 的浓度，mol/L。

用负对数表示时，则

$$pH = pOH = 7$$

$$pH + pOH = 14$$

当 $pH = 7$ 时，表示水呈中性；

当 $pH > 7$ 时，水中 $[OH^-] > [H^+]$，水呈碱性，pH 值越大，则水的碱性越强；

当 $pH < 7$ 时，水中 $[OH^-] < [H^+]$，水呈酸性，pH 值越小，则水的酸性越强。

测定 pH 值多采用直接电位分析法。根据指示电极和参比电极间的电位差与被测离子有效浓度（活度）间的函数关系直接测出氢离子的浓度。在各种水处理的工艺中，水的 pH 值需要严格调整或控制。

2.1.2　有机化合物概述

2.1.2.1　有机化合物的特性

1. 什么叫有机化合物

通常我们把含碳元素的化合物叫做有机化合物，简称有机物。一般来说，把不含碳元素的化合物叫做无机化合物。而一氧化碳、二氧化碳、碳酸、碳酸盐等，虽然它们也含有碳元素，但是它们的分子结构和性质跟无机化合物相似，所以习惯上还把它们分属为无机化合物。

2. 有机化合物的特性

(1) 绝大多数有机物不稳定，受热容易分解，也容易燃烧。如汽油、酒精等。

(2) 大多数有机物难溶于水，易溶于汽油、酒精、苯等有机溶剂。

(3) 绝大多数有机化合物不能电离，也不导电，是非电解质，且熔点低。

(4) 化学反应复杂，还伴有副反应发生，反应速度缓慢，且不易完成。

以上四个特性只是有机化合物的共性，但也要注意它的个别特性。如四氯化碳就可以灭火，糖易溶于水。

2.1.2.2　有机化合物的分类

1. 烃

由碳和氢两种元素组成的有机化合物叫做烃，也叫碳氢化合物。烃是最简单的有机化合物。根据分子中碳原子连接的方式可以把烃分为开链烃和环烃两类。

开链烃又可分为饱和烃与不饱和烃两类。

2. 烷烃

烷烃是指分子中的碳原子以单链相连，其余的价键全部和氢原子相结合而成的化合物。例如：甲烷（CH_4）、丙烷（CH_3—CH_2—CH_3）。烷烃是属于饱和烃，"饱和"意味着分子中的每个碳原子的化合价都已充分利用，都达到"饱和"。具有这种结合的链烃叫做饱和链烃。所有的烷烃都不易溶于水，而易溶于有机溶剂，熔点和沸点都随碳原子数目增加而增高。在室温下对直链烷烃来说，$C_1 \sim C_4$ 是气体，$C_5 \sim C_{16}$ 是液体，C_{17} 以上的为固体。

烷烃的化学性质最不活泼，和甲烷的性质基本相同，在一般情况下，烷烃与大多数试剂，如强酸、强碱、强氧化剂等都不起反应。但在特殊条件下，例如在光、热和催化剂存在

时，可以和卤素、氧气等作用。

3. 烯烃

分子中含有碳—碳双键（C＝C）的不饱和烃，叫做烯烃。如：

$$CH_2＝CH_2 \qquad\qquad CH_3—CH＝CH_2 \qquad\qquad CH_3—CH_2—CH＝CH_2$$

乙烯   丙烯   丁烯

单烯烃比相应的烷烃少两个氢原子。烯烃是不饱和烃的一种。"不饱和"意味着它能够再与其他原子结合成饱和的化合物。烯烃中最简单的一种是乙烯。因此，链式单烯烃的通式是 C_nH_{2n}。

乙烯的物理化学性质如下：

（1）乙烯的分子结构

乙烯的分子式是 C_2H_4，结构式是

$$\begin{array}{cc} H & H \\ | & | \\ H—C & ＝ & C—H \end{array}$$

。

（2）乙烯的性质

① 物理性质

乙烯是无色、稍有气味、难溶于水的气体。它的密度是 1.25 g/L，比空气略轻些。

② 化学性质

a. 加成反应　乙烯能与溴水中的溴起反应，可观察到溴水的红棕色很快消失，生成无色的 1，2-二溴乙烷液体。

$$\begin{array}{ccc} H & H & & & H & H \\ | & | & & & | & | \\ H—C & ＝ & C—H & + & Br—Br & \longrightarrow & H—C—C—H \\ & & & & & & | & | \\ & & & & & & Br & Br \end{array}$$

这种有机物分子中打开不饱和链加入其他原子或原子团的反应，叫做加成反应。乙烯还能和氢气、氯气、卤化氢以及水等在一定的条件下起加成反应。

$$CH_2＝CH_2+H_2 \xrightarrow[40～150℃]{Ni} CH_3—CH_3$$

$$CH_2＝CH_2+HCl \xrightarrow[130～150℃]{无水\ AlCl_3} CH_3—CH_2Cl$$

b. 氧化反应　乙烯和其他烃一样，在空气中完全燃烧时，也生成二氧化碳和水。

$$CH_2＝CH_2+3O_2 \xrightarrow{燃烧} 2CO_2\uparrow+2H_2O$$

由于乙烯分子中有双键，极易被许多氧化剂氧化。这些氧化反应在烯烃的鉴定上很有价值。如乙烯可被氧化剂高锰酸钾氧化，使高锰酸钾溶液褪色。用这种方法可以区别乙烯和甲烷。

c. 聚合反应　如上所述，在适当的温度、压力和有催化剂存在的条件下，乙烯分子中的双键会打开发生加成反应，若加成反应发生在乙烯分子之间，碳原子便互相结合形成长链的聚乙烯。

$$CH_2＝CH_2+CH_2＝CH_2\cdots \longrightarrow —CH_2—CH_2—CH_2—CH_2—\cdots$$

或简写成：

$$nCH_2＝CH_2 \xrightarrow{催化剂} \left[\!\!\!\left[CH_2—CH_2 \right]\!\!\!\right]_n$$

聚乙烯

像这种由小分子结合成大分子的反应，称为聚合反应。

乙烯还用于制造塑料、合成纤维、有机溶剂等，也可被用作果实催熟剂。因此，它是有机合成工业和石油化学工业的重要原料。

4. 炔烃

分子中含有碳-碳叁键（C≡C）的不饱和烃，叫做炔烃。它比烯烃少两个氢原子，所以它的通式为 C_nH_{2n-2}。炔烃中最简单也最重要的是乙炔。

乙炔是无色、无臭的气体，俗名电石气，一般由电石制得的乙炔混有少量的硫化氢、磷化氢等杂质，因而具有难闻的臭味。乙炔微溶于水，易溶于有机溶剂。乙炔的密度是 1.16 g/L，比空气稍轻。乙炔的分子式是 C_2H_2，结构式是：

$$H—C≡C—H$$

乙炔的化学性质和乙烯基本相似，因含有不饱和的叁键，所以能起氧化反应、加成反应和聚合反应。

（1）氧化反应

乙炔完全燃烧时产生大量的热，其反应为：

$$2CH≡CH+5O_2 \xrightarrow{点燃} 4CO_2+2H_2O$$

因为乙炔的成份中含碳量很大，所以燃烧不充分时火焰光亮而带浓烟。乙炔和空气的混合物会发生爆炸，所以在生产和使用乙炔时，必须注意安全。乙炔在氧气中燃烧时，产生的氧炔焰的温度可达 3000℃以上，可以用来切割焊接金属。

乙炔也容易被氧化剂所氧化，能使高锰酸钾溶液的紫色褪去。

（2）加成反应　乙炔也能使溴水褪色，反应过程可以分步表示如下：

$$H—C≡C—H+Br_2 \longrightarrow H—\underset{Br}{C}=\underset{Br}{C}—H$$

（1，2-二溴乙烯）

$$H—\underset{Br}{C}=\underset{Br}{C}—H+Br_2 \longrightarrow H—\overset{Br}{\underset{Br}{C}}—\overset{Br}{\underset{Br}{C}}—H$$

（1，1，2，2-四溴乙烷）

在有催化剂的条件下，乙炔也能与氯化氢起加成反应生成氯乙烯。

$$HC≡CH+HCl \xrightarrow[150\sim160℃]{HgCl_2-活性炭} CH_2=CHCl$$

如果用镍粉作催化剂并且加热，乙炔就能与氢气进行加成反应，生成乙烯，再成为乙烷。

$$HC≡CH+H_2 \xrightarrow{\Delta\ 催化剂} CH_2=CH_2$$

$$HC_2=CH_2+H_2 \xrightarrow{\Delta\ 催化剂} CH_3—CH_3$$

目前，乙炔在工业上已得到极为广泛的应用。由它出发可以合成塑料、橡胶、纤维以及有机合成的重要原料和溶剂等，所以乙炔是一种重要的基本有机原料。乙炔是最重要的炔烃，可以通过乙炔的特性，了解其它炔烃的性质。

5. 芳香烃

烃类的分子结构中，除去链状的以外，还有一类环状化合物，这一类烃叫做环烃。根据它们的结构和性质，以可分为脂环烃和芳香烃两类。

脂环烃的性质与链式的脂肪烃相似，按照碳原子的饱和程度又可分为环烷烃、环烯烃、环炔烃等等。

芳香烃是芳香族化合物的母体。芳香族化合物的特征是在于它的结构，即分子中都含有苯环，所以芳香族化合物即指分子中具有苯环结构的化合物。

芳香烃中最简单的化合物是苯。苯是无色液体，熔点 5.5℃，沸点 80℃，具有特殊气味，比水轻，不溶于水，溶于有机溶剂。分子式 C_6H_6。近代物理方法证明，苯分子中的 6 个碳原子和 6 个氢原子都在同一平面上，6 个碳原子形成等边六边形的环状结构，苯环上碳-碳键是一种介于单键和双键之间的特殊键。现在用来表示苯环的特殊结构，但绝不能认为苯环是单、双键交替组成的环状结构。

环戊烷　　　　环戊烯　　　　环辛炔

6. 烃的衍生物

烃分子中的氢原子被其它原子或原子团取代以后的产物，叫做烃的衍生物。

烃的衍生物具有与相应的烃不同的化学特性，这是因为取代氢原子的原子或原子团对于烃的衍生物的性质起着很重要的作用。这种决定化合物的化学特性的原子或原子团叫做官能团。卤素原子(-X)、硝基(-NO_2)、磺酸基(-SO_3H)都是官能团，碳-碳双键和叁键也分别是烯烃和炔烃的特征官能团。

烃的衍生物种类很多，几类重要的烃的衍生物有卤代烃、醇、酚、醛、酮、羧酸和脂等。

2.1.2.3　石油石化基础知识

1. 石油的一般性质

原油(或称石油)通常是黑色、褐色或黄色的流动或半流动的黏稠液体，一般相对密度介于 0.80～0.98 之间。世界各地所产的原油在性质上都有不程度的差异，随着产地的不同而不同。原油的颜色深浅取决于原油中含有胶质和沥青质的多少；原油有的有很浓的臭味，这是由于原油含有一些臭味的硫化物；不同的原油有着不同的凝点，主要是原油中含有一定数量的蜡；原油的黏度取决于原油中含有重质馏分的多少；原油的密度取决于原油所含有的重质馏分、胶质、沥青质的多少。

2. 主要石油产品

一般来讲，石油产品并不包括以石油为原料合成的各种石油化工产品。现有石油产品有 800 余种，如包括石油化工产品则达数千种之多。我国现将石油产品分成发动机燃料(汽油、煤油、柴油)、润滑剂、石油沥青、石油蜡、石油焦、溶剂和化工原料 6 大类。

3. 石油炼制常识

石油炼制工艺过程因原油种类不同和生产油品的品种不同而有所不同选择，大体上可以划分为三大部分：①原油蒸馏。这是原油进行炼制加工的第一步，是石油炼制过程的龙头。各炼油厂即以其原油蒸馏的处理能力作为该炼油厂的规模。通过常压和减压蒸馏可以把原油中不同沸点范围的馏分分离出来，获得直馏的汽油、煤油、柴油等轻质馏分和重质油馏分及渣油。②二次加工。从原油中直接得到的轻馏分是有限的，大量的重馏分和渣油需要进一步加工，将重质油进行轻质化，以得到更多的轻质油品。二次加工工艺包括有许多过程，可根据生产要求加以选择，例如为增产轻质油品，可以用重质馏分油和渣油为原料进行催化裂化和加氢裂化；为生产润滑油基础油可以用减压馏分油等为原料通过酮苯脱蜡-溶剂精制-白土精制工艺或进行润滑油加氢处理；为提高汽油辛烷值或生产苯类产品可以用直馏汽油等为主要原料进行催化重整；以及以渣油为原料的延迟焦化、减粘和渣油加氢处理等。③油品精制和提高质量的有关工艺。包括为使汽油、柴油的含硫量及安定性等指标达到产品标准进行的加氢精制；油品的脱色、脱臭；炼厂气加工；为提高油品质量的添加组分如甲基叔丁基醚（MTBE）、烷基化油等加工工艺。

原油的加工方案是根据原油的特性和任务要求所制定的产品加工方案在工艺流程中的体现。原油的加工方案可以分为以下几种基本类型：燃料型、燃料-化工型、燃料-润滑油型等。

2.2 热工基础知识

2.2.1 锅炉基础知识

锅炉是一种利用燃料燃烧后释放的热能或工业生产中的余热传递给容器内的水，使水达到所需要的温度（热水）或一定压力蒸汽的热力设备。它是由"锅"（即锅炉本体水压部分）、"炉"（即燃烧设备部分）、附件仪表及附属设备构成的一个完整体。锅炉运行在"锅"与"炉"两部分同时进行，水进入锅炉以后，在汽水系统中锅炉受热面将吸收的热量传递给水，使水加热成一定温度和压力的热水或生成蒸汽，被引出应用。在燃烧设备部分，燃料燃烧不断放出热量，燃烧产生的高温烟气通过热的传播，将热量传递给锅炉受热面，而本身温度逐渐降低，最后由烟囱排出。"锅"与"炉"一个吸热，一个放热，是密切联系的一个整体设备。锅炉在运行中由于水的循环流动，不断地将受热面吸收的热量全部带走，不仅使水升温或汽化成蒸汽，而且使受热面得到良好的冷却，从而保证了锅炉受热面在高温条件下安全的工作。

2.2.1.1 锅炉的分类

按使用的燃料分为：燃油炉、燃煤炉、燃气炉和余热锅炉。

按蒸汽压力分为：低压锅炉（小于1.5MPa）、中压锅炉（2~4.5MPa）、高压锅炉（10~11MPa）、超高压锅炉（14MPa）、亚临界压力锅炉（17MPa）和超亚临界压力锅炉（22MPa）。

按用途分为：工业锅炉、电站锅炉、热水锅炉和生活锅炉。

2.2.1.2 锅炉的作用及原理

工业及电站锅炉的作用就是利用油、气、煤或余热作热源，将水加压、加热成一定压力和温度的蒸汽，用于发电或其他工业用途。如图2-1所示：

1. 汽包的作用及原理

（1）连接的作用。汽包将水冷壁、对流管和下降管、过热器、省煤器及排污扩容器等各种直径不等、根数不同、用途不一的管子有机地连接在一起，起一个大连箱的作用。

（2）汽水分离。从水冷壁、省煤器和对流管来的汽水混合物，经汽包内的汽水分离装置分离出蒸汽，蒸汽被送入过热器过热。

（3）储水和储汽。汽包下半部储存一定数量的水供对流管及水冷壁使用。上半部是蒸汽

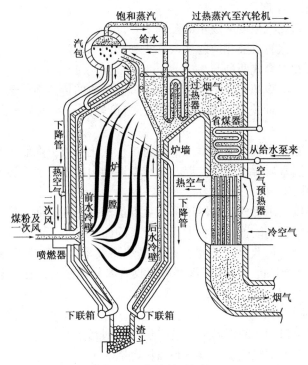

图 2-1　自然循环锅炉

空间。由于汽包内储存了一定数量的水，允许给水量短时间少量波动，增加了锅炉运行的平稳性。汽包内储存的水和蒸汽还起到了缓冲压力波动的作用，当蒸汽压力升高时，对应的饱和温度升高，产生的饱和蒸汽量减少，减缓压力升高。当蒸汽压力下降时，对应的饱和温度降低，产生的饱和蒸汽量增加，减缓了压力下降。

（4）汽包里的连续排污和定期排污装置能保持炉水的含盐量一定，清洗装置可用给水清洗掉溶解在蒸汽中的盐，从而保证蒸汽品质。汽包中的加药装置可进行锅内处理，防止蒸发受热面结垢。

2. 水冷壁的作用及原理

（1）保护炉墙和过热管。为了减少不完全燃烧损失，锅炉炉膛温度越来越高，高温烟气首先经过水冷壁降温，可以延长炉墙和过热管的运行周期。有些锅炉如余热锅炉烟气温度较低，不设置水冷壁。

（2）产生蒸汽。水冷壁直接与高温烟气接触，辐射传热极为强烈，因此水冷壁的热负荷比其他炉管要大得多。因此有些锅炉用水冷壁代替对流管和下降管，或大量节省金属。

3. 对流管和下降管的作用及原理

对流管和下降管多应用在中小型锅炉上，起到连接上、下汽包的作用。对流管中的水吸收烟气的热量后，变成汽水混合物向上流动进入上汽包，上汽包中的水在重力作用下，通过下降管进入下汽包，这样形成自然对流循环，不断吸收烟气的热量，产生蒸汽。

4. 过热器的作用及原理

（1）利用锅炉出口烟气将汽包来的干饱和蒸汽进一步加热成过热蒸汽。

（2）降低烟气温度，回收烟气中的热量，提高锅炉效率。

5. 减温器的作用及原理

（1）控制锅炉出口蒸汽温度在规定的范围内。

（2）保护过热器、汽轮机及相应的蒸汽管线和阀门不超温。

减温器有表面式和混合式两种。

表面式减温器蒸汽与冷却介质不接触，通过减温器内的传热面使蒸汽得到冷却，因此对冷却介质的要求不高。表面式减温器结构复杂，造价较高，容易泄漏，蒸汽温度调节不太灵敏。

混合式减温器将减温水直接喷入蒸汽中，通过水汽化吸热，降低蒸汽温度。由于水直接变为蒸汽，因此对减温水质要求较高。混合式减温器结构简单，蒸汽温度调节灵敏。

6. 省煤器的作用及原理

（1）提高给水温度，沸腾式省煤器还可产生少量蒸汽。利用烟气热量将进汽包的水温提高后，汽包的工作条件得到改善，减小了蒸发管束的面积。

（2）降低烟气温度，回收烟气热量，提高锅炉热效率。烟气离开蒸发器后，温度高达250~350℃，还含有大量热量，使用省煤器可回收这部分热量，节省大量燃料，因为早期锅炉以煤为燃料，故称之为省煤器。

7. 空气预热器的作用及原理

（1）回收省煤器出口烟气的低温热，进一步降低烟气温度。

（2）加热进燃烧器的空气温度，改善和强化燃烧效果。

（3）使用热空气燃烧，炉膛温度显著提高，辐射传热加强，节省价格较高的金属材料。

空气预热器是利用烟气的低温热能加热空气，被加热后的空气进入燃烧器燃烧，因此没有燃烧器的锅炉如催化裂化装置的余热锅炉就不设置空气预热器。设置空气预热器后可将排烟温度降低到150℃以下，可节约燃料8%左右。

8. 炉墙的作用及原理

炉墙的作用是将火焰及烟气与外界隔离，减少散热损失并使烟气按一定的通道流动。

炉墙一般由三层组成。炉膛里面是耐火层，中间是隔热层，外面是密封层。

耐火层要求耐火性能、抗冲刷性能及抗腐蚀性能好，通常用耐火砖彻筑或耐火混凝土浇注而成。

隔热层要求绝热性能良好，能常用导热性能低、相对密度小的材料如：保温砖、硅酸铝镁、硅酸铝等。

密封层要求密封性能好，使用寿命长，强度高。通常用薄钢板制造。

2.2.1.3 锅炉的操作

1. 烘炉

烘炉的目的是为了干燥炉墙中含有的水分，保证锅炉点火运行后炉墙不发生裂缝或倒塌故障。炉墙修理或长期停炉后，重新起动锅炉前要进行烘炉。

2. 煮炉

煮炉的目的是为了清除设备制造、安装和修理时带入的铁锈、油脂和污垢，或运行过程中产生的水垢，以免造成蒸汽品质的恶化和保护受热面的安全。煮炉工作可单独进行，也可在烘炉后期进行。

3. 锅炉启动

锅炉起动分为冷态和热态启动两种。冷态启动是指锅炉经过检修或较长时间备用后，没有压力、锅炉本体与环境温度相近情况下的起动。热态启动是指锅炉停运时间较短，还保持有一定压力和温度的情况下起动。步骤如下：

（1）设备、电气及仪表调试好。

（2）按规定的速度升温升压。

（3）如有必要安全阀现场定压。

（4）升压暖管过程中加强疏水，蒸汽品质分析合格后方能并汽。

2.2.1.4 锅炉的运行

为保证锅炉安全、经济运行，需仔细调节控制。

（1）控好汽包水位。波动范围不超过正常水位±50mm。经常校对现场水位计与要仪表显示值，防止"假水位现象"。

（2）控好蒸汽压力。压力的波动反应了锅炉负荷与用汽负荷之间的平衡关系，根据压力高低，及时降低或提高锅炉的负荷。

（3）控好蒸汽温度。可通过锅炉的热负荷或减温器进行调节。

（4）燃烧调节。风量或燃料量的变化直接影响燃烧效果和锅炉的热负荷，根据烟气中的氧含量及时调整风量或燃料量。

（5）排污。目的是为了保持锅炉受热面水的清洁，降低炉水含盐量，避免发生汽水共沸现象，保证蒸汽质量。同时可排除积聚在锅筒或下集箱中的泥渣、污垢。当水位过高时，可通过排污降低故障。

（6）排污分定期排污和连续排污。定期排污一般每天一次，依据炉水分析的结果进行。连续排污量的调整视炉水分析结果来定。

（7）吹灰。目的是为了保持受热面的清洁，防止炉内积灰和结焦。

（8）按时检查锅炉辅机和辅助设备，保持良好的运行状态。

（9）按时检查锅炉本体，是否有局部过热或泄漏。

2.2.2 汽轮机基础知识

汽轮机是一种以蒸汽为动力，并将蒸气的热能转化为机械功的旋转机械，是现代火力发电厂及石化企业中应用最广泛的原动机。

2.2.2.1 汽轮机组的分类

（1）汽轮机组型号的表示方法如下：

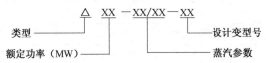

例：N300-16.7/538/538

300MW 凝汽式汽轮机，主蒸汽压力为 16.7MPa，温度为 538℃，再热蒸汽温度 538℃。

国产汽轮机类型代号见表 2-1。

表 2-1　国产汽轮机类型的代号

代　号	类　型	代　号	类　型
N	凝汽式	CB	抽汽背压式
B	背压式	H	船用
C	一次调节抽汽式	Y	移动
CC	两次调节抽汽式		

（2）汽轮机组的分类见表 2-2。

表 2-2　汽轮机组分类

分类标准	类型	简要描述
工作原理	冲动式	主要由冲动级组成，蒸汽主要在喷嘴叶栅中膨胀，在动叶栅中只有少量膨胀
	反动式	主要由反动级组成，蒸汽在喷嘴叶栅和动叶栅中膨胀程度相同。由于反动级不能做成部分进汽，故调节级采用单列冲动级或复速级
热力特性	凝汽式	蒸汽在汽轮机中膨胀做功后，在高度真空状态下进入凝汽器凝结成水。有些给水泵汽轮机没有抽汽回热系统，称为纯凝汽式汽轮机
	背压式	蒸汽在汽轮机中膨胀做功后，排汽直接用于供热，不设凝汽器。当排汽作为其他中低压汽轮机的工作蒸汽时，称为前置式汽轮机
	调节抽汽式	从汽轮机某级后抽出一定压力的部分蒸汽对外供热，其余排汽仍进入凝汽器。由于热用户对供热蒸汽压力有一定要求，需要对抽汽压力进行自动调节，故称为调节抽汽。根据供热需要，有一次调节抽汽和两次调节抽汽之分
	抽汽背压式	具有调节抽汽的背压式汽轮机
	中间再热式	进入汽轮机的蒸汽膨胀到某一压力后，被送往锅炉的再热器进行再热，再热后返回汽轮机继续膨胀做功
	混压式汽轮机	利用其他来源的蒸汽引入汽轮机相应的中间级，与原来的蒸汽一起工作。通常用于工业生产的流程中，用来综合利用蒸汽的热能
用途	电站	用于拖动发电机，汽轮发电机组需按供电频率定转速运行，也称为定转速汽轮机，主要采用凝汽式汽轮机，也采用同时供热供电的(调节抽汽式、背压式)汽轮机，通常称它们为热电汽轮机或供热汽轮机
	工业	用于拖动风机，水泵等转动机械，其运行速度经常是变动的，也称为变转速汽轮机
	船用	用于船舶推进动力装置，驱动螺旋桨。为适应倒车的需要，其转动方向是可变的
	凝汽式供暖	在中低压缸连通管上加装蝶阀来调节供暖抽汽量，抽汽压力不像调节抽汽式汽轮机那样维持规定的数值，而是随流量大小，基本上按直线规律变化的
进汽参数	低压	新蒸汽压力小于 1.5MPa
	中压	新蒸汽压力为 2~4MPa
	高压	新蒸汽压力为 6~10MPa
	超高压	新蒸汽压力为 12~14MPa
	亚临界	新蒸汽压力为 16~18MPa
	超临界	新蒸汽压力超过 22.2MPa

2.2.2.2　汽轮机的结构与原理

1. 冲动式汽轮机的结构和原理

由力学可知，当一运动物体碰到另一静止的或运动速度较低的物体时，就会受到阻碍而改变其速度，同时给阻碍它的物体一个作用力，这个作用力称为冲动力。根据冲量定律，冲动力的大小取决于运动物体的质量和速度变化，质量越大，冲动力越大；速度变化越大，冲动力也越大。若阻碍运动的物体在此力作用下产生了速度变化，则运动物体就做了机械功。

在汽轮机中(图 2-2)，蒸汽在喷嘴中发生膨胀，压力降低，速度增加，热能转变为动能。高速汽流流经动叶片 3 时，由于汽流方向改变，产生了对叶片的冲动力，推动叶轮 2 旋转做功，将蒸汽的动能变成轴旋转的机械能。这种利用冲动力做功的原理，称为冲动作用原理。

图 2-2 冲动式汽轮机工作原理
1—轴；2—叶轮；3—动叶片；4—喷嘴

2. 反动式汽轮机的结构和原理

由牛顿第三定律可知，当某物体对另一物体施加作用力时，此物体就必然要受到与其作用力大小相等、方向相反的的反作用力。例如火箭就是利用燃料燃烧时所产生的大量高压气体从尾部高速喷出，对火箭产生的反作用力使其高速飞行的，这个反作用力称为反动力。

在反动式汽轮机中，蒸汽不但在喷嘴（静叶栅）中产生膨胀，压力由 p_0 降至 p_1，速度由 c_0 增至 c_1，高速汽流对动叶产生一个冲动力；而且在动叶栅中也膨胀，压力由 p_1 降至 p_2，速度由动叶进口相对速度 w_1 增至动叶出口相对速度 w_2，汽流必然对动叶产生一个由于加速而引起的反动力，使转子在蒸汽冲动力和反动力的共同作用下旋转做功。

反动式汽轮机一般都是多级的。图 2-3 为轴流式多级反动式汽轮机示意图。它的动叶片直接装在轮鼓上，在每列叶片之前，装有静叶片。动叶片和静叶片的断面形状基本相同。压力为 p_0 的新蒸汽由环形汽室 7 进入汽轮机后，在第一级静叶栅中膨胀，压力降低，速度增加。然后进入第一级动叶栅，改变流动方向，产生冲动力。在动叶栅中，蒸汽继续膨胀，压力下降，流速增高。汽流在动叶栅中速度的增高，对动叶栅产生反动力。转子在冲动力和反动力的共同作用下旋转做功。从第一

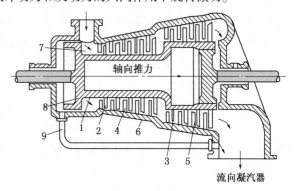

图 2-3 反动式汽轮机工作原理
1—轮鼓；2、3—动叶栅；4、5—静叶栅；6—汽缸；
7—环形进汽室；8—平衡活塞；9—联络蒸汽管

级流出的蒸汽依次进入以后各级重复上述过程，直到经过最后一级动叶栅离开汽轮机。由于蒸汽的比容随着压力的降低而增大，因此，叶片的高度相应增高，使流通面积逐级增大，以保证蒸汽顺利地流过。由于反动式汽轮机每一级前后都存在压力差，因而在整个转子上产生很大的轴向推力，其方向如图所示。为了减小这个轴向推力，反动式汽轮机不能像冲动式汽轮机那样采用叶轮结构，而是在转子前部装设平衡活塞 8 来抵消轴向推力。活塞前的空间用联通管 9 和排汽管联通，使活塞上产生一个向左的轴向推力，以达到平衡转子轴向推力的目的。

2.2.2.3 汽轮机的操作与维护

1. 汽轮机运行的主要任务

合理地分配和使用汽轮机寿命，正确地启停操作，良好地检查维护，严格地调整控制参数，细致地整定试验，可靠地预防和处理事故，使之经常处于安全、经济、可靠、稳定运行的良好状态。

2. 汽轮机启动

汽轮机启动应在合理的寿命损耗范围内平稳升速带负荷，防止胀差超限、缸体温差超限、动静摩擦、轴系异常振动等异常情况，不出现危及主机安全的辅助设备、热控装置等异常运行，并尽量缩短启动时间，减少启动消耗，以取得最佳安全经济效益。

汽轮机的启动过程，其机械状态和热力状态都发生很大的生化。从热力学的观点看，汽轮机的启动过程实质就是对汽轮机各部件的加热过程，在完成加热过程的同时，也完成了机械状态的

转变。机组的整个启动过程包括启动前的准备，冲转前的操作，汽轮机的冲转、升速、暖机及并网后接带负荷等几个阶段。

3. 汽轮机的正常运行中的维护

汽轮机正常运行中正确执行规程、认真操作、检查、监视和调整是保证汽轮机设备安全经济运行的前提。汽轮机运行中的日常维护工作包括：

（1）通过经常性的检查、监视和调整，发现设备缺陷，及时消除，提高设备的健康水平，预防事故的发生和扩大，提高设备利用率，保证设备长期安全运行。

（2）通过经常性的检查、监视及经济调度，尽可能使设备在最佳工况下运行，降低汽耗率、热耗率和厂用电率，提高机组运行的经济性。

（3）定期进行各种保护试验及辅助设备的正常试验和切换工作，保证设备的安全可靠性。

4. 汽轮机的停机

汽轮机停机过程对机组零部件来说是一个冷却过程。停机包括从带负荷运行状态减去全部负荷、解列发电机、切断汽轮机进汽到转子静止、盘车等过程。停机中的主要问题是防止由于机组零部件冷却过快或不均匀冷却而使零部件产生过大热应力、热变形和胀差。根据不同的要求，可以选择不同的停机方式。

汽轮机停机分正常停机和故障停机两大类。正常停机是指由于电网的需要而有计划地停机。例如按预定检修计划停机、调峰机组根据需要停机或减负荷运行等；故障停机是指汽轮发电机组发生异常情况，保护装置动作或人为地手打危急保安器进行的停机，以达到保护机组不致损坏或使损失减小的目的。

5. 停(备)用汽轮机防锈蚀方法

（1）热风干燥法　停机后隔离全部可能进入汽缸和凝汽器汽侧的汽水系统，排尽汽缸和抽汽管道内积水，当汽缸金属温度降至80℃以下时，向汽缸内送入温度为50~80℃的热风；汽缸内风压应小于0.04MPa，应定时测定从汽缸排出气体的湿度低于70%(室温值)或等于环境相对湿度。

（2）干燥剂去湿法　本方法适用于周围湿度较大（大气湿度不高于70%），汽缸内无积水的汽轮机封存保养。停机后先经热风干燥法干燥合格后，汽缸内放入干燥剂。保养期间应经常检查干燥剂吸湿情况，发现失效应及时更换。放入的干燥剂应记录数量，解除保养时必须如数取出。

2.3　流体力学基础知识

流体是指具有流动性的物体，包括气体和液体。一般来说，气体是可以压缩的，液体则由于其可压缩性很小，工程上近似地认为是不可压缩的。流体流动和输送是化工生产中必不可少的一个单元操作。

2.3.1　流体静力学

流体静力学的任务是研究流体在静止状态下内部压力的变化规律。为此首先要了解流体的一些主要物理性质。

2.3.1.1　密度、相对密度和比体积

1. 密度

单位体积的流体的质量称为流体的密度，用符号 ρ 表示。它与物体的体积 V 和质量 m 之间的关系为：

$$\rho = \frac{m}{V}$$

在国际单位制中，密度的单位为 kg/m^3。液体的密度受压力的影响很小，一般可忽略不计，但密度随温度变化而变化。如纯水在277K时的密度为 $1000kg/m^3$，在293K时为 $998.2kg/m^3$，在373K时为 $958.4kg/m^3$。因此，在选用密度数值时，一定要注意到它的温度。

2. 相对密度

在一定温度下，物体的密度与277K时纯水密度之比，称为相对密度，用符号 d_{277}^T 表示，它是一个无因次的物理量。

$$d_{277}^T = \frac{\rho}{\rho_{\text{水}}}$$

式中 ρ——流体在温度 $T(\mathrm{K})$ 时的密度；

$\rho_{\text{水}}$——水在277K时的密度。

3. 比体积

单位质量流体所具有的体积称为比体积。用符号 υ 表示，单位为 m^3/kg。

$$\upsilon = \frac{V}{m} = \frac{1}{\rho}$$

实际生产中的流体，大多数是液体或气体的混合物。液体混合物的平均密度可近似的按下式计算：

$$\frac{1}{\rho_{\text{均}}} = \frac{X_{\mathrm{W1}}}{\rho_1} + \frac{X_{\mathrm{W2}}}{\rho_2} + \cdots + \frac{X_{\mathrm{W}n}}{\rho_n}$$

式中 ρ_1、$\rho_2 \cdots \rho_n$——液体混合物中各组分的密度，kg/m^3；

X_{W1}、$X_{\mathrm{W2}} \cdots X_{\mathrm{W}n}$——液体混合物中各组分的质量分数。

2.3.1.2 流体的压力

化工生产一般都是在一定的温度、压力和一定的物质浓度下进行的，压力的计算与测量，是化工生产中必须解决的重要问题之一。

1. 流体的压力及其单位

流体垂直作用于单位面积上的力，称为流体的压力强度，简称为压力。若以符号 p 表示压力，以 F 表示流体垂直作用在面积 A 上的力，则压力

$$p = \frac{F}{A}$$

压力是工程上处理流体动力过程中极为重要的一个参数，在各种单位制中对压力都规定了各自的计量单位：绝对单位制（cgs制）中为 dyn/cm^2（达因/厘米^2），或称巴；国际单位制（SI）中为 N/m^2，称为帕斯卡，代号为Pa。除此之外，科学技术上还广泛采用了一些不属于上述任何一种单位制，并具有特定名称的单位，它们是：标准大气压（代号为atm）、工程大气压（代号为at）、公斤力/平方厘米（kgf/cm^2）、毫米汞柱（mmHg）、米水柱（mH_2O）以及毫米水柱（mmH_2O）等。

为了表示的方便，在国际单位制中规定了一套词冠来表示单位的倍数和分数。在压力中常用的有 MN/m^2，或写成MPa（读兆帕）；kN/m^2，或写成kPa（读千帕）；mN/m^2，或写成mPa（读毫帕）等。它们的换算关系为：

$$1MPa = 10^3 kPa = 10^6 Pa = 10^9 mPa$$

为了使用方便，现将目前常用的各种压力单位的换算关系列举如下：

$$1atm = 760\ mmHg = 10.33\ mH_2O = 1.033kgf/cm^2 = 1.033 \times 10^4 kgf/m^2$$

$$= 101.3 \times 10^3 \text{Pa} = 1.013 \text{bar}$$
$$1 \text{at} = 735.6 \text{ mmHg} = 10 \text{ mH}_2\text{O} = 1 \text{kgf/cm}^2 = 1 \times 10^4 \text{kgf/m}^2$$
$$= 9.81 \times 10^4 \text{Pa} = 0.981 \text{ bar}$$

例 2.3-1　某流体的压力为 600 mmHg，试换算成以 kgf/cm² 和 kPa 表示的压力。

解：由上述换算关系可得

$$600 \text{mmHg} = \frac{600}{760} \times 1.003 = 0.82 \text{kgf/cm}^2$$

$$= 0.82 \times \frac{9.81 \times 10^3}{10^3} = 80.44 \text{kPa}$$

例 2.3-2　已知某气体的压力为 100kPa，试换算成以 kgf/cm² 和 atm 表示的压力。

解：由上述换算关系可得

$$100 \text{kPa} = \frac{100 \times 1000}{9.81 \times 10^4} = 1.02 \text{ kgf/cm}^2 \text{或} 1.02 \text{at}$$

$$100 \text{kPa} = \frac{100 \times 1000}{101325} = 0.987 \text{ atm}$$

2. 绝对压力、表压和真空度

尽管压力单位很多，按压力大小分只有两类：一类是大于大气压力的，一类是小于大气压力的。为了表现出这种差别，通常把大气压力作为一条分界线，把大于大气压、并以大气压力为起点计算的压力称为表压。把单位面积上的作用力为零的压力称为绝对零压。凡是以绝对零压为起点计算的压力称为绝对压力。显然

绝对压力=表压+大气压力

为了表示实际压力比大气压力低的状态，我们把比大气压力低的部分称为真空度

真空度=大气压力-绝对压力

绝对压、表压和真空度的关系可由图 2-4 表示。以大气压为零点的上侧为表压，下侧为真空度，所以真空度又称负表压，或称负压。有一种既可测量表压，又可测量真空度的弹簧管压力表(称真空压力表，又称联成表)正是以这种方式来标注的，如图 2-5。而通常使用的弹簧管压力表所指示的读数则都是指表压。

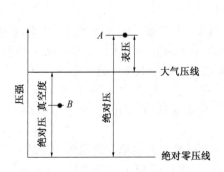

图 2-4　绝对压、表压与真空度的关系

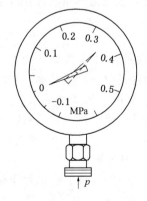

图 2-5　真空压力表示意图

为了避免不必要的错误，当压力以表压或真空度表示时，必须在其单位后注明。

例如：5kPa(表压)、2kgf/cm²(表压)、600mmHg(真空度)等。如没有注明，即表示绝对压。

例 2.3-3　某设备进、出口测压仪表的读数分别为 45mmHg(真空度)和 700mmHg(表

压),求两处的绝对压力差为多少 kPa?

解:根据真空度=大气压-绝对压力

进口的绝对压力 $p_1 = p_0 - 45\text{mmHg}$

根据绝对压力=大气压+表压

出口的绝对压力 $p_2 = p_0 + 700\text{mmHg}$

则
$$p_2 - p_1 = (p_0 + 700) - (p_0 - 45) = 745\text{mmHg}$$
$$= \frac{745}{760} \times 101.3 \times 10^3 = 99.3 \times 10^3 \text{Pa} = 99.3\text{kPa}$$

2.3.1.3 流体静力学方程式

如前所述,流体静力学的任务是研究流体处于静止状态时流体内部压力变化的规律。其公式为(推导从略)

$$p = p_0 + h\rho g$$

式中 p——静止液体内部某液面压力;

p_0——液面上方的压力;

h——液体内部某液面所处深度;

ρ——液体的密度。

从这一方程式中可以看出静止流体内部的压力变化规律:

(1)静止流体内任一点的压力,与流体的性质以及该点距液面的深度(垂直距离)有关;液体的密度越大,深度越深,压力越大。对确定的液体而言,ρ、g 为常数。因此,可以利用液柱的高度 h 来表示压力的大小。

(2)同一静止液体内同一水平面上的各点所受压力相等。这一条规律很重要,它是解决许多静力学问题的基础。

(3)当液体上方的压力 p_0 有变化时,其他各点的压力将发生同样大小的变化。换句话说,作用于容器或管道内液体任一处的压力,能以相同大小传递到液体内的各点。液柱压力计就是根据这一基本原理设计和制造出来的。

静力学基本方程式是以液体为例推导出来的,对气体也适用。但由于气体的密度很小,特别是在高度相差不大的情况下,可以近似地认为,静止气体内部各点的压力相等。另外必须注意,静力学基本方程式只适用于连通着的同一流体中。例如在图 2-6 所示的 $p_3 \neq p_4$,但 $p_A = p_B$。

例 2.3-4 图 2-7 所示的贮槽内,盛有相对密度为 1.2 的某种溶液,假设液面上的压力 $p_0 = 100\text{kPa}$,试求距底 2m 处 A 点所受的压力。

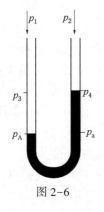

图 2-6

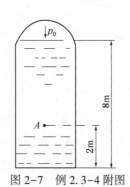

图 2-7 例 2.3-4 附图

解：根据静力学基本方程式　　$p_A = p_0 + h\rho g$

已知　　$p_0 = 100\text{kPa}$　　$h = 8-2 = 6\text{m}$　　$\rho = 1.2 \times 10^3 \text{kg/m}^3$　　$g = 9.81\text{m/s}^2$

$h\rho g = 6 \times 1.2 \times 10^3 \times 9.81 = 70.6 \times 10^3 \text{N/m}^2 = 70.6\text{kPa}$

则　　$p_A = 100 + 70.6 = 170.6\text{kPa}$

2.3.1.4　流体静力学基本方程式的应用

流体静力学基本方程式虽然很简单，但化工生产中某些装置和仪表的操作原理都是以它为依据的，其主要应用有如下几个方面：

1. 测定压力

利用液体静压平衡原理的压力计称为液柱压力计，它的种类很多，最常用的是 U 形管压力计，其结构如图 2-8 所示。U 形玻璃管内，装有被称为指示液的某种液体，指示液必须和被测流体不互溶，且不产生化学作用。测量时，将管的两端与测压点 1、2 相连。假定 1 点的压力大于 2 点的压力，$p_1 > p_2$，则出现一个液位差 R，当平衡时，$p_3 = p_4$。设被测流体的密度为 ρ，指示液的密度为 $\rho_{指}$，根据静力学基本方程式：

$$p_3 = p_1 + (m+R)\rho g$$
$$p_4 = p_2 + m\rho g + R\rho_{指} g$$

因为　　　　　　　$p_3 = p_4$

所以　　$p_1 + (m+R)\rho g = p_2 + m\rho g + R\rho_{指} g$

移项化简后得到　　　　$\Delta p = p_1 - p_2 = R(\rho_{指} - \rho)g$

如被测流体为气体，其密度与指示液的密度比较可以忽略不计，则

$$\Delta p = R\rho_{指} g$$

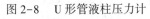

图 2-8　U 形管液柱压力计

从上式可以看出：液体压力计所测定的压力差，只与读数 R、指示液和被测流体的密度差有关，而与 U 形管的粗细和长短无关。当 Δp 一定时，($\rho_{指} - \rho$) 的数值越小，读数 R 越大，读数越清楚。常用的指示液有水银、四氯化碳、水、煤油等，尤以水银最普遍。

当用 U 形管压力计来测量某一点的压力时，可将 U 形管与测压点相连，另一端通大气，此时，U 形管的读数 R 表示测压点的绝对压力与大气压力的差值。如果 R 是在通大气的一侧，则为表压；如果 R 是在测压点一侧，则为真空度。

2. 测量液面

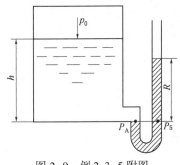

图 2-9　例 2.3-5 附图

为了知道一个设备内贮存、流进或流出的流体的量，常常需要测定容器内液体的液面。测量液面的装置很多，有玻璃管液面计、浮标液面计、液柱压力液面计等。如图 2-9 所示，将 U 形管差压计的一端与容器底部相连，根据流体静力学基本方程式，可以求得读数 R 与容器中液面高度的关系，从而可算出液面的高度。

例 2.3-5　图 2-9 所示的贮槽内盛有相对密度为 0.8 的油，U 形管压力计中的指示液为水银，读数为 0.4m，

设容器液面上方的压力 $p_0 = 15\text{kPa}$（表压），求容器内的液面距底的高度 h。

解：已知

$$\rho_{指} = 13.6\times10^3\text{kg/m}^3$$

$$\rho = 0.8\times10^3\text{kg/m}^3$$

$$R = 0.4\text{m}$$

$$p_0 = 15\text{kPa} = 15\times10^3\text{Pa}$$

根据流体静力学基本方程式，分别算得左右两侧液面分界处的压力（均以表压计）

$$p_A = p_0 + h\rho g$$

$$p_B = R\rho_{指}\, g$$

由于 $p_A = p_B$ 整理得

$$h = \frac{R\rho_{指}\, g - p_0}{\rho g} = \frac{0.4\times13.6\times10^3\times9.81 - 15\times10^3}{0.8\times10^2\times9.81} = 4.9\text{m}$$

2.3.2 流体动力学

2.3.2.1 流量与流速

对于流动着的流体内部压强变化的规律，液体从低位流到高位或从低压流到高压，需要输送设备对液体提供能量；从高位槽向设备输送一定量的液体时，高位槽的安装位置等，都是在流体输送过程中常常遇到的问题，要解决这些问题，必须找出流体在管内流动的规律。反映流体流动规律的有连续性方程式和柏努利方程式。

单位时间内流过管道任一截面的流体量称为流量。若流量用体积来计量，则称为体积流量，用 s_s 表示，单位为 m^3/s。若以质量来计量，则称为质量流量，以 ω_s 来表示，单位为 kg/s。

体积流量与质量流量的关系为：$\omega_s = V_s\rho$

单位时间内流体在流动方向上所流过的距离，称为流速，以 u 表示，其单位为 m/s。实验证明，流体流经管道内任一截面上各点的速度沿管径而变化，即在管截面中心处为最大，越靠近管壁流速将越小，在管壁处的流速为零。流体在管截面上的速度分布规律较为复杂，工程上为方便使用平均速度。

其表达式

$$u = \frac{V_s}{A}\text{或}\, u = \frac{\omega_s}{\rho A}$$

式中 A——与流体方向相垂直的管道截面积，m^2。

由于气体的体积流量随温度和压强而变化，其流速亦随之而变化。因此，采用质量流速比较方便。质量流速的定义是单位时间内流过管道单位截面积的质量，亦称为质量通量，用 G 表示，表达式为：

$$G = \frac{\omega_s}{A} = \frac{V_s\rho}{A} = u\rho$$

单位为 $\text{kg/(m}^2\cdot\text{s)}$

一般的圆形管道，若以 d 表示管道内径，平均流速的表达式可以变为：

由于面积

$$A = \frac{\pi d^2}{4}$$

因此

$$u = \frac{V_s}{A} = \frac{\omega_s}{\rho A} = \frac{4V_s}{\pi d^2} = \frac{4\omega_s}{\pi d^2\rho}$$

41

流体输送管路的直径可以根据流量和流速计算出来，而流量一般是由生产任务所决定的，所以流速的选择很关键，若流速选择得太大，管径虽然可以减小，但是流体流过管道的阻力增大，消耗的动力就大，操作费用就大。反之，流速选择得太小，操作费用可以相应减小，但管径增大，管路的基建费用就大。所以当流体以大流量在长距离的管路中输送时，需要根据具体情况在操作费用与基建费用之间确定适宜的流量。某些流体在管路中的常用流量范围见表2-3。

表2-3　管路中的流体常用流速范围

流体类别	流速范围/（m/s）
自来水	1~1.5
水及低黏度液体	1.0~3.0
重油及高黏度液体	0.5~1
蒸汽	30~50
压缩空气，一般气体	10~20

2.3.2.2　定态流动和非定态流动

在流动系统中，若各截面上的流体的流速、压强、密度等有关物理量仅随位置变化而不随时间变化，这种流动称为定态流动；若流体在各截面上的有关物理量既随位置变化又随时间变化，则称为非定态流动。化工生产中大多属于连续定态过程。

2.3.2.3　连续性方程

在定态流动系统中，对直径不同的管段做物料衡算，如图2-10所示，以管内壁截面1-1'、2-2'为衡算范围，当流体充满管道，并连续不断地从截面1-1'流入，从截面2-2'流出。根据物料平衡，即输入量等于输出量，即单位时间进入截面1-1'的流体的质量与流出截面2-2'的流体质量相等。

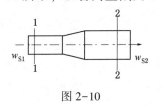

图2-10

$$\omega_{S1} = \omega_{S2}$$

因　　　　　　　$$\omega_S = uA\rho$$

上式可以写成：$\omega_S = u_1 A_1 \rho_1 = u_2 A_2 \rho_2 = \cdots = uA\rho$

如果流体可视为不可压缩的流体，即 ρ 为常数，上式可改写为

$$\omega_S = u_1 A_1 \rho = u_2 A_2 \rho = \cdots = uA\rho$$

或 $V_S = u_1 A_1 = u_2 A_2 = \cdots = uA$

上式称为连续性方程。

例2.3-6　在定态流动系统中，水连续地从粗管流向细管，粗管的内径是细管的3倍，求细管内水的流速的粗管的几倍。

解：以下标1及2分别表示粗管和细管，水可视为不可压缩流体，根据连续性方程：

$u_1 A_1 = u_2 A_2$ 或：$\dfrac{u_1}{u_2} = \dfrac{A_2}{A_1}$

圆管的截面积：$A = \dfrac{\pi}{4} d^2$

由此可得：$\dfrac{u_1}{u_2} = A_2 / A_1 = \dfrac{\pi}{4} d_2{}^2 \bigg/ \dfrac{\pi}{4} d_1{}^2 = \left(\dfrac{d_2}{d_1}\right)^2 = \left(\dfrac{3d_1}{d_1}\right)^2 = 9$

细管水流速上粗管的9倍。

可见，当体积流量一定时，流速与管径的平方成反比。

2.3.2.4 柏努利方程式

对于一定质量的流体，其总能量包括以下几部分：

（1）内能 物质内部能量的总和，1kg 流体输入与输出的内能分别以 U_1 和 U_2 表示，单位为 J/kg。

（2）位能 流体因受重力作用，在不同的高度处具有不同的位能，相当于质量为 m 的流体自基准水平面升举高到某高度 Z 所做的功。即：位能 $=mgZ$，单位为 J。

1kg 流体输入与输出的位能分别为 gZ_1 和 gZ_2，其单位为 J/kg。位能是个相对值，若以水平面为基准，在水平面以上的位能为正值，以下的为负值。

（3）动能 流体以一定速度运动时，便具有一定的动能。质量为 m，流速为 u 的流体所具有的动能为：动能 $=\dfrac{1}{2}mu^2$。动能的单位为 J。1kg 流体流入与输出的动能为 $\dfrac{1}{2}u_1{}^2$ 和 $\dfrac{1}{2}u_2{}^2$，其单位为 J/kg。

（4）静压能(压强能) 静止流体内部任一处都具有一定的静压能强。流动着的流体内部任何位置也都一定的静压强。如果在内部有流体流动的管壁上开孔，并与一根垂直的玻璃管相接，液体便会在玻璃管内上升，上升的液柱高度便是运动着的流体在该截面处的静压强的表现。

设质量为 m、体积为 V_1 的流体通过截面 1-1'，把该流体推进此截面所需的作用力为 P_1A_1，而流体通过此截面所走的距离为：$\dfrac{V_1}{A_1}$，则流体带入系统的静压能为：

$$输入的静压能 = p_1A_1\frac{V_1}{A_1} = p_1V_1$$

对于 1kg 的流体，则：

$$输入的静压能 = p_1\frac{V_1}{m} = p_1v_1 \qquad （单位：J/kg）$$

同理，1kg 的流体离开系统时输出的静压能为 p_2v_2，单位为 J/kg。

其中，位能、动能及静压能又称为机械能，三者之和称为总机械能或总能量。

对于不可压缩流体，假设流体流动时不产生流动阻力，又没有外功加入，能量衡算方程式简化为：

$$\frac{p_1}{\rho}+gZ_1+\frac{u_1{}^2}{2}=\frac{p_2}{\rho}+gZ_2+\frac{u_2{}^2}{2}$$

这就是柏努利方程式。

2.3.2.5 柏努利方程式的应用

1. 计算流体的流量和流速

例2.3-7 20℃的空气在直径 80mm 的水平管流过，现于管路中接一文丘里管，如图 2-11 所示。文丘里管的上游接一水银 U 管压差计，在直径为 20mm 的喉颈处接一细管，其下部插入水槽中。空气流过文丘里管的能量损失可忽略不计。当 U 管压差计读数 $R=25mm$、$h=0.5m$ 时，试求此时空气的流量为若干 m³/h。当地大气压强为 $101.33×10^3$ Pa。

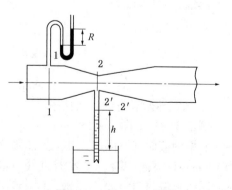

图 2-11 例 2.3-7 附图

解：文丘里管上游测压口处的压强为：

$$p_1 = \rho_{Hg} gR = 13600 \times 9.81 \times 0.025$$
$$= 3335\text{Pa}(\text{表压})$$

喉颈处的压强为：

$$p_2 = -\rho gh = -1000 \times 9.81 \times 0.05$$
$$= -4905\text{Pa}(\text{表压})$$

空气流经截面 1-1' 与 2-2' 的压强变化为：

$$\frac{p_1 - p_2}{p_1} = \frac{(101330 + 3335) - (101330 - 4905)}{101330 + 3335} = 0.079 = 7.9\% < 20\%$$

故可按照不可压缩流体处理。

在截面 1-1' 与 2-2' 之间列柏努利方程式，以管道中心线作基准水平面。由于两截面间无外功加入，即 $W_e = 0$；能量损失可忽略，即 $\sum h_f = 0$。根据柏努利方程式可写为：

$$gZ_1 + \frac{u_1^2}{2} = \frac{p_1}{\rho} = gZ_2 + \frac{u_2^2}{2} + \frac{p_2}{\rho}$$

式 $Z_1 = Z_2 = 0$

取空气的平均分子量为 29kg/kmol，两截面间的空气平均密度为：

$$\rho = \rho_m = \frac{M}{22.4} \frac{T_0 p_m}{T p_0}$$

$$= \frac{29}{22.4} \times \frac{273\left[101330 + \frac{1}{2}(3335 - 4905)\right]}{293 \times 101330}$$

$$= 1.20\text{kg/m}^3$$

所以：$\dfrac{u_1^2}{2} + \dfrac{3335}{1.2} = \dfrac{u_2^2}{2} - \dfrac{4905}{1.2}$

简化得：$u_2^1 - u_2^2 = 13733$ (a)

上式中游两个未知数，需用连续性方程式定出 u_1 和 u_2 的另一关系，即：

$$u_1 A_1 = u_2 - A_2$$
$$u_2 = u_1 \frac{A_1}{A_2} = u_1 \left(\frac{d^1}{d_2}\right)^2 = u_1 \left(\frac{0.08}{0.02}\right)^2$$
$$u_2 = 16u_1$$

           (b)

以式 b 代入式 a，即 $(16u_1)^2 - u_1^2 = 13733$

解得 $u_1 = 7.34\text{m/s}$

空气流量为：

$$V_s = 3600 \times \frac{\pi}{4} d_1^2 u_1 = 3600 \times \frac{\pi}{4} \times 0.08^2 \times 7.34$$

$$= 132.8\text{m}^3/\text{h}$$

2. 确定输送设备的有效功率

例 2.3-8 如图 2-12 所示，用泵 2 将贮槽 1 中密度为 1200kg/m³ 的溶液送到蒸发器 3 内，贮槽内液面维持恒定，其上方压强为 101.33×10^3Pa。蒸发器上部的蒸发室内操作压强为 200mmHg（真空度）。蒸发器进料口高于贮槽内的液面 15m，输送管道的直径为 $\phi 68 \times 4$mm，送料量为 20m³/h，溶液流经全部管道的能量损失为 120J/kg，求泵的有效功率。

解：以贮槽的液面为上游截面 1-1'，管出口内侧为下游截面 2-2'，并以截面 1-1' 为基准截面。在两截面间列柏努利方程式，即：

$$gZ_1 + \frac{u_1^2}{2} + \frac{p_1}{\rho} + W_e = gZ_2 + \frac{u_2^2}{2} + \frac{p_2}{\rho} + \sum h_f$$

或　　$$W_e = g(Z_2 - Z_1) + \frac{u_2^2 - u_1^2}{2} + \frac{p_2 - p_1}{\rho} + \sum h_f$$

式中　$Z_1 = 0$　$p_1 = 0$（表压）　$Z_2 = 15\text{m}$

$$p_2 = -\frac{200}{760} \times 101330 = -26670\text{Pa（表压）}$$

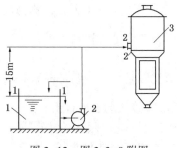

图 2-12　图 2.3-8 附图

因贮槽截面比管道截面大得多，故槽内流速可忽略不计，即 $u_1 \approx 0$

$$u_2 = \frac{20}{3600 \times \frac{\pi}{4} \times 0.06^2} = 1.97\text{m/s}$$

$$\sum h_f = 120\text{J/kg}$$

因此得 $W_e = 15 \times 9.81 + \frac{1.97^2}{2} - \frac{26670}{1200} + 120 = 246.9\text{J/kg}$

泵的有效功率 $N_e = W_e \omega_s$

式中 $\omega_s = V_s \rho = \frac{20 \times 1200}{3600} = 6.67\text{kg/s}$

所以 $N_e = 246.9 \times 6.67 = 1647\text{W} = 1.65\text{kW}$

实际上泵所做的功并不是全部有效的。设本题的泵的效率为 0.65，若考虑泵的效率 η，则泵轴消耗的功率 N 为：$N = N_e / \eta = 1.65 / 0.65 = 2.54\text{kW}$。

2.3.3　流体的流动阻力

2.3.3.1　流体的流动类型

流体在管子里流动时，当流速不大时，流体做的是滞流流动，当流速增加到一定程度时，流体做湍流流动。雷诺用实验证明了流体存在着以上两种截然不同的流动状态，从实验中分析发现影响流动状态的不仅仅是流速 u，而且管径 d、流体的粘度 μ 和密度 ρ 都能影响流动状态。

2.3.3.2　雷诺数

通过进一步分析研究，可以把这些影响因素组合为 $\frac{du\rho}{\mu}$ 的形式，用 Re 数表示，即：$Re = \frac{du\rho}{\mu}$

实验证明，流体在管子里流动时，当 $Re \leqslant 2000$ 时，流体流动类型属于滞流，当 $Re \geqslant 4000$ 时，流体属于湍流，而 Re 在范围 2000～4000 时，可能是滞流也可能是湍流。这一范围称为过渡区。

2.3.3.3　流体阻力的来源

流体在管路中流动，由于流体的黏性作用，在壁面附近产生低速度区，这种流体内部的动量传递作用在壁面上即为流动的阻力。通常这种流动阻力为摩擦阻力。

2.3.3.4　流体阻力水力学计算

流体在管路中的阻力包括直管的阻力损失和局部的阻力损失。

1. 流体在圆形直管阻力引起的能量损失

流体在圆形直管阻力引起的能量损失可以由以下表达式表示：

$$h_f = \lambda \frac{l}{d} \frac{u^2}{2} \quad \text{或} \quad \Delta p_f = \lambda \frac{l}{d} \frac{\rho u^2}{2}$$

其中 λ 是一个系数，称为摩擦系数，它是雷诺准数的函数，应用以上公式计算阻力损失时，关键是要找到 λ 的值。当流体流动状态为滞流时 $\lambda = \dfrac{64}{Re}$。当流体处于湍流状态时，λ 的值比较复杂，一般是根据实验测得数据以 $\dfrac{\varepsilon}{d}$ 为参数，绘成 Re 与 λ 图表。计算时直接根据从 Re 直接从图表上查出。

2. 流体在管路中的局部阻力损失

流体在管路的进口、出口、弯头、阀门、扩大、缩小等局部位置流过时，其速度大小和方向都发生了变化，且流体受到干扰或冲击，使涡流现象加剧而能耗损失，这部分的能耗损失称为局部阻力损失。计算局部损失的办法一般有：阻力系数法和当量长度法。

阻力系数法就是将流体经过阀门、弯头等产生的局部阻力，用一个系数 ξ 代替 $\lambda\dfrac{l}{d}$，那么，局部阻力又可以表示为 $h_f = \dfrac{u^2}{2}$。一般 ξ 从图表中查的，而这些图表都是经过实验得出的数据后绘制成的。

当量长度法就把将流体经过阀门、弯头等产生局部阻力时，将这一局部阻力当量为相同长度的直管的阻力，那么，局部阻力又可以表示为 $h'_f = \lambda\dfrac{l_e}{d}\dfrac{u^2}{2}$。

由于管件、阀门在构造细节和加工精度的差别往往很大，从手册中查到的 ξ 和 l_e 的值也是约略值，所以计算出来也是一种估算。

2.3.4 管路的计算

管路计算是连续性方程、机械能衡算方程以及阻力损失计算的具体应用。本节简单介绍并联管路的计算。

例 2.3-9　如图所示，支管 1 和支管 2 分别是内径为 53mm 和 80.5mm 的普通钢管，管 1 长 30m，管 2 长 50m，总管路中水的流量为 60m³/h，试求两支管中的流量。两支管的长度已经包括局部阻力的当量长度，两支管的摩擦系数也可以近似的相等。

支管1

支管2

解：在 A、B 两截面列柏努利方程式：

$$gZ_A + \frac{u_A^2}{2} + \frac{P_A}{\rho} = gZ_B + \frac{u_B^2}{2} + \frac{PB_B}{\rho} + \sum h_{f,A-B}$$

对于支管 1：

$$gZ_A + \frac{u_A^2}{2} + \frac{P_A}{\rho} = gZ_B + \frac{u_B^2}{2} + \frac{PB_B}{\rho} + \sum h_{f,1}$$

对于支管 2：

$$gZ_A + \frac{u_A^2}{2} + \frac{P_A}{\rho} = gZ_B + \frac{u_B^2}{2} + \frac{PB_B}{\rho} + \sum h_{f,2}$$

比较以上三式得：$\sum h_{f,A-B} = \sum h_{f,1} = \sum h_{f,2}$

即各支路能量损失相等。

另外，主管中的流量必等于支管流量之和，即：

$$V_S = V_{S1} + V_{S2} = 0.0167 \text{m}^3/\text{s}$$

以上两式为并联管路的流动规律，尽管各支路的长度、直径相差悬殊，但单位质量的流体流经两支管的能量损失必然相等。

对于支管 1:

$$\sum h_{f,1} = \lambda_1 \frac{l_1 + \sum l_{e1}}{d_1} \cdot \frac{u_1^2}{2} = \lambda_1 \frac{l_1 + \sum l_{e1}}{d_1} \cdot \frac{\left(\dfrac{V_{S1}}{\dfrac{\pi}{4}d^2}\right)^2}{2}$$

对于支管 2:

$$\sum h_{f,2} = \lambda_2 \frac{l_2 + \sum l_{e2}}{d_2} \cdot \frac{u_2^2}{2} = \lambda_2 \frac{l_2 + \sum l_{e2}}{d_2} \cdot \frac{\left(\dfrac{V_{S2}}{\dfrac{\pi}{4}d^2}\right)^2}{2}$$

所以:

$$\lambda_1 \frac{l_1 + \sum l_{e1}}{d_1} \cdot \frac{\left(\dfrac{V_{S1}}{\dfrac{\pi}{4}d^2}\right)^2}{2} = \lambda_2 \frac{l_2 + \sum l_{e2}}{d_2} \cdot \frac{\left(\dfrac{V_{S2}}{\dfrac{\pi}{4}d^2}\right)^2}{2}$$

由于 $\lambda_1 = \lambda_2$ $l_2 + \sum l_{e2} = 50$ $l_1 + \sum l_{e1} = 30$

上式简化为:

$$V_{s1} = V_{s2} \sqrt{\frac{l_2 + \sum l_{S2}}{l_1 + \sum l_{S1}}\left(\frac{d_1}{d_2}\right)^5} = V_{s2}\sqrt{\frac{50}{30}\left(\frac{0.053}{0.0805}\right)^5} = 0.454 V_{S2}$$

联立方程: $V_S = V_{S1} + V_{S2} = 0.0167 \mathrm{m^3/s}$

解得: $V_{S1} = 18.7 \mathrm{m^3/h}$

$$V_{S2} = 41.3 \mathrm{m^3/h}$$

从以上计算结果可以看出,当流程出现分支时,每一支路的流量大小由该支路的总阻力大小决定。

2.4 设备基础知识

2.4.1 泵和风机

泵是把机械能转换成液体的能量,用来增压输送液体的机械。

2.4.1.1 泵的分类

根据泵的工作原理和结构形式,常用泵分为如下几类:

$$
泵 \begin{cases}
叶片式泵: 离心泵, 轴流泵, 混流泵, 旋涡泵 \\
容积式泵 \begin{cases} 往复泵: 活塞泵, 柱塞泵, 隔膜泵 \\ 回转泵: 齿轮泵, 螺杆泵, 滑片泵 \end{cases} \\
其他类型泵: 喷射泵, 水锤泵, 真空泵
\end{cases}
$$

2.4.1.2 离心泵

离心泵有性能广泛、流量均匀、结构简单、运转可靠和维修方便等许多优点,在炼油装置中广泛应用。

1. 离心泵的结构

离心泵的主要零部件有叶轮、转轴、吸液室、泵壳、密封装置、托架、轴承及轴承箱。如图 2-13 所示。

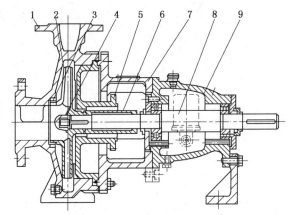

图 2-13　离心泵基本结构

1—泵壳(泵体)；2—叶轮；3—密封环(口环)；4—叶轮螺母；5—泵盖；
6—密封部件；7—中间支承；8—轴；9—轴承箱

常见的离心泵型号标识如下。

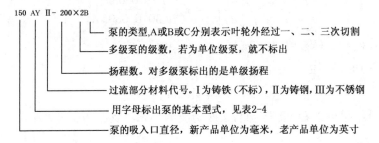

2. 离心泵的主要零部件

（1）叶轮

叶轮是唯一对液体作功的部件。叶轮形式有闭式、开式、半开式三种。闭式叶轮由叶片、前盖板、后盖板组成。半开式叶轮由叶片和后盖板组成。开式叶轮只有叶片，无前后盖板。闭式叶轮效率高，开式叶轮效率低。

表 2-4　泵的基本型式及其特征

型式代号	泵的型式及其特征	型式代号	泵的型式及其特征
IS	单级单吸离心泵	YG	管道泵
S	单级双吸离心泵	IH	单级单吸耐腐蚀离心泵
D(DA)	分段式多级离心泵	FY	液下泵
DS	分段式多级离心泵首级为双吸叶轮	JC	长轴离心深井泵
KD	中开式多级离心泵	QJ	井用潜水电泵
KDS	中开式多级离心泵首级为双吸叶轮	Y(AY)	油泵
DL	立式多级筒形离心泵	P	屏蔽泵
YG	卧式圆筒形双壳体多级离心泵	W	旋涡泵
DG	分段式多级锅炉给水泵	F	耐腐蚀泵

（2）泵壳

泵壳用来收集从叶轮中甩出的液体，并引向扩散管至泵出口。泵壳承受全部的工作压力和液体的热负荷。

（3）轴

轴一端装叶轮，一端装联轴器，用来传递电机的轴功率。

（4）密封环（或称口环）

口环分泵体口环及叶轮口环，是离心泵的易损件，用来调整叶轮与泵体的间隙，减少介质从叶轮出口泄漏到入口的量。

3. 离心泵的工作原理

图2-14为离心泵的一般装置示意图。离心泵工作时，叶轮中的叶片驱使液体一起旋转从而产生离心力，使液体沿叶片流道甩向叶轮出口，经泵壳送入排出管，液体从叶轮中获得机械能使压力能和动能增加，压力升高。打开出口阀，液体达到工作地点。

在液体不断被甩向叶轮出口的同时，叶轮入口处就形成了低压区。吸液罐和叶轮入口的液体之间就产生了压差，吸液罐中的液体在这个压差作用下，便不断进入叶轮之中，从而使离心泵连续地工作。

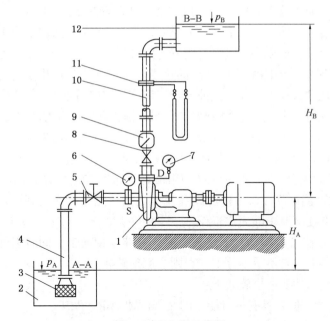

图2-14 离心泵示意图

1—泵；2—吸液罐；3—底阀；4—吸入管道；5—入口阀；6—真空表；

7—压力表；8—出口阀；9—单向阀；10—排出管道；

11—流量计；12—排液罐

4. 离心泵的性能及调节

（1）离心泵的性能曲线

每台离心泵均有变工况的特性曲线，如图2-15所示。泵在恒定转速下工作时，对应于泵的每一个流量 q_v，都有一个确定的扬程 H，效率 η，功率 N 和必需的汽蚀余量（$NPSH_r$）。泵的每条特性曲线都有它各自的用途，分别说明如下。

① H-q_v 特性曲线是选择和使用泵的主要依据。这种曲线有"陡降"、"平坦"和"驼峰"状

之分。平坦状曲线反映的特点是，在流量 q_v 变化较大时，扬程 H 变化不大；陡降状曲线反映的特点是，在扬程变化较大时，流量变化不大；而驼峰状曲线容易发生不稳定现象。在陡降、平坦以及驼峰状的右分支曲线上，随着流量的增加，扬程均降低，反之亦然。因此泵的 $H\text{-}q_v$ 特性曲线越平坦越好。

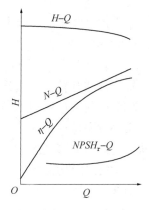

图 2-15　离心泵特性曲线

② $N\text{-}q_v$ 曲线是合理选择原动机功率和操作泵的依据。泵启动应选在耗功最小的工况下进行，以减小启动电流，保护电机。一般离心泵在流量 $q_v = 0$ 工况下功率最小，故启动时应关闭泵的出口阀，有最小流量要求的打开最小流量线阀。

③ $\eta\text{-}q_v$ 曲线是检查泵工作经济性的依据。泵应尽可能在高效率区工作。通常效率最高点为额定点，一般该点也是设计工况点。

④ $NPSH_r\text{-}q_v$ 是检查泵工作是否发生汽蚀的依据。通常是按最大流量下的 $NPSH_r$，考虑安全余量及吸入装置的有关参数来确定泵的安装高度。

（2）离心泵的汽蚀

离心泵运转时，液体的压力从泵入口到叶轮入口逐渐下降，在叶片入口处，液体压力最低。此后，叶片对液体作功，压力上升。如果叶片入口处的压力小于液体输送温度下的饱和蒸汽压力，液体就汽化，形成许多汽泡。当汽泡随液体流到高压区时，液体压力高于汽泡内的汽化压力，汽泡破裂，周围液体以极高的速度向空穴冲来，产生水力冲击。这种汽泡的产生、发展和破裂现象就称为汽蚀。汽蚀会带来许多严重的后果。

① 汽蚀使叶轮流道内的部件被剥蚀破坏。如果汽泡在叶轮壁面附近破裂，则液体就像无数小弹头一样，连续地打击金属表面，金属表面就会剥裂。如果汽泡内夹杂某些活性气体（如氧气等），还会对金属起电化学腐蚀作用，更加速了金属剥蚀的破坏速度。严重时造成叶片或叶轮前后盖板穿孔，甚至叶轮破裂，造成严重事故。因而汽蚀严重影响到泵的安全运行和使用寿命。

② 汽蚀使泵的性能下降。汽蚀使叶轮和流体之间的能量转换遭到严重的干扰，使泵的性能下降，严重时会使液流中断无法工作。

③ 汽蚀使泵产生噪音和振动。气泡溃灭时，液体互相撞击，同时引起泵的振动。严重时导致强烈的汽蚀共振，泵不得不停下，否则会遭到破坏。

提高离心泵抗汽蚀性能的措施如下：

① 改进泵的设计，使泵具有尽可能小的必需汽蚀余量 $NPSH_r$。

② 采用前置诱导轮，提高液体进入叶轮的压力。

③ 采用双吸式叶轮，让液体从两侧同时进入叶轮，则进口截面积增加一倍，进口流速可减小一倍，液体压力降减小。

④ 采用抗汽蚀的材料。常用的材料有铝铁青铜 9-4，不锈钢 2Cr13，稀土合金铸铁和高镍铬合金等。实践证明，材料的强度、硬度、韧性越高，化学稳定性越好，抗汽蚀的性能越强。

⑤ 增加泵入口储罐的压力来提高汽蚀余量。

⑥ 泵入口储罐低于泵入口时，减小储罐的安装高度；泵入口储罐高于泵入口时，增加储罐的安装高度，则可显著提高汽蚀余量。

⑦ 减小泵入口液体的压力降，亦可提高汽蚀余量。例如缩短管道、降低液体的流速、尽量减少弯管或阀门及全开阀门等。

（3）切割叶轮对离心泵性能的影响

切割叶轮就是将叶轮的外直径车小，从而减小泵的流量、扬程和轴功率，抗汽蚀性能不变。

设 Q、H、N、η 分别为离心泵（叶轮外直径为 D_2）性能曲线上任意点的坐标值，Q'、H'、N'、η' 分别为叶轮切割后泵性能曲线上对应点的坐标值，则叶轮切割前后各性能曲线上某一工况点坐标值的换算关系可近似表示如下（切割定律）：

$$Q/\,Q'=D_2/D'_2$$
$$H/\,H'=(D_2/D'_2)^2$$
$$N/\,N'=(D_2/D'_2)^3$$

叶轮外径的切割量不宜太大，否则泵的额定效率将降低太多。通常规定叶轮的极限切割量见表 2-5 所示。

利用切割定律可解决两类问题：

a. 已知离心泵性能曲线和叶轮切割前后的直径，求叶轮切割后的性能曲线。

b. 已知离心泵的叶轮直径和性能曲线，求泵的流量或扬程减小到某一数值时的叶轮切割量。

表 2-5　叶轮外直径允许的最大切割量

比转数 n_s	≤60	60~120	120~200	200~300	300~500	350 以上
允许切割量 $(D_2-D'_2)/D_2$	20%	15%	11%	9%	7%	0
车小率	10%			4%	无影响	
效率下降	1%			1%		

（4）离心泵运行工况的调节

改变泵的运行工况点称为泵的调节。泵的运行工况点是泵特性曲线和管道特性曲线的交点，所以改变工况点有三种途径：一是改变泵的特性曲线；二是改变管道的特性曲线；三是同时改变泵和管道的特性曲线。

① 改变泵特性曲线的调节

a. 转速调节　转速变化时泵的性能可按下列各式近似换算（比例定律）：

$$Q/\,Q'=n/n'$$
$$H/\,H'=(n/n')^2$$
$$N/\,N'=(n/n')^3$$

当转速变化较大时，泵效率下降较大。

b. 切割叶轮外径调节　只能使泵的特性曲线向左下方移动，且不能还原。

c. 泵的并联或串联调节。泵并联是为了增加流量；泵串联是为了增加扬程。

② 改变管道特性曲线的调节

a. 管道特性曲线　装在特定管路上的泵，其实际流量由泵的特性和管路特性共同决定。管路内流体流量越大，其阻力损失越大，将流体送过管路所需的压头也越大。通过某一特定管路的流量与所需压头之间的关系，称为管路特性。其方程为：

$$h_e=\Delta z+\Delta p/\rho g+f(Q)$$

式中 Δz 和 $\Delta p/\rho g$ 都不随流量 Q 改变而改变，所以 h_e 是流量的函数。按此式绘出的曲线称为管路特性曲线，如图 2-16 曲线 Ⅰ。图 2-16 中曲线 Ⅱ 为泵的特性曲线，曲线 Ⅰ 和曲线 Ⅱ 的交点 A，所代表的流量，就是将液体送过管路所需要的压头与泵对液体所提供的压头正好对等时的流量，点 A 称为泵在管路上的工作点。

b. 阀门节流调节 这种调节方法简便，使用最广，但能量损失很大，且泵的扬程曲线愈陡，损失愈严重。

c. 旁路回流调节。

5. 离心泵的串联和并联

实际生产中，改变生产条件的情况是很常见的，当因此而要求提供的流量或压头超出了原来安装的离心泵的调节范围时，可以将两台或多台泵并联或串联在一起操作。

在单台泵的扬程足够，但流量不能满足的情

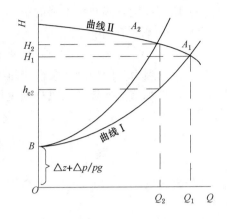

图 2-16　管路特性曲线

况下，可采用两台型号相同的泵进行并联。并联操作时的特性曲线可以在相同压头下把流量增加近一倍。实践证明，不同型号的泵并联之后，其流量增加很小，这种操作已无实际意义。

在单台泵的流量足够，而扬程不能满足需要的情况下，可采用两台型号相同的泵进行串联。串联操作时的特性曲线可以在相同流量下把扬程增加近一倍。必须指出，多台泵的串联操作实质上就相当于一台多级泵在工作，但却需要多台电动机，流体漏损的机会增多，当串联的台数过多时，随着每增加一级，泵所承受的压力相应增大，有可能导致最后一台泵因强度不够而损坏。因此，除了特殊情况外，不如选用一台多级离心泵更为方便、可靠。

2.4.1.3　往复式计量泵

化学水处理生产中有需要计量输送的介质，如加注阻垢剂、输送酸、碱等，这种能够进行计量输送液体的泵称为计量泵，又称为比例泵或定量泵。多缸计量泵能实现两种以上介质按准确比例进行混合和输送。

1. 计量泵的分类和型号

计量泵有柱塞式和隔膜式两种。该系列适用于计量输送温度为 $-30\sim100℃$ ，粘度为 $0.3\sim800mm^2/s$ 不含固体颗粒的腐蚀或非腐蚀性液体。隔膜泵尤其适用于输送易燃、易爆、剧毒、强腐蚀及放射性液体的无泄漏输送。该系列泵在运行状态下可以任意调节流量。

计量泵的型号编制：

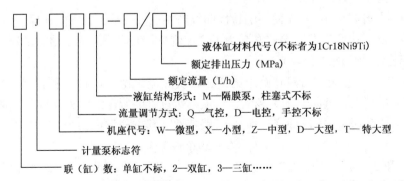

型号示例：JZ—32/10　表示手控单缸柱塞式计量泵，中型机座，液缸材料为 1Cr18Ni9Ti；额定流量为 32 L/h，额定排出压力为 10MPa。

52

2. 计量泵的结构

计量泵结构如图 2-17，主要由曲轴、连杆、十字头、轴承、机架、液缸、活塞(或柱塞)、吸入阀和排出阀、填料函和缸盖等组成。

3. 计量泵的原理

如图 2-17 所示，当曲轴以一定的角速度旋转时，活塞向右移动，液缸的容积增大，压力降低，排出阀在出口管道内液体压力的作用下关闭，被输送的液体在压力差的作用下克服吸入管道和吸入阀的阻力进入液缸。当曲轴转过 180℃ 角后，活塞向左移动，液体被挤压，压力急剧上升，在液体压力作用下吸入阀关闭而排出阀打开，液缸内液体在压力差的作用下被排送到出口管道中去。当往复泵的曲轴以一定的角速度不停地旋转时，往复泵就不断地吸入和排出液体。

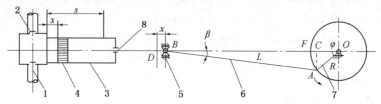

图 2-17 往复泵结构示意图

1—吸入阀；2—排出阀；3—液缸；4—活塞；5—十字头；6—连杆；7—曲轴；8—填料函

2.4.1.4 风机

风机按产生的风压不同可分为通风机、鼓风机两类。通风机产生的风压小于 9.8kPa，鼓风机的风压为 9.8~300kPa。

罗茨鼓风机属于回转式风机，是化工生产中经常使用的一种风机，主要由机壳和转子组成。气体的输送工作由两个断面形状为渐开线的 ∞ 形转子旋转来完成，两转子通过齿轮相连，以相同的转速做相反的旋转。其特点是：当压力在一定范围内变化时，流量不变。其结构与齿轮泵相似(如图 2-18 所示)，通常用在压力不高而流量较大的场合，如原料气的输送等。

离心式通风机主要用于气体输送，工业锅炉的送风和引风等，其工作原理和离心泵相似，而结构又比离心泵简单。

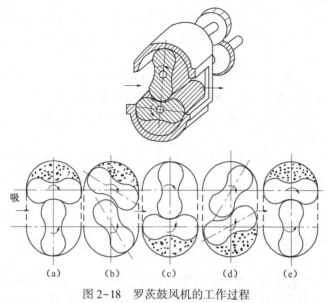

图 2-18 罗茨鼓风机的工作过程

(a)(c)(e)吸气；(b)(d)压缩、排气

离心式通风机型号有的采用如下表示方法：

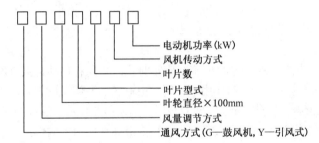

型号示例：G-ZFJ 36B4- VS 22　表示鼓风式；自动调角风机；叶轮直径 3600mm；B型玻璃钢叶片；叶片数 4 个；悬挂式电动机电机轴朝上 V 带传动；电动机功率 22kW。

罗茨鼓风机型号示例：L62LD—60/5000　L—表示罗茨鼓风机；62—进气口直径(mm)；L—直立式；D—电动机直联；60—风量(m^3/min)；5000—出口静压力(Pa)。

2.4.2　管道和管件

2.4.2.1　管道和公称直径

1. 碳素钢管的特性

水处理设备常用的管道为碳素钢管。为防腐蚀，输送稀盐酸管道以及除盐水管道多采用钢衬胶或者喷塑管道。

碳素钢管的材料主要是低碳钢，它除了含铁、碳元素外，还含有硅、锰、硫、磷等元素。根据含硫、磷的不同，可分普通碳素钢管和优质碳素钢管。制造中，低压管道的材料主要有普通碳素钢 QZ15、Q235、Q255 和优质碳素钢 08、10、15、20 等牌号。

碳素钢在大气中的腐蚀除与大气的湿度和温度有关外，还与大气的成分有关。当大气中含有二氧化硫、二氧化碳、硫化氢、氨、氯等工业气体时，能加快大气对碳素钢的腐蚀。碳素钢在水中的腐蚀与水的含氧量有关，腐蚀速度随水中含氧量的增加而加快。在海水中的腐蚀速度比在淡水中快。

碳素钢管材产量大，规格品种多，价格较低廉，且具有较好的物理、力学性能以及焊接、加工等工艺性能，广泛用于石油、化工、机械、冶金、食品等各种工业部门中。

碳素钢管能承受较高的压力，能耐较高的温度，可用来输送蒸汽、压缩空气、惰性气体、煤气、天然气、氢气、氧气、乙炔、氨、液氨、水、油类等介质。

由于碳素钢具有一定的耐腐蚀性能，因此碳素钢管道可以用来输送常温下的碱溶液等腐蚀性介质(经热处理消除焊接应力后. 碳素钢管道也可用来输送苛性碱)。经喷涂耐腐蚀涂料，或有耐腐蚀材料衬里，如衬铅和衬橡胶等防腐处理后，碳素钢管道也可用来输送其他的腐蚀性介质。

2. 无缝钢管和有缝钢管

无缝钢管是用普通碳素钢、优质碳素钢、低合金钢或合金结构钢轧制而成。品种规格多、强度高、耐压力高、韧性强、管段长，是工业管道最常用的一种管材。广泛用于工作压力为 1.57MPa 以下的管道。

按制造方法不同，无缝钢管又分热轧和冷轧(冷拔)两种。冷轧管有 $DN5 \sim DN200$mm 的各种规格；热轧管规格有外径 $DN32 \sim DN600$mm 的各种规格。无缝钢管的规格是以管外径与壁厚表示。

低压流体输送用焊接钢管和镀锌焊接钢管是有缝钢管，一般用普通碳素钢制成。按表面质量分镀锌(白铁管)和不镀锌(黑铁管)两种；按管端带螺纹与否，又可分带螺纹与不带螺纹两种；按管壁厚分，有普通和加厚两种。

普通有缝钢管一般可承受 1.96MPa 水压试验，加厚管能承受 2.94MPa 水压试验。普通钢管和加厚管一般可用于工作压力及介质温度低的管道。

有缝钢管有公称直径 6~150mm(1/8″~6″)各种规格，管子规格是以公称直径表示。

3. 公称直径

管子的内径(管内壁的直径)一般用 D 表示，外径(管外壁的直径)一般用 Dw 表示。由于工业管道种类繁多，规格大小不一，有些管子外径相同，但因壁厚不同，结果内径也不相同，此外，管道系统还需要各种对应直径的管路附件(包括管件、阀门、法兰等)，这样，管材和附件的直径尺寸就很多，给生产、设计、施工造成了不便。人们经过长期生产实践，为适应大批量生产、降低成本的要求，使管材、管件具有互换性，便于生产、设计和施工，于是对管材和管道附件人为地规定一种标准直径，这种标准直径就叫公称直径(又叫公称通径)。

阀门和铸铁管的内径与公称直径接近。钢管(包括无缝钢管、有缝钢管)的实际内径和外径与公称直径都不相等，但其内径均接近公称直径。例如公称直径 100mm 的普通焊接钢管，外径为 108mm，内径 99mm。可以看出钢管的公称直径既不是管子外径，也不是管子内径。例如公称直径为 100mm 的无缝焊管，有 108×4、108×4.5、108×5、108×5.5、108×6、108×7 等规格，108mm 为管子外径，管壁厚度分别为 4、4.5、5、5.5、6、7mm。

不难看出，公称直径简化了管道规格，只要管子、管件、阀门、法兰、垫片等是同一公称直径，就可以将管路连接起来。减少了管件、阀门、法兰、垫片等的规格数量，为成批生产创造了条件。

有了公称直径，便可以根据公称直径来确定管子、管件、阀门、法兰、垫片等的结构尺寸与连接尺寸。

公称直径用 DN 表示，例如 $DN100$ 表示公称直径是 100mm。上面所列举的直径单位都是毫米(mm)，它是公制单位，在工程中公制已被广泛采用。目前还沿用英寸(in)和英分表示管径的大小，这就是英制单位。

2.4.2.2 管道的附件

1. 法兰

管道法兰是管道可拆连接中的重要部件，它的作用是通过螺栓和垫片的连接，保证连接处不会发生泄漏，起连接和密封作用。管法兰按与管子的连接方式分成以下五种基本类型：平焊、对焊、螺纹、承插焊和松套法兰。法兰的密封面有：宽面、光面、凹凸面、榫槽面和梯形槽面等几种。

(1) 法兰的使用标识

法兰的使用标识打在法兰的侧面，一般内容有：法兰采用的标准、法兰的材质、法兰公称压力、法兰公称通径等。

标记示例：公称通径 100mm、公称压力 1.0MPa 的凸面对焊钢制管法兰：法兰 100-10 GB 9115.8—88。

(2) 法兰的使用

螺纹法兰是利用法兰内孔加工的螺纹与带螺纹的管子旋合连接的，不必焊接。因而具有方便安装、方便检修的特点。不适用于温度反复波动或高温、低温场合。

平焊法兰是将管子插入法兰内孔中进行焊接，具有容易对中、价格便宜等特点。一般用于压力低、常温的管道上。

对焊法兰，是将法兰焊颈端与管子焊端加工成一定型的焊接坡口直接焊接。这种法兰施工方便，强度高，适用于法兰处应力较大、压力温度波动较大和高温及低温管道。

承插焊法兰与平焊法兰相似，将管子插入法兰的承插孔中进行焊按，一般用于低压管道。

松套法兰是将法兰松套在已与管子焊好的翻边短接上，法兰密封面加工在翻边短接上。其特点是法兰本体不与介质相接触，易于安装。

法兰密封面有多种，光面密封面应用最广泛，在一般操作条件下均能适用，高温、高压下不适用。凹凸面密封减少了垫片被吹出的可能性，但不能避免垫片被吹入管道内的可能。榫槽面和梯形槽面比凹凸面更优越，适用于高温高压工况。

2. 螺栓

（1）螺栓的分类

螺栓连接是管道连接中应用得最多的一种，它的主要类型有：单头、双头和特殊用途的非标螺栓三种。

单头螺栓又称六角头螺栓，常用的螺母为六角形，螺纹分粗牙和细牙两种，粗牙螺纹用 M 及公称直径表示；细牙螺纹用 M 及公称直径×螺距，一般小于 M16 的螺栓用粗牙螺纹，M16 及其以上直径采用细牙螺纹，螺距为 1。

（2）螺栓常用材料

螺母材质一般比螺栓低一级，常用材料有：25#、35#、45#、30CrMoA、35CrMoA、25Cr2MoVA，标记分别为 J1、J2、J3、J4、J5，J6；另一种标记是 25#、35#、40Cr、35CrMoA、25Cr2MoVA、0Cr19Ni9，标记分别为 25、35、1B、2B、3B、4B。使用等级依次增高。

3. 垫片

（1）垫片的作用就是把能产生塑性变形并具有一定强度的材料置于上、下法兰面之间，当螺栓预紧后，垫片受力产生塑性变形（即垫片表面的塑性流动），填充了由于法兰面凹凸不平而在它们之间存在的间隙，堵塞了介质泄漏的通道，从而达到了密封的目的。

（2）垫片的选择包括垫片材料与结构的选择和垫片尺寸的选择这两个方面的内容，垫片选择的恰当与否，不仅直接关系到密封性能的优劣，而且影响到法兰和螺栓的尺寸规格。

标记示例：公称直径 1000mm，公称压力 2.5MPa，钢带为 0Cr19Ni9，填充带为石棉的带内加强环的缠绕垫：垫片 B21-1000-2.50　JB 4705—92

（3）常用的垫片材料可分为非金属、金属以及半金属等三大类。垫片的形状主要有平垫、波纹状垫片、槽形垫片、三角形垫片、八角形垫片、透镜形垫片、实心圆形垫片等。

（4）常用的垫片性能

a. 板材裁制式垫片　用于加工这类垫片的板材主要有以下三种：

各类橡胶板　用这种材质做成的垫片，密封性能好，但只适用于压力，温度较低的工况；

橡胶石棉板　按使用性能可分为高压、中压、低压、耐油、耐酸、耐碱等六种；

石棉纸板　由耐酸石棉纸板制成的垫片，对浓的无机酸和强氧化性盐溶液有较好的密封效果。

b. 包合式垫片　石棉耐高温，防腐能力强，弹性好，但强度较低，因此在石棉的外面根据介质的不同可分别包合上铁、铜、铝、不锈钢、聚四氟乙烯等材料，以适用多种不同的工况。

c. 缠绕式垫片　用钢带和石棉板、柔性石墨或橡胶石棉板相间缠绕而成，其特点是弹性好，能起到多道密封的作用，可用于压力、温度较高或压力、温度经常波动的场合。

d. 复合波齿垫　用金属和石墨制成，适用于各种油或油气介质及腐蚀性介质，密封性能好，使用温度、压力范围广。

e. 金属垫片　与各类非金属垫片相比，金属垫片具有强度高，耐热性好等优点。用于制造垫片的金属材料主要有钢、不锈钢、铜、铝、等，其中以铝垫片应用得最广。金属垫片的主要缺点是预紧力大，成本较高。

（5）选择垫片的依据

在不同的操作条件下究竟选用哪一种垫片为宜，主要从工作条件及工艺要求（如介质特性、操作压力、温度、密封要求及垫片宽度等）出发，根据不同垫片的力学特性进行选择。

垫片宽度的选择原则是：在内压作用下，垫片上实际存在的残余压紧力不得小于保证密封所必需的最小残余压紧力，因此垫片不宜过宽，否则会因垫片面积加大，导致为保证密封所需要的总压紧力也要相应加大，这就意味着要相应增加螺栓的规格和数目；反之，垫片也不能过窄，否则垫片容易被压溃或者从法兰面内被挤出。

4. 弯头

弯头是重要管件之一，一般材质有不锈钢、合金钢、碳钢弯头。按制造方法可分为：无缝弯头、冲压焊接弯头、焊制弯头。按形状可分为：长半径 90°弯头、短半径 90°弯头、长半径 45°弯头、短半径 45°弯头。

5. 三通

三通一般材质有不锈钢、合金钢、碳钢三通。按制造方法可分为：整体冲压成型、焊制成型两种。按形状可分为：等径三通、异径三通。

2.4.2.3　管道的使用、维护及检修

1. 使用和维护

（1）按规定使用管道，定时检查：管道有无超温、超压、超负荷和过冷管道有无异常振动，有无异常响声。

（2）管道有无发生液击。

（3）管道安全保护装置运行是否正常。

（4）保温层有无破损。

（5）支架有无移位，损坏。

（6）日常故障处理，见表2-6。

（7）对剧毒介质管道、均匀腐蚀的管道不宜采用带压堵漏。

（8）当管道发生以下情况之一时，应采取紧急措施并向有关部门报告：

① 管道超温、超压、过冷，经处理仍无效；

② 管道发生泄漏或破裂，介质泄出危及生产和人身安全时；

③ 发生火灾、爆炸或相邻设备和管道发生事故危及管道安全运行时。

2. 管道的检验

一般工业管道全面检验周期为3~6年。检验的内容：

表2-6　管道日常故障及处理

序　号	故障现象	故障原因	处理方法
1	法兰泄漏	螺栓上紧力不够 法兰密封面损坏 法兰密封垫失效	上紧螺栓 修复密封面或更换法兰 更换密封垫
2	焊缝泄漏	焊缝有沙眼、裂纹、腐蚀减薄	补焊修复
3	管子泄漏	管子腐蚀穿孔	补焊修复、更换管段

① 采取安全措施后，可采取带压堵漏的方式处理。

（1）管子和管件有无损坏、变形，泄漏情况，管子的位置和变形，支架的异常情况，检查管子焊缝是否有缺陷。

（2）测厚重点检查重要管道或有明显腐蚀和冲刷的弯头、三通、管径突变部位等。

（3）合金钢及高温管道材质和螺栓材质不明的要分析。

（4）保温伴热是否完好。

（5）对工作温度大于370℃的碳素钢和铁素体不锈钢管道管道要抽查金相和硬度。

2.4.3 阀门

2.4.3.1 阀门的分类

1. 按用途和作用分类

（1）截断阀 用来截断或接通管道介质。如闸阀、截止阀、球阀、蝶阀、隔膜阀、旋塞阀等。

（2）止回阀 用来防止管道中的介质倒流。

（3）分配阀 用来改变介质的流向，起分配、分离或混合介质的作用。如三通球阀、三通旋塞阀、分配阀、疏水阀等。

（4）调节阀 用来调节介质的压力和流量。如减压阀、调节阀、节流阀等。

（5）安全阀 防止装置中介质压力超过规定值，从而对管道或设备提供超压安全保护。

2. 连接方法分类

（1）螺纹连接阀门 阀体带有内螺纹或外螺纹与管道螺纹连接。

（2）法兰连接阀门 阀体带有法兰，与管道法兰连接。

（3）焊接连接阀门 阀体带有焊接坡口，与管道焊接连接。

（4）夹箍连接阀门 阀体带有夹口，与管道夹箍连接。

（5）对夹连接阀门 用螺栓直接将阀门及两头管道穿夹在一起的连接形式。

2.4.3.2 阀门的结构

1. 闸阀

闸阀是一种使用很广泛的阀门，结构如图2-19所示。

闸阀的关闭件(闸板)沿通路中心线的垂直方向移动。在管路中主要作切断用。是使用很广的一种阀门，一般口径 $DN \geqslant 50mm$ 的切断装置都选用它，有时口径很小的切断装置也选用闸阀，闸阀有以下优点：流体阻力小；开闭所需外力较小；介质的流向不受限制；全开时，密封面受工作介质的冲蚀比截止阀小；体形比较简单，铸造工艺性较好。

闸阀也有不足之处：外形尺寸和开启高度都较大，安装所需空间较大；开闭过程中，密封面间有相对摩擦，容易引起擦伤现象；闸阀一般都有两个密封面，给加工、研磨和维修增加了一些困难。

2. 截止阀

截止阀(如图2-20)是关闭件(阀瓣)沿阀座中心线移动的阀门。在管路中主要作切断用。截止阀有以下优点：在开闭过程中密封面的摩擦力比闸阀小，耐磨；开启高度小；通常只有一个密封面，制造工艺好，便于维修。

截止阀使用较为普遍，但由于开闭力矩较大，结构长度较长，一般公称通径都限制在 $DN \leqslant 200mm$ 以下。截止阀的流体阻力损失较大。因而限制了截止阀更广泛的使用。

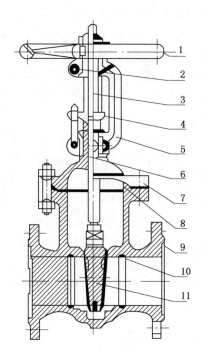

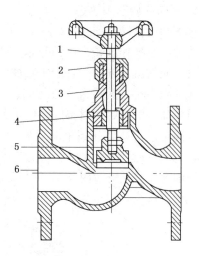

图 2-19　明杆闸阀

1—手轮；2—阀杆螺母；3—阀杆；4—压盖；

5—支架；6—填料；7—阀盖；8—垫片；

9—阀体；10—阀座；11—闸板

图 2-20　直通式截止阀

1—阀杆；2—压套；3—压盖；

4—阀盖螺母；5—阀瓣；6—阀体

3. 止回阀

止回阀是指依靠介质本身流动而自动开、闭阀瓣，用来防止介质倒流的阀门。

止回阀根据其结构可分为以下四种。

(1) 升降式止回阀：阀瓣沿着阀体垂直中心线滑动的止回阀(如图 2-21 所示)。

升降式止回阀只能安装在水平管道上，在高压小口径止回阀上阀瓣可采用圆球。升降式止回阀的阀体形状与截止阀一样(可与截止阀通用)，因此它的流体阻力系数较大。

(2) 旋启式止回阀：阀瓣围绕止回阀是指依靠介质本身流动而自动开、闭阀瓣，用来防止介质倒流的阀门。

(3) 碟式止回阀：阀瓣围绕阀座内的销轴旋转的止回阀。

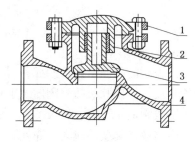

图 2-21　升降式止回阀

1—阀盖；2—衬套；3—阀瓣；4—阀体

碟式止回阀结构简单，只能安装在水平管道上，密封性较差。

(4) 管道式止回阀，阀瓣沿着阀体中心线滑动的阀门。管道式止回阀是新出现的一种阀门，它的体积小，重量较轻，加工工艺性好，是止回阀发展方向之一。但流体阻力系数比旋启式止回阀略大。

4. 蝶阀

在阀体内绕固定轴旋转的阀门，叫蝶阀。

(1) 作为密封型的蝶阀，是在合成橡胶出现以后，才给它带来了迅速的发展，因此它是一种新型的截流阀。在我国直至 20 世纪 80 年代，蝶阀主要作用于低压阀门，阀座采用合成橡胶，到九十年代，由于国外交流增多，硬密封(金属密封)蝶阀得以迅速发展。目前已有多家阀门厂能稳定地生产中压金属密封蝶阀，使蝶阀应用领域更为广泛。

（2）蝶阀能输送和控制的介质有水、凝结水、循环水、污水、海水、空气、煤气、液态天然气、干燥粉末、泥浆、果浆及带悬浮物的混合物。

5. 球阀和旋塞阀

球阀和旋塞阀如图 2-22 所示。是同属一个类型的阀门，只有它的关闭件是个球体，球体绕阀体中心线作旋转来达到开启、关闭的一种阀门。球阀在管路中主要用来做切断、分配和改变介质的流动方向。是近年来被广泛采用的一种新型阀门，它具有以下优点：

流体阻力小，其阻力系数与同长度的管段相等；结构简单、体积小、重量轻；紧密可靠，目前球阀的密封面材料广泛使用塑料、密封性好，在真空系统中也已广泛使用；操作方便，开闭迅速，从全开到全关只要旋转 90°，便于远距离的控制；维修方便，球阀结构简单，密封圈一般都是活动的，拆卸更换都比较方便；在全开或全闭时，球体和阀座的密封面与介质隔离，介质通过时，不会引起阀门密封面的侵蚀；适用范围广，通径从小到几毫米，大到几米，从高真空至高压力都可应用。

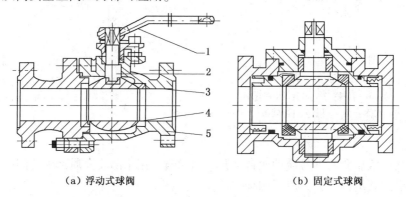

（a）浮动式球阀　　　　　　　　　　（b）固定式球阀

图 2-22　球阀
1—手柄；2—阀杆；3—阀座；4—球体；5—阀体

6. 隔膜阀

隔膜阀的阀体由铸铁制成，有衬胶和不衬胶两种。阀杆下端与阀瓣相连，阀瓣下端与橡胶碗相接触，橡胶碗随着阀瓣上下移动起着开启和闭合的作用。

隔膜阀适用于酸、碱及氨液，不适用于矿物油、强氧化剂及能与橡胶起化学作用的液体。适用液体温度不应大于 50℃。

隔膜阀按结构可分为屋脊式、截止式和闸板式三类。水处理系统常用的为屋脊式，其阀体通道像屋脊成人字形，如图 2-23 所示。其余两类因不常用而不再叙述。

隔膜阀按其传动方式可分为手动衬胶隔膜阀、电动衬胶隔膜阀、气动衬胶隔膜阀。我国近几年来由于大机组火电厂的迅猛发展，电厂水处理随着水处理系统程控和自动化水平不断提高，所需各类气动隔膜阀不断开发。气动隔膜阀包括活塞式和薄膜式两大类。无论是活塞式，还是薄膜式又可分为往复式、常开式和常闭式三种，而且还可以手、气两操。

图 2-23 是手动衬胶隔膜阀的构造图。该阀由阀盖、阀杆、阀瓣、隔膜、阀体和手轮等主要零件组成。隔膜是由天然橡胶、环丁橡胶、氟橡胶及聚全氟乙丙烯塑料等制成。隔膜起着阀瓣与阀体密封面密封的作用。

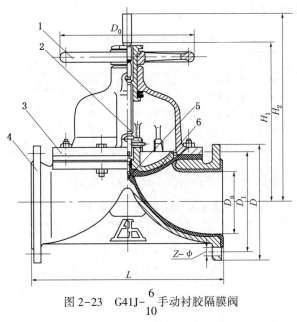

图 2-23 G41J-$\frac{6}{10}$手动衬胶隔膜阀

1—手轮；2—阀杆；3—阀盖；4—阀体；5—阀瓣；6—隔膜

2.4.3.3 阀门的标识

通用阀门的标志项目如表 2-7 所示，在表中 1~4 项是必须使用的标志，5~19 是按需选择的标志。

表 2-7 通用阀门的标志项目

项　　目	标　　志	项　　目	标　　志
1	公称通径 DN	11	标准号
2	公称压力 PN	12	熔炼炉号
3	受压部件材料代号	13	内件材料代号
4	制造厂名称或商标	14	工位号
5	介质流向的箭头	15	衬里材料代号
6	密封环(垫)代号	16	质量和试验标记
7	极限温度(℃)	17	检验人员印记
8	螺纹代号	18	制造年、月
9	极限压力	19	流动特性
10	生产厂编号		

国产阀门型号的代号有七个单元组成，其含义如下：

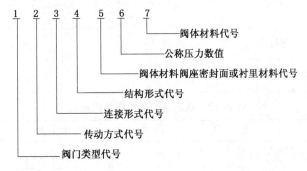

（1）阀门的类型代号按表 2-8 的规定。

表 2-8　阀门的类型代号

阀门类型	代号	阀门类型	代号	阀门类型	代号
闸阀	Z	球阀	Q	疏水阀	S
截止阀	J	旋塞阀	X		
节流阀	L	液面指示器	M	安全阀	A
隔膜阀	G	止回阀	H		
柱塞阀	U	碟阀	D	减压阀	Y

（2）传动方式代号用阿拉伯数字表示（按表 2-9 的规定）。

表 2-9　阀门传动方式代号

传动方式	代号	传动方式	代号
电磁阀	0	伞齿轮	5
电磁—液动	1	气动	6
电—液动	2	液动	7
涡轮	3	气—液动	8
正齿轮	4	电动	9

① 手轮、手柄和扳手传动以及安全阀、减压阀、疏水阀省本代号。

② 对于气动或液动：常开式用 6K、7K 表示；常闭式用 6B、7B 表示；气动带手动用 6S 表示。防爆电动用"9B"表示。

（3）连接形式代号用阿拉伯数字表示（按表 2-10 的规定）。

表 2-10　阀门连接形式代号

连接形式	代号	连接形式	代号
内螺纹	1	对夹	7
外螺纹	2	卡箍	8
法兰	4	卡套	9
焊接	6		

① 焊接包括对焊和承插焊。

（4）结构形式代号用阿拉伯数字表示，按表 2-11～表 2-14 的规定。

表 2-11　闸阀结构形式

闸阀结构形式			代号
明杆	楔式	弹性闸板	0
		单闸板	1
		双闸板	2
	平行式	刚性 单闸板	3
		双闸板	4
暗杆楔式		单闸板	5
		双闸板	6

表 2-12　截止阀和节流阀结构形式

截止阀和节流阀结构形式	代号	截止阀和节流阀结构形式		代号
直通式	1	平衡	直通式	6
角式	4			
直流式	5		角式	7

62

表 2-13　蝶阀结构形式

蝶阀结构形式	代　号	蝶阀结构形式	代　号
杠杆式 垂直板式	0 1	斜板式	3

表 2-14　隔膜阀结构形式

隔膜阀结构形式	代　号	隔膜阀结构形式	代　号
屋脊式 截止式	1 3	闸板式	7

（5）阀座密封面或衬里材料代号用汉语拼音字母表示（按表 2-15 的规定）。

表 2-15　阀座密封面或衬里材料代号

阀座密封面或衬里材料	代　号	阀座密封面或衬里材料	代　号
铜合金	T	渗氮钢	D
橡胶	X	硬质合金	Y
尼龙塑料	N	衬胶	J
氟塑料	F	衬铅	Q
巴氏合金	B	搪瓷	C
合金钢	H	渗硼钢	P

　① 由阀体直接加工的阀座密封面材料代号用"W"表示；当阀座和阀瓣（闸板）密封面材料不同时，用低硬度材料代号表示（隔膜阀除外）。

（6）阀体材料代号用汉语拼音字母表示（按表 2-16 的规定）。

表 2-16　阀体材料代号

阀　体　材　料	代　号	阀　体　材　料	代　号
HT25-47	Z	Cr5Mo	I
KT30-6	K	1Cr18Ni9Ti	P
QT40-15	Q	Cr18Ni12Mo2Ti	R
H62	T	12CrMoV	V
ZG25	C		

　① $PN \leqslant 1.0$MPa 的灰铸铁阀体和 $PN \geqslant 2.5$MPa 的碳素钢阀体，省略本代号。

2.4.4　设备的润滑知识

2.4.4.1　润滑

润滑是在摩擦副之间加入润滑剂来控制摩擦和降低磨损。润滑还有减少摩擦热、降低温度，防止腐蚀、保护金属表面，清洁冲洗，密封，减少振动和噪声等作用。

旋转机械的润滑主要是流体动压润滑。以滑动轴承副的润滑为例，轴颈在未转动时因重力作用落在轴瓦下方，上方形成楔形间隙，充满润滑油。当轴转动时，在楔形空间的一侧与轴颈相接的部位就形成油压，转速足够大时，压力也增大，将轴浮起，使轴颈与轴瓦的摩擦面不直接接触，达到润滑状态。

2.4.4.2　润滑油基础知识

1. 润滑油理化指标

润滑油的理化指标反映了润滑油的质量和性能。主要有以下几种：

（1）外观　油质的颜色均一，澄清，无沉淀。

（2）黏度　润滑油的主要技术指标，指液体流动时分子间的阻力。黏度度量方法一般分为动力黏度和运动黏度。动力黏度的单位为 $N \cdot s/m^2$，$Pa \cdot s$。运动黏度动力黏度与同温度下流体密度的比值，单位为 m^2/s。温度升高，黏度降低。油品黏度变化程度随温度变化越小越好，即黏温系数越小越好。工业润滑油一般测其40℃时的黏度。

（3）黏度指数　表示油品的黏度随温度变化的程度。黏度指数越高，表示油品的黏度受温度的影响越小，黏温性能越好。

（4）闪点　油蒸汽与空气混合气体与火焰接触发生闪火现象的最低温度。此指标衡量油品在高温条件下的安全性。

（5）酸值　中和1g油中的酸所需氢氧化钾的毫克数。是衡量油品氧化变质的指标(氧化后酸值增加)。一般液压油酸值增加0.5应考虑换油。

（6）凝固点　油品凝固的最高温度。是衡量油品的低温性质的参数指标。

另外还有机械杂质、水分、腐蚀、抗氧化安定性、抗乳化性、残炭、灰分、水溶性酸及碱等指标。

2. 润滑油的牌号

我国的润滑油牌号采用如下的表示方法：

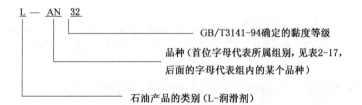

L — AN 32

GB/T3141-94确定的黏度等级

品种(首位字母代表所属组别，见表2-17，后面的字母代表组内的某个品种)

石油产品的类别(L-润滑剂)

表 2-17　常用润滑剂和有关产品的分类(GB/T 7631. 1—87)

组别	A	C	D	F	H	N	T	X	Z
应用场合	全损耗系统(如缝纫机油)	齿轮	压缩机(冷冻机)	主轴、轴承、离合器	液压系统	电器绝缘	汽轮机	用润滑脂的场合	蒸汽气缸

例如：L-TSA46 表示 40℃运动黏度为 $46m^2/s$ 的防锈汽轮机油。

3. 常用润滑油

常用的润滑油有工业用齿轮油、液压系统用油、压缩机油、冷冻机油、汽轮机用油、变压器油等。

工业用齿轮油按承载能力分为普通、中负荷和重负荷三种，还有涡轮涡杆油。一般用于各种载荷的工业齿轮箱及涡轮涡杆传动装置。

液压系统用油分为普通液压油、通用型机床用润滑油(L-HL 液压油)、抗磨液压油(L-HM 液压油)、低温液压油(L-HV、L-HS 液压油)、液力传动油等。离心泵的轴承箱多使用抗磨液压油。抗磨液压油按运动黏度分为 L-HM32、L-HM46、L-HM68 三个牌号。

压缩机油包括往复式压缩机油和轻负荷喷油回转式空气压缩机油。往复式压缩机油具有积炭倾向小、闪点高的特点。压缩机油按照承载能力从低到高通常有 L-DAA、L-DAB、L-DAC等几种规格。

冷冻机油具有良好的低温性能和黏温性，有 L-DRA、L-DRB 等规格。

汽轮机油按用途分为汽轮机油(抗氧型)、防锈汽轮机油和抗氨型汽轮机油。防锈汽轮机油按运动黏度分为 L–TSA32、L–TSA46 、L–TSA68、L–TSA100 四个牌号。

变压器油的主要作用是冷却和绝缘，因此变压器油具有绝缘、黏度小、散热快、凝固点低、闪点高等特性。

4. 润滑脂

润滑脂以润滑油作为基础油，再添加稠化剂和添加剂制成。稠化剂为皂基(皂基是用脂肪酸与金属碱作用生成的稠化剂)的润滑脂有钙基脂、钠基脂、铝基脂、锂基脂以及复合钙基脂(皂基加复合剂)、复合铝基脂、复合锂基脂等。

润滑脂的质量指标主要有：

(1)外观　颜色及稠度要均匀，没有硬块颗粒，没有析油。

(2)滴点　加热后滴油的温度。滴点决定了润滑脂的最高使用温度。

(3)锥入度　衡量润滑脂稠度的指标。锥入度等级一般就称为润滑脂的牌号，常用的是 0~4 号(号数越大，锥入度越小，脂越硬)。

另外润滑脂还有水分、皂分、化学安定性等指标。

5. 常用润滑脂及使用

钙基润滑脂具有良好的抗水性，适于潮湿环境或与水接触的润滑部位。

钠基润滑脂属高滴点润滑脂，适于高温、干燥的工作条件和低速重载的轴承润滑。

锂基润滑脂具有良好的抗水性、机械安定性、防锈性和氧化安定性，属于多用途、长寿命、宽使用温度的润滑脂，可在−20~120℃温度范围内对各种机械设备进行润滑。

润滑脂中还可以加入如二硫化钼等金属化合物，提高承载能力或高温补强。

滚动轴承使用润滑脂时应注意：

(1) 加脂量：过多会引起散热不良，温升过高和泄漏。一般以填满轴承内部空间的 1/2~3/4 即可。

(2) 润滑脂的补充：定期补充或更换。

(3) 异种润滑脂不宜相混。

2.4.4.3　润滑油的管理

1. 润滑油"五定"的管理

设备润滑"五定"管理的主要内容是：

(1) 定点　根据润滑图表上指定的润滑部位、润滑点和检查点(油标等)，实施点加换油，并检查液面高度和供油情况。

(2) 定质　润滑剂的质量和品种牌号必须符合润滑图表上的要求。代用和掺配要有科学依据。润滑器具保持清洁。

(3) 定量　按润滑图表上规定的油、脂数量对各润滑部位进行日常润滑。搞好油量控制及消耗定额，做到计划用油、合理用油、节约用油。

(4) 定期　按润滑图表上规定间隔时间进行加油和换油。对贮油量大的油箱按规定时间抽样化验，根据油质状况确定清洗换油或循环过滤。

(5) 定人　明确操作工、维修工、润滑工对设备日常加换油的分工，各负其责。

2. 润滑油的"三级过滤"

润滑油的三级过滤是指合格油品进润滑站固定油罐(桶)时要进行一级过滤；固定油罐(桶)进加油工具时要二级过滤；加油工具的油进入润滑点时要进行三级过滤。三级过滤是为了避免润滑油倒换容器时被杂质二次污染。

2.4.5 腐蚀与防护

化学水处理设备中的介质常具有腐蚀性。设备能否安全可靠地运行，作好防腐蚀工作也是关键的一环。比如酸再生系统，其中的介质是腐蚀性很强的盐酸或硫酸溶液。强酸性离子交换器的出水含有稀盐酸或稀硫酸；除盐水箱由于溶解大气中的二氧化碳也呈弱酸性，因此，水处理设备的防腐蚀是非常重要的工作。

我国离子交换除盐设备定型产品中，阴、阳离子交换器本体，混床离子交换器本体，管道、阀门和酸箱等，多半是采用橡胶衬里来进行防腐蚀的。各单位自行制造或改装的水处理设备，有的采用橡胶衬里，有的采用玻璃钢衬里进行防腐蚀。对于交换器内部的进水装置、出水装置、中间排液装置，有的用不锈钢制造，有的用塑料制造，也有的用碳钢制造，以衬胶防腐蚀。

再生系统中输送酸、碱溶液的管道和喷射器常用碳钢制造，内部衬胶防腐蚀。也可用质量好的塑料制造。由于水与浓硫酸混合时要发热，故稀释硫酸的喷射器，不宜用上述材料，可用耐酸陶瓷或玻璃钢制造。酸、碱计量箱常用碳钢衬胶或衬软质聚氯乙烯结构。

除碳器多用碳钢衬胶结构或用硬聚氯乙烯制作。各类水箱通常采用刷耐蚀涂料防腐。地沟有的用衬软聚氯乙烯塑料，有的涂沥青漆，有的衬环氧玻璃钢来防腐蚀。

下面对各种防腐蚀材料的使用条件，简单地加以介绍。

2.4.5.1 覆盖层防腐

覆盖层防腐一般是指在金属设备或管件的内表面，用橡胶、塑料、玻璃钢或复合钢板等作衬里，或用涂料等涂于金属表面，将金属表面覆盖起来，使金属与腐蚀介质隔开的一种防腐方法。所用衬里材料应不与腐蚀介质发生作用。

1. 橡胶衬里

橡胶具有高度的化学耐蚀能力，除能被强氧化剂（硝酸、铬酸、浓硫酸及过氧化氢等）及某些能使橡胶膨胀、溶解的有机溶剂所破坏外，它对大多数的无机酸、有机酸及各种盐类、醇类等都是耐蚀的。橡胶与碳钢、铸铁等金属表面的黏着力很强，硫化后的橡胶质地柔软，对含有固体粒子的液流有很高的耐磨性和吸收振动性。故可作为设备和管道的衬里材料。一般水处理设备及管道均采用橡胶衬里这种防腐方法。根据管内所输送介质的种类以及具体的使用条件，可选用不同品种的橡胶。天然橡胶根据含硫量的不同分为硬橡胶、软橡胶和半硬橡胶三种。这种天然橡胶不经过硫化不能使用，故在使用前必须经过硫化。

用橡胶衬里的设备和管道，适用于压力小于或等于 0.6MPa 的场合，其工作温度对硬橡胶为 0~85℃，对半硬橡胶和软橡胶为 -25~75℃。

橡胶的理论耐热温度为 80℃，但如果在温度作用时间不长的情况下，也能耐较高的温度（可达到 100℃）。在灼热空气长期作用下，橡胶会老化。

软橡胶有较高的耐磨性，适宜作泵、阀门和管道的衬里材料，可输送含有大量悬浮物的液体。硬橡胶比软橡胶耐蚀性能强，而且比软橡胶更不易氧化，膨胀变形也小。

目前我国用于防腐衬里的橡胶，大多是天然橡胶。生产的胶板有软橡胶板、半硬橡胶板和硬橡胶板三种。胶板的规格尺寸如下：

厚度：1.5mm±0.25mm，2.0mm±0.3mm，3.0mm±0.5mm；

宽度：不小于 500mm；

长度：不小于 5000mm。

2. 玻璃钢衬里

玻璃钢又称为玻璃纤维增强塑料。它是用树脂为基料，加入稀释剂、固化剂后揉浸于玻璃纤维增强材料中，作为衬里层贴村在设备和管道内壁，在常温或一定温度下使树脂固化而制成。

玻璃钢是一种新型的非金属防腐材料．且有耐磨性能强、强、比强度(抗拉强度/密度)高和易成形等优点，因而在厂化学水处理设备中应用日益广泛。它可以作为衬里层衬于设备、管道和废酸、碱沟池内表面以及建筑金属外表面，它还可以单独制作储酸罐和运酸箱。

3. 塑料衬里

塑料衬里主要指采用软聚氯乙烯板在设备中衬里，以及聚丙烯(PP)、聚乙烯(PE)、硬聚氯乙烯(PVC)在钢管及管件上衬里。

4. 涂刷耐蚀涂料

在设备管道防腐工作中，涂料的应用相当广泛。合理而恰当地选用涂料是水处理设备防腐不可缺少的措施之一。油漆覆盖层广泛地用来保护设备及管道的内外表面，在液体介质及气体介质中均可使用。它具有施工简便、价格便宜的优点；但涂膜很薄，耐久性较差是它的缺点。

电厂化学水处理设备和管系常用的耐腐蚀涂料有：过氯乙烯漆、生漆、酚醛耐酸漆、环氧漆、环氧沥青漆、聚氨酯漆、氯化橡胶漆和氯磺化聚乙烯漆等。

2.4.5.2 常用的防腐蚀材料

1. 硬聚氯乙烯塑料

硬聚氯乙烯塑料是目前水处理设备中应用最广泛的一种塑料，它可在真空度较高的条件下使用。硬聚氯乙烯塑料设备使用温度为 $-10 \sim 50$℃，硬聚氯乙烯塑料管道使用温度为 $-15 \sim 60$℃。

硬聚氯乙烯塑料设备及管道安装在室外时，尤其在炎热的南方，应采取防止阳光直接照射的措施，并在外层涂反光性强的的涂料(如银粉漆、过氯乙烯瓷漆)，以延长使用寿命。

硬聚氯乙烯塑料的优点是耐蚀性能良好，除强氧化剂(如浓硝酸、发烟硫酸等)外，能耐大部分酸、碱、盐类溶液的腐蚀，有一定的机械强度，以及加工成型方便，焊接性能良好等。

2. 工程塑料

工程塑料一般是指具有某些金属性能，能承受一定的外力作用，并有良好的机械性能，不易变形，而且在高、低温下仍能保持优良性能的塑料，通常所说的工程塑料，主要指的是聚酰胺、聚碳酸酯、聚甲醛、氯化聚醚、ABS 树脂、聚四氟乙烯等。

工程塑料的优点很多，如抗腐蚀性、耐磨性、润滑性良好，工作温度范围较宽等。

3. 不锈钢

不锈钢按用途可分为两组。一组是在空气中能耐腐蚀的，称为不锈钢。常用的有 1Cr13、2Cr13、3Cr13、4Crl3 等，统称铬钢，是马氏体钢。其符号的意义是 Cr 代表含元素铬，Cr 前面的数字表示含碳量(千分含量)，Cr 后的数字表示含铅量(百分含量)，如 1Cr13 表示含碳量 0.1% 左右，含铬量 13% 左右的铬钢。另一组是在强腐蚀性介质中不易受腐蚀的钢，常用的有镍铬钢，如 1Cr18Ni9、1Cr18Ni9Ti、Cr18Ni12Mo2Ti 或 Cr18Ni12Mo3Ti，它们都是奥氏体钢，是非磁性材料。

（1）铬钢 铬钢在各种浓度的硝酸中，以及在浓硫酸、过氧化氢和其他氧化性介质中，都是十分稳定的，但不能耐盐酸、稀硫酸及氯化物水溶液的腐蚀，也不能耐沸腾温度下的磷酸以及高浓度磷酸的腐蚀。它在碱溶液中，只有当温度不高时才能耐腐蚀。亚硫酸能破坏铬钢。

（2）镍铬钢 1Cr18Ni9 和 1Cr18Ni9Ti 两种镍铬钢，在浓度小于或等于95%的硝酸中，当温度低于75℃时是最稳定的，在硫酸及盐酸中不稳定，在磷酸中，只有当温度低于100℃及其浓度不高于60%时才能耐腐蚀，在苛性碱中，除熔融状态外，都是稳定的。在室温时，有机酸对镍铬钢不起作用；在其他有机介质中，镍铬钢大都是稳定的。在碱金属及碱土金属的氯化物溶液中，即使呈沸腾状态，它们也是稳定的。

硫化氢、一氧化碳、室温下干燥的氯气、300℃以下的二氧化硫、二氧化碳（不论是干燥或潮湿状态以及高温下），对它们均无破坏作用。

Cr18Ni12Mo2Ti 和 Cr18Ni12Mo3Ti 两种含钼成分的镍铬钢，在浓度<50%的硝酸中。浓度小于50%的硫酸和20%的盐酸中（室温）及苛性碱中耐腐蚀性均高，并能有效地抑制氯离子的点蚀。

由于不锈钢在不同的条件下，对酸碱的耐蚀性能不一样，故在除盐设备中选用不锈钢作为防腐蚀材料时，要慎重考虑。

2.5 电工基础知识

2.5.1 电路基础知识

2.5.1.1 电路

为了获得电流而将各种电气设备和元件，按照一定的连接方式构成的电流通路，称为电路。简言之，电流所流经的路径称为电路。不管电路的结构如何，通常总是由电源、负载、导线和开关四个基本部分组成。

（1）电源 电源是电路中产生电能的设备。发电机、蓄电池、光电池等都是电源。在工作时，电源将机械能、化学能、光能等形式的能量转换为电能。

（2）负载 负载是电路中的用电设备。电灯、电炉、电动机等都是负载。工作时，它们分别将电能转换为光能、热能和机械能等各种形式的能量。

（3）导线和开关 导线和开关是连接电源和负载，用来传输、分配和控制电能的设备。

电路中，还有其他辅助设备，如测量仪表是用来执行测量任务的设备，熔丝是用来执行保护任务的设备等。

2.5.1.2 电路图

用电气设备实物图形表示的实际电路，它的优点是直观，但画起来很麻烦。而且，这些实际设备的电磁性能一般比较复杂，不便于用数学方法进行分析。因此，在分析和研究电路的工作状态时，总是把构成电路的实际设备抽象成一些理想化的模型。这些理想化的模型叫做理想电路元件。用理想电路元件，来模拟各种实际设备的电磁性能并构成电路，再借助一些数学方法对电路进行分析、计算，从而达到掌握实际电路电磁特性的目的。

这里引用的基本理想电路元件有：反映消耗电能的电阻元件，反映储存电场能量的电容元件，反映储存磁场能量的电感元件，以及反映向电路提供电能或电信号的电压源和电流源。用统一规定的设备和元件图形符号画出的电路模型图叫电路图。

2.5.2 电路基本物理量及参数

2.5.2.1 电流

1. 电流概念

当合上电源开关的时候，电灯就会发光，电炉就会发热，电动机就会转动。这是因为在电灯、电炉和电动机中有电流通过。电路中在电场力的作用下电荷的有规则定向移动，就形成电流。

2. 电流大小

衡量电流大小的物理量叫作电流强度，它等于单位时间内通过导体某一横截面的电量。电流强度简称电流，用符号 I 表示。如果在时间 t 内，通过导体某一横截面的电量为 Q，则流过该导体电流的大小为：

$$I = Q/t$$

电流的单位是安培，简称安，用符号 A 表示。如果每秒钟有 1 库仑（C）的电量通过导体某一横截面，这时的电流就是 1 安培（A），即：

$$1A = 1C/s$$

电流的其他单位有毫安（mA）、微安（μA）和千安（kA），关系如下：

$$1A = 10^3 mA = 10^6 \mu A \qquad 1kA = 10^3 A$$

3. 电流的方向

导体中的电流是带负电荷的自由电子作定向移动所形成的，照理说应把负电荷移动的方向定为电流的实际方向。但在电学史上，人们已经习惯于把正电荷移动的方向规定为电流的实际方向。

在简单的电路中，电流的实际方向很容易判断，但在比较复杂的电路中，电流的实际方向往往很难直接看出。为了计算和分析方便，人们首先假定电流的某一方向为电流的正方向（也叫电流参考方向），用实线箭头表示，并且规定：电流的实际方向与所选的电流的正方向一致，则电流值为正。若电流的实际方向与所选的电流的正方向相反，则电流值为负。这样一来，就可以把电流看成一个有正有负的代数量。在选定的电流正方向的参照下，电流值的正和负，就可以反映出电流的实际方向。

2.5.2.2 电压与电位

1. 电压

电压是衡量电场力移动电荷做功的能力。电压定义为如果正电荷 Q 在电场力作用下，由 a 点移动至 b 点时所做的功记为 A_{ab}，则 a、b 两点间的电压 U_{ab} 为：

$$U_{ab} = A_{ab}/Q$$

由此看出电压在数值上等于电场力把单位正电荷由一点移到另一点所做的功。

电压的单位是伏特，简称伏，用符号 V 表示。如果电场力将 1 库仑（C）电量的正电荷从 a 点移到 b 点所做的功为 1J，则 a、b 间的电压为 1V，即：

$$1V = 1J/C$$

电压的其他单位是毫伏（mV）、微伏（μV）和千伏（kV），关系如下：

$$1V = 10^3 mV = 10^6 \mu V \qquad 1kV = 10^3 V$$

2. 电位

在电路分析计算中，特别是在电子电路中，除了应用电压这一概念外，还经常应用电位的概念。若在电路上任选一点作为参考点，则电路中某点电位就是该点到参考点之间的电压，数值上等于电场力将单位正电荷从电路中某点移到参考点所做的功。电位用符号 φ 表示，如参考点为 O 点，则 a 点的电位为 $\varphi_a = U_{ao}$。

参考点本身的电位就是参考点到参考点之间的电压，即参考点的电位为零，所以参考点又叫零电位点。高于参考点的电位为正，低于参考点的电位为负。电位的单位与电压的单位相同，也用伏特（V）表示。

电路中任意两点间的电压就等于两点间电位之差，所以电压又叫电位差。各点的电位与参考点的选择有关，而任意两点间的电压与参考点的选择无关。这一性质说明在直流电路中任意两点间的电压是唯一的，与所取路径无关。

3. 电压的方向

习惯上，把电压的实际方向规定为电位降的方向，即高电位指向低电位的方向，所以电压又称为电位降。

为了计算和研究问题的方便，电压也和电流一样，应选定一个正方向，并且规定：当电压的实际方向与所选正方向一致时，则电压值为正；当电压的实际方向与所选正方向相反时，则电压值为负。在选定的电压正方向参照下，电压值的正和负，就可以反映出电压的实际方向。当选择电流和电压的参考方向一致，称为关联参考方向。电流和电压的参考方向不一致时，称为非关联参考方向。关联参考方向电流和电压符号相同，非关联参考方向电流和电压相差一个负号。

2.5.2.3 电动势

1. 电源力

电路中在电场力的作用下，电荷定向移动就形成了电流，这是电源外部。在电源内部，由于其他形式能量的作用产生一种对电荷的作用力，叫做电源力。正电荷在电源力的作用下，从低电位移向高电位。不同的电源中，电源力的来源有所不同。例如，电池中的电源力是由电解液与极板间的化学作用产生的；发电机的电源力则是由电磁作用产生的。这样在电源的外部，正电荷在电场力的作用下形成电流，从电源的正极经负载流向负极；在电源的内部，正电荷在电源力的作用下形成电流，从电源负极流向正极。

2. 电动势

电源力移动正电荷的过程中要做功，为了衡量电源力做功的能力，引进了电动势这个物理量。其定义为：电源内部电源力将单位正电荷从电源的负极移到正极所做的功叫做电源的电动势，简称电势，用符号 E 表示，即：

$$E = A/Q$$

式中　E——电源的电势，单位伏特 V；

　　　A——电源力所做的功，单位焦耳 J；

　　　Q——正电荷的电量，单位库仑 C。

电动势的方向是由电源的负极指向正极，也就是电位升高的方向。可见，电动势的实际方向与电压的实际方向是相反的。

在电源端断开的情况下（即没有接入负载），电源的电势与端电压在数值上相等。若选择电势与电压的正方向相反，则有 $E = U$。若选择电势和电压的正方向相同，则有 $E = -U$。

应当指出，尽管电源的开路电压和电势在数值上相同，并且使用同样的单位（V），但是电源的电势和电压的物理意义是不同的。前者是电源力将单位正电荷从电源的负极通过电源的内部移到正极所做的功，而后者是电场力将单位正电荷从电源的正极通过电源的外部移到负极所做的功。

2.5.2.4 电功率

在外电路电场力做功，把电能转化成热能、光能和机械能等。在电源内部，电源力做功，把其他形式的能转换成电能。不同的电路在相同的时间内转换能量的多少是不同的。通常用电功率衡量电路转换能量的速度。电功率简称电功，等于单位时间内电路吸收或释放的电能，用 P 表示，记为：

$$P = \frac{W}{t}$$

或

$$P = UI$$

在国际单位制中，功率的基本单位是瓦，符号为 W。工程中常用千瓦（kW）作单位，$1kW = 1000W$。

2.5.3 交流电基础知识

2.5.3.1 交流电的基本概念

在工农业生产及日常生活中绝大多数应用交流电。直流电的特点是电势、电压及电流的大小和方向都是不变的，电流总是从正极流出，经负载流回负极。与此不同，交流电的特点是电势、电压及电流的大小和方向都不断地随时间而变化。

正弦交流电是指按正弦规律变化的电流、电压和电动势。正弦交流电有三种表示方法，即波形图、三角函数式和矢量表示法，波形图如图 2-24 所示。

$$i = I_m \sin(\omega t + \phi_0)$$

（1）周期、频率、角频率

周期　正弦交流电按正弦规律变化，每完成一个循环需要的时间叫周期，用符号 T 表示，单位为秒（s）。

频率　正弦交流电在 1 秒内完成的周期数叫频率，用符号 f 表示，单位为赫兹（Hz）。

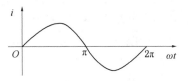

图 2-24　正弦交流电波形图

由周期和频率的定义知，二者互为倒数。在我国的电力系统中，国家规定动力和照明用电的标准频率为 50Hz，习惯上称为工频，其周期是 0.02s。

角频率　正弦交流电在单位时间内变化的弧度（或角度）数称为角频率。在一个周期 T 内，正弦交流电变化了 2π 弧度，角频率为 $\omega = 2\pi f$，角频率的单位为弧度/秒（rad/s）。

（2）瞬时值、最大值、有效值

瞬时值　正弦交流电在某一瞬间的大小叫瞬时值。电动势、电压和电流的瞬时值分别用小写字母 e、u、i 表示。

最大值　正弦交流电变化时出现的最大瞬时值叫最大值。电动势、电压和电流的最大值分别用大写字母 E_m、U_m、I_m 表示。

有效值　有效值是根据交流电的热效应定义的。一个交流电流和一个直流电流分别通过同一电阻 R，如果在相同的时间内产生的热量相等，则此直流电的数值称为该交流电的有效值。交流电动势、电压和电流的有效值分别用大写字母 E、U、I 表示。根据理论计算，正弦交流电的有效值是最大值的 0.707 倍。

有效值在电气工程中应用非常广泛。如照明电路的电源电压为 220V，动力线路的电源电压为 380V，都是指有效值。用交流电工仪表测量出来的电流、电压也是指有效值。大多数电器产品铭牌上标注的额定电压、额定电流都是有效值。

（3）相位、初相位、相位差

相位　在 $i=I_m\sin(\omega t+\phi_0)$ 中，$\omega t+\phi_0$ 是随时间变化的角度，可以反映出在不同瞬间正弦交流电的值，能够确定正弦量的状态，把 $\omega t+\phi_0$ 称为正弦交流电的相位角，简称相位。

初相位　在 $t=0$ 时的相位称为初相位，即式 $i=I_m\sin(\omega t+\phi_0)$ 中的 ϕ_0。初相位反映了正弦量在计时起点的状态。初相位可以为正、负，也可以为零，但规定其绝对值不大于180°。

相位差　两个相同频率正弦量的相位之差称相位差。例如有两个交流量的相位分别为 $\omega t+\phi_1$ 和 $\omega t+\phi_2$。则其相位差为：

$$\phi=(\omega t+\phi_1)-(\omega t+\phi_2)=\phi_1-\phi_2$$

频率相同的交流电的相位差等于它们的初相位之差。因此，相位差在任何瞬间都是一个常数。相位差是两个频率相同的正弦量进行比较的重要参数。

通常把频率、最大值（或有效值）和初相位称为正弦量的三要素。

2.5.3.2　三相交流电

三相交流电在生产中应用最广泛，发电厂的发电和输电一般都采用三相制，动力设备大多应用三相交流电。所谓三相交流电，就是三个单相交流电按一定的方式进行的组合。这三个单相交流电频率相同，最大值相等，而相位互差120°。三相交流电的瞬时表达式如下：

$$u_1=U_m\sin\omega t$$

$$u_2=U_m\sin(\omega t-120°)$$

$$u_3=U_m\sin(\omega t+120°)$$

三相交流电的波形图及矢量图如图 2-25 所示。这种最大值相等，频率相同，相位相差120°的电动势称为三相电动势。产生三相电动势或三相电压的电源，叫做对称三相电源。

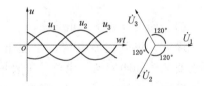

图 2-25　三相交流电的波形图及矢量图

三相电动势达到最大值（或零值）的先后次序叫做三相交流电的相序。三相交流电的相序是 $U\rightarrow V\rightarrow W$，在工程上通常用黄、绿、红三种颜色来分别表示 U 相、V 相和 W 相。按 $U\rightarrow V\rightarrow W$ 的次序循环下去的称正（顺）相序。而按 $U\rightarrow W\rightarrow V$ 的次序循环下去的称负（逆）相序。

1. 三相交流电源的连接

三相交流电在接线方法上可分星形（Y）和三角形（△）两种接线方法。

（1）三相交流电源的星形（Y）连接

三相交流电源的星形（Y）连接如图 2-26 所示。将发电机的三相绕组的尾端 U_2、V_2、W_2 连成一点 N，从首端 U_1、V_1、W_1 引出三相线，这种供电线路叫做三相三线制。高压电力系统一般都采用三相三线制。

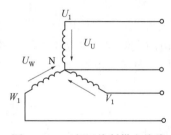

图 2-26　三相四线制供电线路

在供电线路中，除了引出三根端线（又称为火线、相线）之外，还由接点 N 引出一条线，叫做中性线（简称中线），接点 N 叫做中性点（简称中点）。如果 N 点接地，则 N 点就叫零点，中性线又称为零线。由配电变压器引出的四根线，即构成了三相四线制的供电系统。

每相绕组始端与末端之间的电压称为电源相电压，分别用 U_U、U_V 和 U_W 来表示 U、V、W 相的相电压有效值。显然，星形连接的相电压也就是相应的火线和中线之间的电压。两根火线之间的电压称为电源线电压，分别用 U_{UV}、U_{VW}、U_{WU} 表示线电压的有效值。在对称情况下，星形连接线电压和相电压之间存在如下关系，即线电压等于相电压的 $\sqrt{3}$ 倍。

$$U_{UV} = \sqrt{3}\, U_U \qquad U_{VW} = \sqrt{3}\, U_V \qquad U_{WU} = \sqrt{3}\, U_W$$

流过电源每相绕组或负载的电流叫做相电流，流过端线的电流叫做线电流，从上图可知，当电源绕组为星形连接时，线电流和相电流相等，即 $I_{线} = I_{相}$。

在低压供电系统中，最常用的是三相四线制系统，因为它可以同时提供 380V 和 220V 交流电源，生产中三相感应电动机普遍使用的是 380V 三相电源，而照明和家用电器使用的是 220V 单相电源。

（2）三相交流电源的三角形（△）连接

三相交流电源的三角形连接是将一相绕组的尾端与另一相绕组的首端依次相连，即 U_2 端接 V_1，V_2 端接 W_1，W_2 端接 U_1，构成一个闭合回路，并从三个接点各引出一根线，即端线（火线），如图 2-27 所示。一般情况下三相绕组都是对称的，对称电源三角形（△）连接时线电压和相电压是相等的。即 $U_{UV} = U_U$，$U_{VW} = U_V$，$U_{WU} = U_W$。由计算可知线电流等于相电流的 $\sqrt{3}$ 倍。

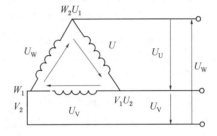

图 2-27　三相电源△形连接

2. 三相交流电路负载连接

在三相交流电路中负载的连接方法同电源的连接方法相同，也分成星形（Y）和三角形（△）连接。如图 2-28、图 2-29 分别表示负载星形（Y）连接的三相四线制和负载三角形（△）连接的两种接线方法。若负载是对称的，各相电流相等，相位相差 120°，这时中线电流等于零。三相电动机就是这种负载。由于中线电流等于零，所以中线可以省去，改成三线制接法。但在负载不对称时是不能采用这种接法的，因为负载不对称各相电流不相等，有了中线才能保证三相负载成为三个互不影响的回路。所以具体接线时，不允许断开中线，也不允许在中线上安装保险丝。

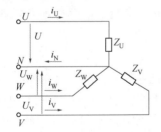

图 2-28　三相负载 Y 形连接

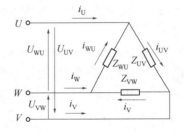

图 2-29　三相负载△形连接

将负载接在电源的两根相线之间，这种连接方法叫做三角形（△）接法。在这种连接中，各相负载上的电压是由电源的线电压维持的，负载上的电压等于电源的线电压。三相负载接到三相电源上，采用何种连接方法（星形或三角形），

应根据三相电源的线电压和负载额定电压的具体情况确定。如果三相负载的额定电压等于电源线电压，则该三相负载应进行三角形（△）连接，若电源线电压为负载额定电压的 $\sqrt{3}$ 倍，该三相负载应进行星形（Y）连接。例如，三相电动机的铭牌上标明的额定电压是 220V，

当对称电源的线电压是 380V 时，此时电动机应接成星形（Y）。

3. 三相电功率

对于三相对称负载，不论负载是接成星形（Y）还是三角形（△），计算功率的公式都是一样的。

视在功率　$S = \sqrt{3}\,UI$

有功功率　$P = \sqrt{3}\,UI\cos\phi$

无功功率　$Q = \sqrt{3}\,UI\sin\phi$

式中 U 为电源线电压的有效值，I 为电源线电流的有效值，ϕ 为每相的电压和电流的相位差。

2.5.4　三相异步电动机

2.5.4.1　三相异步电动机基本结构

三相异步电动机主要由定子和转子两部分组成。静止部分称为定子，旋转部分称为转子。

1. 定子

由定子铁芯、定子绕组和机座三部分组成。定子铁芯是异步电动机磁路的一部分。它用 0.5mm 厚的硅钢片冲制、叠压而成的，紧紧地装在机座内部。在定子铁芯的内圆上开有均匀分布的槽，用以嵌置定子绕组。定子绕组是电动机的电路部分。定子绕组是由许多线圈按一定规律连接而成的。定子绕组通常用高强度漆包线绕制而成的。机座的主要作用是固定定子铁芯的端盖，中小型电动机的机座通常采用铸铁制成，而大型电动机的机座则由钢板焊接而成。

2. 转子

由转子铁芯、转子绕组和转轴组成。转子铁芯也是电动机磁路的一部分，用 0.5mm 厚的硅钢片冲制、叠压而成的。转子铁芯与定子铁芯之间有一个很小的气隙。转子铁芯外圆有均匀分布的槽，用以嵌置转子绕组。转子绕组的作用是产生感应电动势的电磁转矩。根据结构不同，转子绕组可分为笼型和绕线型两大类。笼型转子的每个槽内与转子两端的端环都用熔化的铝液浇注而成。

2.5.4.2　三相异步电动机的铭牌及额定值

电动机的铭牌上标出了电动机型号、规格和有关技术数据。主要内容有：

（1）型号　电动机的品种代号，由产品代号和规格代号组成。以 Y-112M-4 电动机为例说明。Y：异步电动机。112：中心高度（mm）。M：机座类型（L：长，M：中，S：短）。4：磁极数。

（2）额定功率　表示电动机在额定工作状态下，从轴上输出的机械功率，单位为 kW。

（3）额定电压　表示电动机在额定工作状态下，加到定子绕组上的线电压，单位为 V。

（4）额定电流　表示电动机在额定工作状态下，输出额定功率时，定子绕组中线电流，单位为 A。

以上三个额定值之间的关系为：

$$P_N = \sqrt{3}\,U_N I_N \cos\phi_N \eta_N$$

式中　η_N 为电动机的额定效率。

（5）额定转速　表示电动机在额定工作状态时的转速，单位为 r/min。

此外，电动机铭牌上还有相数、频率、接法、绝缘等级、允许温升等。

2.5.4.3 三相异步电动机工作原理

三相异步电动机的定子绕组通入三相交流电后，在气隙中产生旋转磁场，通过电磁感应，在转子绕组中产生感应电动势和电流，该电流与旋转磁场作用产生电磁转矩，从而驱动转子旋转。

1. 旋转磁场的产生

三相异步电动机的三相定子绕组，对称地嵌放在定子铁心的槽中，并接成 Y 形。三相绕组接到三相对称交流电源后，将产生三相对称交流电流，电流形成磁场。由于电流是按正弦规律变化的，且相差 120°，所以三相对称电流产生的磁场，不是静止的，而是旋转的，其旋转方向与三相绕组在空间的排列次序对应。若任意调换两相绕组的电流，旋转磁场将反转。电流流过绕组后产生两个磁极即一对磁极。若电源频率为 50Hz，其旋转磁场的同步转速 n_1 与电源频率 f_1 的关系为 $n_1 = 60f_1 = 3000r/min$。

如果每相绕组由 p 个线圈串联组成，通入三相交流电后，则可产生 p 对磁极的旋转磁场，使旋转磁场的转速降低为 $1/p$，其旋转磁场的转速为：

$$n_1 = \frac{60f}{p}$$

由上可知，三相对称交流电流流过三相对称绕组产生的旋转磁场具有以下性质，即是一个旋转磁场；转向取决于电流的相序，任意调换两根电源线即可改变转向；转速为 $n_1 = \frac{60f}{p}$。

2. 三相异步电动机工作原理

三相异步电动机的定子绕组通入三相交流电后，会产生旋转磁场。开始时转子不动，转子导体切割磁力线产生感应电动势，由右手定则判定。因转子绕组通过短路环闭合，所以转子导体中有电流流过。转子电流又会与磁场作用产生电磁力，方向由左手定则确定。转子导体在电磁力作用下将产生一个电磁力矩，使转子沿旋转磁场的方向转动，其转速为 n。三相异步电动机工作时，转子的转速 n 不等于旋转磁场的转速 n_1，因得名"异步"。转子与旋转磁场之间有一个转速差，简称转差。它反映了转子导体切割磁力线的快慢程度。将转差 $n_1 - n$ 与旋转磁场转速 n_1 的比值定义为转差率，通常用 s 表示。转差率 s 是三相异步电动机的重要参数。

2.5.4.4 电动机控制

石油化工生产中，电动机的控制主要是启动、连续运转、各种保护和停止运转。根据这些要求，一般采用接触器自锁控制线路。电动机控制分主电路和控制电路。主电路是电动机的电源电路，主要包括电源开关、熔断器、交流接触器的主触头和热保护元件。控制电路包括起动按钮、停止按钮、交流接触器和热继电器等组成。如图 2-30 示。

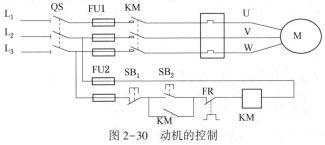

图 2-30　动机的控制

设动力电路的电源开关 QS 已合上送电。

起动过程：按下启动开关 SB$_2$，SB$_2$ 的常开触头闭合，交流接触器 KM 线圈得电。KM 的主触头闭合，KM 的辅助触头闭合，主触头闭合使电动机 M 起动运转。当松开起动开关 SB$_2$ 时，SB$_2$ 的常开触头恢复断开，但由于交流接触器的辅助触头已闭合，已将 SB$_2$ 短接，控制电路仍保持接通状态，所以交流接触器 KM 线圈继续得电，电动机持续运转，这称为"自锁"或"自保"。

停止过程：按下停止开关 SB$_1$，SB$_1$ 的常闭触头断开，交流接触器 KM 线圈失电。KM 的主触头断开，KM 的自锁触头断开，主触头断开使电动机 M 停止运转。当松开停止开关 SB$_1$ 时，SB$_1$ 常闭触头闭合，但 KM 的自锁触头已经断开，控制电路已断开，交流接触器 KM 线圈已失电，电动机停止运转。要想使电动机重新转动，必须再次起动。

过载保护：当由于某种原因而使电动机电流过载发热，热继电器 FR 动作，断开主电路，电动机停止运转。

该电路还有短路保护和失压保护功能。熔断器作短路保护用，接触器作失压保护用。

控制电路可以用可编程序控制器(PLC)完成。将起动开关 SB$_2$，停止开关 SB$_1$，热继电器 FR 作为 PLC 的输入，PLC 的输出是 KM 辅助触头，控制程序由 PLC 执行完成电动机的控制。

2.5.5 安全用电

1. 触电对人身的危害

电击是电流通过人体内部，使人的心脏、肺部及神经系统受到损伤。电伤是电流的热效应、化学效应或机械效应对人体外部造成局部伤害。

2. 触电方式

(1) 单相触电是指人体在地面上或其他接地导体上，人体某一部位触及一相带电体的触电事故。

(2) 两相触电是指人体两处部位触及两相带电体的触电事故。

(3) 跨步电压 当带电体发生接地故障时，在接地点附近地面，形成圆形降压电压分布，当人体在接地点附近，两脚所处的电位不同而产生的电位差即为跨步电压。

3. 影响触电危险程度的因素

(1) 电流大小。通过人体电流大小不同，人的生理反应和感觉不同，危险程度也不同。感知电流是引起人的感觉的最小电流。一般交流 1mA，直流 5 mA。摆脱电流是人触电后不需要别人帮助，能自主摆脱电源的最大电流。交流 10 mA、直流 50 mA，可以自行摆脱的电流称为安全电流。

(2) 安全电压。安全电压即为人触及不能引起生命危险的电压。我国规定：在高度危险的建筑物是 36V，在特别危险建筑物中为 12V。

(3) 电源频率。25~300Hz 的交流电对人体的伤害程度最为严重。

(4) 影响触电危险程度的因素还有电流流经人体的途径，电流通过人体的时间，身心健康状况等。

4. 防触电措施

(1) 提高电气设备完好状态，加强绝缘。

(2) 提高电气工程质量。

(3) 建立健全规章制度。

(4) 树立"安全第一"的自我保护意识，工作严肃认真。

（5）全面应用漏电保护装置。

（6）保护接地和保护接零。保护接地，就是将电气设备在正常情况下将不带电的金属外壳与接地体之间做良好的金属连接，以保护人体的安全。保护接地只应用在中性点不接地的三相三线制系统中，在三相四线制系统中不准使用保护接地。保护接零，是将电气设备不带电的金属部分与系统中的零线作良好的金属连接，以避免人体遭受触电危险。这是因为一旦设备外壳带电，可以迅速地使电气设备的漏电一相与零线产生强大电流，使电气保护装置动作，断开设备电源，使漏电设备外壳电压迅速消失，以防人体触电。可见在三相四线制系统中，电气设备的保护装置必须灵敏可靠。在采用保护接零时，还要采取重复接地，即在零线上的一处或多处重复接地。

5. 触电急救

人触电后，会出现神经麻痹、呼吸中断、心脏停止跳动等假死症状，应当立即抢救。首先是如何使触电者迅速脱离电源，然后进行人工呼吸，直至恢复自我呼吸。触电后 1min 开始救治，90%有良好效果；触电后 6min 开始救治，只有 10%有良好效果；触电后 12min 开始救治，救活的可能性很小。

2.6 仪表及自动化基础知识

2.6.1 仪表的基本概念
2.6.1.1 测量过程与测量误差

用实验的方法，求出某个量大小的过程称为测量。测量可分为直接测量和间接测量。无论采用哪种方法进行测量，实质上都是将被测参数与其相应的基本测量单位进行比较的过程，而测量仪表就是实现这种比较的工具。各种测量仪表不论采用哪一种原理，都是要将被测参数经过一次或多次的信号能量的转换，最后获得便于测量的信号能量形式，并由指针位移或数字形式显示出来。

在测量过程中，由仪表读得的被测值（测量值）与被测参数的真实值之间，总是存在一定的差距，这种差距就称为测量误差。测量误差按其产生原因的不同，可以分为三类。

（1）系统误差（又称规律误差）　这种误差的大小和方向（即符号）均不随测量过程而改变。产生这种误差的原因，主要有仪表本身的缺陷，观测者的习惯或偏向，环境条件的变化等。由于这种误差有一定规律，所以在测量过程中是容易消除或加以修正。

（2）疏忽误差　产生这种误差的原因，是由于测量者在测量过程中疏忽大意所致，比较容易被发觉，并应将它从测量结果中去掉。只要在测量过程中认真仔细，就可以避免产生这类误差。

（3）偶然误差　就是在同样条件下反复多次测量，每次结果都不重复的误差。这种误差是由一些随机的偶然原因引起的，因此它不易被发觉和修正。偶然误差的大小反映了测量过程的精度。

测量误差通常有两种表示方法，即绝对表示法和相对表示法。

绝对误差在理论上是指仪表指示值 X_i 和被测量的真实值 X_t 之间的差值，可表示为：

$$\Delta = X_i - X_t$$

在工程上，要知道被测量的真实值 X_t 是困难的。因此，所谓测量仪表在其标尺范围内各点读数的绝对误差，一般是指用被校表（准确度较低）和标准表（准确度较高）同时对同一参数测量所得到的两个读数之差，用下式表示：

$$\Delta = X - X_0$$

式中　　Δ——绝对误差；

　　　　X——被校表的读数值；

　　　　X_0——标准表的读数值。

测量误差还可以用相对误差来表示。某一被测量的相对误差等于这一点的绝对误差 Δ 与它的真实值 X_t(或 X_0)之比，可用式子表示：

$$\gamma = \Delta / X_0 = \frac{X - X_0}{X_0} 或 \gamma = \frac{X - X_0}{X}$$

式中　　γ——仪表在 X_0 处的相对误差。

求取测量误差的目的在于判断测量结果的可靠程度。

2.6.1.2　测量仪表的品质指标

测量仪表性能优劣，可用它的品质(性能)指标来衡量。常用指标如下。

1. 测量仪表的准确度

测量仪表的准确度又称精确度、精度。仪表的测量误差可以用绝对误差 Δ 来表示。仪表的绝对误差在测量范围内的各点上是不相同的。仪表的"绝对误差"指的是绝对误差的最大值 Δ_{max}。由于仪表的准确度不仅与绝对误差有关，而且还与仪表的标尺范围有关。因此工业仪表是将绝对误差折合成仪表标尺范围的百分数来表示，称为相对百分比误差 δ，即：

$$\delta = \frac{\Delta_{max}}{标尺上限值 - 标尺下限值} \times 100\%$$

仪表的标尺上限值与标尺下限值之差，一般称为仪表的量程(Span)。

根据仪表的使用要求，规定一个在正常情况下允许的最大误差，这个允许的最大误差就叫允许误差。允许误差一般用相对百分误差来表示，即仪表的允许误差是指在规定的正常情况下允许的相对百分误差。

$$\delta_允 = \pm \frac{仪表允许最大绝对误差}{标尺上限 - 标尺下限} \times 100\%$$

仪表的允许误差 δ 越大，表示它的准确度越低。反之允许误差 δ 越小，表示仪表的准确度越高。

将仪表的允许相对百分误差去掉"±"号及"%"号，便可以用来确定仪表的准确度等级。目前仪表常用的准确度等级有 0.005，0.02，0.05，0.1，0.2，0.4，0.5，1.0，1.5，2.5，4.0 等。如果某台测温仪表的允许误差为 ±1.4%，则认为该仪表的准确度等级符合 1.5 级。

例 2.6-1　某台测温仪表的测温范围为 200~600℃，仪表的最大绝对误差为 ±3℃，试确定该仪表的相对百分误差与准确度等级。

解：仪表的相对百分误差为

$$\delta = \pm \frac{3}{600 - 200} \times 100\% = \pm 0.75\%$$

如果将仪表 δ 去掉"±"号和"%"号，其数值为 0.75。由于国家规定的精度等级中没有 0.75 级仪表，同时，该仪表的误差超过了 0.5 级仪表所允许的最大误差，所以这台测温仪表的精度等级为 1.0 级。

仪表准确度等级是衡量仪表质量优劣的重要指标之一。数值越小，准确度等级越高，仪表的准确度也越高。仪表准确度等级一般用不同的符号形式标志在仪表面板上，如①等。

2. 测量仪表的恒定度(变差)

测量仪表的恒定度常用变差来表示，又称回差，它是在外界条件不变的情况下，用仪表测量同一参数值正、反行程指示值间的最大绝对差值与仪表标尺范围之比的百分数表示，即：

$$变差 = \frac{正反行程最大绝对差值}{标尺上限 - 标尺下限} \times 100\%$$

造成变差的原因很多，例如传动机构的间隙、运动件间的摩擦、弹性元件弹性滞后的影响等。必须注意，仪表的变差不能超出仪表的允许误差，否则应及时检修。

3. 灵敏度与灵敏限

仪表指针的线位移或角位移，与引起这个位移的被测参数变化量的比值称为仪表的灵敏度。所以仪表的灵敏度，在数值上就等于单位被测参数变化量所引起的仪表指针移动的距离(或转角)。如一台测量范围为 0~100℃ 的测温仪表，其标尺长度为 20mm，则其灵敏度为 0.2mm/℃，即温度每变化 1℃，指针移动了 0.2mm。

所谓仪表的灵敏限，是指引起仪表指针发生动作的被测参数的最小变化量。通常仪表灵敏限的数值应小于仪表允许绝对误差的一半。

灵敏限指标适用于指针式仪表，在数字式仪表中，用分辨力来表示仪表灵敏度。数字式仪表的分辨力就是在仪表的最低量程上最末一位改变一个数字所需被测参数变化量。以七位数字电压表为例，在最低量程满度值为 1V 时，它的分辨力为 0.1μV。数字式仪表能稳定显示的位数越多，则分辨力越高。

4. 反应时间

当用仪表对被测量进行测量时，被测量突然变化以后，仪表指示值总是要经过一段时间后才能准确地显示出来。反应时间就是用来衡量仪表能否尽快反应出参数变化的品质指标。反应时间大，说明仪表需要较长时间才能给出准确的指示值，那就不宜用来测量变化频繁的参数。所以仪表反应时间的长短，反映了仪表动态特性的好坏。

仪表的反应时间有不同的表示方法，当输入信号突然变化一个数值后，输出信号将由原始值逐渐变化到新的稳态值。对于一阶系统，仪表输出信号(即指示值)由开始变化到新稳态值的 63.2% 所用的时间，称为时间常数。对于二阶系统，仪表输出信号由开始变化到新稳态值的 95% 所用的时间，称为反应时间。

5. 线性度

线性度用来说明输出量与输入量的实际关系曲线偏离直线的程度。线性度通常用实际测得的输入-输出的特性曲线(称为标定曲线)与理论拟合直线之间的最大偏差与测量仪表满量程输出范围之比的百分数来表示。

6. 重复性

重复性表示测量仪表在被测参数按同一方向作全量程连续多次变动时所得标定特性曲线不一致的程度。

2.6.1.3 测量系统的信号

1. 信号类型

作用于测量装置输入端的被测信号，通常要转换成以下几种便于传输和显示的信号类型。

（1）位移信号　位移信号包括直线位移和角位移两种形式，它属于一种机械信号。在测量力、压力、质量、振动等物理量时，通常都首先要把它们转换成位移量，然后再作进一步处理。

（2）压力信号　压力信号包括气压信号和液压信号，工业检测中主要应用气压信号。在气动检测及执行系统中，以净化的恒压空气作为能源。采用气—电转换器，可将气压信号转换为电信号。

（3）电气信号　常用的电气信号有电压、电流、阻抗和频率信号等。电气信号传送快、滞后小、可以远距离传递，便于和电子计算机连接。传感器将被测工艺参数的变化直接或间接地转换为电信号输出。

（4）光信号　光信号包括光通量信号、干涉条纹信号、衍射条纹信号、莫尔条纹信号等。利用各种光学元件构成的光学系统可将光信号进行传递、放大和处理。在非电量电测技术中，利用光电元件可以将光信号转换成电信号。光信号的形式，既可以是连续的，又可以是断续（脉冲）式的。

2. 信号传递形式

从传递信号的连续性观点看，在检测系统中传递信号的形式可以分为模拟信号、数字信号和开关信号。

（1）模拟信号　在任何时刻是连续变化的信号，即在任何瞬时都可以确定其数值的信号，称为模拟信号。在生产过程中常遇到的各种连续变化的物理量和化学量都属于模拟信号。模拟信号可以变换为电信号，即是平滑地、连续地变化的电压或电流信号。

（2）数字信号　数字信号是一种以离散形式出现的不连续信号，通常用二进制数"0"和"1"组合的代码序列来表示。数字信号变换成电信号就是一连串的窄脉冲和高低电平交替变化的电压信号。

连续变化的工艺参数（模拟信号）可以通过数字式传感器直接转换成数字信号。然而大多数情况是首先把这些参数变换成电形式的模拟信号，然后再利用模/数（A/D）转换技术把模拟量再转换成数字量。

（3）开关信号　用两种状态或用两个数值范围表示的不连续信号叫做开关信号。例如，用水银触点温度计来检测温度的变化时，可以利用水银触点的"断开"与"闭合"来判断温度是否达到给定值。在自动检测技术中，利用开关式传感器（如干簧管、电触点式传感器）可以将模拟信号变换成开关信号。

2.6.1.4　测量仪表分类

测量仪表依据所测参数的不同，可分成压力（差压、负压）测量仪表、流量测量仪表、物位测量仪表、温度测量仪表、物质成分分析仪表及物性检测仪表等。

测量仪表按指示数的方式不同，可分成指示型、记录型、讯号型、远传指示型、累积型等。按精度等级及使用场合的不同，可分为实用仪表、范型仪表和标准仪表，分别使用在现场、实验室和标定室。

2.6.2　压力测量

2.6.2.1　基本知识

测量压力和真空度的仪表很多，按照其转换原理的不同，大致可分为四大类。

（1）液柱式压力计　它是根据流体静力学原理，将被测压力转换成液柱高度进行测量的。按其结构形式的不同，有 U 型管、单管和斜管压力计等。这种压力计结构简单、使用方便。但其精度受工作液的毛细管作用、密度及视差等因素影响，测量范围较窄，一般用来测量低压力或真空度。

（2）弹性式压力计　它是将被测压力转换成弹性元件变形的位移进行测量的。例如弹簧管压力计等。

（3）电气式压力计　它是通过机械和电气元件将被测压力转换成电量（如电压、电流、频率等）进行测量的仪表。例如电容式、电阻式、电感式、应变片式和霍尔片式压力计等。

（4）活塞式压力计　它是根据水压机液体传递压力的原理，将被测压力转换成活塞上所加平衡砝码的重量进行测量的。它的测量精度很高，允许误差可小到0.05%～0.02%。但结构较复杂，价格较贵，一般作为标准压力测量仪器，可检验其他类型的压力计。

2.6.2.2　弹性式压力计

弹性式压力计是利用各种形式的弹性元件，在被测介质压力的作用下，使弹性元件受压后产生弹性变形的原理而制成的测压仪表。这种仪表结构简单、使用可靠、读数清晰、牢固可靠、价格低廉、测量范围广且有足够的精度等。

弹簧管是压力计的测量元件，它是一根弯成270°圆弧的椭圆截面的空心金属管。金属管的自由端封闭，另一端固定在接头上。当通入被测压力 p 后，由于椭圆形截面在压力 p 作用下，将趋于变圆，弯成圆弧形的弹簧管随之产生向外挺直的扩张变形。由于变形，使弹簧管自由端产生位移。这就是弹簧管压力计的基本测量原理，如图2-31所示。

弹簧管自由端位移量很小，通过拉杆、扇形齿轮、中心齿轮等放大机构，带动指针偏转指示压力值。游丝用来克服因扇形齿轮和中心齿轮间的传动间隙而产生的仪表变差。改变调整螺钉的位置，可以实现压力表量程的调整。

2.6.2.3　电气式压力计

把压力转换为电信号输出，然后测量电信号的压力表叫电气式压力计。电气式压力计一般由压力传感器、测量电路和信号处理装置所组成。常用的信号处理装置有指示器、记录仪、控制器及微处理机等。

压力传感器的作用是把压力信号检测出来，并转换成电信号输出。各种弹簧管式电气压力计，如电阻式、电感式和霍尔片式等。但这类压力计不适应快速变化的脉动压力和高真空、超高压等场合下的测量需要，因而出现了另一类电气式压力传感器，如压阻式、电容式和振弦式压力（差压）变送器等。

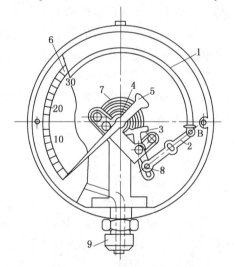

图2-31　弹簧管压力表

1—弹簧管；2—拉杆；3—扇形齿轮；

4—中心齿轮；5—指针；6—面板；

7—游丝；8—调整螺钉；9—接头

2.6.2.4　压力计选用

压力计选用应根据工艺生产过程对压力测量的要求，结合其他各方面的情况，加以全面考虑和具体分析。一般应该考虑以下几个方面的问题。

1. 类型选择

仪表类型的选用必须满足工艺生产的要求。例如是否需要远传变送、自动记录或报警；

被测介质的物理化学性质(如腐蚀性、温度高低、黏度大小、脏污程度、易燃易爆等)是否对测量仪表提出特殊要求;现场环境条件(如高温、电磁场、振动及现场安装条件等)对仪表类型有无特殊要求等。总之,根据工艺要求正确选用仪表类型是保证仪表正常工作及安全生产的重要前提。

如普通压力计的弹簧管多采用铜合金,高压采用碳钢。而氨用压力计弹簧管的材料却都采用碳钢,不允许采用铜合金,因为氨气对铜的腐蚀极强,所以普通压力计用于氨气压力测量很快就要损坏。氧气压力计和普通压力计在结构和材质上完全相同,只是氧用压力计禁油。因为油进入氧气系统会引起爆炸,所以氧气压力计在校验时,不能象普通压力计那样采用变压器油做工作介质,并且氧用压力计在存放中要严格避免接触油污。

2. 测量范围确定

仪表的测量范围是指被测量可按规定精确度进行测量的范围,它是根据操作中需要测量的参数大小来确定的。

在测量压力时,为了延长仪表使用寿命,避免弹性元件因受力过大而损坏,压力计的上限值应该高于工艺生产中可能的最大压力值。在测量压力时,最大工作压力不应超过满量程的2/3;为了保证测量值的准确度,被测压力值不能太接近于仪表的下限值,一般被测压力的最小值应大于仪表满量程的1/3为宜。

根据被测参数的最大值和最小值计算出仪表的上、下限后,还应按仪表系列规格或产品目录确定。如量程为$0\sim1$、1.6、2.5、4、6×10^n,n为0、1、2等。

3. 仪表准确度等级选取

仪表准确度是根据工艺生产上所允许的最大测量误差来确定的。一般来说,所选用的仪表精度越高,测量结果越准确误差越小。但不能认为选用的仪表准确度越高越好,因为精确度越高的仪表,一般价格越贵,操作和维护越费事。因此,在满足工艺要求的前提下,应尽可能选用准确度较低、价廉耐用的仪表。

2.6.3 流量测量

2.6.3.1 基本知识

流量是指单位时间内流过管道某一截面的流体数量的大小。测量流量方法很多,其测量原理和所应用的仪表结构形式各不相同。

1. 速度式流量计

这是一种以测量流体在管道内的流速作为测量依据来计算流量的仪表。例如差压式流量计、转子流量计、电磁流量计、涡轮流量计等。

2. 容积式流量计

这是一种以单位时间内所排出的流体的固定容积的数目作为测量依据来计算流量的仪表。例如椭圆齿轮流量计、腰轮流量计和活塞式流量计等。

3. 质量式流量计

这是一种以测量流过的质量为依据的流量计,例如惯性力式质量流量计、补偿式质量流量计等。它具有被测流量的数值不受流体的温度、压力、黏度等变化的影响。

2.6.3.2 差压式流量计

差压式(节流式)流量计是基于流体流动的节流原理,利用流体流经节流装置时产生的压力差而实现流量测量的。它是目前生产中测量流量最成熟、最常用的方法之一。通常是将被测流量转换成压差信号的节流装置(如孔板、喷嘴、文丘里管)将管道中流体流量的大小转换成相应的压差大小，由导压管引出，并用相应的差压计或差压变送器来测量。目前主要是通过差压变送器转换成相应的电信号以供显示，记录或调节之用。所以差压式流量计一般应由节流装置、导压管、差压计或差压变送器三部分组成。

差压式流量计由于使用历史长久，已经积累了丰富的实践经验和完整的实验资料。因此国内外已把最常用的节流装置：孔板、喷嘴、文丘里管进行了标准化，并称为"标准节流装置"。采用标准节流装置进行设计计算时都有统一标准规定、要求和计算所需要的实验数据。需要时可查阅有关手册或资料。

标准节流装置在使用时必须满足一定条件。液体应充满圆型管道并连续流动；管道内液体应该是稳定的；液体必须是单相、均匀、洁净的；液体在流进节流装置前流束必须与管道平行，不能有旋转流。标准节流装置不适应脉动流和临界流的流量测量。标准节流装置的安装管道应是圆直管道，管道内壁洁净，节流件前后要有一定长度的直管段。标准节流装置适应管道直径为 50~1000mm。

2.6.3.3 转子流量计

转子流量计适应管道直径在 50mm 以下的小流量测量。转子流量计和差压式流量计不同，差压式流量计是在节流面积不变的条件下，以差压变化来反映流量的大小。而转子流量计是以压降不变，利用节流面积的变化来测量流量的大小，即转子流量计采用恒压降、变节流面积的流量测量方法。

转子流量计由两部分组成，一是由下往上逐渐扩大的锥形管，另一个是放在锥形管内可自由运动的转子。被测流体由锥形管下端进入，沿锥形管向上流动，推动转子上移，流经转子与锥形管之间的环形面积，经上端流出。当流体向上推力与转子浸没在液体里的重力相等时，转子稳定在一定高度。转子在锥形管中的平衡位置高度与被测流体的流量大小相对应。这就是转子流量计的测量原理。

转子流量计是一种非标准仪表，其流量标尺上的刻度值，是在工业标准状态(20℃，0.10133MPa)下用水和空气进行刻度的。即用于测量液体是代表 20℃ 水的流量值，用于测量气体是代表 20℃，0.10133MPa 压力空气的流量值。所以在实际使用时，如果被测介质的密度和工作状态不同，必须对流量指示值按照实际被测介质的密度、温度、压力等参数的具体情况进行修正，参见有关修正公式。

2.6.3.4 电磁流量计

当被测介质是具有导电性的液体介质时，可用电磁感应方法测量流量，电磁流量计能够测量酸、碱、盐溶液及含有固体颗粒或纤维液体的流量。

1. 电磁流量计工作原理

电磁流量计通常由变送器和转换器两部分组成，被测介质的流量经变送器变换成感应电势后，再经转换器把电势信号转换成统一的直流信号输出，以便进行指示、记录使用。

在一段非导磁材料制成的管道外面，安装有一对磁极 N 和 S，用以产生磁场。当导电流体流过管道时，因流体切割磁力线而产生感应电势。此感应电势由与磁极成垂直方向的两个电极引出。当磁感应强度不变，管道直径一定时，这个感应电势的大小仅与流体流速有关，与其他因素无关。将此感应电势经放大、转换、传送给显示仪表或计算机显示。

2. 电磁流量计特点

电磁流量计的测量导管内无可动和突出部件，因而压力损失很小。采用防腐衬里后，可测量各种腐蚀性液体流量，亦可测量含有颗粒、悬浮物等流量。另外输出信号不受流体物理性质(如湿度、压力、黏度等)变化和流动状态的影响。反映速度快，可测量脉动流量。

电磁流量计只能测量导电流体流量，不能测量气体、蒸汽及石油制品等。电势信号小，系统复杂，成本高，易受外界电磁场干扰，使用中应特别注意。

2.6.4 液位测量

2.6.4.1 基本知识

容器中液体介质的高低叫液位，容器中固体或颗粒状物质的堆积高度叫料位。测量液位的仪表叫液位计，测量料位的仪表叫料位计，而测量两种密度不同液体介质的分界面的仪表叫界面计。上述三种仪表统称为物位仪表。测量物位的仪表种类很多，按工作原理分为下列几种类型。

（1）直读式液位计 这类仪表中主要有玻璃管液位计、玻璃板液位计等。

（2）差压式液位计 又可分为压力式液位仪表和差压式液位仪表，利用液柱或物料堆积对某定点产生的压力的原理而工作。

（3）浮力式液位计 利用浮子高度随液位变化而改变或液体对浸沉于液体中的浮子的浮力随液位高度而变化的原理工作。它又可分为浮子带钢丝绳的、浮球带杠杆的和沉筒式的等几种。

（4）电磁式物位计 使物位的变化转换为一些电量的变化，通过测出这些电量的变化来测知物位。它可以分为电阻式(即电极式)物位仪表、电容式物位仪表和电感式物位仪表等。还有利用压磁效应工作的物位仪表。

（5）核辐射式物位计 是利用核辐射线透过物料时，其强度随物质层的厚度而变化的原理而工作的。目前应用较多的是 γ 射线。

（6）声波式物位计 由于物位的变化引起声阻的变化、声波的遮断和声波反射距离的不同，测出这些变化就可测知物位。所以声波式物位仪表可以根据它的工作原理分为声波遮断式、反射式和声阻尼式。

（7）光学式物位计 利用物位对光波的遮断和反射原理工作，它利用的光源可以有普通白炽灯光或激光等。

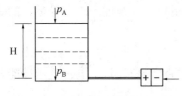

图 2-32 差压式液位计原理图

2.6.4.2 差压式液位计工作原理

差压式液位计是利用容器内的液位变化时，由液柱产生的静压也相应变化的原理而工作的，如图 2-32 所示。

当差压计的一端接液相，另一端接气相时，根据流体静力学原理可知：

$$p_B = p_A + H\rho g$$

式中 p_A、p_B——分别是 A、B 两处的压力；

H——液位高度；

ρ——介质密度；

g——重力加速度。

由上式得：$\Delta p = p_B - p_A = H\rho g$

通常被测介质的密度是已知的。因此，差压计测得差压与液位高度 H 成正比。这就是差压式液位计测量原理。

当用差压式液位计来测量液位时，若被测容器是敞口的，气相压力为大气压，则差压计的负压室通大气就可以了，也可以用压力计来直接测量液位的高低。若是密封受压容器，则需将差压计的负压室与容器的气相相连接。

2.6.4.3 法兰差压变送器测量液位

在测量具有腐蚀性或含有结晶颗粒以及黏度大、易凝固等液体液位时，为了解决引压管线被腐蚀堵塞的问题，可用法兰式差压变送器。变送器的法兰直接与容器上的法兰相连接。作为敏感元件的测量头(金属膜盒)，经毛细管与变送器的测量室相通。在膜盒、毛细管和测量室所组成的封闭系统内充有硅油，作为传压介质，并使被测介质不进入毛细管与变送器，以免堵塞。法兰式差压变送器的测量原理同上。

2.6.5 温度测量

2.6.5.1 基本知识

温度是表征物体冷热程度的物理量。温度参数是不能直接测量的，一般只能根据物质的某些特性值与温度之间的函数关系，通过对这些特性参数的测量间接地获得。按照测量方式的不同，温度测量仪表可以分为接触式与非接触式两类。

接触法可以直接测得被测物体的温度，因而简单、可靠、测量精度高。但由于测温元件与被测介质需要进行充分的热交换，因而产生了测温的滞后现象。非接触法测温，是利用物体的热辐射特性，通过对辐射能量的检测实现测温，化工生产中不常用。

用来度量物体温度高低的标尺叫做温度标尺，简称"温标"，它是用数值表示温度的一种方法。它规定了温度的读数起点(零点)和测量温度的基本单位。各种温度的刻度数值均由温标确定。目前使用较多的温标有摄氏温标、华氏温标、热力学温标和国际实用温标。

2.6.5.2 温度测量仪表分类

由于温度参数不能直接测量，一般只能根据物质的某些特性值与温度之间的函数关系实现间接测量，温度测量的基本原理与这些特性值的选择密切相关。工业常用测温仪表分类如下。

1. 玻璃液体温度计

利用液体受热时产生热膨胀的原理制成的膨胀式温度计。玻璃液体温度计按其充填的工作液不同可分为水银温度计和有机液温度计。玻璃液体温度计由于液体膨胀系数比玻璃大，因此当温度升高时，温包中工作液因膨胀而沿毛细管上升，根据玻璃管刻度标尺可以指示被测温度的高低。

玻璃液体温度计主要特点是直观、结构简单、使用方便、测量准确、价格低廉。但容易破损、读数麻烦、一般只能现场指示，不能记录与远传。一般测温范围是有机液-100~150℃，水银0~350(-80~650)℃。

2. 双金属温度计

双金属温度计中的感温元件是用两片线膨胀系数不同的金属片迭焊在一起制成的。双金属片受热后由于两金属片的膨胀长度不同而产生弯曲，弯曲的位移大小或角度反映了被测温度。温度越高，产生的线膨胀长度差越大，因而引起弯曲的角度就越大。双金属温度计就是根据这一原理制成的。

用双金属片制成的温度计，通常被用于温度继电控制器(如烘箱、恒温箱的温度控制)、极值温度信号器或其他仪表的温度补偿器。

双金属温度计主要特点是结构简单、机械强度大、价格低、报警与自控。但精度低、不能离开测量点测量，量程与使用范围均有限，一般测温范围为0~300(-50~600)℃。

3. 电阻温度计

热电阻温度计是利用导体或半导体的电阻随温度变化的性质制成的温度计。电阻温度计测量精度高，便于远距离、多点、集中测量和自动控制，结构较复杂、不能测量高温，由于体积大，测点温较困难。测温范围为铂电阻-200~600℃，铜电阻-50~150℃，热敏电阻-100~300℃。

4. 热电偶温度计

利用金属的热电性质可以制成热电偶温度计。热电偶温度计测温范围广，精度高，便于远距离、多点、集中测量和自动控制，需要冷端温度补偿，在低温段测量精度较低。

2.6.5.3 热电偶温度计

热电偶温度计是基于热电效应原理测量温度的。它的测温范围很广，可测量生产过程中 0~1600℃ 范围内液体、蒸汽和气体介质温度。这类仪表结构简单、使用方便、测温准确可靠、便于远传、自动记录和集中控制，因而在生产中应用普遍。

图 2-33 是热电偶测温系统示意图，它主要由热电偶、测量仪表、连接导线三部分组成，热电偶是系统中的测温元件；测量仪表是用来检测热电偶产生的热电势信号；导线用来连接热电偶与测量仪表。为了提高测量精度，一般都要采用补偿导线和冷端温度补偿。

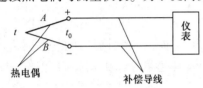

图 2-33 热电偶温度计测温系统图

1. 热电偶

在热电偶测温系统中，热电偶是测温元件，是由两种不同材料的导体 A 和 B 焊接而成，如图 2-33 所示。焊接的一端插入被测介质中，感受被测温度，称为热电偶的工作端(亦称热端)，另一端与导线连接，称为自由端(亦称冷端)。导体 A、B 称为热电极，合称热电偶。

(1) 热电现象及测温原理　两根不同材料的金属导线 A 和 B，将其两端焊在一起，组成一个闭合回路。如将其一端加热，使热端温度 t 高于冷端温度 t_0，那么在此闭合回路中就有热电势产生。如果在此回路中串接一只直流毫伏计，就可见到毫伏计中有电势指示，这种现象称为热电现象。当冷端温度固定，热端温度与热电势成对应关系，这就是热电偶测温原理。

(2) 常用热电偶的种类　常用热电偶及其主要特性见表 2-18。

表 2-18　工业用热电偶

热电偶名称	代号	分度号	热电偶材料		测温范围/℃	
			正热电极	负热电极	长期使用	短期使用
铂铑$_{30}$-铂铑$_6$	WRR	B	铂铑$_{30}$合金	铂铑$_6$合金	300~1600	1800
铂铑$_{10}$-铂	WRP	S	铂铑$_{10}$合金	钝铂	-20~1300	1600
镍铬-镍硅	WRN	K	镍铬合金	镍硅合金	-50~1000	1200
镍铬-铜镍	WRE	E	镍铬合金	铜镍合金	-40~800	900
铁-铜镍	WRF	J	铁	铜镍合金	-40~700	750
铜-铜镍	WRC	T	铜	铜镍合金	-40~300	350

将热电偶自由端固定为 0℃，分别测出热电偶高温端温度所对应热电势值，并列成表格，称为分度表，不同的热电偶具有不同分度表。热电偶的分度表用于标定显示仪表的刻度和校验热电偶。

（3）热电偶结构　热电偶基本结构通常由热电极、绝缘套管、保护套管和接线盒等部分构成。

a. 热电极　组成热电偶的两根热偶丝称为热电极，热电极有正、负之分。贵重金属电极丝直径为 0.3~0.65mm，普通金属电极丝直径为 0.5~3.2mm。

b. 绝缘套管　也称绝缘子，用于防止两根热电极短路。其结构型式通常有单孔管、双孔管及四孔的瓷管和氧化铝管等。

c. 保护套管　为使热电极免受化学侵蚀和机械损伤，确保使用寿命和测温的准确性，将热电极、绝缘子用保护套管保护。常用的保护套管有 20#碳钢管、1Cr18Ni9Ti 不锈钢等。

d. 接线盒　用于连接热电偶和显示仪表。一般有普通式和密封式两种。

由于普遍热电偶较粗，时间常数大、反映慢，出现了铠装热电偶。它是由金属套管、绝缘材料和热电极经专门工艺拉伸而成的坚实组合体。目前生产的铠装热电偶的套管外径为 0.25~12mm，有很多规格，其长短根据需要而定，测温时间常数小，反应快等。

2. 补偿导线与冷端温度补偿

由热电偶测温原理可知，只有当热电偶冷端温度保持不变时，热电势才是被测温度的单值函数。但在实际工作中，由于热电偶的冷端靠近设备或管道，故冷端温度不仅受环境温度的影响，而且还受设备或管道中物料温度的影响，因而冷端温度难于保持恒定。为了准确地测量温度，就应当设法把热电偶的冷端延伸至远离被测对象且温度又比较稳定的地方。最简单的方法是将热电偶丝做得很长。由于热电偶丝是属贵金属，这样很不经济，人们采用某些便宜金属，其热电特性在 0~100℃ 范围内与所配热电偶非常接近，用于延伸热电偶冷端。这种用来延伸冷端的专用导线称为补偿导线。例如，铜-铜镍所组成的热电偶与镍铬-镍硅热电偶在 100℃ 以下其热电特性是一致的。

必须指出使用补偿导线时，应当注意补偿导线的正、负极，必须与热电偶的正、负极各端对应相接。此外正、负两极的接点温度 t_1 应保持相同，延伸后的冷端温度 t_0 应比较恒定且比较低。对于镍铬-镍铜等用廉价金属制成的热电偶，则可用其本身材料作补偿导线，将冷端延伸到环境温度较恒定的地方。常用的补偿导线见表 2-19。

表 2-19　常用热电偶的补偿导线

热电偶名称	补偿导线				工作端 100℃冷端 0℃时标准热电势 mV
	正极		负极		
	材料	颜色	材料	颜色	
铂铑$_{10}$-铂	铜	红	镍铜	绿	0.64±0.03
镍铬-镍硅	铜	红	铜镍	蓝	4.10±0.15
镍铬-铜镍	镍铬	红	铜镍	棕	6.95±0.30

用补偿导线可以延伸热电偶自由端并补偿一部分热电势，但还不能完全补偿，还不能与分度表对应。为使显示仪表或计算机显示真实温度，必须采取其他补偿措施。常用的冷端温度补偿方法还有冷端温度校正法和补偿电桥法等。

2.6.5.4 热电阻温度计

热电偶一般适用于较高温度的测量，热电阻适用于 500℃ 以下的中、低温（300℃ 以下）测量。

热电阻是基于金属导体的电阻值随温度变化的特性进行温度测量的。对于热电阻材料一般要求电阻温度系数、电阻率要大，热容量要小，在整个测量范围内应有稳定的化学和物理性质以及良好的复现性，电阻值与温度应呈线性关系。工业上常用的热电阻有铜电阻和铂电阻两种。

铜电阻的温度与电阻值的关系，在 -50 ~ 150℃ 范围内是线性关系：

$$R_t = R_0(1 + \alpha t)$$

式中　　R_t、R_0——铜电阻在温度为 t、0℃ 时的阻值；

　　　　α——铜电阻的电阻温度系数。

铜电阻的分度号为 Cu50（$R_0 = 50\Omega$）及 Cu100（$R_0 = 100\Omega$）两种。

铂电阻温度与电阻值的关系，在 0 ~ 630.74℃ 的范围内可用下式表示：

$$R_t = R_0(1 + At + Bt^2 + Ct^3)$$

式中　　R_t、R_0——铂电阻在温度为 t、0℃ 时的电阻值；

　　　　A、B、C——铂电阻的电阻温度系数。

工业用铂电阻的分度号有 Pt50（$R_0 = 50\Omega$）及 Pt100（$R_0 = 100\Omega$）等。

热电阻由电阻体、绝缘子、保护管和接线盒四个部分组成。除电阻体外，其余各部分结构、形状均与热电偶的相应部分相同。

热电阻测温系统中热电阻与测量桥路连接是采用三根导线，称为三线制接法。三根导线分别接在两对边桥臂和电源，并使三根导线电阻相等并要求固定每根导线的电阻值，这样可以消除引线电阻及环境温度变化造成的误差。

2.6.6 水处理自动控制基础知识

2.6.6.1 化学水处理自动控制模式

就目前国内情况来看，已投运的水处理程控装置的控制模式有计算机控制（机控）和就地控制（硬手操）两种状态。机控和就地的选择取决于就地电磁阀箱及泵、风机电气控制柜（或 MCC 柜）的转换开关。当在就地状态时，只能就地手操（就地控制方式，设备间不联锁，上位机上仅能显示设备的运行状态）；当在机控状态时，只能机控操作。机控操作是由上位机对 PLC 发出指令，PLC 通过控制电磁阀及泵、风机实现对现场设备的控制。

操作方式大体分为以下四类：

（1）就地操作（即就地硬手操）：多采用气动隔膜阀，由切换阀就地操作气动隔膜阀的开与关，或通过就地控制柜面板的按钮操作；

（2）远方操作：通过现场电磁阀柜或电气控制柜，操作阀门的开与关、泵（风机）的启与停（称为远方硬手操）；或利用上位机工作站手动操作被控设备（称为远方软手操）；

（3）半自动操作：运行人员按照排定的程序，在上位机工作站发出分步控制指令（又称为成组操作）；

（4）自动控制：根据工艺要求，系统按照排定的程序，自动完成设备的投运、停运、再生及异常情况下的紧急停运等过程。

控制框图和操作手段如下图：

（1）传统型：

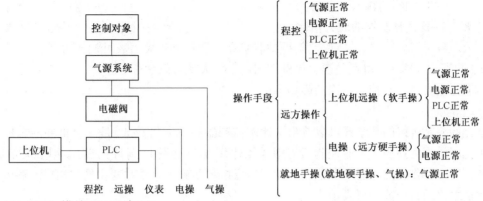

（2）PLC+模块型（经济型）：

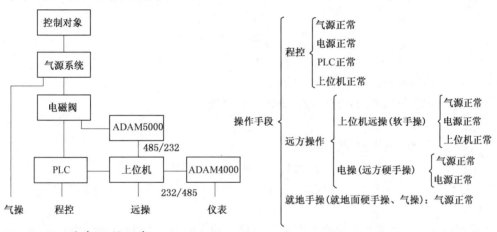

2.6.6.2 基本控制规律

控制器的基本控制规律有位式控制、比例控制、积分控制和微分控制规律。

1. 控制

双位控制是位式控制的最简单形式。双位控制的动作规律是当测量值大于给定值时，控制器的输出为最大，当测量值小于给定值时，控制器的输出为最小（或反之）。偏差 e 与输出 P 的关系为：

$$P = P_{max} \quad e > 0（或 e < 0）$$
$$P = P_{min} \quad e < 0（或 e > 0）$$

双位控制只有两个输出值，相应的控制机构也只有两个位置，不是开就是关。而且从一个位置到另一个位置在时间上是很快的。

2. 比例控制

双位控制有两个输出，即控制阀只能处于两个位置，不能满足连续控制要求。比例控制能使控制阀的开度与被控变量的偏差成比例的变化，从而使被控变量趋于稳定，达到平衡状态。这种控制器输出的变化量（亦即阀门开度变化量）与被控变量的偏差成比例的控制规律，称为比例控制规律，用字母 P 表示。

（1）比例控制规律及其特点

比例控制规律可以用下述数学式表示：

$$\Delta P = K_c e$$

式中　　ΔP——控制器的输出变化量；

　　　　e——控制器的输入，即偏差；

　　　　K_c——比例控制器的放大倍数。

放大倍数 K_c 是可调的，所以比例控制器实际上是一个放大倍数可调放大器。K_c 值可以大于1，也可以小于1。也就是说，比例作用可以放大也可以缩小。

（2）比例度及其对控制过程的影响

a. 比例度

从比例控制规律的数学式可以看出，比例控制器的放大倍数 K_c 是一个重要的参数，它决定了比例作用的强弱。工业控制器习惯采用比例度 δ（也称比例带），而不用放大倍数 K_c 来衡量比例控制作用的强弱。所谓比例度就是指控制器输入的相对变化量与相应的输出的相对变化量之比的百分数，可表示为：

$$\delta = \frac{\dfrac{e}{X_{\max} - X_{\min}}}{\dfrac{\Delta P}{P_{\min} - P_{\min}}} \times 100\%$$

式中　　　e——控制器的输入变化量（即偏差）；

　　　　　ΔP——相应于偏差为 e 时的控制器输出变化量；

　$X_{\max} - X_{\min}$——仪表的量程；

　$P_{\max} - P_{\min}$——控制器输出的工作范围。

如某比例作用的温度控制器，其量程为 200~400℃，控制器的输出是 0~10mA，如当指示值从 240℃ 变化到 270℃ 时，相应的控制器输出从 5mA 变化到 8mA，计算得此时的比例度为 $\delta = 50\%$。

由该例可知比例度的意义是当温度变化全量程的 50% 时，控制器的输出从 0mA 变化到 10mA。在这个范围内，温度的变化和控制器的输出变化 ΔP 是成比例的。但是当温度变化超过全量程的 50% 时（即温度变化超过 100℃ 时），控制器的输出就不能再变化。所以比例度实际上就是使控制器输出变化全范围时，输入偏差改变量占满量程的百分数。

在单元组合仪表中，控制器的输入信号来自变送器，而控制器和变送器的输出信号都是统一的标准信号，因此由上式可知比例度 δ 和放大倍数 K_c 互为倒数关系，$\delta = \dfrac{1}{K} \times 100\%$。

比例控制是比例控制器的输出与输入成比例关系，控制作用及时，但比例控制有余差存在，即新的稳态值与给定值不相等，这是由比例控制规律所决定的，所以比例控制又称有差控制。

b. 比例度对过渡过程的影响

比例度对余差的影响是比例度越大，放大倍数 K_c 越小，由于 $\Delta P = K_c e$，要获得同样的控制作用，所需的偏差就越大。因此，在同样的负荷变化大小下，控制过程终了时的余差就越大。反之，减少比例度，余差也随之减少。

比例度对系统稳定性的影响。比例度越大，过渡过程曲线越平稳；比例度越小，则过渡过程曲线越振荡；比例度过小时，就可能出现发散振荡的情况。一般来说，若对象是较稳定的，也就是对象的滞后较小、时间常数较大及放大倍数较小时，控制器的比例度可以选得小一些，以提高整个系统的灵敏度，使反应加快一些。反之，若对象滞后较大、时间常数较小以及放大倍数较大时，比例度就必须选得大些，否则由于控制作用过强，会达不到稳定的要求。一般要求衰减比为 4 :1 到 10 :1 的衰减振荡过渡过程。

3. 积分控制

比例控制的结果不能使被控变量回到给定值而存在余差，控制精度不高，所以有时把比例控制比作"粗调"，这是比例控制的缺点。当对控制精度有更高要求时，必须在比例控制的基础上，再加上能消除余差的积分控制作用。

（1）积分控制规律及其特点

当控制器的输出变化量 ΔP 与输入偏差 e 的积分成比例时，就是积分控制规律，用字母 I 表示。积分控制规律的数学表示式为：

$$\Delta P = K_I \int e dt$$

式中　K_I——积分比例系数，称为积分速度。

由上式可知，积分控制作用输出信号的大小不仅取决于偏差信号的大小，而且主要取决于偏差存在的时间长短。只要有偏差，尽管偏差可能很小，但它存在的时间越长，输出信号变化就越大。

积分控制作用的特性可以由阶跃输入下的输出来说明。当控制器的输入偏差 e 是一常数 A 时，可写为：

$$\Delta P = K_I \int e dt = K_I A t$$

积分控制器输出的变化速度与偏差成正比。只要偏差存在，控制器输出就会变化，调节机构就要动作。只有当偏差消除时，输出信号才不再变化，调节机构才停止动作，系统才稳定下来。这也就是说，积分控制作用在最后达到稳定时，偏差等于零，这是一个显著特点，也就是它的一个主要优点。但积分控制作用使控制时间延长，系统稳定性变差。

（2）比例积分控制规律与积分时间

比例控制规律是输出信号与输入偏差成比例，作用快，但有余差。而积分控制规律能消除余差，但作用较慢。比例积分控制规律是这两种控制规律的结合，因此也就吸取了两者的优点，是生产上常用的控制规律，一般用字母 PI 表示。比例积分控制规律可用下式表示：

$$\Delta P = K_c (e + K_I \int e dt)$$

当输入偏差是一幅度为 A 的阶跃变化时，比例积分控制器的输出是比例和积分两部分之和。由于比例积分控制是在比例控制的基础上，又加上积分控制，相当于在"粗调"的基础上再加上"细调"，所以既具有控制及时、克服偏差有力的特点，又具有能克服余差的性能。

在比例积分控制器中，经常用积分时间 T_I 来表示积分速度 K_I 的大小，在数值上有 $T_I = 1/K_I$。在比例积分控制器输入一幅度为 A 的阶跃偏差信号，当控制器总的输出等于比例作用输出的两倍时，其时间就是积分时间 T_I。

积分时间 T_I 越小，表示积分速度 K_I 越大，积分特性曲线的斜率越大，即积分作用越强。反之，积分时间 T_I 越大，表示积分作用越弱。若积分时间为无穷大，则表示没有积分作用，控制器就成为纯比例控制器。

（3）积分时间对系统过渡过程的影响

在比例积分控制器中，比例度和积分时间都是可以调整的。

积分时间对过渡过程的影响具有两重性。当缩短积分时间，加强积分控制作用时，一方面克服余差的能力增加，这是有利的一面。但另一方面会使过程振荡加剧，稳定性降低。积分时间越短，振荡倾向越强烈，甚至会成为不稳定的发散振荡，这是不利的一面。

积分时间过大或过小均不合适，积分时间过大，积分作用太弱，余差消除很慢。当 $T_I \rightarrow \infty$ 时，成为纯比例控制器，余差将得不到消除。积分时间太小，过渡过程振荡太剧烈。只有当 T_I 适当时，过渡过程能较快地衰减而且没有余差。

因为积分作用会加剧振荡，对于滞后大的对象更为明显。所以，控制器的积分时间应按控制对象的特性来选择，对于管道压力、流量等滞后不大的对象，T_I 可选得小些；温度对象一般滞后较大，T_I 可选大些。

4. 微分控制

当对象滞后大时，比例积分控制时间长、最大偏差较大，系统的稳定性较差。为提高控制质量再增加微分作用。

（1）微分控制规律及其特点

微分控制规律按被控变量变化的速度确定控制作用大小，用字母"D"表示。

具有微分控制规律的控制器，其输出 ΔP 与偏差 e 的关系可用下式表示：

$$\Delta P = T_D \frac{de}{dt}$$

式中： T_D——微分时间；

$\frac{de}{dt}$——偏差对时间的导数，即偏差信号的变化速度。

由上式可知，偏差变化的速度越大，则控制器的输出变化也越大，即微分作用的输出大小与偏差变化的速度成正比。对于一个固定不变的偏差，不管偏差有多大，微分作用的输出总是零，这是微分作用的特点。

（2）比例微分控制系统的过渡过程

实际微分控制器是一个比例微分控制器。比例作用和微分作用结合构成比例微分控制规律，用字母"P_D"表示。

理想比例微分控制规律可用下式表示：

$$\Delta P = \Delta P_P + P_D = K_c \left(e + T_D \frac{de}{dt} \right)$$

式中 K_c——比例放大倍数；

T_D——微分时间；

e——偏差。

比例微分控制器的输出 ΔP 等于比例作用的输出 ΔP_P 与微分作用的输出 ΔP_D 之和。改变比例度 δ（或 K_c）和微分时间 T_D 分别可以改变比例作用的强弱和微分作用的强弱。

微分作用具有抑制振荡的效果。适当地增加微分作用后，可以提高系统的稳定性，减少被控变量的波动幅度，并降低余差。但是，微分作用也不能加得过大，否则由于控制作用过强，控制器的输出剧烈变化，不仅不能提高系统的稳定性，反而会引起被控变量大幅度的振荡。特别对于噪声比较严重的系统，采用微分作用要特别慎重。微分作用具有预先控制的性质，这种性质是一种"超前"性质。因此微分控制有人称它为"超前控制"。微分控制的"超前"控制作用，能够改善系统的控制质量。对于一些滞后较大的对象，例如温度对象特别适用。

5. 比例积分微分控制

比例微分控制过程是存在余差的。为了消除余差，生产上常引入积分作用。同时具有比例、积分、微分三种控制作用的控制器称为比例积分微分控制器，简称为三作用控制器，习惯上常用 PID 表示。比例积分微分控制规律的输入输出关系可用下式表示：

$$\Delta P = \Delta P_{\mathrm{P}} + \Delta P_{\mathrm{I}} + \Delta P_{\mathrm{D}} = K_{\mathrm{c}}\left(e + \frac{1}{T_{\mathrm{I}}}\int e \mathrm{d}t + T_{\mathrm{D}}\frac{\mathrm{d}e}{\mathrm{d}t}\right)$$

由上式可见，PID 控制作用就是比例、积分、微分三种控制作用的叠加。当有一个阶跃偏差信号输入时，PID 控制器的输出信号 ΔP 就等于比例输出 ΔP_{p}、积分输出 ΔP_{I} 与微分输出 ΔP_{D} 三部分之和。PID 控制器中，有三个可以调整的参数，比例度 δ、积分时间 T_{I} 和微分时间 T_{D}。适当选取这三个参数的数值，可以获得良好的控制质量。

由于三作用控制器综合了各类控制器的优点，因此具有较好的控制性能。对于一台实际的比例积分微分控制器，如果把微分时间调到零，就成为一台比例积分控制器；如果把积分时间放到最大，就成为一台比例微分控制器；如果把微分时间调到零，同时把积分时间放到最大，就成为一台纯比例控制器。

2.6.2.3 PLC 在化学水处理装置中的应用

1. 化学水处理控制系统的发展历程

随着火电厂单机容量逐渐增大，对水处理品质的要求越来越严格，一些工艺较复杂的系统逐步应用到生产中，这些系统有离子交换系统、反渗透系统、汽水监督系统等，随着工艺的复杂化。化学水处理的劳动强度在逐步加大，发展到今天已经不是人力所能完成的，因而，必须进行自动化控制。

化学水处理是火电厂中最早采用顺序控制技术的。在化学水处理中成功应用的自动控制系统大致可以分为三个阶段。

第一阶段：其主要特征是采用机械元件构成控制系统，被称为机械自动控制系统。在20 世纪六七十年代是主流控制系统，在这类控制系统内，继电器作为主要的控制元件，还有机械转鼓式步进器、、矩阵电路板等。主要是通过转鼓式步进器的转动，使矩阵板上不动的行带电，通过矩阵板上根据工艺需要插入的二极管，使不同的列带电，驱动相应的继电器进行控制。在这类系统中，可以通过在矩阵板上改变二极管的插入位置来改变工艺流程，但庞大的继电器柜是必需的，成千上万个继电器组成的控制系统必然会产生多处故障点，伴随着老化故障频发，在近十年这样的控制系统都已经被改造了。

第二阶段：其主要特征是采用电子逻辑元件构成控制系统，被称为电子逻辑式自动控制系统。在 20 世纪 80 年代是主流控制系统，在这类控制系统内，由电子元件集成的插件板作为主要的控制元件，在这些集成插件板里，已经形成不同的分工类别，有继电器板、放大板、调节板、比较板、晶闸管板等。主要是以电子逻辑元件来模拟继电器电路的动作过程。在这类系统中，要改变工艺系统就要更换不同的电路板，因而又被称为固定式顺序控制。由于电子元件是有寿命的，随着元器件的老化，这类系统在 20 年左右的使用周期后基本都要进行新型控制系统的改造。

第三阶段：其主要特征是采用 PLC 或 DCS 来构成控制系统，被称为 PLC 或 DCS 自动控制系统。在国外，20 世纪 80 年代 PLC 已经应用在水处理系统中，由于我国引进较晚，在80 年代末，PLC 才被逐步应用到化学水处理控制系统。在这类控制系统内，有分工明确的

PLC 模件，用户只要利用软件对 PLC 进行程序的编制并下装到 PLC 的 CPU 模件中，CPU 就可以通过这些软逻辑进行输入输出的控制了。DC 也有在化学水处理控制系统成功应用的例子，但由于 PLC 已经完全能够满足化学水处理控制系统，现在构建的 DCS 系统一般要比同类的 PLC 系统投资高出 40%，而且将来 PLC 和 DCS 必然要走整合的路，因此，大部分化学水处理系统都采用的是 PLC 控制系统。

2. PLC 的定义

可编程控制器(programmable controller)是计算机家族中的一员，是为工业控制应用而设计制造的。早期的可编程控制器称作可编程逻辑控制器(programmable logic controller)，简称 PLC，它主要用来代替继电器实现逻辑控制。随着技术的发展，这种装置的功能已经大大超过了逻辑控制的范围，因此，今天这种装置称作可编程控制器，简称 PC。

国际电工委员会(IEC)在 1987 年 2 月通过了对它的定义：

可编程控制器是一种数字运算操作的电子系统，专为在工业环境应用而设计的。它采用一类可编程的存储器，用于其内部存储程序，执行逻辑运算、顺序控制、定时、计数与算术操作等面向用户的指令，并通过数字或模拟式输入/输出控制各种类型的机械或生产过程。可编程控制器及其有关外部设备，都按易于与工业控制系统联成一个整体，易于扩充其功能的原则设计。

总之，可编程控制器是一台计算机，它是专为工业环境应用而设计制造的计算机。它具有丰富的输入/输出接口，并且具有较强的驱动能力。但可编程控制器产品并不针对某一具体工业应用，在实际应用时，其硬件需根据实际需要进行选用配置，其软件需根据控制要求进行设计编制。

后来，个人计算机(personal computer，缩写为 PC)在社会上应用的越来越广泛，为了与之区别，可编程控制器一般称之为 PLC(programmable logic controller)。

3. PLC 的结构组成

PLC 控制系统一般为总线框架结构，有基本框架和扩展框架组成，框架之间通过电缆连接。框架由 PLC 的基本功能模块组成，这些基本功能模块包括：CPU(中央处理单元)、电源单元、I/O(开关量或模拟量输入输出单元)、位置控制单元、高速记数单元、温度传感单元、框架连接单元等。由一组基本功能模块可组成一个基本框架(有 CPU 单元)或扩展框架(无 CPU 单元)，每个框架可插入的模块数由框架的结构和电源单元的负载能力决定。扩展框架有两种方式：一种是本地连接，即基本框架和扩展框架之间通过总线电缆连接，其距离一般为几米至十几米；另一种是远程连接，即基本框架和扩展框架之间通过光纤电缆连接，其距离较大。单 CPU 可连接的框架数及插入的总单元数由 CPU 的 I/O 寻址能力决定。PLC 硬件框架结构的一般形式如图 2-34 示。

(1) CPU(中央处理单元)

CPU 单元是整个 PLC 的控制中心，它由微处理器、存储器、系统控制电路、I/O 接口电路、编程器接口电路、通信接口电路组成，CPU 就像人的大脑一样，控制着 PLC 的一切活动。

CPU 中的微处理器根据 PLC 的型号规模大小，采用 8 位、16 位或 32 位的芯片。一般小型 PLC 采用单片微处理器芯片，中、大型 PLC 多采用双微处理器芯片：其中一个是字处理器，它是主处理芯片；另一个是位处理器，或称为布尔处理器，是一种从处理器。字处理器是一般的通用处理芯片，而位处理器常常是有些厂家专门为 PLC 而设计的专用芯片，用于实现 PLC 中特有的逻辑运算操作，以加快 CPU 的处理速度。

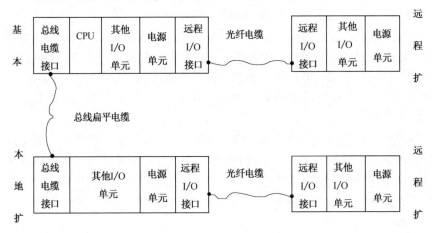

图 2-34　LC 的框架结构图

（2）存储器

PLC 的存储器按功能分为系统存储器和用户存储器，系统存储器用于存放 PLC 的系统监控程序及相关的工作参数，系统监控程序相当于个人电脑的操作系统，是用户程序与 PLC 硬件的接口，这部分存储器内容是 PLC 制造过程中由厂家植入的，用户不能访问或更改，这类存储器由 PROM（只读存储器）构成。用户存储器内存放的是用户编制的程序和相关的工作参数，又分为两类：一类存放的是用户编制的程序，只要程序已确定，一般不经常变动，除非生产工艺改变，使得用户必须调整或重新编制程序，这类存储器由 EPROM 或 EE-PROM（加电可擦除存储器）构成；另一类存放的是控制程序的工作参数，比如各种计算结果状态数据，以及计数器、定时器等的动态结果，这部分内容会被不断地刷新，故一般由 RAM（随机读写）构成。

各类存储器的存储能力根据 PC 的规模而定，一般大型 PLC 约在 40K 字节以上，而小型 PLC 则低于 6K 字节。

对于用户内存的具体分类，各系列的 PLC 都有自己的特点，但一般引用电器控制系统中的术语，用继电器来定义用户内存的各区域。如 OMRON C 系列一般将用户内存分为 9 大类：I/O 继电器区、内部辅助继电器区、专用继电器区、暂存继电器区、保持继电器区、辅助存储继电器区、链接继电器区、定时/计数继电器区、数据存储区，而 MODICON 84 系列将用户内存分为 5 大类：线圈及其接点/开关量输出、开关量输入接点、输入寄存器、保持/输出寄存器。

对于用户内存的访问，一般是将各用户内存区用不同的标记表示，然后在用户程序中通过加入这些标记来对特定的内存进行读写操作。各系列都有自己的具体标记方法。

（3）I/O 模块

I/O 模块是 PLC 进行工业控制的信号输入及控制量输出的转换接口。PLC 内部采用同普通电脑一样的计算机标准电平进行信息传递，但 PLC 控制的现场设备的电信号多种多样，可以是不同的电平、不同的频率、连续的或间断的等，这就要求输入模块将这些控制对象不同的状态信号转换成计算机标准电平。同时，输出模块可以将 PLC 输出的标准电平转换成执行机构所需的信号形式。另外，I/O 模块一般都有隔离电路及各种形式的整行滤波处理，这样可以将外部信号的干扰降低，从而提高在工业环境下工作的可靠性。

95

I/O 模块按信号形式可分为数字量单元和模拟量单元。数字量单元用于对现场的开关量设备进行信号采集或信号输出，比如数字量输入单元一般用来采集阀门的开关位、泵的启停状态、某些电接点仪表的接点输出等；数字量输出单元一般用来操作现场的开关量设备，如阀门的开关、设备的启停等。模拟量单元用于对现场的模拟信号设备进行数据采集或控制信号输出，如模拟量输入单元一般用来采集在线化学仪表的信号、一些热工仪表（如压力、温度、流量等）的信号；模拟量输出单元一般用来控制一些有调整功能的设备，如阀门的开度、计量泵的行程等。

每个系列的 PLC 一般都有一些能完成某些特殊功能的所谓智能模块，属于这类模块的有：高速计数单元、位置控制单元、温度传感单元、PID 控制单元、模糊控制单元、通信控制单元等。通常这些智能模块都有自己的 CPU 和系统，需要单独编程，这些模块在处理过程中一般不参加 PLC 的循环扫描过程，只是在要求的时刻与 PLC 交换数据。

（4）编程器

PLC 的编程器是用户向 PLC 输入应用程序、调试程序并监控程序的执行过程的工具。

编程器的形式可分为两类，一类是专用的 PLC 编程器，一般较常见的是手持式的，但也有台式的。这类编程器具有编辑程序所需的显示器、键盘、工作方式设置开关、状态指示灯等，编程器通过专用电缆与 PLC 的 CPU 单元连接。用编程器一般可完成以下工作：程序输入及修改、程序运行及调试、运行过程中对某些状态节点进行检查及置位、程序编译及存储等。编程器提供的编程语言一般是助记符，这就要求使用者对该系列语言很熟悉。编程器主要特点是携带使用方便，但功能有限，而且进行某些操作比较烦琐。

现在一般的 PLC 都有自己的专用编程软件，可运行在 WINDOWS 或 DOS 操作系统下，这样就可通过个人计算机进行程序的编制、调试、运行。使用之前应先将计算机与 PLC 的 CPU 连接起来，可按要求使用标准串口线（RS232）或专用的通信线连接。当编程软件启动后一般还要对通信方式进行配置，以建立起 PLC 与计算机的通信。编程软件的特点是功能强大，有多种编程方式，可方便地完成所有的编程工作。

（5）通信接口

由于后面将对 PLC 的通信作专门讨论，故在此仅对 PLC 的硬件通信接口作简单介绍。

一般的 PLC 网络通常采用 3 级或 4 级子网构成复合型拓扑结构，各级子网配置不同的通信协议，以适应不同的通信要求。下面以典型的三层网络为例进行说明。

PLC 网络的第一层（最底层）包括本地 I/O 框架和远程 I/O 扩展框架，这种结构请参看图 5-1。与本地 I/O 扩展框架连接是通过 PLC 总线电缆来实现的，其本质上可看成是基本框架的简单延伸，故严格来说，这种连接方式不能认为是一种通信连接，因为它不存在任何的额外的数据转换与控制。而远程的 I/O 扩展框架一般必须有专用的远程智能模块来连接，这种远程模块有单独的处理器，该处理器负责周期性扫描各远程的 I/O 单元的状态，然后将这些数据存入主站中专门的一块"远程 I/O 缓冲内存区"的相应位置，或将缓冲区的数据传到远程 I/O 单元，主站会将这块缓冲区的数据当成本地数据一样看待，会进行周期性扫描，要注意的是这两种扫描是异步进行的。

PLC 网络的第二层用于多个 PLC 之间的通信，这种通信一般都采用各公司专用的通信协议及通信接口，该接口一般位于各 PLC 的 CPU 单元上。如 MODICION QUANTUM 系列可采用 MODBUS+协议，通过专用通信线将个人计算机及多台 PLC 联成网络，速度可达 10Mbps。

PLC网络的第三层主要用于企业信息管理，配置的协议一般有MAP3.0规约和Ethernet(以太网)协议，其通信接口一般有专用的接口卡或设备，这类接口较复杂。

现在电厂化学控制中一般只用到第一、二两层。

(6) 电源

在PLC中，电源一般以模块的形式出现，一个框架至少应插有一个电源模块。电源模块的选取主要考虑该框架上各模块的耗电情况，电源模块的功率必须满足框架上各模块的耗电量的总和。如果一块电源模块功率不够，可再加插一块电源模块。

4. PLC的工作原理

PLC是采用一种周期循环扫描的机制进行工作的，每个扫描周期分为四个阶段：采样阶段、系统处理阶段、用户程序执行阶段、输出刷新阶段，四个阶段关系如图2-35示。

图2-35 LC循环扫描工作过程

(1) 采样阶段

PLC是一种典型的采样控制系统，在此阶段，PLC必须完成对所有数字的或模拟的输入量的采集，将它们放入用户指定的输入缓冲区。在PLC的这个扫描周期内，该输入缓冲区内容保持不变(用户程序内有强制刷新指令者除外，因为此类指令会使输入缓冲区立即被最新输入状态刷新)，即在一个扫描周期内，PLC认为输入信号是不变的。

正因为PLC的这种断续采样的特点，使得它一般应用于机械设备控制或信号变化较慢的场合。对于数字量，其保持"1"状态和"0"状态的最短时间如果比PLC的扫描周期(约200ms左右)长，那么可保证PLC能捕捉到这种外部数字量的任一变化状态。对于模拟量采样，则一般通过PLC的定时中断功能按某个固定的周期进行，这个周期值由PLC的主程序设置，与PLC的扫描周期值无关。

(2) 系统处理阶段

在此阶段，PLC要进行一些例行的工作，如系统的工作状态进行检查、对所连接的外部设备进行响应、对通讯接口的请求进行回复等。

(3) 用户程序执行阶段

当完成第一步后，PLC就有两类信号状态，一是存在输入缓冲区的最新的输入信号状态值，另一类是在输出缓冲区内的上一次的输出信号状态值。PLC在此阶段就利用这两类已知信号状态对用户程序进行解读，并将得到的最新输出结果立即存放在指定的输出缓冲区内，当用户程序解读完毕，所有的输出缓冲区也就得到了刷新。

PLC对用户程序进行解读的顺序一般是按用户程序的编写顺序来的，但各系列的PLC在具体执行时或许有些细微的差别。比如MODICON 84系列是将用户程序分成若干个网络(network)，每个网络最多有7行、11列，网络结构见图2-36行与列交汇点称为节(node)，节点是放置编程元件的地方。

PLC在扫描时先从第1个网络的第1列开始，对每1列是从上至下扫描，扫完第1列再扫第2列直至第11列，这样第1个网络就扫描完毕，再扫第2个网络，依此类推直至最后一个网络完毕。用户程序扫描示意见图2-37

97

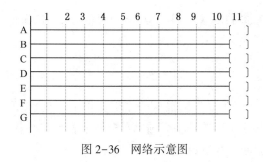

图 2-36　网络示意图

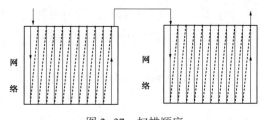

图 2-37　扫描顺序

（4）输出刷新阶段

用户程序执行完毕后，输出缓冲区内是最新的信号状态，PLC 在这个阶段会将输出缓冲区内的信号送到相应的输出模块，去控制现场的设备。

5. 操作员工作站

操作员工作站是整个自控系统的人机界面部分，所有的监视、操作都通过它来完成。

操作员站的硬件一般包括工业控制计算机（IPC）、监视器（CRT）、打印机等，配备有工业键盘（或标准键盘）和光电鼠标作为操作手段。工控机内装有通讯网卡、光驱等附件，其安装的软件有：中文 Windows 2000 或 Windows NT 操作系统、工控组态软件。

工作站上位计算机通过网络适配器与下位控制器（PLC）联网，负责对 PLC 进行管理，同时完成以下实时监控管理功能：生产管理、生产流程指示；数据库管理、数据生成；各类报表、趋势图生成及打印；画面生成、控制对象的工况显示；其他所需的工程管理。

2.7　计量基础知识

2.7.1　计量和法定计量单位

计量就是"实现单位统一和量值准确可靠的测量"。

计量工作的特性具有自然科学和社会科学两重性，表现为科学技术和管理的统一。根据它的两重性具体可归纳为以下四个特点。

（1）统一性，它是计量工作的本质特性。

（2）准确性，没有准确性就无法达到统一性。

（3）广泛性和社会性，表现在自然科学和社会科学两方面。

（4）法制性，计量工作具有以上几个特点，也就决定了计量工作必须具有法制性。

1. 法定计量单位的定义

法定计量单位，是指国家以法令的形式，明确规定并且允许在全国范围内统一实行的计量单位。凡属于一个国家的一个法定计量单位，在这个国家的任何地区、任何领域及所有人员都应按规定要求严格加以采用。

2. 法定计量单位的构成

按照国务院《关于在我国统一实行法定计量单位的命令》的规定，我国法定计量单位由以下六个部分组成。

（1）国际单位制的基本单位，见表 2-20。

（2）国际单位制的辅助单位，见表 2-21。

（3）国际单位制中具有专门名称的导出单位，见表2-22。

（4）国际选定的非国际单位制单位，见表2-23。

（5）由词头和以上单位构成的十进倍数和分数单位，见表2-24。

表2-20　国际单位制的基本单位

量的名称	单位名称	单位符号	量的名称	单位名称	单位符号
长度	米	m	热力学温度	开【尔文】	K
质量	千克(公斤)	kg	物质的量	摩【尔】	mol
时间	秒	s	发光强度	坎【德拉】	cd
电流	安【培】	A			

表2-21　国际单位制的辅助单位

量的名称	单位名称	单位符号	量的名称	单位名称	单位符号
平面角	弧度	rad	立体角	球面度	sr

表2-22　国际单位制中具有专门名称的导出单位

量的名称	单位名称	单位符号	其他表示式例
频率	赫【兹】	Hz	s^{-1}
力;重力	牛【顿】	N	$kg \cdot m/s^2$
压力,压强;应力	帕【斯卡】	Pa	N/m^2
能量;功;热	焦【耳】	J	$N \cdot m$
功率;辐射通量	瓦【特】	W	J/s
电荷量	库【仑】	C	$A \cdot s$
电位,电压,电动势	伏【特】	V	W/A
电容	法【拉】	F	C/V
电阻	欧【姆】	Ω	V/A
电导	西【门子】	S	A/V
磁通量	韦【伯】	Wb	$V \cdot S$
磁通量密度,磁感应强度	特【斯拉】	T	Wb/m^2
电感	亨【利】	H	Wb/A
摄氏温度	摄氏度	℃	
光通量	流【明】	lm	$cd \cdot sr$
光照度	勒【克斯】	lx	lm/m^2
放射性活度	贝可【勒尔】	Bq	s^{-1}
吸收剂量	戈【瑞】	Gy	J/kg
剂量当量	希【沃特】	Sv	J/kg

表 2-23　国家选定的非国际单位制单位

量的名称	单位名称	单位符号	换算关系和说明
时间	分	min	$1min = 60s$
	【小】时	h	$1h = 60min = 3600s$
	天(日)	d	$1d = 24h = 86400s$
平面角	【角】秒	(″)	$1'' = (\pi/648000) rad$ (π 为圆周率)
	【角】分	(′)	$1' = 60'' = (\pi/10800) rad$
	度	(°)	$1° = 60' = (\pi/180) rad$
旋转速度	转每分	r/min	$1r/min = (1/60)s^{-1}$
长度	海里	$n$mile	$1n\ mile = 1852m$(只用于航行)
速度	节	kn	$1kn = 1n\ mile/h = (1852/3600)m/s$(只用于航行)
质量	吨	t	$1t = 10^3kg$
	原子质量单位	u	$1u \approx 1.660\ 565\ 5 \times 10^{-27} kg$
体积	升	L,l	$1L = 1dm^3 = 10^{-3}m^3$
能	电子伏	eV	$1eV \approx 1.602\ 189\ 2 \times 10^{-19} J$
级差	分贝	dB	
线密度	特【克斯】	tex	$1tex = 1g/km$

表 2-24　用于构成十进倍数和分数单位的词头

所表示的因数	词头名称	词头符号	所表示的因数	词头名称	词头符号
10^{18}	艾【可萨】	E	10^{-1}	分	d
10^{15}	拍【它】	P	10^{-2}	厘	c
10^{12}	太【拉】	T	10^{-3}	毫	m
10^{9}	吉【咖】	G	10^{-6}	微	μ
10^{6}	兆	M	10^{-9}	纳【诺】	n
10^{3}	千	k	10^{-12}	皮【可】	p
10^{2}	百	h	10^{-15}	飞【母托】	f
10^{1}	十	da	10^{-18}	阿【托】	a

① 周、月、年(年的符号为 a)，为一般常用时间单位。

② 【　】内的字，是在不致混淆的情况下，可以省略的字。

③ (　)内的字为前者的同义语。

④ 角度单位度分秒的符号不处于数字后时，用括弧。

⑤ 升的符号中，小写字母 l 为备用符号。

⑥ r 为"转"的符号。

⑦ 人民生活和贸易中，质量习惯称为重量。

⑧ 公里为千米的俗称，符号为 km。

⑨ 10^4 称为万，10^8 称为亿，10^{12} 称为万亿，这类数词的使用不受词头名称的影响，但不应与词头混淆。

3. 法定计量单位的使用方法

1984 年 6 月 9 日，国家计量局以(84)量局制字第 180 号文件颁布了《中华人民共和国法定计量单位使用方法》。根据《中华人民共和国法定计量单位使用方法》，对计量单位的使用做以下简介。

(1) 法定计量单位和词头的名称

① 我们所说的法定计量单位名称，均指单位的中文名称。单位的中文名称分全称和简称两种。例如，电流单位全称为"安培"，简称为"安"；电功率的单位全称为"瓦特"，简称"瓦"。

国际单位制中凡用方括号括上的都可以使用简称。如频率的单位赫【兹】，其简称为赫。

简称有两个作用，一是简称可在不致于混淆的场合下，等效于它的全称使用；二是在初中、小学课本和普通书刊中有必要时，可将单位简称(包括带有词头的单位简称)作为符号使用，这样的符号称为"中文符号"。

② 组合单位的中文名称与其符号表示的顺序一致。符号中乘号没有对应名称，除号的对应名称为"每"字，无论分母中有几个单位，"每"字都只能出现一次。例如比热容单位的符号是 J/kg·K，中文单位名称是"焦耳每千克开尔文"。还有电扇的转速符号为 1160r/min、900r/min，正确的单位名称是 1160 转每分，而不能说成每分 1160 转、每分 900 转。

③ 乘方形式的单位名称、其顺序应是指数名称在前，单位名称在后。相应的指数名称由数字加"次方"而成，但长度的 2 次和 3 次幂是表示面积和体积时，可用"平方"和"立方"作指数名称，如导线的截面积 $10mm^2$，房屋建筑面积 $100m^2$ 等。

④ 书写单位名称时，不加任何表示乘或除的符号，如乘、除("·"、"×"、"÷"、"/")或其他符号。如密度单位 kg/m^3 的名称应写成"千克每立方米"，而不是"千克/立方米"；力矩的单位全称为"牛顿米"，而不是"牛顿乘米"或"牛顿·米"。

⑤ 单位名称和符号必须作统一使用，不能分开。例如，温度单位的摄氏度；不能写成摄氏 20 度，而应写成 20 摄氏度；冰箱的温度范围的标记应为"-18~3 摄氏度"，不应写成"-18 摄氏度至 3 摄氏度"或"-18℃~3℃"。规格单位名称也一样，如锅的规格系列应写成"20~36cm"，不应写成"20cm~36cm"。

(2) 法定计量单位和词头的符号

法定计量单位和词头的符号量一个单位或词头的简明标志，主要是为了方便使用。

① 法定计量单位的符号

法定计量单位的符号可用国际通用纯字母表示，也可用中文符号表示。但纯字母符号是全世界通用，所以应积极推荐纯字母表达符号。

1) 计量单位用纯字母符号表达

当计量单位用字母表达时，一般情况单位符号字母用小写；但单位来源于人名时，符号的第一个字母必须大写。只有体积单位"升"特殊，这个符号可写成大写 L，又可写成小写的 l。这是因为"升"的符号最早是小写的，由于小写 l 与阿拉伯数字 1 难以分辨，后来国际计量大会作出决议，升的符号可以写成大写 L，这样在小写尚未废除的情况下，大小写并用，这是国际单位制中唯一不是来源于科学家名字命名而使用大写的符号。

2) 计量单位用中文符号表示

当计量单位用中文符号表示时，其组合单位的中文符号可直接用表示乘或除的形式，也可直接用数字"2"、"3"或"-1"、"-3"等表示指数幂的形式，这是同组合形式计量单位名称的主要区别。非组织形式的计量单位其中文符号名称的符号相同。例如，电流的单位的中文全名称为"安培"，其简称为"安"，而"安"也是中文符号。没有简称的计量单位，其中文符号与单位名称相同。

3) 词头的符号用字母表达时，其形式只有法定计量单位规定的一种，见表 1-5。词头的符号用中文表达时，用词头的简称。如词头全称为艾【可萨】，其中文符号为艾。没有简称的用全称表达词头的中文符号。如"厘"，其中文符号也是"厘"。

② 组合单位符号的书写形式

1) 相乘形式构成的组合单位符号的书写形式

相乘形式构成的组合单位，其国际符号有下列两种形式(以力矩单位为例)：

（a）N・m：用居中圆点；

（b）Nm：紧排。

其中文符号只有一种：牛·米，即用居中圆点。

一般说来，组合单位中各个单位的排列次序无原则规定，但应注意两点：

第一点，不能加词头的单位不应放在最前面。例如，能量的单位"瓦特小时"的国际符号应为"W・h"，不应为"h・W"。因为若用后者，将来这个单位在构成十进倍数和分数单位时会有困难(小时符号 h，按规定是不允许加词头的)。

第二点，若组合单位中某单位的符号同时又是词头符号，并可能发生混淆时，该单位也不能放在最前面。例如，力矩的单位应为 N・m，不宜写成 mN，以免误解为十进分数单位"毫牛"。

2）相除形式构成的组合单位符号的书写形式

相除形式构成的组合单位，其国际符号有下列三种形式(以密度单位为例)：

（a）kg/m³：用斜线；

（b）kg・m⁻³；

（c）kgm⁻³用负指数将相除转化为相乘，乘号用居中圆点或紧排。

其中文符号有两种形式：

（a）千克/米³：用斜线；

（b）千克・米⁻³：用负指数，相乘用居中圆点。

由此可见，相除形式构成的组合单位，其符号形式归纳起来有两种：一是采用分式形式；二是采用负数幂的形式。一般情况下两种形式可任意选用，但碰到以下两种情况则要限用：

第一种情况：当可能发生误解时，应尽量采用分式形式或中间乘号用居中圆点表示的负数幂的形式。例如，速度单位"米每秒"的符号宜用"m/s"或"m・s⁻¹"，而不宜用"m s⁻¹"，以免误解为"每毫秒"。

第二种情况：当分子无量纲而分母有量纲时，一般不用分式而用负数幂的形式。例如，波数的单位符号是 m⁻¹，一般不用 1/m。

另一种情况是在进行运算时，组合单位的除号可用水平横线表示。

2.7.2　误差理论基础知识

2.7.2.1　常用术语

（1）测量　以确定被测对象量值为目的的全部操作。

（2）被测量　受测量的特定量。如水在20℃时的蒸汽压力。

（3）量的真值　与给定的特定量的定义完全一致的量值。或者说当某量能被完善地确定并能排除所有的测量上的缺陷时，通过测量所得到的量值。

（4）量的约定真值　对于给定的目的而言，被认为充分接近于真值，可用以替代真值的量值。

（5）影响量　不是被测对象，但却影响被测量值或计量器具示值的量。

例如：测量长度时的环境温度；测量交流电压时的频率。

（6）测量结果　由测量得到的被测量值。

测量结果应包括未修正结果，即对有系统误差而未作修正的测量结果，和已修正结果，即考虑到有系统误差存在，而对未修正结果作修正后所得的测量结果。

测量结果完整表述中应包括测量不确定度和有关影响量的值。

（7）误差　该量的给出值（包括测得值、实验值、标称值、示值等非真值）与客观真值之差。

（8）测量误差　测量结果与被测量真值之差。

（9）随机误差　测量结果与同一被测量大量重复测量的平均结果之差。或者说在同一量的多次测量过程中，以不可预知方式变化的测量误差分量。

（10）系统误差　在同一被测量大量重复测量的平均结果与被测量真值之差。或者说在同一被测量的多次测量过程中，保持恒定或以可预知方式变化的测量误差分量。

（11）不确定度　与测量结果相关联的参数，表征合理地赋予被测量量值的分散性。

2.7.2.2　产生误差的原因

要做到减少或消除误差，就必须了解误差的成因。只有真正掌握了误差的来源，才能采取相应的方法减少或消除误差，从而达到提高测量准确度的目的。

产生误差的原因是多方面的，了解这些方面对我们进行误差计算、选择测量方法和评定测量准确度都具有重要意义。从计量科学与检定中的实际情况归纳出误差主要有以下四个方面的来源。

1. 装置误差

计量装置是指为确定被测量值所必须的计量器具和辅助设备的总称。它包括标准器具、仪器、仪表及其附件等。由于计量装置本身不完善和不稳定所引起的计量误差我们就称为装置误差。

2. 环境误差

由于各种环境因素与测量所要求的标准状态不一致及其随时间和空间位置的变化引起的测量装置和被测量本身的变化而造成的误差，称为环境误差。这些因素包括温度、湿度、气压、震动、照明、重力加速度、电磁场和野外工作时的风效应、阳光照射、透明度、空气含尘量等。

3. 人员误差

这种主要表现为测量人员由于受分辨能力、反应速度、固有习惯和操作熟练程度的限制以及疲劳或一时疏忽的生理、心理上的原因所造成的误差，称为人员误差，简称"人差"。如视差、观察误差、估读误差等。

4. 方法误差

采用近似的或不合理的测量方法和计算方法而引起的误差叫做方法误差。如计算中 $\pi \approx 3.1416$ 以近似代替圆周率所造成的计算结果的误差。

我们必须注意到以上各种误差来源，有时是联合起作用的。在误差分析中，几个误差联合作用时，可作为一个独立误差因素考虑，这样就可能使它与其他各个因素独立或无关，以使误差合成时得到简化。

2.7.2.3　误差的表现形式及其分类

误差可从不同的角度进行分类，在误差理论中按照误差表现的特性可分为：系统误差、随机误差和粗大误差。

1. 系统误差

在同一被测量的多次测量过程中，保持恒定或以可预知方式变化的测量误差的分量，称为系统误差。这类误差表现为在同一条件下对同一给定量进行多次重复测量的过程中，其误差的绝对值和符号均保持不变，或当条件改变时，误差按某一确定的规律变化。且这种有规律变化的误差可以表示为某一个或某几个因素的函数，而这些因素的变化情况则是我们可以掌握的。

2. 随机误差

指在同一被测量的多次测量过程中，以不可预知方式变化的测量误差的分量。即在实际测量条件下，对同一被测量的多次测量过程中，其误差的绝对值和符号的变化时大时小，时正时负，有时也称这类误差为"偶然误差"。

随机误差按其正态分布曲线定性地描述为以下四个特征：

（1）有界性；

（2）单峰性；

（3）对称性；

（4）低偿性。

3. 粗大误差

它是指明显超出规定条件下预期的误差，粗大误差又称过失误差或疏忽误差。这种误差主要是人为造成的，如测量者的粗心或疲劳，即在测量时对错了标记而测错，将 3 读成 4 而读错，将 6 记成 5 而记错等。此外在测量过程中受环境条件的变化或在实验中实验状况未达到预想的指标以及使用有严重缺陷的仪器等有可能造成这种误差。

含有粗大误差的测得值会歪曲客观现象，严重影响测量结果的准确性。因此我们往往把这类含有粗大误差的测得值叫坏值或异常值，必须设法从测量列中找出来并加以剔除，以保证测量结果的正确性。

2.7.2.4 消除误差的方法

研究误差最终是为了达到减少或消除误差的目的，以提高测量准确度。

1. 系统误差的消除

消除系统误差有以下几个基本方法：以修正值的方法加入测量结果中消除之；在实验过程中消除一切产生系统误差的因素；在测量过程中，选择适当的测量方法，使系统误差抵消而不致带入测量结果中。在测量过程中不使系统误差带入测量结果中的一些常用方法如下：

（1）恒定系统误差的消除，主要有：

① 检定修正法　将计量器具送检，求出其示值的修正值以在测量结果中加入修正值消除之。

② 异号法(反向对称法)　改变测量中的某些条件，如测量方向等，使两种条件下测量结果的误差符号相反，取其平均值以消除误差。

③ 交换法　本质上也是异号，但形式上是将测量中的某些条件，如被测物的位置等相互交换，使产生系统误差的原因对测量结果起相反的作用，然后取交换前后测量结果的平均值，从而抵消系统误差。

④ 替代法　保持测量条件不变，用某一已知量替换被测量，再作测量以达到消除系统误差的目的。

（2）可变系统误差的消除

对呈线性变化的系统误差可采用"对称测量消除法"，即将测量程序按某时刻对称地再做一次，它可以有效地消除随时间变化的线性系统误差；而对周期性变化的系统误差，根据周期变化的特点可采用"半周期偶数测量法"消除之；至于其他有规律性变化的系统误差往往可以求出其变化函数关系，再进行修正，即采用某些特殊的消除法，如消除由引线电阻引起的系统误差的"四步平衡消除法"。

2. 随机误差的消除

根据随机误差的对称性和抵偿性可知，当无限次的增加测量次数时，就会发现测量误差的算术平均值的极限为零。这就告诉我们只要测量次数无限多，其测量结果的算术平均值就不存在随机误差。因此，在实际工作中，虽不可能无限次增加测量次数，但我们应尽可能地多测几次，并取得多次测量结果的算术平均值作为最终测得值，以达到减少或消除随机误差的目的。

3. 粗大误差的消除

我们已经知道了产生粗大误差的原因，试想如果在一系列测得值中混有"异常值"的话，那么必定会歪曲测量的结果，使测得值失去其可靠性和使用价值。因此在作数据处理之前应将"异常值"剔除。这样剩下的测得值就会使测量结果更符合客观情况，然而问题在于如何判别"异常值"，即如何判定测量列中是否含有"异常值"。若人为地丢掉一些误差大一点的，但不属于"异常值"的测得值以求得到精密度更好的结果，而事实证明，如此产生的所谓"高精度"测量结果是虚假的，它恰恰使原有的准确度降低了，所以处理"异常值"一定要持慎重的态度。当然剔除的关键在于正确地判别。有一种用于判别"异常值"的常用方法——"莱依达准则"，这是一种采用统计学的方法。用莱依达准则判别测量列中是否有"异常值"的过程可能是多次的，也比较复杂，在这里不作详细介绍。

第3章 水的预处理

水中含有的悬浮物和胶体，如不预先除去，则会引起管道堵塞、泵与测量装置的擦伤、各种配件磨损，以致影响到后阶段水处理工艺的正常运行。如堵塞及损害反渗透膜，会降低离子交换树脂的交换容量，使出水水质变坏。当有铁、铝化合物的胶体进入锅炉时，会引起锅炉内部结垢；如有机物进入炉内又可使炉水起泡，从而恶化蒸汽品质。所以在水处理工艺中，应首先除去水中的悬浮物和胶体。去除水中有机物、悬浮物、胶体和降低硬度、碱度时，可采用氯化处理、混凝处理、沉淀处理和过滤处理等方法。因为这些方法经常作为水处理工艺的第一步，所以习惯上称其为水的预处理。

混凝处理后，浊度可降至20FTU以下。过滤处理后，浊度可进一步降至2~5FTU。基本可以满足后续除盐处理对进水水质的要求。

3.1 水的混凝处理

水中胶体粒子以及微小悬浮物的聚集过程称为混凝。水中胶体颗粒由于其稳定性，极难自我沉降，也不能用过滤的方法去除。水的混凝处理就是在水中加入一种称为混凝剂的物质，促使细小颗粒聚集成大颗粒的絮凝物，然后进行澄清和过滤，从水中分离出来的方法。

简单而言，凡是能使水溶液中的胶体或者悬浮物颗粒产生絮状物沉淀的物质都叫做絮凝剂(或统称混凝剂)。

3.1.1 混凝机理

3.1.1.1 水中胶体的稳定性

胶体在水溶液中能持久地保持其悬浮的分散状态的特性称为胶体的稳定性。其原因是：

（1）分子运动使胶体颗粒在水中做无规则高速运动，并趋于均匀分散状态。此种稳定性称为动力稳定性。

（2）胶粒带有相同的电荷，彼此之间存在着电性斥力，使之不能聚合，始终保持其原有颗粒的分散状态，称为聚集稳定。

（3）胶粒保持其稳定性的另一个原因是，表面有一层水分子紧紧地包围着，称为水化层，它阻碍了胶体颗粒间的接触，使得胶体颗粒在热运动时不能彼此碰撞而粘合，从而使其颗粒保持悬浮状态。

改变胶体颗粒的某些特性，使之失去稳定性称之为胶体的脱稳。

3.1.1.2 胶体的双电层结构

水中的胶体物质是由几十到数千个分子结合而成微粒。这些微粒不溶于周围的水中而构成胶体粒子的核心，称为胶核。胶核表面上拥有一层离子，称为电位离子。电位离子有时是胶核表层部分电离而成的，有时是被胶核从水中吸附来的。胶核因电位离子而带有电荷，同类胶核带有同样的电位离子，因而有相同的电荷。由于同性相斥，使胶体微粒相互不能凝聚而保持聚集稳定性。

胶核表面的电位离子层通过静电作用又将水中电荷符号相反的离子吸引到胶核周围，该类离子称为反离子，其电荷总量与电位离子相等而符号相反。这样，在胶核与周围水溶液的相间界面区域形成了双电层。其内层是胶核固相的电位离子层，外层是液相中的反离子层。电位离子同胶核结合紧密，很难分开；而反离子只是由静电引力与胶核相结合，因此较松散。在热运动等影响下，反离子还会脱离胶核向溶液中扩散，达到平衡时，形成的是疏松分布的反离子层。其中能同胶核一起运动的部分反离子，由于靠近胶核，吸附较牢，称为反离子吸附层(又称为紧密层)；而另一部分离子距胶核稍远，不随胶核一起运动，称为反离子扩散层。

胶核与电位离子层和反离子吸附层三者构成一体称为胶粒，如把反离子扩散层也包括在内，则称为胶团。胶团的结构式如下：

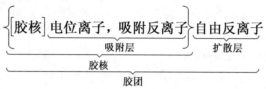

胶粒在溶液中运动时，反离子吸附层随胶核一起运动，而扩散层部分则留在原处。因此，吸附层和扩散层之间的界面形成了滑动的分界面，称为滑动表面。在胶核表面上的电位称为热力学电位(ψ_0)，在滑动表面处的电位称为电动电位(ξ)，它是热力学电位在吸附层中降低后的剩余值，也就是在扩散层中继续降落的电位值。电动电位通常可用来代表溶胶体系的电学特性。如图3-1。

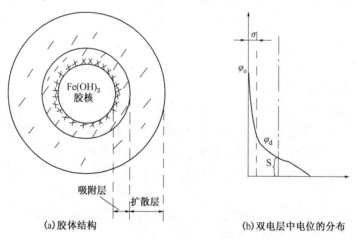

图3-1　胶体结构和双电层中电位的分布

电解质的种类和浓度对胶团的双电层影响很大。热力学电位是由溶液中的电位离子浓度决定的，只要其浓度不变，热力学电位可保持常数。

胶团中反离子吸附层的厚度一般很薄，只有单层或数层的离子，而反离子扩散层却要厚得多，其厚度与水中的离子强度有关，离子强度越大，厚度越小。而高价离子对扩散层厚度影响更大。当扩散层厚度减少时，电动电位也随之降低。

当水中电解质的浓度增大，离子价数增高，也即离子强度增加时，反离子扩散层厚度随之减少，其原因是电解质对扩散层有压缩作用。首先，离子强度增加后，同号离子间相互排斥作用增强，以致使扩散层空间容积缩小；其次，高价离子除了因离子强度剧烈增加而对扩散层又直接压缩作用外，还可能把一部分反离子进一步压缩到胶团的反离子吸附层中去，使电动电位（ξ）降低，从而减少扩散层厚度。高价离子还可以进入胶团的扩散层和吸附层，按照等物质量的原则置换出低价离子，使双电层中的离子数目减少而压缩扩散层，降低电动电位。而胶粒对高价离子则有强烈吸附作用，往往把高价离子吸到吸附层中去，却置换出少量非等物质量的低价离子，使扩散层剧烈缩小，电动电位显著降低。因此，电解质加到水溶胶中，由于直接压缩，以及高价离子的离子交换和吸附作用，最终使胶团的扩散层减小，电动电位降低，直到使全部反离子都由扩散层进入吸附层，电动电位降为零。这时，胶粒的吸附层中正负电荷相等，胶粒变为电中性，达到等电状态，消除了水溶胶体系的稳定性。

一旦在水溶胶体系中加入高价电解质，使胶团扩散层压缩、电动电位降低，胶粒间的排斥作用就减弱。这时，胶体之间通常发生凝聚。当电动电位降为零时，溶胶最不稳定，也就是凝聚作用最强烈的时候。

3.1.1.3 胶体的脱稳与混凝机理

水中带电的胶体颗粒由于相互间存在电性斥力而处于稳定状态，投加混凝剂（如带高价反离子的电解质、带相反电荷的胶体或少量的高分子聚合物等）可以先使胶体颗粒脱稳，然后絮凝沉降，即脱稳后的胶体聚合成大颗粒絮凝物。现以硫酸铝为例来说明整个混凝过程。

硫酸铝 $[Al_2(SO_4)_3 \cdot 18H_2O]$ 加入水后发生如下电离和水解反应：

$$Al_2(SO_4)_3 \rightarrow 2Al^{3+} + 3SO_4^{2-}$$

$$Al^{3+} + 3H_2O \rightarrow Al(OH)_3 + 3H^+$$

生成的氢氧化铝是溶解度很小的化合物。它从水中析出时形成胶体。胶体带正电荷，在反离子 SO_4^{2-} 的作用下逐渐凝聚成大的絮凝物。实际上，上述水解反应生成的沉淀物并不完全是 $Al(OH)_3$，还有多核羟基络合物离子等水解中间产物，它们也参与了混凝反应。

上述水解产物在混凝过程中对水中胶体颗粒产生了如下作用：

（1）吸附和电性中和作用 正电荷的凝聚剂水解产物对水中带负电荷的胶体颗粒产生吸附和电性中和作用，使胶体之间的斥力降低，颗粒之间发生碰撞而凝聚。

（2）吸附架桥作用 水解中间产物多核羟基络合离子呈链状结构，可在胶体之间架桥，发生凝聚作用。

（3）网捕作用 水解生成的沉淀物、水中胶体颗粒之间发生吸附粘结，形成网状絮凝物沉淀，卷扫水中胶体颗粒，形成共沉淀。

上述三种作用可能同时存在，但在不同条件下，哪一种作用为主要形成过程将有所不同，因为影响混凝过程的因素很多，实际作用机理应根据具体情况判断。

3.1.1.4 影响混凝的因素

1. 水温的影响

由于无机盐类混凝剂溶于水时是吸热反应，因此，水温低时不利于混凝剂的水解。另外水温低，水的黏度大，水中胶粒的布朗运动强度减弱，彼此碰撞机会减少，不易凝聚。同时水的黏度大时，水流阻力增大，使絮凝体的形成长大受到阻碍，从而影响混凝效果。

2. 水的 pH 值和碱度的影响

用无机盐类混凝剂如铝盐或铁盐时，它们对水中的 pH 值都有一定的要求。如铝盐要求水的 pH 值在 5.5~8.5 之间，高了或低了都影响铝盐的混凝效果。如水中有足够的 HCO_3^- 碱度时，则对 pH 值有缓冲作用，当铝盐水解导致 pH 值下降时，不会引起 pH 大幅度下降。如水中碱度不足，为维持一定的 pH 值，还需投加石灰或碳酸钠等加以调节。使用铁盐作混凝剂时，常要求水的 pH 值大于 8.5，而且要有足够的溶解 O_2 存在才会有利于 Fe^{2+} 迅速氧化成 Fe^{3+} 起混凝作用，因此，有时常投加石灰等提高水的 pH 值，当然也可以加氧化剂，如通入氯气，把 Fe^{2+} 转化成 Fe^{3+}。

3. 水质的影响

当水中浊度较低，颗粒细小而匀一，投加的混凝剂量又少时，仅靠混凝剂与悬浮微粒之间相互接触，很难达到预期的混凝目的，必需投加大量混凝剂，形成絮凝体沉淀物，依靠卷扫作用除去微粒。

当水中浊度较高时，混凝剂投加量要控制适当，使其恰好产生吸附架桥作用，达到混凝效果。若投加过量，此时已脱稳的胶粒又重新稳定，效果反而不好，除非再增加投加量，形成卷扫作用。这样又会增加药剂费用。

对于高浊度的水，混凝剂主要起吸附架桥作用，但随着水中浊度的增加，混凝剂投加量也相应增大，才能达到完全混凝目的。

水中如存在大量的有机物质，它们会吸附到胶粒表面，使胶粒反而增加稳定性，混凝效果就差。

3.1.2 常用混凝剂

最常用的混凝剂有无机盐类、无机盐的聚合物以及有机类化合物。

3.1.2.1 无机盐类

1. 硫酸铝[$Al(SO_4)_3 \cdot 18H_2O$]

硫酸铝为白色结晶体，含有不同的结晶水，其中最常见的是 $Al_2(SO_4)_3 \cdot 18H_2O$。硫酸铝极易溶于水，室温时其溶解度即可达 50% 左右，水溶液呈酸性，pH 值在 2.5 以下。

硫酸铝工业产品可根据其中杂质含量分为粗制品和精制品。精制品中 Al_2O_3 含量不小于 15%，不溶杂质含量不大于 0.3%。硫酸铝使用方便，对处理后的水质无任何不良影响；但水温低时，水解困难，形成絮凝体比较松散，效果不如铁盐。另外，对水的 pH 值适应范围较窄，一般在 5.5~8。加入量一般约在几十 mg/L 到 100mg/L 左右。如果加入量过多，使水的 pH 值下降，反而会影响混凝效果，使水发浑。

2. 三氯化铁水合物（$FeCl_3 \cdot 6H_2O$）

三氯化铁水合物是一种黑褐色的结晶体，极易溶于水，溶解度随温度升高而增大，形成的矾花密度大，易沉降，处理低温、低浊水的效果比铝盐好。它适宜的 pH 值范围在 5.0~11 之间。但是三氯化铁是一种很容易吸潮的结晶体，其水溶液腐蚀性很强，必须注意防腐。另外，处理后的水色度比用铝盐时高。

三氯化铁加入水中能与水中的碱度起反应，生成氢氧化铁胶体，其反应为：

$$2FeCl_3 + 3Ca(HCO_3)_2 = 2Fe(OH)_3 + 3CaCl_2 + 6CO_2$$

当水的碱度低或投加量大时，水中应先适量加石灰，以提高碱度。

3.1.2.2 无机盐聚合物类

1. 聚合铝

聚合铝是一类化合物的总称。水处理工艺中常用的聚合铝属于聚氯化铝（简称 PAC）。聚合氯化铝又称碱式氯化铝，其分子式为 $[Al_2(OH)_nCl_{6-n}]_m$，其中 n 为 1~5 之间的任一整数，m 为 $\leqslant 10$ 的整数，该式表示 m 个 $Al_2(OH)_nCl_{6-n}$(称羟基氯化铝)单体的聚合物。因此，聚合氯化铝实际上是一种无机高分子聚合物。分子式中 OH^- 与 Al^{3+} 的比值对混凝效果有很大影响，一般以碱化度 B 来表示，即

$$B=\frac{[OH]}{\left[\dfrac{1}{3}Al\right]}\times 100\%$$

式中　[OH]——聚合铝中 OH^- 的浓度；

[1/3Al]——聚合铝中 $1/3Al^{3+}$ 的浓度，mol/L。

通常要求聚合氯化铝中含 Al_2O_3 在 10%以上，碱化度 B 在 50%~85%，不溶物在 1%以下。

聚合氯化铝对高浊度、低浊度、高色度及低温水都有较好的混凝效果。它形成絮凝体(又称矾花)快且颗粒大而重，易沉淀，投加量比硫酸铝低，适用的 pH 值范围在 5~9 之间。而且还可以根据所处理的水质不同，制取最适宜的聚合氯化铝。

聚合氯化铝的混凝机理与硫酸铝相似，即不论铝盐以何种药剂形态加入，它们在水中都不是以单纯的 Al^{3+} 离子存在，而主要是以三价铝的化合物-水合铝络合离子 $Al(H_2O)_6^{3+}$ 状态存在。当 pH<3 时，这种形态是主要的，当 pH 升高时，$Al(H_2O)_6^{3+}$ 发生水解，生成羟基铝离子。随着 pH 值的升高，水解逐级进行，最终生成氢氧化铝沉淀而析出，其反应如下：

$$Al(H_2O)_6^{3+}=[Al(OH)(H_2O)_5]^{2+}+H^+$$

$$[Al(OH)(H_2O)_5]^{2+}=[Al(OH)_2(H_2O)_4]^++H^+$$

$$[Al(OH)_2(H_2O)_4]^+=Al(OH)_3(H_2O)_3+H^+$$

2. 聚合硫酸铁(PFS)

主要是以硫酸亚铁为原料，通过一定的反应条件聚合而成的一种红褐色的黏稠状液体；也可以进一步制成固体，故又称聚合硫酸铁(PFS)，其分子式为：

$$[Fe_2(OH)_n \cdot (SO_4)_{3-n/2}]_m$$

聚铁是一种多羟基、多核络合体的阳离子型絮凝剂，它可以与水以任何比例快速混合。溶液中含有大量的聚合铁络合离子，它比无机盐类混凝剂有较大的相对分子质量，能有效地压缩双电层，降低 ζ 电位，使水中胶体微粒迅速凝聚成大颗粒，同时还兼有沉淀效果。其架桥的絮凝作用，使微粒絮凝成大颗粒，从而加速颗粒沉淀，提高混凝沉淀效果。其适用的原水 pH 值范围较宽，当原水 pH 值在 5~8 范围内时，混凝效果更好。

聚合硫酸铁和碱式氯化铝对比，处理低浊度原水时，聚铁具有良好的适用性。用聚铁净化后出水的 pH 值和碱度降低的幅度小，无氯根增加，对设备管道的腐蚀性小，不产生铁离子后移，排泥周期延长，自耗水量降低，净化水的质量得到提高，减少了污染。聚铁在使用过程中混凝效果比聚合铝要好些，如形成矾花的速度快、颗粒大且重，因此沉降快，使用方便。但有时会有少量细小矾花漂浮水面，使水略显微黄色，但不影响水质，经过过滤处理即能完全脱色。而铝盐混凝剂虽不会使水显色，却有涩味，也需要通过过滤处理才能除去。

3.1.2.3　有机类化合物

作混凝剂用的有机类化合物主要是人工合成的高分子化合物，如高聚合的聚丙烯酸钠、聚乙烯吡啶、聚乙烯亚胺、聚丙烯酰胺等。

其中以聚丙烯酰胺(PAM)用得最多，其产量约占高分子混凝剂生产总量的 80%。

聚丙烯酰胺是一种水溶性线型高分子化合物，其分子式为：

$$-\text{CH}_2-\text{CN}-_n$$
$$|$$
$$\text{CONH}_2$$

相对分子质量在 150~800 万之间。它溶于水中不会电离，因此称为非离子型。聚丙烯酰胺在水中对胶粒有较强的吸附结合力，同时它是线型的高分子，在溶液中能适当伸展，因此能很好地发挥吸附架桥的絮凝作用。将聚丙烯酰胺通过加碱水解，水解产物上的—COONa 基团在水中离解成—COO⁻，从而使非离子型的聚丙烯酰胺变成带有阴离子的羧酸基团。这些带阴离子的基团由于同电相斥，使线型高分子能充分伸展开，更有利于吸附架桥，增强混凝效果。但水解不能过分，因为基团带电性过强对絮凝反而起阻碍作用。通常认为，通过水解使酰胺基团约有 30%~40%转化为羧酸基团，再与铝盐或铁盐配合使用，混凝效果显著。

由于水中许多胶粒带有负电性，而阴离子型聚丙烯酰胺有强烈吸附性，所以仍能产生絮凝作用。如果是阳离子型的，不仅有吸附架桥作用，还能对胶粒起电性中和的脱稳作用。因此，现在已开发出阳离子型聚丙烯酰胺，其混凝效果更好。

3.1.3 常用混凝设备的工艺操作

3.1.3.1 机械搅拌加速澄清池

1. 机械搅拌加速澄清池的结构和特点

机械加速澄清池（如图 3-2）是通过机械搅拌将混凝、反应和沉淀置于一个池中进行综合处理的构筑物。悬浮状态的活性泥渣层与加药的原水在机械搅拌作用下，增加颗粒碰撞机会，提高了混凝效果。经过分离的清水向上升，经集水槽流出。沉下的泥渣部分再回流与加药原水机械混合反应，部分则经浓缩后定期排放。

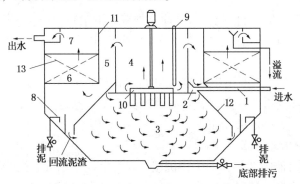

图 3-2　机械搅拌加速澄清池的结构图

1—进水管；2—进水槽；3—第一反应室；4—第二反应室；5—导流室；6—分离室；7—清水室；
8—泥渣浓缩室；9—加药管；10—机械搅拌器；11—导流板；12—伞形板；13—蜂窝斜管

水在池中总停留时间为 1.0~1.5h。这种池子对水量、水中离子浓度变化的适应性强，处理效果稳定，处理效率高。但用机械搅拌，耗能较大，腐蚀严重，维修困难。

2. 机械搅拌加速澄清池的运行

（1）投运前的检查

检查澄清池内有无杂物，各阀门处于关闭状态；检查各取样管、排泥管、加药管畅通；检查加药设备处于备用状态，絮凝剂液位足够，浓度为 3%~4%。检查清水箱水位应处于高液位；检查升压泵、搅拌机、刮泥机处于备用状态。

（2）投运操作

① 开启澄清池溢流阀、取样阀、加药阀，投运加药系统，启动搅拌机、刮泥机，调整

好搅拌机转速。

② 开启澄清池入口阀，开旁路阀供水，若原水压力低时，可投运升压泵，视具体情况用澄清池入口阀调整好进水量。

③ 若澄清池为空载投运，投运时流量控制在额定流量的 1/2~1/3 之间。絮凝剂的加入量为平时的 2 倍左右，待澄清池运行合格后，逐次将澄清池流量调到所需值，并将加药量调到正常范围。

④ 若澄清池停运 8h 以上再投运，投运时应排除一部分老化泥渣，并控制大进水量适当加大药量，使底部泥渣松动活化，然后再调解流量到额定流量的约 2/3。待澄清池运行正常后，逐次将澄清池流量调到所需值，并将加药量调到正常范围。

若澄清池短时间备用后投入运行，投运时可直接将流量调整到所需值，将加药量调到正常范围。

当浊度小于 20mg/L 时，开澄清池出口阀，关澄清池溢流阀。

（3）停运

① 无其他澄清池运行时，关旁路；若有升压泵，运行时停运升压泵，关闭澄清池入口阀。关澄清池出口阀及各取样管。

② 停运加药系统及搅拌机、刮泥机，短时间停运不停搅拌机、刮泥机。

③ 澄清池在进行清洗、检查等工作应及时将池内水放空，工作完毕进备用水。

（4）运行维护注意事项

① 经常检查澄清池的运行情况，每隔 2h 分析水浊度、沉降比，正常情况下，5min 沉降比为 7%~15%。

② 经常检查加药泵的运行情况，特别注意加药泵的运行，以免因泵打不出而翻池。

③ 保证溶药箱液位在适当高度以免打空，根据对水质的测定调整好排泥工作，保证出水水质合格。

④ 澄清池增减负荷时，可用澄清池入口阀来调整，每次增减量应控制在当时出力的 10% 左右，稳定后在逐渐增减。正常运行时，应保证流量稳定。

⑤ 每 2h 应排泥一次，每次 5min。

3.1.3.2 水力循环澄清池

为了使泥渣在澄清池中循环，除了在机械搅拌澄清池中用叶轮提升外，还可以利用水流的动能，通过水力来提升。这种利用水力实现泥渣循环的澄清池叫水力澄清池。水力循环澄清池的构造如图 3-3。

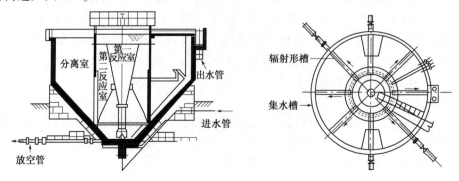

图 3-3 水力澄清循环池

水力循环澄清池适用于中小型水厂，单池处理水量不超过 300m³/h，如原水浑浊度长期较低或水量和水温变化较大时，这种澄清池的适应性就较差，效果不稳定。水力循环澄清池的池身较高，一般较多与无阀滤池配套使用。

水力循环澄清池的构造运行情况如下：加混凝剂后的原水在压力下进入进水管，经过管上的喷嘴时，以较高的流速经过喇叭口喷入喉管。因为喷嘴处断面缩小，流速高达 7～9m/s 以上，在喷嘴周围出现负压区，使喷嘴外的喇叭口吸入约 3～5 倍原水量的泥渣水进入喉管，喉管内的流速为 2～3m/s，经快速混合后流到第一反应室，水流在经过第一反应室和第二反应室的过程中，过水断面逐级扩大，上升流速逐级减小，为不同粒径的活性泥渣同水中微絮凝体相互接触提供了良好的条件。从第二反应室流出的水，一部分向上进入分离室，在分离室中进行泥水分离，清水向上从集水槽流出。由于分离室的上升流速不大，泥渣迅速下沉，一部分泥渣沉积在泥渣浓缩室内，可定期经排泥管排除，大部分泥渣又回到喷嘴周围，进入喉管重新在池内循环。

从工作原理看来，水力循环澄清池和机械搅拌澄清池有许多相似之处，但反应室的容积较小，接触絮凝的时间较短，只有 2min，并且会因进水量和压力的波动，使回流的泥渣量发生变化，因此运行稳定性比不上机械搅拌澄清池，为此所加混凝剂量要多些。

进水量变化对澄清池工作影响较大，进水量超过设计负荷或进水量太小澄清效果不好。如果水量太小，喷嘴内的流速太低，在喉管处吸入的泥渣少，造成泥渣回流量不足，泥渣层浓度不高。要调节这种澄清池的回流量比较困难，一般采用喉管调节装置以调整喷嘴和喉管间距的办法，对改变回流量虽有效果，但作用不明显。一般回流量只是在投产时加以调整，日常运行时往往不再变动。因为回流比不经常调整，以致水力循环澄清池对进水水质变化的适应能力比较差。此外，由于第一和第二反应室的容积不大，总的絮凝时间较短。絮凝不完善，致使泥渣的沉淀性能较差。此外，喉管处因形成真空所产生的抽吸能力毕竟有限，池子直径太大，会影响泥渣回流的均匀性。但是它有构造简单，无复杂机电设备，造价较低等优点。

水力循环澄清池运行时应注意：初次运行时，可按照 2 倍喷嘴直径来调整喉管和喷嘴的间距，然后观测出水浑浊度和泥渣层形成情况，确定最佳的喉管位置。平时需经常用量筒测定第一反应室处水样的 5min 泥渣沉降比，通常控制在 5%～20% 左右。运行时应根据本厂的实践，确定水质符合要求时的泥渣沉降比和需要排泥时的泥渣沉降比。澄清池排泥目的是保持池内一定量的活性泥渣，泥渣沉降比过高，说明池内泥渣量太多，必须及时排泥，但排泥时间也不能太长，否则池内泥渣量不足，会影响正常运行和出水水质。

水力循环澄清池的主要设计指标是分离区的上升流速。一般上升流速大于 1.0mm/s 时，澄清效果不稳定。所以通常采用 0.7～1.0mm/s 作为设计依据，也可以作为运行时的参数。低温低浊水比较难以处理，应选用低的上升流速。

水力循环澄清池的总停留时间为 1.0～1.5h，其中第一反应室为 15～30s，第二反应室为 100～140s，这是按循环时的水量计算的，如果按照进水量计算，反应室停留时间要增加好几倍，因为循环时的水量可为进水量的 2～4 倍。第一反应室高度按出口处直径、喉管直径和锥形筒的夹角确定。第二反应室的有效高度可采用 3～4m，分离区高度一般为 2～3m，超高为 0.3m。澄清池内应设泥渣浓缩斗，一般根据原水浑浊度或泥渣数量设 1～2 个浓缩斗。

3.1.3.3 斜板(管)沉淀池

根据现有的浅池理论,沉淀池容积一定时,增加沉淀池面积、减少水深可以提高沉淀效率。所以,过去国内曾将平流沉淀池分成2~3层,相应的沉淀面积增加到2~3倍,产水量和沉淀效果确实有了提高,但排泥问题较难解决,因为分层后每层的高度小,人工和机械方法排泥都有困难,只有用停池清洗的办法。

与上述多层平流沉淀池相比,按照浅池理论发展起来的斜管或斜板沉淀池具有的水流稳定,紊动较小,有利于矾花颗粒沉淀的特点。斜板或斜管沉淀池相当于将多个平流沉淀池倾斜60°的角度重叠安置,这样分层数大为增加,每层的间距可以缩得很小。由于颗粒下沉的距离减小,斜管内水流呈层流状态,因此颗粒在很短时间内就可以沉淀。其沉淀面积很大,等于全部斜板或斜管的水平投影面积总和。污泥能自动沿60°的斜面下滑,排泥问题可得到解决。

斜管沉淀池按水流和污泥下滑的方向,可分为异向流、同向流和侧向流布置。斜板沉淀池主要有同向流、侧向流和带翼斜板沉淀池。国内用得最多的是异向流斜板或斜管沉淀池。

1. 斜板(管)沉淀池的结构

若在普通的沉淀池中设置一簇斜板(管),令沉降过程在此装置中进行,那么可使水中悬浮物的分离速度加快,从而缩短沉降时间和减小设备体积。

用得较多的是异向流斜板或斜管沉淀池(如图3-4)。

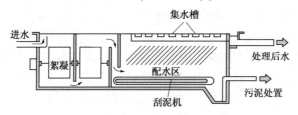

图3-4 异向流斜管或斜板沉淀池

水流从斜管下部进入向上流出,板上积泥的下滑方向从上而下,两者方向相反,由于水流从下而上,所以又称为上向流。为了进池的水在斜管区分布均匀,斜管以下的配水区应有相当的高度。斜管布置时进水方向可以是逆水流方向,也可以是顺水流方向。通常,斜管铺设时,倾斜方向不正对水流,以免水流直冲斜管,而以逆向进水为宜。异向流斜管池的水经过斜管或斜板后,向上流动,所以在斜管或斜板的上部。用集水槽或穿孔集水管收集池面上的清水。沉积在斜管或斜板上的污泥,在重力作用下,沿斜板或斜管壁自动下滑到池底。在池底用刮泥机械刮到集泥槽中,再经排泥管排除。异向流斜管(板)沉淀池适用于大、中、小水厂,应用较广。

从絮凝池来的水进入斜管沉淀池的配水区后,向上流过斜管。配水区的作用是使水在斜管区内均匀分布。与平流沉淀池不同的是,花墙的开洞部位只在斜管底部以下、积泥区以上部分。花墙促使水流均匀进入配水区,使斜管区的水流可均匀分布。

要保证斜管区配水均匀,斜管下面的配水区应有足够的高度,过水断面的流速不宜大于0.02~0.05m/s。由于检修时斜管下面要进入,因此配水区高度还要考虑检修需要,斜管底面高出池底积泥面的高度应有1.5~1.7m。应用刮泥机时,配水区需要1.5~1.6m的高度。这时能满足过水断面的流速要求。

在斜管沉淀池中安装斜管时,应使斜管顶面至少低于池内水面1m以上,以流出清水区的高度，使得从斜管流出的清水能均匀地进入集水槽。较深的清水区可以减少阳光对斜管的照射和藻类在斜管上端滋生。

集水区用来收集清水，它的布置要保证出水均匀。斜管沉淀池中，清水从斜管向上流出、集水管渠常在整个池面上均匀设置。从斜管顶面算起的清水区应有足够的高度，为使斜管区的出水均匀，清水区的高度不小于1.0m。

集水管(槽)的间距一定时，集水区高度越大集水就越均匀。从水流均布的要求，一般集水管(槽)的间距为1.5~2.0m。

斜管沉淀池的表面负荷率比平流沉淀池大，单位面积所沉淀的污泥量也比平流沉淀池多，因此，需特别重视排泥。大的斜管沉淀池宜采用机械排泥，因池中有一层斜管阻挡，机械排泥装置比平流沉淀池复杂。因刮泥机设在斜管区下面，牵引钢丝绳也要淹没在水中，时间长了钢丝绳易因腐蚀而拉断。斜管池的机械排泥都是将污泥刮到池两端的泥槽中，再用泥浆泵吸除或用重力排泥的方法排出池外。

2. 斜管沉淀池的运行

(1) 启动前的准备

凝聚剂药液足够，加药系统完好；沉淀池内无杂物，人孔门关好，各阀门完好；清洗系统、排泥系统畅通；各取样管道畅通表计完好。

(2) 斜管沉淀池的启动

① 开启混合井入口阀及斜管澄清池进出口阀，调整流量达到额定值。

② 启动加药系统，向混合井加药。

③ 当反应池内有一定水量时，启动反应池搅拌机。

④ 待清水水位到出水水位时，经集水槽向外供水。

(3) 斜管沉淀池的停运

① 关闭混合池入口阀，斜管沉淀池入口阀。

② 停止反应池药搅拌机和混凝剂加药系统运行。

(4) 泥渣的排出

斜管澄清池排出的泥渣，由排泥沟至排泥泵房泥渣池，经排泥泵抽出送入下水道。

(5) 运行维护、注意事项

经常检查斜管澄清池的运行情况。检查加药系统的运行情况，根据水质测定结果，调整好加药量。沉淀池的运行流量应保证稳定，每次负荷的增减应控制在出力的10%以内，稳定后再逐次增减。沉淀池较长时间停运时，应打开底阀排泥，并将沉淀池冲洗干净后满水。应定期对斜管进行冲洗工作。

3.2　水的过滤处理

天然水经过混凝澄清处理后，水中的大部分悬浮物被去除，其出水浊度一般小于10~20mg/L。这样的水质仍不能满足离子交换等除盐工艺的要求，进一步除去水中悬浮物常用方法是过滤。过滤是原水通过颗粒介质(如无烟煤、石英砂等，总称滤料)以去除水中悬浮杂质使水澄清的过程。

3.2.1　过滤原理

用过滤法除去水中悬浮物是滤料的机械阻留和表面吸附的综合结果，也就是过滤过程中有两个作用：一种是机械筛分，另一种是接触凝聚。

机械筛分作用主要发生在滤料层的表面。滤层在反洗后，由于水的筛分作用，小颗粒的滤料在上，大颗粒的在下，依次排列，所以上层滤料形成的孔眼最小。当含有悬浮物的水进入滤层时，滤层表面易将悬浮物截留下来。不仅如此，截留下来的或吸附着的悬浮物之间发生彼此重叠和架桥等作用，结果在滤层表面形成了一层附加的滤膜，它也可以起机械筛分作用。这种滤膜的过滤作用，称为薄膜过滤。

在过滤中，当带有悬浮物的水进入滤层内部时，事实上也在发生过滤作用。水中的微粒。在流经滤层中弯弯曲曲的孔隙时，与滤料颗粒有更多的碰撞机会，在滤料表面起到有效的接触作用，使水的颗粒易于凝聚在滤料表面，故称为接触凝聚作用，也称为渗透过滤。

开始过滤时，表层滤料首先黏附了絮凝后的颗粒，过滤一段时间以后，滤层中逐渐积累了杂质颗粒，孔隙率变小，如流量不变则孔隙内流速随之增大，在水流冲刷作用下，黏附在滤料上的杂质颗粒又会脱落下来，而向下面的滤层移动，于是滤料发挥黏附截留杂质的作用。过滤时，在整个滤层中，杂质颗粒的去除过程就是这样一层层地进行下去，直到表层滤料中的孔隙逐渐被堵塞，甚至滤料层表面形成了泥膜，这时过滤阻力增加，等到滤池水头损失达到极限值或出水水质不合格时，过滤过程即行结束，滤料层进行反洗，以恢复过滤能力。

滤池有各种形式，从早期的慢滤池到后来发展的快滤池、无阀滤池、虹吸滤池、移动罩滤池和 V 型滤池等，有压力式的，有重力式的。通常前面有沉淀池或澄清池，经沉淀后比较清的水再行过滤。尽管滤池形式和构造不同，为了改善水质，关键是滤速和滤料需选用得当，滤料粒径需符合要求。

如果过滤的水量不随时间变化，那么过滤速度应该是恒定不变的，就是说过滤开始到过滤结束都是以同一滤速过滤，称为"等速过滤"。如果过滤的水量或滤速随时间发生变化，这种情况称"变速过滤"，由于过滤时一般滤速随时间减少而不是增加。所以又叫做"减速过滤"。多数快滤池就是按变速过滤的方式来工作的，在开始过滤时，砂滤层是清洁的，过滤的阻力很小，因此滤速相对较大，而初期过滤水的浑浊度较高。以后砂层中积泥增加，阻力逐渐增大，滤速相应减慢，过滤的水量随之减少，出水浑浊度较低。无阀滤池和虹吸滤池的过滤情况属于等速过滤，因为任何时候进入滤池的流量等于过滤下来的水量，只不过是滤池内的水位不断上升，用以克服砂滤层的水流阻力。

滤池的流量或滤速能保持相对稳定，或流量虽有变化但变化缓慢，则出水水质比较好。过去在滤池出水管上安装滤速调节器，目的是使滤速恒定，以后因滤速调节器的阻力大，不利于过滤，改装为阀门以控制滤速。过滤初期阀门关小，以免滤速过高，以后则阀门逐步开大，使过滤过程中流量不会变化很大。

等速过滤和变速过滤两种滤池的比较如下：两者的平均滤速相同时，以减速过滤方式运行的滤池出水水质较好；当两者过滤时间相同时，减速过滤时的水头损失增加较慢。原因是在过滤初期，滤层相对干净，滤速较大可使悬浮物深入到滤层中，使滤层整个高度内水头损失的分布比较均匀，而不至于积在滤层表面，使该处水头损失过大。随后滤速逐步下降，水中悬浮物穿透滤层的可能性也就减少，滤后水质可得到保证。

3.2.2 影响过滤的因素

1. 滤料

化学水处理中常用的滤料为石英砂、无烟煤等，所以本节主要介绍石英砂、无烟煤等滤料。

（1）滤料的性质

作为滤料应有足够的机械强度，使用中不易破碎；化学性能稳定，不影响出水水质；价格较低，便于取材；粒度适当，具有一定的颗粒级配和适当的孔隙率。现将各指标分述如下：

① 滤料用来滤除水中的杂质，在使用过程中，需经受频繁的冲洗，如果滤料没有足够的机械强度，就会由于相互碰撞而破碎，使粒径越来越小，或积在滤层表面增加过滤阻力，或冲洗水流带走而减少滤层厚度，所以易碎的颗粒不能作为滤料。过于机械强度的测试，可以用滤料的磨损率来表示：一般要求其年损耗率不大于2%。

② 滤料应有足够的化学稳定性，以免在冲洗过程中发生溶解，引起水质劣化。为试验滤料的化学稳定性，可在一定条件下用中性、酸性和碱性水溶液浸泡各种滤料，以观察它们的化学稳定性。通过实验：石英砂化学性质较好，在中性和酸性介质中稳定，在碱性介质中略有溶解，作为滤料有较广泛的应用；白云石和无烟煤在碱性水中比较稳定。石英砂可以用作凝聚后的过滤，也可以用于其他各种处理后的过滤；镁剂除硅后的水，可采用白云石或无烟煤过滤；离子交换床的底部垫层，可采用石英砂。

双层滤料中的无烟煤应机械强度大，化学稳定性高，所含化学成分不会溶出，并且密度适当。无烟煤的密度各产地不同，以 $1.4\sim1.6g/cm^3$ 左右为宜。颗粒形状最好是多面体，而片状或针状的无烟煤过滤效果差，且在冲洗时易被水流带出此外，损耗很大。

③ 滤料颗粒的粒度

粒度表示滤料颗粒的大小。它有两种表示方法：

1）粒径范围　这是工业使用中最常用的表示方法。按滤料的最大和最小颗粒的粒径来表示滤料颗粒大小的范围。一般讲，采用石英砂做滤料时，其粒径为 $0.5\sim1.2mm$；用无烟煤做滤料时粒径为 $1.0\sim2.0mm$。

2）粒径和不均匀系数　用粒径范围来表示滤料粒度情况虽然比较直观，但是由于它只能表示不滤料的最大粒径和最小粒径的大小，所有颗粒的粒径都介于这两者之间，但不能表示出滤料中大小不同颗粒的分布情况。这就在使用中出现一个问题，如果滤料颗粒的大小分布不均匀会有两个后果：一是如果滤料颗粒分布"偏小"，则细小的颗粒集中在滤层表面，会使过滤时，污物都堆积在滤料表面，使水头损失增加得太快，过滤周期变短，出水量减少；二是如果滤料颗粒分布"偏大"，则会使反洗操作困难：反洗强度太大则易在反洗时带出微小滤料，造成反洗"跑料"；而反洗强度太小则不能松动下部大颗粒滤料，造成"积泥"。

为了全面表征滤料粒度状况，引入"粒径"和"不均匀系数"两个概念。

a. 粒径　粒径是表示滤料颗粒大小概况的一个指标。滤料粒径情况对过滤影响很大。不同的滤料和不同的过滤概况，对滤料粒径有不同的要求。在使用时应因地制宜，根据具体情况选用，不宜过大或过小。滤料粒径过大时，细小的悬浮物会穿过滤层，而且在反洗时不能使滤层充分松动，结果反洗不彻底，沉积物和滤料结成硬块，因而产生水流不均匀，出水水质降低，滤池"失效"很快等问题。粒径过小，则水流阻力大，过滤时滤层水头损失也增加很快，从而缩短过滤周期，反洗水耗量也会相对增加。

粒径通常有两种表示方法：平均粒径 d_{50}，表示有 50%（质量比）滤料能通过筛孔孔径（mm）；有效粒径 d_{10}，表示有 10%（质量比）滤料能通过筛孔孔径（mm），之所以称为有效粒径，是因为当不同滤料的 d_{10} 相等时，由于较小的颗粒是产生水头损失的有效部分，所以即使它的颗粒大小分布不一样，在过滤时产生的水头损失往往是一样的。

b. 不均匀系数　不均匀系数是指80%（质量比）滤料能通过的筛孔孔径（d_{80}）与10%滤料能通过筛孔孔径（d_{10}）的比值，即：

$$K_{80} = \frac{D_{80}}{D_{10}}$$

式中　d_{10}，d_{80}——通过10%和80%的滤料总质量的筛孔孔径，mm。

c. 筛分曲线　粒径要用一套标准筛来筛分，从通过每一个筛的颗粒质量百分比和筛孔尺寸绘出的曲线确定粒径，这种曲线称为筛分曲线（见图3-5）。

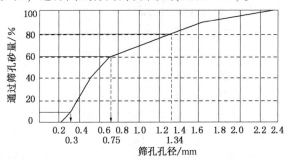

图3-5　滤料筛分曲线

试验时，从一堆砂中取300g砂样，用水洗净后，在105℃的恒温箱中烘干，再从中称取100g，倒入一套筛中筛分，称出每一个筛中剩留的砂粒质量。以筛孔孔径为横坐标，以大于该种筛孔尺寸的各筛中砂粒总质量为纵坐标，即可绘制筛分曲线。

有了筛分曲线，一般从纵坐标上10%处引水平线和筛分曲线相交，交点所对应的以筛孔孔径表示的粒径即为d_{10}（即小于d_{10}的砂粒占砂样总质量的10%），称为有效粒径。纵坐标上80%处和筛分曲线交点相对应的粒径为d_{80}，其他如d_{80}的含义可由此引申。从图可见，该批砂样的粒径大小为：$d_{80}=1.34$，$d_{60}=0.75$，$d_{10}=0.3$，如不符合要求，可重新加以筛选。

不均匀系数K_{80}越大，说明d_{80}和d_{10}的粒径相差越大，差别很大的颗粒混在一起，会使滤层的孔隙体积和滤层总体积之比即孔隙率减少，以致增加水流阻力，并且减小了滤层的含污能力，所以尽可能使不均匀系数小于2。根据我国规范，选用滤料粒径比较简便，只分最大和最小粒径，在采购或筛分砂样时，只要用两种筛把大于和小于规定尺寸的砂筛去就行了，不必在做筛分曲线。单层石英砂滤料的最大粒径是1.2mm。最小粒径是0.5mm，所以只要筛去大于1.2mm和小于0.5mm的颗粒就可铺入滤池。

理想的滤料，均匀系数等于1.0，就是说所有颗粒都是同样大小，当然这是不经济的，只能做到颗粒大小基本均匀就可以了。所谓V型滤池的均质滤料并不是说滤料颗粒大小完全相同，只不过滤料的粒径相差较小而已。

（2）滤料层的含污能力　是指在一个过滤周期内，单位体积滤料层所能截留的悬浮物量，一般用平均含泥量（kg/m³）来表示。

如果在整个滤层高度内所截留的悬浮物量相差很大，说明下层滤料的截污能力并未充分发挥，滤层的含污能力就小。为了提高滤层的含污能力，因此就有了双层滤料、三层滤料和均质滤料等滤池，尽管滤池构造和过滤情况没有改变，但是改变滤料结构后，含污能力可以提高，相同滤速下可以延长滤池的工作周期，或相同过滤周期下可以较高的滤速运行。

2. 滤速

滤速一般指的是水流流过过滤截面的速度(一般是指空罐流速,以下同)。滤速过慢会影响出力,滤速过快不仅会使出水水质下降,而且会使水头损失加大,使过滤周期缩短。在过滤经混凝和澄清处理的水时,重力式滤池滤速一般为 8~12m/h;压力式过滤器滤速为 15~30m/h。

3. 水头损失

水流通过滤层的压力降称为水头损失。它是用来判断过滤器是否失效的重要指标。运行中随着滤层的水流阻力逐渐增大,过滤时的水头损失也就随之增大。当水头损失达到一定数值时,就应停用,进行反洗。

4. 水流均匀性

在过滤器过滤或反洗的过程中,要求过滤层截面各部分的水流分布均匀,对水流均匀性影响最大的是配水系统。

5. 反洗

反洗就是水流自下而上通过滤层,以除去滤层上粘着的悬浮颗粒,恢复滤料的过滤能力。

反洗时,滤料层处于悬浮状态,并膨胀到一定的高度。膨胀后所增加的高度和膨胀前高度之比,称为滤层膨胀度。这是用来衡量反洗强度的指标。所谓反洗强度就是单位面积上、单位时间内流过的反洗水量,单位为 $L/(s \cdot m^2)$。

反洗时,由于水冲刷和颗粒间互相碰撞、摩擦的作用,粘在滤料上的污染物就被冲洗下来,并被反洗水带出过滤器。当反洗出水变清时,反洗停止。若反洗效果好,就必须有足够的反洗强度和反洗时间。石英砂的反洗强度一般为 $15~18L/(s \cdot m^2)$,无烟煤的反洗强度为 $12~15L/(s \cdot m^2)$。反洗时间实际上反映了反洗水量的大小。若反洗水量不足,就达不到冲洗干净滤料的要求。

每次反洗都应将滤层中粘着的悬浮颗粒清除干净,否则会使滤料相互粘结而结块,破坏过滤器的正常运行。

6. 多层滤料过滤

如果在滤池中放入两种滤料,上层是颗粒较粗、密度较小的无烟煤,下层是粒径较小、密度较大的石英砂,就可接近滤料上粗下细的要求。过滤时大部分悬浮物可深入到滤层内,而不只是截留在表层中,即使滤速提高,由于滤层上层是无烟煤,孔隙率为 0.5~0.6 左右,比砂的孔隙率 0.4 大,可以容纳的污泥量较多,过滤周期仍可较长。过滤周期相同时,双层滤料滤池的产水量比单层砂滤料要高 50%~100%。

普通快滤池可以采用双层滤料以提高产水量,虹吸滤池需在冲洗强度有保证的条件下才可采用。双层滤料中,无烟煤的粒径一般采用 0.8~1.8mm,厚度 300~400mm,石英砂粒径用 0.5~1.2mm,厚度 400mm。这种级配可使冲洗后煤、砂基本分离,同时这种最大无烟煤粒径和最小砂粒径的比例,可减小冲洗后两种滤料的混杂。对双层滤料来说,防止煤、砂滤层相互混杂非常重要,否则会出现水头损失增长快,水质变差等不良结果。

多层滤料应用得不多,实际上只限于三层滤料,因为层数过多,不仅不容易找到多种密度不同的滤料,而且会增加运行管理的复杂性。三层滤料可分为两类,一类是轻质的,如橡皮、白煤、石英砂层;另一类是重质的,一般用无烟煤(密度 1.4~1.8g/cm³)或焦炭、石英砂(密度 2.6~2.65g/cm³)和磁铁矿(密度 4.7~4.8g/cm³),也可用钛铁矿或石榴石(密度

3.4~4.3g/cm³)。采用三层滤料时，各层粒径的选择应根据所处理原水的小型试验求出。

双层或三层滤料滤池和普通单层滤料快滤池相比，略有不同，说明如下。

① 滤速增大 多层滤料主要利用反粒度过滤的原理，即过滤时水流先经粗粒滤料再经细粒滤料，以发挥滤层的含污能力。由于滤层含污量增大，即使提高滤速，水头损失并不会迅速增长而使过滤周期缩短。一般双层滤料的正常滤速，即全部滤池工作的滤速采用 10~14m/h；当其中 1~2 个滤池冲洗或检修时，其余滤池的滤速或强制滤速允许提高到密度 14~18m/h；当原水的温度和浑浊度经常较低时则需降低滤速。三层滤料的正常滤速为 18~20m/h，强制滤速采用 20~25m/h，常年水温较高的地区可用较高的滤速。

② 滤层较厚及滤料的规格有差别 为了防止反冲洗强度较大或冲洗水夹带少量气泡时，多层滤料会出现混层现象，承托层中粒径小于 8mm 的需用重质矿石，粒径大于 8mm 时才用卵石。当配水系统的孔眼直径为 4mm 时，承托层最大粒径应为 16mm，孔眼直径 9mm 时，最大粒径为 32mm。如采用孔眼直径小于 4mm 的滤砖，则可省去。

③ 冲洗强度较大 双层滤料的冲洗强度采用 13~16L/(m²·s)，冲洗时间 8~6min。三层滤料中因有密度大的磁铁矿等滤料，冲洗强度比普通快滤池大，一般采用16~17L/(m²·s)，因此对承托层的要求稍有不同，以保证冲洗时不致移动而影响过滤效果。

3.2.3 常用过滤设备的工艺操作

3.2.3.1 重力式无阀滤池

1. 重力式无阀滤池的结构和原理

无阀滤池(见图 3-6)有重力式和压力式，以重力式应用较多。当水量大时，滤池平面形状可做成矩形，上层为冲洗水箱，下层为滤池，当水量小时也可用钢板做成圆形。无阀滤池的特点是能够自动冲洗，便于运行管理。无阀滤池池身较高，如果水源水质好，例如地下水源，原水经絮凝后可直接进入滤池过滤。

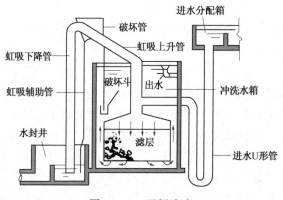

图 3-6 无阀滤池

矩形无阀滤池一般由两格或三格组成，合用一个冲洗水箱。在每格滤池的中央有一条主虹吸管，其上级段管径比下段大 1~2 级，例如 240m³/h 的重力式无阀滤池，上升段直径为 350mm，下降段小一级 300mm，虹吸管布置成倒 V 字形。主要是减少虹吸管中积存的空气，以便加快发生虹吸，在主虹吸管底部接出虹吸辅助管，接管口的高度和冲洗水箱最高水位的高差，等于滤池的极限水头损失值。

在滤池运行时，进池的流量等于滤出的流量。滤速保持不变，但滤池内的水位在不断升高。虹吸辅助管的作用是使主虹吸管加速形成虹吸，当虹吸上升管中的水位上升到辅助管管口时，水沿管口旋流而下，经过抽气管带走虹吸管中的空气，不断抽气的结果，使虹吸管中真空度越来越大，虹吸上升管和下降管中的水位同时上升。等到上升水流溢过虹吸管顶部时，虹吸作用更为强烈，使虹吸管内全部充水。与此同时，虹吸管中的空气体积受到压缩，压力增大，一部分空气从虹吸管下的水封井中逸出，可看到井内有气泡翻上来。因此可根据虹吸管内的水位上升时间或上升高度来控制滤池的冲洗周期，该值一般约为 1.5~1.8m 左右。

虹吸发生后，冲洗水箱的水就通过滤池连接通渠、配水系统、承托层和滤层，再向上流经虹吸管排入封井。冲洗时，冲洗水箱的水位连续下降，冲洗强度逐渐从大变小。冲洗快结束时，破坏管口露出在大气中，空气进入主虹吸管，虹吸破坏后冲洗停止，立即自动恢复过滤。

从开始过滤到水位上升至辅助虹吸管口的时间，称为无阀滤池过滤工作周期，一般为 12~24h，冲洗时间一般为 4~5min。有时滤池出水水质虽不合格，但水位并没有上升到辅助虹吸管口，即滤池的水头损失并未达到极限，这时滤池不会自动冲洗。为了运行管理上的方便，无阀滤池设有强制冲洗管，即在虹吸辅助管和抽气管交接处，连接一根和辅助管成 15° 夹角的压力水管，其作用和水射器一样。通过抽气管带走辅助虹吸管中的空气，形成真空，使虹吸管两边的水位上升、汇合、直到开始冲洗，这样就能根据需要人工进行冲洗。无阀滤池冲洗时自动虹吸停水装置和虹吸滤池中相同，简便易行，效果较好。

无阀滤池通常两格一组，有时三格一组，在滤池的上面放置冲洗水箱。水箱容积按每格滤池冲洗一次所需水量计算。冲洗水箱容积一定时，如果滤池面积大，水箱可以做得低些，整个无阀滤池的高度也可以低些，容易和沉淀池或澄清池配套使用。

如果每格滤池用一只冲洗水箱，水箱高度就会比两格滤池合用一只水箱时要高，这样，冲洗开始时的冲洗强度很大，难免使面层的细砂颗粒被冲洗带走。随着水箱水位很快下降，冲洗强度减小，这时不能使下层粗滤料膨胀而影响砂层的冲洗效果。水位再下降时，可能大部分砂层都冲不起来，得不到应有的冲洗。水箱越深，开始时和结束时的冲洗强度相差越大，并且不易加以调整，长年累月滤层就会出现不正常现象，使出水水质变坏。但如两格或三格滤池合用一只水箱的另一好处是，任何一格冲洗时，其余各格滤池过滤的清水仍在供给冲洗水箱，分格越多，供给的水量越多，这样，原来按一格滤池冲洗时所需水量确定的水箱容积，现在由于过滤水的不断补充，达到同样冲洗要求时，水箱容积可以减小，所能减小的容积就等于冲洗时其余滤池补充的水量。

但是，不能认为可以像虹吸滤池一样，将滤池分成更多的格数，使冲洗时其余各格补充的过滤水量大于一格所需的冲洗水量，从而可以取消冲洗水箱。根据实际经验，合用水箱的滤池格数不宜超过三个，一般为两个，否则会带来管理上的不便。这是因为一格滤池快到冲洗结束时，破坏管将破坏斗中的存水吸光，破坏管口刚露出水面时，其余合格滤下来的水量又使水箱内的水位上升，破坏斗内进水，破坏管口又被水封住，这样虹吸破坏不彻底，不能及时停止滤池的冲洗，就造成连续不断的冲洗，不得已时就需要用强制进水来停止冲洗。

冲洗水箱内如果不设隔墙，水流可以比较畅通，但是在任一格滤池检修时，无法和别格滤池隔开，势必使整座滤池停止工作。所以冲洗水箱一般采用和滤池相同的分隔，并且在隔墙上设连通管。三格的冲洗水箱，连通管直接应小些，以免一格冲洗时，其余各格补充的水量太多而出现连续冲洗的情况。

无阀滤池主要靠虹吸管进行过滤或冲洗，所以加强形成虹吸非常重要。如果虹吸管因加工不良而漏气，空气就会进入管内，当进气量大于虹吸辅助管抽除的气量时，需较长时间才可形成虹吸，所以要保证虹吸辅助管、抽气管等处的焊接可靠，不漏气，法兰处的螺栓需全部拧紧。

无阀滤池的进水分配箱可放在前面的斜管沉淀池或澄清池上，也可以放在无阀滤池上。如配水箱的标高太高，则进水管口会产生旋涡而带入空气，空气积聚在虹吸管顶部，可能会破坏虹吸而中断冲洗，如遇这种情况，可考虑将分配箱底放低到与滤池冲洗水箱的最高水位同一标高处，以减少进水时夹带的空气量。

过滤时滤层逐渐堵塞，使进水管和虹吸上升管中的水位同时上升，在滤池将要冲洗前，分配水箱中的水位最高，这时进水中所夹带的气量减少。在开始反冲洗时，U形进水管中的水位突然下降，有大量空气随水流带入虹吸管中，影响到冲洗效果。在有些无阀滤池的配水箱中，安装反冲洗自动停水装置，使滤池冲洗时，能自动停止正在冲洗一格滤池的进水，这是减少水量浪费和防止空气进入虹吸管，保证有效冲洗的一个措施。

要加强形成虹吸，还应注意U形进水管起到水封作用的存水弯位置，存水弯底部标高应等于水封并井底标高，因为U形进水管和虹吸下降管是相通的，也可以看作是一条虹吸管。如果存水弯的标高在水封井水位以下，则进水管中的水位始终不会低于水封井，存水弯可保证有良好的水封，但是如果存水弯位置高了，就不会产生水封，也难以防止进气，从而影响虹吸的形成。

2. 无阀滤池的运行

无阀滤池在投产使用时，首先应排除滤层中的空气，再进水过滤。可以有两种做法，一种是控制进水量，使积存在滤层的空气有机会排出，另一种是从冲洗箱的连通渠进水到滤池底部，然后从下面上经过滤层，带出其中的空气。初次运行的滤池，因装入的滤料还不干净，所以需在冲洗水箱充满后，用强制冲洗方法连续冲洗几次，直到过滤下来的水清澈透明为止，然后按照快滤池相同的方法来消毒滤料。

在初次运行时，应测定从虹吸辅助管管口溢水起到开始反冲所需的虹吸形成时间以及冲洗开始到冲洗停止的冲洗历时、过滤的水量或滤速、过滤周期等，并做必要的调整使之达到设计标准。例如调整破坏斗的高度，调整冲洗强度调节器的开启度，调整进滤池水的浑浊度以保证过滤周期等。

测定滤速可在冲洗完毕，水箱还没有进水时进行。这时冲洗水箱分隔墙上的连通管需用法兰闷板封住，并在水箱中放置水位标尺。等到过滤开始水箱逐渐充水时，测定某一时间内冲洗水箱水位上升的高度，就可以算出滤速

$$V = 3600 \times \frac{H}{T}$$

式中　v——滤速，m/h，一般控制在 8~10m/h；

　　　H——水箱水位上升高度，m；

　　　T——水位上升时间，s。

滤速乘以滤池的面积就等于过滤的水量。每一格滤池都要用冲洗水箱测定过滤的流量或滤速，如果各格滤池的流量不同，并且出入较大时，可以调整进水分配箱的配水堰高度，使各格滤池的负荷相接近。

滤池第一次反冲洗前，安装在虹吸下降管下面的冲洗强度调节器，其开启度应调节到相当于下降管管径的 1/4，在逐步增加开启度，直到达到规定的冲洗强度时为止。无阀滤池的

冲洗强度是变化的，开始大后来小，所以只能测定平均冲洗强度。几格滤池合用一个冲洗水箱时，可记录冲洗水箱从水位开始下降到虹吸破坏这段时间内的水位下降高度。上述测定方法可能有些误差，第一，冲洗时，其他几格滤池仍在过滤，不断向水箱供水；第二，由于连接通管的水头损失，各格冲洗水箱的水位不会相同，只能大致测出冲洗强度。

运行中，如果进水浑浊度突然增大，过滤水浑浊度不合要求时，除了及时增加混凝剂以降低进水浑浊度外，可降低滤速或采用强制冲洗方法多次冲洗，以保证过滤水水质。

滤池使用几年后，需要换砂或检修，为了不致断水，可逐格检修。检修时，冲洗水箱分隔墙上的连通管用闷板盖住。但是水箱隔开后容量减小，冲洗水量不足，滤层不易冲洗干净，补救的办法是待水箱再次装满水后，用强制冲洗方法多次反冲洗。

无阀滤池平时无法观察滤料情况，例如表面是否细砂太多，滤层有否减薄，砂面有无凹凸不平等，因此最好每隔半年左右，在供水淡季，打开人孔，检查滤层是否平整。滤料有无损耗等，发现问题应针对情况加以解决。例如滤速太慢时，可检查滤料的粒径，如因面层细砂过多，可刮去细砂，用较粗的砂补充到规定厚度；又如过滤很短时间出水水质就不合格，可检查滤料是否被冲洗水带走，以致滤层厚度不足，这时可按滤料粒径要求补足到应有的滤层厚度等。滤料更换或补充后，应经过清洗和消毒才可向外供水。

3.2.3.2 压力式过滤器

1. 压力式过滤器的原理与结构

压力式过滤器又称为机械过滤器。主要利用过滤器内所装的滤层来去除水中含有的悬浮物及经沉淀澄清不能去除的粘结胶质颗粒，使出水达到透明。根据所装滤料不同可用作单层或双层滤料两种过滤器。双层滤料为：上层无烟煤 400mm（1.2~2.5mm）；下层石英砂800mm（0.5~1.2mm）。

2. 压力式过滤器的使用方法

（1）滤料处理 滤料采用石英砂或无烟煤，滤料应进行酸性、碱性和中性溶液的化学稳定试验，浸泡 2~4h 后，应符合以下要求：全固形物的增加量不超过 20mg/L；耗氧量的增加不超过 10mg/L；在碱性介质浸泡后，二氧化硅的增加不超过 10mg/L。

（2）滤料装填 有水力装卸的厂应使用水力装料，装料完毕关闭人孔进行反洗，直至出水澄清，然后打开人孔，除去上部的粉末及脏物，整理滤料表面平齐，如此反洗两次，至出水澄清即算合格。如采用人工装料，应首先在设备内装水约 1/2，将滤料分三次装入，每次装入 1/3 滤料并进行反洗，最后要求与水力装卸相同。

3. 压力式过滤器的运行与反洗操作

（1）过滤 投入运行前要进行正洗至出水澄清，每小时观察出水一次，发现水质达不到要求时，立即停止，进行反洗，或根据进出口压差来决定反洗，一般滤层水头损失比清洁滤料层增加 0.05MPa 左右。

（2）反洗 关闭进水阀，打开排水阀，将水面降至视镜管的地位，关闭排水阀，打开压缩空气进口阀及排气阀，将压缩空气由底部送入，松动滤层 3~5min 后，气体从排气阀排出。缓慢地打开反洗进水阀，水从底部进入，当排气阀向外溢水时，立刻关闭排气阀，打开反洗排水阀，水从上部排出，流量逐渐增加，最后保持一定的反洗强度，使滤层膨胀 10%~15%，保持2~3min，关闭压缩空气进口阀，并加大反洗流量，使滤层膨胀 40%~50%，保持 1~2min，然后关闭反洗进水阀及反洗排水阀。

（3）正洗 正洗时，打开进水阀及正洗排水阀，水由上往下冲洗，正洗流速 5m/h，正洗

5~10min，至出水透明时，即关闭排水阀，打开出水阀，投入正常运行。

（4）压力过滤器冲洗时应注意：反洗时不应有跑砂现象。遇到反洗时间超过规定而出水仍然不清的异常现象时，应检修设备，而不应尽量加大反洗速度，以免损坏设备。

3.2.3.3 虹吸滤池

虹吸滤池的特点是：用进水虹吸管和排水虹吸管代替普通快滤池的进水阀、清水阀、冲洗水阀和排水阀，基本上不设大阀门；因虹吸滤池反冲洗时所能利用的水头较小，所以不采用大阻力而是小阻力配水系统；冲洗时不用冲洗水塔或冲洗泵，而是用其他滤格过滤下来的水来冲洗；易于实现自动化。尽管构造上和普通快滤池略有不同，但过滤作用和原理相同。一般适用于供水量 15000~100000m³/d 的水厂。每池的水量宜控制在 5000~50000m³/d 范围内。

1. 结构和工作过程

虹吸滤池大多做成矩形，较少采用圆形。每只矩形虹吸滤池 6~8 格，通常双排对称布置，每格面积最好不超过 50m²，因为面积大了以后，采用阻力配水系统就不易冲洗均匀，但分格面积太小也会带来施工困难，增加造价。产水量大的水厂可以建造几只虹吸滤池并联运行。虹吸滤池的总高度比普通快滤池约高 2m 左右，可达 5.0m 以上。

虹吸滤池的构造（如图3-7），虹吸滤池的特点是进水量等于过滤水量，所以当进水量不变时，过滤速度是恒定的，属于等速过滤。这一点和普通快滤池不同。在过滤时，原水从进水渠，配水渠，通过池顶部的进水虹吸管进入各格滤池的进水槽和配水管到滤池进行过滤。滤后水由配水系统进入集水渠，最后流到清水池储存。

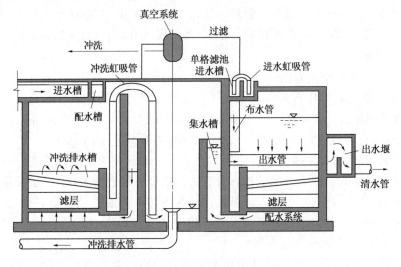

图 3-7　虹吸滤池

随着过滤时砂层水头损失的逐步增长，滤池中的水位不断上升，当任一格的水位比出水堰高出 1.5~2.0m 时，表示已达极限水头损失，过滤阶段结束。该格就需进行冲洗。由于出水堰顶的位置在砂面以上，所以过滤时各格内的水位总是在砂面以上，任何情况下滤层都不会出现负水头现象，这是虹吸滤池和无阀滤池都具有的特点。冲洗时开启该格进水虹吸管上的阀门，引入空气使虹吸破坏，停止进水。但是滤池中的存水仍在继续过滤，等到水位下降很慢时，就可开始冲洗。冲洗时先将排水虹吸管用真空泵形成虹吸，使滤池中还剩余的一些水经排水虹吸管排出，等到池中水位低于排水槽时才开始冲洗。冲洗用水由其余各格的过滤水来供给，因此不需要冲洗水塔或水箱。

虹吸滤池至少需分成6格,这样可以保证5格过滤下来的水量能满足1格冲洗的需要。一格滤池冲洗时,该格的进水量会自动分配到其余各格进行过滤,因此冲洗时各格的滤速随之增大。

冲洗废水由排水虹吸管排出池外。等到反冲洗排出的废水较清时,即可破坏排水虹吸管的虹吸,冲洗过程到此结束。然后再将进水虹吸管形成真空,继续进水过滤,如此反复进行。

2. 虹吸滤池自动冲洗

滤池冲洗是比较频繁而麻烦的操作,因此人们采用多种方式,使滤池能按照预定水头损失自动进行冲洗。虹吸滤池中,应用水力学原理的自动控制冲洗装置(见图3-8)。

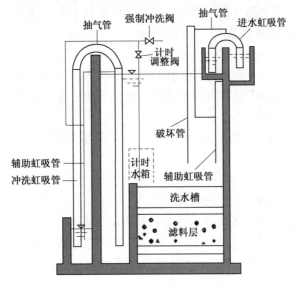

图 3-8　虹吸滤池的自动冲洗装置

这种自动冲洗系统构造简单,效果良好,它是在排水虹吸管和进水虹吸管上安装一套辅助虹吸装置,以自动进行反冲洗和反冲洗时滤池停止进水。排水虹吸管旁辅助虹吸管的上端和滤池最高水位相齐,过滤时,当滤池中的水位上升到最高水位时,表示已经达到最大水头损失值,不能再继续过滤下去。这时排水虹吸管中的水从辅助虹吸管流下来,经过抽气三通处,就会连续带走排水虹吸管中的空气,使虹吸管产生部分真空,于是排水虹吸管中的水位比较快地上升,直到整条虹吸管中充满水时为止。以后冲洗废水由排水虹吸管排除,排水时滤池中的水位很快下降,降到排水槽的槽口时,由于虹吸滤池出水堰口的标高比排水槽高,所以其他没有冲洗的几格滤池过滤下来的清水,就从滤池底部的配水系统流到冲洗的一格,开始冲洗。

排水虹吸管顶部还有一条虹吸破坏管接到计时水箱,当滤池水位下降到计时水箱的上口时,由于排水虹吸管内的负压作用,虹吸破坏管逐步吸出计时水箱中的水,等到存水吸光,空气就会进入排水虹吸管,破坏虹吸而自动停止冲洗。这样,把计时水箱中的水吸光的时间,就大致等于滤池冲洗的时间,只要控制计时水箱的进水阀开启程度,就可以改变冲洗滤池的时间。

根据同样原理,如果在虹吸滤池进水水渠处安装进水虹吸管,可以在冲洗时自动停止该格的进水。进水虹吸管上安装管径为40~50mm的辅助虹吸管和管径为15~20mm的破坏管。

当冲洗开始时，滤池的水位很快下降，水位降到进水虹吸管的抽气管管口时，空气进入进水虹吸管，破坏了虹吸作用，进水就此停止。等到冲洗结束，该格水位逐渐上升，直到封住抽气管管口时，由于进水管辅助虹吸管的抽气作用，进水虹吸管中的空气越来越少，最后虹吸形成，滤池进水，重新过滤。

在滤池刚投产使用或清洗检修后重新启用时，应在进水槽中放水，将虹吸管两端封住以形成水封。然后关闭破坏管上的阀门，由于辅助虹吸管的作用，即可使进水管产生虹吸，开始向滤池进水，进水后需打开破坏管上的阀门，以便正常工作。

自动冲洗系统应严防漏气，平时需注意维护保养，例如防止辅助虹吸管内生长藻类和泥垢，防止管道腐蚀，在寒冷地区位于室外的管道应采取防冻措施等。这种不需要电气、机械传动的自动冲洗装置，简便易行，效果较好，在无阀滤池中也有应用。

3.2.3.4 单流式机械过滤器

1. 单流式机械过滤器的结构如图3-9。

单流式过滤器是一种简单的过滤器，它的进水和出水都只有一路。单流式过滤器的本体是一个圆柱形钢制容器，器内装备有进水装置、排水系统。有时还有进压缩空气的装置。器外设有各种必要的管道和阀门等。

（1）进水装置可以是漏斗形的或其他形的，它的任务是使进水沿过滤器的截面均匀的分配。

（2）进水系统是过滤器的一个重要部分，它的作用是：

① 在过滤器下部引出清水时，不让滤料带出；

② 使出水的汇集和反洗水的进入，沿着过滤器的截面均匀分布；

③ 在大阻力排水系统中，它还有调整过滤器水流阻力的作用。排水系统的类型较多，现在常使用的有排水帽式、支管开缝式和支管钻小孔式等。

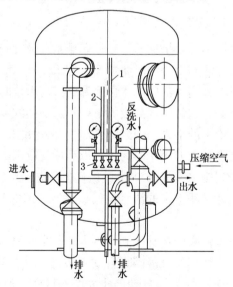

图3-9 单流式机械过滤器

1—空气管；2—监督管；3—采样阀

2. 单流式机械过滤器的运行操作

单流式机械过滤器的运行操作包括反洗、正洗和运行三个步骤。

（1）反洗　反洗时先关闭出、入口阀门，保持滤层上部水位200~300mm。开启反洗排水阀门，开启压缩风阀门，向过滤器内送入强度为 18~25L/(s·m³) 的压缩风，吹洗3~5min。

压缩风不停，开启反洗入口阀门，以反洗排水中无正常颗粒的滤料为限，控制反洗水流量。在反洗过程中，应经常检查反洗排水中有无正常颗粒的滤砂，以防滤料跑失。

待反洗排水后，停止压缩风的吹洗，继续用水反洗 3~5min。

（2）正洗　正洗时开启正洗排水阀门、入口水阀门，维持正流水流速 10~15m/h。冲洗至出水清净后，即可投入运行。

正洗时，出水应无滤料，否则可能是因为反洗操作不当而造成过滤器下部配水装置损坏。此时应停止正洗、查明原因并处理好后，再恢复正洗。

（3）运行　运行流速为 10~12m/h。运行周期的控制以其水头损失达到容许极限（规定一般应小于 0.05MPa）或按一定运行时间来进行反洗。

3.2.3.5　双流式机械过滤器

双流式机械过滤器的结构见图3-10。

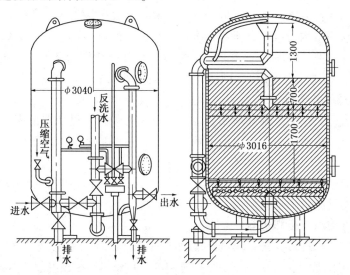

图 3-10　双流式过滤器

单流式过滤器的过滤能力主要是利用表面的薄膜过滤作用，其滤层中的渗透过滤能力没有能充分发挥。为了充分利用滤层的过滤能力，故设计了双流式过滤器，结构如图。在双流式过滤器中，进水分为两路：一路由上部进，另一路由下部进。经过过滤的出水，都由中部引出。这样，由下部进入的水的过滤和普通单流式的相同，主要起薄膜过滤作用，由下部进入的水，由于先遇到颗粒大的滤料，随后遇到的是颗粒逐渐减小的滤层，所以在这里主要是起渗透过滤作用。这样，滤料的截污能力就可以较完全地发挥出来。

流式过滤器的内部结构和单流式不同的地方，是中间设有排水系统，滤层较高，在中间排水系统以上的滤层高为 0.6~0.7m，以下为 1.5~1.7m。它所用滤料的有效粒径和不均匀较单流式的大，如用石英砂时，滤料的颗粒粒径为 0.4~1.5mm，平均粒径为 0.8~0.9mm，不均匀系数为 2.5~3。

双流式过滤器的运行情况：开始运行时，上部和下部的进水约各占50%；运行了一段时间后，在上层由于阻力增加快，其通过水量比下层通过的水量要少。其滤速按出水量计应控制在 10~12m/h。清洗时先用压缩空气吹 5~10min，继之用清水从中间引入，自上部排出，先反洗上部。然后，停止送入压缩空气，由中部和下部同时进水，上部排出，进行整体反洗。反洗强度控制在 16~18L/（m² · s），反洗时间为 10~15min。最后，停止反洗，进行运行清洗，待水质变清时开始过滤送水。

3.2.4 其他过滤设备的工艺操作

3.2.4.1 活性炭吸附过滤器

1. 基本原理和结构

吸附过滤就是将吸附过程组织成过滤的形式。水处理中广泛使用的吸附剂是活性炭。将其作为一种过滤材料，让水以过滤的方式通过吸附剂层，除去水中的过剩氯和有机物。

活性炭是含炭的有机物质经加压成形和加热炭化后，再用药剂或水蒸气活化而制成的一种多孔性炭质吸附剂。活性炭是一种非极性吸附剂，对氯气的吸附作用不仅是一种物理吸附，而且对氯气的水解和产生新生态氧起一定的催化作用，因此提高了对过剩氯的去除效果。

活性炭可以用来降低水中有机物的含量，但由于影响因素很多，通常不能将有机物全部除尽，去除率大约在百分之二十至百分之八十之间，波动范围较大。

活性炭过滤器的结构与机械过滤器相类似，只是将滤料由石英砂、无烟煤等改为颗粒状活性炭。过滤器的底部可装填 0.2~0.3m 厚的卵石及石英砂作为垫层，在此之上装填 1.0~l.5m 厚的活性炭作为过滤吸附层。过滤器的滤速可取 6~12m/h。

2. 活性炭过滤器的运行

活性炭过滤器可只作为吸附器使用，也可同时作为吸附和过滤器使用。

过滤器工作时，待滤水一般自上而下顺流通过，也可自下而上通过滤层反向过滤，但前者效果较好。

活性炭过滤器运行一段时间后，由于截污过多，活性炭表面及内部微孔被水中杂质堵塞，丧失活性，使过滤水头损失增大，出水水质变坏，这时需要反洗和再生。

反洗和再生可按以下步骤进行：

（1）反洗　用清水进行反洗，反洗强度为 8~10L/（m² · s），反洗时间为 15~20min。

（2）淋洗　用浓度为 6%~8%，温度为 40℃ 的 NaOH 溶液淋洗。NaOH 溶液用量为 1.4~1.5倍滤料层的体积。淋洗生产现场并不多用。

（3）正洗　用待滤水顺流清洗到出水水质符合规定要求为止。

3. 日常管理及注意事项

（1）长期停运后，重新开启时，要对滤料进行约 5min 的正洗，冲洗至出水清澈为止。

（2）系统初次运行或长期停运后再运行时，应对设备进行排气：开启排气阀，进水阀，然后进水，直到排气阀排出水没有空气为止(部分小型过滤器不单独设置排气阀，可用反排阀进行排气)。

（3）对于大型过滤器，可用空气擦洗，以增强反冲洗效果，一般通入压缩空气(强度 10~18L/m² · s)，然后进行气水反冲洗。

（4）设备反洗时应控制好反冲洗强度，应避免活性炭冲洗泄漏出系统。

（5）根据进水水质的情况，应定期再生或更换活性炭滤料。

3.2.4.2 高效纤维过滤器

纤维作为过滤介质进行滤除流体中杂质的应用历史较早，用于水处理过滤工艺过程是近

20多年发展起来的一项新技术。纤维是柔性丝状过滤介质，可以根据工艺特点采用束状、捆状、球状或缠绕或织物状等装填方式。纤维性能稳定，直径为微米级，过滤精度高，具有水流阻力小等水力学特点。

1. 纤维过滤技术特点

纤维过滤技术特点归纳为如下几点：

① 过滤介质直径为 20~50μm 的纤维丝构成，有较大的比表面积；

② 纤维滤料构成的滤层有较大的孔隙率；

③ 纤维滤料层柔性丝状材料，密度较小，便于以各种结构状态构成过滤介质，以适应过滤工艺的需要；

④ 纤维滤料阻力小，易实现深层过滤过程。

纤维滤料与石英砂滤料主要技术参数对比见表 3-1。

表 3-1　纤维滤料与石英砂滤料主要技术参数对比

		粒状滤料(石英砂)	纤维滤料
滤料	种 类	石英砂	经膨化处理的丙纶纤维
	粒度(径)	1.2~0.5mm	50μm
	孔隙度	44%	72%(过滤状态)
	比表面积	4928m²/m³	10000m²/m³(过滤状态)
	孔隙尺寸	136μm	118.6μm
滤速/(m/h)		5~10	≥30
过滤精度(滤出水浊度)/FTU		3~5	≯1
截污容量/(kg/m³)		1~1.2	4~5
过滤方式		易发生表层过滤过程	易实现深层过滤过程

2. LLY 高效纤维过滤器

（1）LLY 高效纤维过滤器的本体是由钢板焊制成的，形同普通过滤器。器内上部为多孔隔板，板下悬挂丙纶长丝(固定端)，在纤维束下悬挂一定数量的管形重坠(自由端)。管形重坠的作用是防止运行或清洗时纤维相互缠绕和乱层，另外也起到配水和配气作用。在纤维的周围或内部装有密封式胶囊，将过滤器分隔为加压室和过滤室。图 3-11 为此种过滤器的示意。

为了保证滤料的清洗效果，装填的纤维应保持一定的松散度。且在过滤器下部设有进压缩空气的配气管。为了控制加压室的充水量和保证胶囊的运行安全，在充水管道上装有定量充水和压力保护自控装置 10。

（2）LLY 高效纤维过滤器运行

① 失效和胶囊排水　当过滤器运行到终点时，关闭清水出口阀和打开胶囊排水阀，使胶囊中水全部排出，纤维呈松散状态。

② 下向洗　用水自上向下清洗，同时通入压缩空气，这样可使纤维不断摆动，相互摩擦，洗掉附着的悬浮物。

③ 上向洗　用水自下向上清洗，同时仍通以压缩空气，进行擦洗和赶走漂浮物。此时，水流速约 15m/h，不能太快，否则会造成掉坠和纤维上浮。

④ 排气　关闭空气进口阀，使过滤器中空气在水流冲击下排尽。

⑤ 胶囊充水　打开胶囊充水阀，进行胶囊充水。

⑥ 投运　用水自下而上通过过滤器，控制适当的流速(一般为30m/h)，待出水合格后，向外送水。

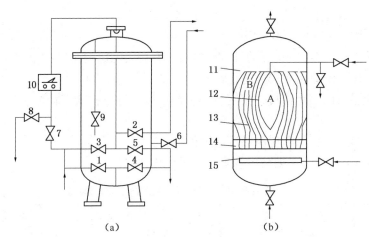

图 3-11　纤维过滤器

(a)外部管道和阀门；(b)内部结构

1—原水进口阀；2—清水出口阀；3—下向洗水进口阀；4—下向排水；5—上向排水阀；

6—空气进口阀；7—胶囊充水阀；8—胶囊排水阀；9—排气阀；10—自控装置；

11—多孔隔板；12—胶囊；13—纤维；14—管形重队；15—配气管；

A—加压室；B—过滤室

3. 双级纤维过滤装置

该过滤器为第三代纤维过滤器，其特点如下：

(1) 结构特点

在无囊式双孔板纤维过滤装置(第一级过滤)基础上，附设第二级过滤装置，实现在同一过滤装置内同时实施第一级和第二级两级过滤，以提高其过滤精度。结构示意图如图3-12所示。

(2) 工艺特点　为充分发挥双级纤维过滤技术的特点，采用独特的工艺过程实施过滤和反洗运行。过滤过程，水流自上而下推动活动孔板压实纤维，在活动孔板与固定孔板间实施第一级过滤；一级滤出水经设置在固定孔板上的第二级滤元实施第二级过滤，二级滤出水经滤元芯汇集于母管送出罐外。反洗过程：反洗水由反洗水入口进入，通过固定孔板托起活动孔板，拉直纤维束，配合压缩空气对一级过滤层实施反洗。

(3) 技术参数技术参数参见表3-1。

3.2.4.3 盘式过滤器

1. 工作原理

盘片式过滤器过滤机理，在于通过压紧的塑料盘片实现表面过滤与深层过滤的组合如图3-13所示。其核心技术就是盘片，它由一组双面带不同方向沟槽的聚丙烯盘片构成，相邻两盘片叠加，其相邻面上的沟槽棱边便形成许许多多的交叉点，这些交叉点构成了大量的空腔和不规则的通路，这些通路由外向里是不断缩小的。过滤时，这些通路导致水的紊流，最终促使水中的杂质被拦截在各个交叉点上。如把一摞盘片叠加安装在过滤芯骨架上，在弹簧和来水的压力下就形成了外松内紧的过滤单元。盘片上沟槽的不同深浅和数量确定了过滤单元的过滤精度。

（1）工作状态　过滤过程中，过滤盘片在弹簧力和水力作用下被紧密地压在一起，当含有杂质的水通过时，大的颗粒和粗纤维直接被拦截，称为表面过滤。而比较小的颗粒与纤维窜进沟纹孔后进入到盘片内部，由于沿程孔隙逐渐减小，从而使细小的颗粒与纤维被分别拦截在各通道的途中，称为深度过滤。

（2）反洗状态　由可调节设定的时间或压差信号自动启动反洗，反洗阀门改变过滤单元中水流方向，过滤芯上弹簧被水压顶开，所有盘片及盘片之间的小孔隙被松开。位于过滤芯中央的喷嘴沿切线喷水，使盘片旋转，在水流的冲刷与盘片高速旋转离心作用下，截留在盘片上的固体物被冲洗出去，因此很少的自用水量即可达到很好的清洗效果。然后反洗阀门恢复到过滤位置，过滤芯上弹簧力再次压紧盘片，回复到过滤状态。

（3）盘式过滤器系统　采用若干个过滤单元并联任意组合，通常有 3~10 个过滤单元并联组合，可立式或卧式布置。

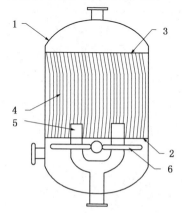

图 3-12　双级纤维过滤器结构示意图

1—罐体；2—固定孔板；

3—活动孔板；4——级过滤纤维束；

5—二级过滤及集水装置；6—布气装置

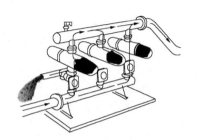

图 3-13　盘式过滤器

2. 投运操作

（1）关闭出口阀，全开入口阀，确认进水压力不低于 0.32MPa，以确保有足够的反洗水压力。

（2）强制系统反洗，直至出水清澈。强制反洗可以通过控制器指令或手动控制电磁阀实现。

（3）慢慢开启出口门，确认出水压力不低于 0.28MPa。

3. 反洗过程

（1）当压差达到设定值或运行时间达到设定值，控制器就发送启动反洗的电信号到电磁阀。

（2）电磁阀接到电信号打开，过滤器出口母管的大于 0.28MPa 的清洁水通过电磁阀，进入三通阀的压力室，三通阀在水压的作用下，向入口母管一侧关闭，向排污母管一侧打开，此时过滤器进入反洗状态。当一个过滤头处于反洗状态时，其他过滤头仍处于过滤状态。因此，第一个反洗的过滤头靠其他过滤头滤后清水经过出口管反向进入过滤头，过滤头在反向水流的作用下，过滤盘片自动松开，进行反洗。反洗污水经排污管线排出。

（3）第一个过滤头反洗结束时间到达时，控制器停止反洗信号，电磁阀关闭，存水排空，这样，三通阀失去水压的作用，在弹簧的作用下，向入口母管一侧打开，向排污母管一侧关闭。该过滤头进入过滤状态。第二个及其以后的过滤头经过同样的程序依次顺序完成反洗。

4. 停运操作

（1）在过滤器处于过滤状态时，通过控制器操作，使自控系统处于（解除手动暂停）状态。所有反洗停止，无论是压差信号、时间信号以及手动反洗开始信号都不能使系统处于反洗状态。

（2）关闭入口门、出口门。

5. 巡检注意事项

（1）巡检时，注意水压、进水、出水压差是否符合要求。

（2）系统有无泄漏。

（3）反洗控制器是否正常运行。

（4）反洗是否按要求正常进行。

第4章 水的膜法处理

水的膜法处理属于膜分离范畴。用膜对混合物的组分进行分离、分级、提纯和浓缩的方法称膜分离法。膜分离大致分为电渗析、膜过滤和渗析三种。电渗析(ED)是利用离子交换膜易透盐而难透水以及带电离子在直流电场中定向移动的特性,实现带电物质与不带电物质的分离,常用于水的除盐。膜过滤是反渗透(RO)、纳滤(NF)、超滤(UF)和精密过滤(MF)的总称,用压力作推动力,利用膜的选择透过性实现物质的分离。各类膜分离法的分离粒径如图4-1。

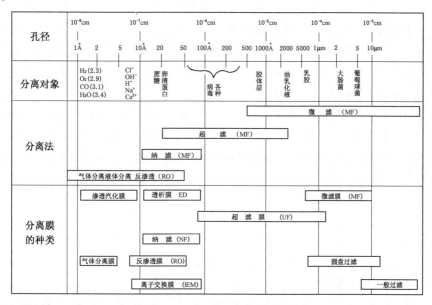

图 4-1 膜分离法过滤图谱

在化学水处理中,反渗透和电渗析常用于离子交换的预除盐,以降低离子交换器进水含盐量,延长运行周期,减少废酸、废碱排放量。超滤和精密过滤主要用于反渗透和电渗析进水的深度除浊处理。纳滤介于反渗透和超滤之间,可用于除去盐类、有机物、细菌和病毒。

利用超、微滤技术进行预处理,利用反渗透进行水的预除盐,利用 EDI 技术进行深度除盐,称为全膜法水处理,是目前发展较快的水处理技术之一。

4.1 膜法水处理原理

4.1.1 反渗透原理

渗透是一种物理现象,当两种含有不同浓度盐类的水,如用一张半渗透性(只允许水分子通过,而不允许盐类物质通过)的薄膜分开就会发现,含盐量少的一边水会透过膜渗到含盐量高的水中,而所含的盐分并不渗透,这样逐渐就有把两边的含盐浓度融合到均等的趋势。这一过程叫自然渗透,简称渗透,如图4-2所示。

133

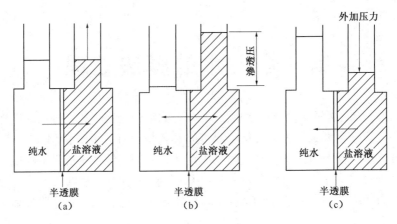

图 4-2 反渗透原理示意

但是，在渗透过程中，由于盐水侧的液位越来越高，而淡水侧的液位越来越低，导致两侧产生液位差，这一液位差产生的压力阻碍了淡水的渗透，当这个压力达到一定程度，使得淡水渗透倾向被抵消时，淡水侧和盐水侧的液位都不再变化，渗透最终达到一个动态平衡，此时盐水侧和淡水侧的高度差值称为渗透压。

根据半渗透膜的特性，我们可以在盐水一侧施加一个外力，迫使盐水侧的水分子通过半渗透膜进入到淡水一侧，这种渗透过程与正常的自然渗透方向相反，故称为反渗透。

一般来说，渗透压的大小取决于溶液的种类、浓度和温度，而与半透膜本身无关。通常可用下式计算渗透压：

$$\pi = icRT$$

式中　π——渗透压，atm；

　　　c——浓度差，mol/L；

　　　R——气体常数，为 0.0826(L·atm)/(mol·K)；

　　　T——绝对温度，K；

　　　i——Vant Hoff 系数，它表示溶质的解离状态。对电解质溶液，当电解质全部电离时，i 值等于解离的阴阳离子总数。

4.1.2 反渗透膜的渗透理论简介

关于反渗透膜的透过机理，尚不十分清楚。目前用以说明水透过反渗透的机理主要有：氢键理论、选择性吸附—毛细流动理论、溶解扩散理论等。选择性吸附-毛细管流理论应用较多。其内容是：

由于膜表面的亲水性，优先吸附水分子而排斥盐分子，因此在膜表皮层形成两个水分子（1nm）的纯水层，施加压力，纯水层的分子不断通过毛细管流过反渗透膜。控制表皮层的孔径非常重要，影响脱盐效果和透水性，一般为纯水层厚度的一倍时，称为膜的临界孔径，可达到理想的脱盐和透水效果。如图 4-3。

4.1.3 超滤的基本概念与原理

1. 超滤的基本概念

超滤是利用超滤膜作为过滤介质，以压力差为驱动力的一种膜分离过程，在一定压力下，当水流经超滤膜表面时，只允许水、无机盐和小分子物质透过膜，而阻止水中的悬浮物、胶体和微生物等物质透过，以达到水质净化的目的。

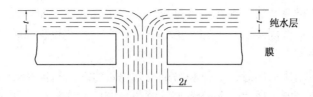

纯水层
膜

图 4-3　选择性吸着-毛细管流机理示意

超滤是膜分离技术之一，它是介于微滤和纳滤之间的一种膜处理技术。其膜孔径大约在 $0.001\sim0.1\mu m$ 范围内，可截留物质的分子量一般为 $3\times10^{4}\sim10\times10^{4}$。超滤在化学水处理中的典型应用是从水中分离悬浮物、大分子、胶体物质、细菌和微生物等杂质。

2. 超滤膜结构及材料

（1）结构　完全不对称楔型膜结构，与进水接触的一侧膜结构致密，而与透过液接触侧膜结构疏松，呈现楔型（倒喇叭口）形状。优点是污染只沉积于膜的表面，不会深入至膜孔，堵塞膜；由于污染物在膜的表面，反洗时极容易将沉积物洗下来，保持膜原来的通水性能，即产水量的恢复极佳，膜的使用寿命长。

（2）材料　制备超滤膜的材料有多种，常用的有：聚偏氟乙烯（PVDF）、聚砜（PS）、聚醚砜（PES）、聚丙烯、醋酸纤维等等。目前的化学水处理中应用较广的是 PVDF 和 PES 两种材料。

3. 超滤膜组件结构形式

超滤膜组件的主要结构形式有：板框式、管式、螺旋式、毛细管式、中空纤维式等。

（1）板框式组件　膜、多孔支撑材料重叠压紧在一起，溶液中含大量悬浮固体时，可能会使料液流道堵塞。在板框式组件中通常要拆开或机械清洗膜。

（2）管式膜组件　管式膜组件对料液中的悬浮物具有一定承受力，它很容易用海绵球清洗，其缺点是投资和运行费用都高，单位体积内膜的比表面积较低。

（3）螺旋式（又称卷式）组件　大体上它也是一种卷起的板式系统，料液流道在膜和多孔膜支撑材料之间卷起来放入外部压力管中，过滤液汇集到卷的中心管。根据料液和滤出液的流道，可设计成几个螺旋式组件连接起来。这样单位体积中膜的比表面积高，而且投资和运行费用低。但这种装置难以有效的控制浓差极化，甚至在溶液中只含有中等浓度的悬浮固体时，也会发生严重的结垢。

（4）中空纤维（毛细管）式组件　中空纤维膜组件系统由具有直径 $0.5\sim1.5mm$ 的大量毛细管膜组成。单位体积中膜的比表面积较大，但是操作压力受到限制，而且系统对操作出现的错误比较敏感。中空纤维膜具有比表面积大、单位体积装填密度高、易于在线反洗恢复膜通量、膜装置占地面积小、设备造价低等特点，因此已得到广泛的应用。

在水处理应用中，中空纤维超滤膜的过滤方式可分为内压式和外压式。采用外压式时，原水先进入组件外壳，从膜丝外壁施压，产水透过壁，从膜丝内腔流出。内压方式的过程相反。

4. 超滤运行方式的选择

针对不同的进水条件，中空纤维超滤膜可按全流过滤、单通错流过滤和循环错流过滤三种运行模式操作，对原水的适应范围更广。在进水水质发生波动或恶化时，超滤装置可转换运行模式，保证超滤产水水质。

正常采用全流过滤模式。它的过滤过程类似常规过滤的微孔过滤，过滤时为全量过滤或称死端过滤，而不是横流过滤，即在过滤过程中无浓水排放，且能耗较低，如图4-4(a)。

全流过滤适用于较低固悬物含量和污染物含量进水，工艺流程简单，运行能耗低，无浓水排放，系统回收率高。

单通错流过滤适用于低固悬物含量和污染物含量进水，运行能耗低，水通量较高，工艺灵活性强，悬浮物承受能力较大，部分浓水排放，系统回收率较低。如图4-4(b)。

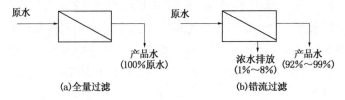

图4-4　全量过滤和错流过滤

循环错流过滤适用于高固悬物含量、高污染物含量进水，通常需要更高水通量，辅助设备多，运行能耗较高，部分浓水排放，系统回收率较低。如图4-5。

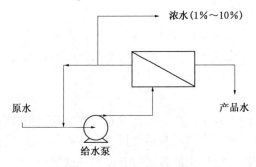

图4-5　循环错流过滤模式

4.2　复合反渗透膜的主要性能特点

目前化学水处理技术领域中，复合反渗透膜已取代了醋酸纤维素类膜，占据了主导地位。其分离层化学组成是全芳香族高交联度聚酰胺。该结构决定复合膜具有高度的化学物理稳定性和耐久性，它能够承受强烈的化学清洗；其高密度的亲水性酰胺基团的特点，使其具有高产水量和高脱盐率的综合性能。

4.2.1　复合反渗透膜的结构特点

常见复合反渗透膜膜片结构由三层组成(如图4-6)。

(1)聚酯材料增强无纺布，约120~150μm厚；它提供复合膜的主要结构强度，具有坚硬、无松散纤维的光滑表面。

(2)聚砜材料多孔中间支撑层，约40~50μm厚；其孔径约为150Å左右。

(3)聚酰胺材料超薄分离层，也称致密层。约0.15~0.2μm厚。是反渗透过程中真正具有分离作用的功能层。根据膜种类不同，制作材质也有差异。大多数都是采用交链全芳香族聚酰胺。其构造如图4-7所示。

4.2.2　复合反渗透膜的特性

1. 膜的方向性

只有反渗透膜的致密层与给水接触，才能达到脱盐效果。如果多孔层与给水接触，则脱

136

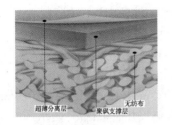

(a)复合膜剖面图

超薄分离层　聚砜支撑层　无纺布

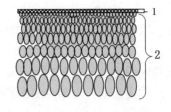

(b)复合膜结构示意图

图 4-6　复合膜的结构

1—表面密致层；2—支撑层

图 4-7　交链全芳香族聚酰胺结构

盐率将明显下降，甚至不能脱盐而透水量则大大提高。这就是膜的方向性。同此，若膜的致密层受损，则膜脱盐率将明显下降，透水量则明显提高。这也说明保护好膜表面(致密层)的重要性。

2. 各种离子透过膜的规律

一般来说，1 价离子透过率大于 2 价离子；2 价离子透过率大于 3 价离子；同价离子的水合半径越小，透过率越大，即 $K^+>Na^+>Ca^{2+}>Mg^{2+}>Fe^{3+}>Al^{3+}$。

溶解气体如 CO_2 和 H_2S 透过率几乎为 100%，HCO_3^- 和 F^- 透过率随 pH 的升高而降低。

3. 膜的稳定性

膜的稳定性主要指膜本身的水解稳定性和化学稳定性。膜稳定性越好，使用寿命越长。膜本身的水解一般与 pH 值、温度有关。醋酸纤维素膜在 pH 值为 4.5~5.2 时，水解速度最低。对于不同的膜，其情况也不完全一样。

温度升高，膜的水解速度也加快，一般运行温度在 25℃ 左右，最高可在 30℃ 左右，不宜在更高温度下长期使用。

氧化剂对膜会造成不可逆的损坏，在使用时应注意保护膜的化学稳定性。芳香聚酰胺膜的稳定性较好，但耐氯性能较差。乙醇、酮、乙醛、酰胺等制膜用有机溶剂，对膜有一定影响，必须防止此类有机物与膜接触。

此外，微生物可以通过酶的作用分解膜的成分，防止微生物的侵蚀，对延长膜的寿命是十分重要的。

4.2.3　反渗透膜的分离透过特性指标

(1) 回收率：即产水率，指膜系统中给水转化成为产水的百分率。

$$回收率 = (产品水流量/给水流量) \times 100\%$$

(2) 脱盐率：通过反渗透膜从给水中除去总溶解固体物(TDS)的百分率。

$$脱盐率 = (1-产品水\ TDS/给水\ TDS) \times 100\%$$

（3）盐透过率：给水中总溶解固体物（TDS）透过膜的百分率。

$$盐透过率 = (1-脱盐率) \times 100\%$$

（4）流量：指进入膜元件的进水流率，常以 m^3/h 表示。

（5）水通量：又称透水量，为单位面积膜的产品水流量，它取决于膜和原水的性质、工作压力、温度。通常以（$L/m^2 \cdot h$）或每天每平方英尺加仑数（gfd）表示。

（6）通量衰减系数：指反渗透装置在运行过程中水通量衰减的程度，一般为运行一年后下降的水通量与初始水通量比值。

（7）膜通量保留系数：指运行 t 时间后水通量与初始水通量的比值。

（8）最大给水流量、最大压降：按照反渗透设计导则，设定最大给水流量是保证合适的膜表面横向流速，以提高装置的经济性和可靠性；同时是用来保护容器中的第一根膜元件，使其给水与浓水的压降不大于 0.06895MPa（10psi），以防止膜组件变形带来的膜元件损坏。

（9）最小浓水流量：按照反渗透设计导则，设定最小浓水流量是用来保证容器末端的膜元件有足够的横向流速，以减少胶体在膜表面的沉淀，并且减少浓差极化现象对膜表面的影响。

4.2.4 膜系统的基本概念

（1）膜元件：将反渗透膜膜片与进水流道网格、产水流道材料、产水中心管和抗应力器等用胶黏剂等组装在一起，能实现进水与产水分开的反渗透过程的最小单元称为膜元件；即单个反渗透膜滤元。

（2）膜组件：膜元件安装在受压力的压力容器外壳内构成膜组件。

（3）膜装置：由膜组件、仪表、管道、阀门、高压泵、保安滤器、就地控制盘柜等组成的、可独立运行的成套单元膜设备称为膜装置。

（4）膜系统：针对特定水源条件和产水要求设计的，由预处理、加药装置、增压泵、水箱、膜装置和电气仪表连锁控制的完整膜法水处理工艺过程称为膜系统。

（5）段：前段膜组件的浓水流经下一膜组件进行再处理，流经几组膜组件即称为几段。

（6）级：膜组件的产品水再经下一膜组件进行处理，产品水流经几次膜组件处理即称为几级。

4.2.5 运行条件对膜的性能影响和浓差极化

1. 给水压力的影响

如图 4-8 所示，给水压力的增加与水通量增加存在线性关系。同时也增加了脱盐率，但是两者间的变化关系没有线性关系，而且达到一定程度后脱盐率将不再增加，甚至超过一定的压力值，某些盐分还会与水分子耦合一同透过膜。

2. 给水温度的影响

如图 4-9 所示，增加给水温度使得水通量接近线性增大，同时会导致脱盐率降低或透盐率增加，这主要是因为盐分透过膜的扩散速率加快所致。但是，承受高温的膜元件能够增加其操作范围，可以采用更强烈和更快的清洗程序，一般复合膜比醋酸纤维素（CA）膜的允许 pH 和温度范围要大。

3. 给水 pH 值的影响

各种反渗透膜元件适用的 pH 值范围相差很大，复合反渗透膜与醋酸纤维素反渗透膜相比，在更宽广的 pH 值范围内更稳定，具有更宽的操作范围（如图 4-10）。

4. 给水盐浓度的影响

给水盐浓度增加，渗透压也增加。图4-11表明，如果压力保持恒定，含盐量越高，通量就越低，渗透压的增加抵消了进水推动力；同时，水通量降低，增加了透过膜的盐通量（降低了脱盐率）。

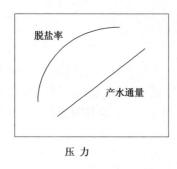

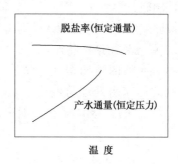

图4-8 给水压力对通量和脱盐率作用　图4-9 给水温度对通量和脱盐率的作用

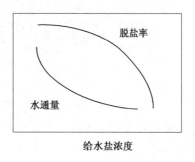

图4-10 给水 pH 对通量和脱盐率的影响　图4-11 给水盐浓度对水通量和脱盐率的影响

5. 回收率的影响

在给水压力恒定条件下，增加回收率，渗透压将不断增加直至与施加的压力相同，减慢或停止反渗透过程，使渗透通量降低或甚至停止（如图4-12）。RO 系统最大可能回收率一般取决于原水中的含盐量和它们在膜面上要发生沉淀的倾向，最常见的难溶盐类是碳酸钙、硫酸钙和硅，应该采用原水化学处理方法阻止盐类引发的结垢。

6. 膜表面的浓差极化

反渗透过程中，水分子透过后，膜界面中含盐量增大，形成较高的浓水层，此层与给水水流的浓度形成很大的浓度梯度，这种现象称为膜的浓差极化。

浓差极化的危害：

（1）由于界面层中的浓度很高，相应地会使渗透压升高。当渗透压升高后，势必会使原来运行条件下的产水量下降。为达到原来的产水量，就要提高给水压力，因此使产品水的能耗增大。

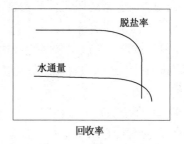

图4-12 增加回收率对
通量和脱盐率的影响

（2）由于界面层中盐的浓度升高，膜两侧的 Δc 增大，使产品水盐透过量增大。

（3）由于界面层的浓度升高，则易结垢的物质增加了沉淀的倾向，从而导致膜的垢物污染。为了恢复性能，要频繁地清洗垢物，由此可能造成不可恢复的膜性能下降。

（4）所形成的浓度梯度，虽采取一定措施使盐分扩散离开膜表面，但边界层中的胶体物质的扩散要比盐分的扩散速度小数百倍至数千倍，因而浓差极化也是促成膜表面胶体污染的重要原因。

7. 消除浓差极化的措施

（1）严格控制膜的水通量。

（2）严格控制回收率。

（3）严格按照膜生产厂家的设计导则设计系统的运行。

4.2.6 卷式膜元件的结构特点

常见反渗透膜元件的结构型式与超滤一致，主要有管式、板框式、中空纤维式、涡卷式四种基本型式。在水处理行业中，从给水通道抗污染能力、设备空间要求、投资和运行费用等方面综合考虑，RO系统一般采用涡卷式（以下简称卷式）复合膜元件。其结构如图4-13。

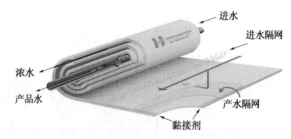

图4-13 卷式膜元件结构示意图

卷式膜元件给水流动与传统的过滤流方向不同，给水是从膜元件端部引入，给水沿着与膜表面平行的方向流动，被分离的产品水是垂直于膜表面流动，形成一个垂直、横向相互交叉的流向。水中的颗粒物质仍留在给水（逐步地形成为浓水）中，并被横向水流带走（如图4-13所示）。

卷式膜元件被广泛用于水或液体的分离，其主要工艺特点为：

（1）结构紧凑，单位体积内膜的有效膜面积较大；（2）制作工艺相对简单；（3）安装、制作比较方便；（4）适合在低流速、低压下操作；（5）在使用过程中，膜一旦被污染，不易清洗，因而对原水的前处理要求较高。

4.2.7 反渗透膜元件的安装操作

1. 工艺条件准备

（1）检查上游进水管路并从中除去所有的灰尘、油脂、金属碎屑等，如有必要，应对进水管路和反渗透压力容器进行化学清洗，以保证所有的异物均被有效除去。检查管路是否有泄漏。

（2）仔细检查进水质量。元件安装前，应该让经预处理系统的合格水流过膜压力外壳30min，同时检查水质是否符合膜元件进水规范要求。

（3）拆下压力容器的端板和止推环。

（4）用干净水冲洗已打开的压力容器，除去灰尘和沉积物。如果需要进一步清洗的话，可做一个大到能填满压力容器内径的拖把，让拖把吸满50%甘油水溶液，在压力容器内来回拖拉几下，直到压力容器内壁干净和润滑为止。

（5）安装元件前，要保证安装和投运系统的所有零部件和化学药剂均齐全，预处理系统运转正常。

2. 膜元件安装操作

（1）从包装箱内小心取出膜元件，检查元件上的盐水密封圈位置和方向是否正确。

（2）将膜元件不带盐水密封圈的一端从压力容器进水端平行地推入，直到元件露在压力容器进水端外面约10cm左右。注意必须始终从压力容器进水端安装元件，如图4-14所示。

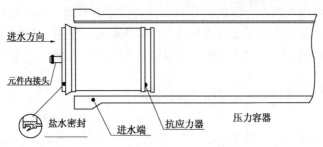

进水方向

元件内接头

盐水密封　进水端　抗应力器　压力容器

图4-14　盐水密封圈示意图

（3）将元件间的连接内接头插入元件产水中心管内，在安装接头前，可在接头O形圈上涂抹少量的硅基O形圈润滑剂(一般使用化学纯甘油)。

（4）从包装箱内小心取出第二支膜元件，同样检查元件上的盐水密封圈位置和方向是否正确，小心托住该元件并让第一支元件上的内接头插入元件中心产水管内，此时不能让连接内接头承受该元件的重量，平行将元件推入压力容器内直到第二支元件大约露在外面10cm左右。

（5）重复步骤（3）和（4），直到所有元件都装入压力容器内。转移到浓水端，在第一支元件产水中心管上安装元件内接头，如图4-15所示。

（6）在压力容器浓水端安装止推环，如图4-15所示。

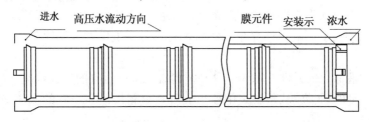

进水　高压水流动方向　膜元件　安装示　浓水

图4-15　止推环安装方向

（7）按以下步骤先安装压力容器浓水端的端板。

① 认真地检查元件适配器(元件与端板间的过渡接头)上的O形圈，将元件适配器插入浓水端板内，为了与外部管路的连接，应仔细定位压力容器浓水端端板，对准元件内接头将浓水端板组合件平行推入压力容器。

② 旋转调整浓水端板组合件，使之与外部连接管对准。

（8）安装端板卡环。

① 从进水侧将膜元件推向浓水侧直到第一支安装的膜元件与浓水端板牢固的接触。

② 与步骤（7）相似安装进水端端板。在安装进水端板前，建议用调整片调节膜元件和端板间的间隙。安装调整片能够防止元件在系统开机和停机时的轴向窜动和元件间的冲击。

③ 重复以上步骤，在每一支压力容器内安装膜元件并连接所有的外部进水、浓水和产水管路。

4.2.8 反渗透膜元件的保养和使用要求

1. 膜元件经过使用并从压力外壳内取出后的保护

（1）配制含 1%（质量分数）食品级亚硫酸氢钠（SMBS）的标准保护液，最好采用除盐水来配制上述溶液；

（2）将膜元件浸泡在该标准保护液中 1h，元件应垂直放置，以便能赶走元件内的空气，然后将元件沥干，放置在能隔绝氧气的塑料袋中，我们建议使用元件原有的塑料袋。不必需在塑料袋内灌入保护液，元件内本身所含的湿份就足够了，否则，一旦塑料袋破损会引起运输的麻烦；

（3）在组件塑料袋外面标注元件编号和保护液成分。

2. 元件再润湿

经过使用之后的膜元件不慎干燥之后，可能会出现不可逆水通量的损失，可用以下方式进行元件再湿润：

（1）在 50%乙醇水溶液或丙醇水溶液中浸泡 15min。

（2）将元件加压到 1MPa 并且将产水口关闭 30min，但应切记在进水压力泄压之前必须先打开产水出水阀门，该步骤可在元件装入系统内进行，在这种情况下，当产水出口关闭时，进水端与浓水端的压差不应大于 0.07MPa，否则在浓水端就会出现产水背压，引起膜片的损坏，最稳妥的做法是，将产水出口阀门关小，使产水压力接近浓水端的压力，这样也就没有必要关心压降的限定问题了。

（3）将元件浸泡在 1%HCl 或 4%HNO_3 中 1~100h，元件必须垂直浸泡，以便于排出元件内的空气。

3. 储存

（1）存放地点必须阴凉干燥没有阳光直射；温度范围-4~45℃，新的未经使用的干式元件在低于-4℃时不会受影响；保存在 1%SMBS 标准保护液中的湿元件在-4℃以下时会结冰，因此应当避免。

（2）用保护液保存的元件，每 3 个月必须检查一次微生物的生长状况，如果保护液发生混浊或超过 6 个月的话，应从包装袋中取出元件，重新浸泡在新鲜的保护液中 1h，沥干后再重新作密封包装。

（3）如果没有设备进行保存（如新鲜的保护液、清洁的环境或封袋机），元件可以在原始的含保护液的袋中存放最多 12 个月，当元件装入压力容器中时，启用之前则应采用碱性清洗液进行清洗。

（4）保存液 pH 不可低于 3，当亚硫酸氢钠氧化成硫酸钠时，pH 值会降低，这一点对海水淡化膜元件特别重要，因这此膜元件在低 pH 储存时，脱盐率会受到影响。因此，亚硫酸氢纳保存液的 pH 值每 3 个月至少要抽样检测一下，当 pH 低于 3 时，需更新保存液。

4.3 反渗透预处理方法

为了保持膜组件良好的设计性能和安全的运行，保证膜的使用寿命，必须对原水进行适当的预处理。根据水源的水质条件、膜组件的特性和系统回收率等主要设计参数要求，选择适宜的预处理工艺，就可以减少污堵、结垢和膜降解，从而大幅度提高系统效能，实现系统产水量、脱盐率、回收率和运行费用的最优化。

预处理系统需要考虑的因素有悬浮固体、胶体污染物、有机污染物、生物污染物、难溶盐和金属氧化物。

悬浮固体普遍存在于地表水和废水中，在未搅拌溶液中能从悬浮状态沉积下来。预处理方法有澄清、石灰软化、砂滤或直流混凝过滤、微滤(MF)、超滤(UF)。

胶体污染物普遍存在于地表水和废水中，污染物主要存在反渗透系统的前端，在未搅拌溶液中微粒会保持悬浮状态，可以是有机或无机成分组成的单体或复合化合物，无机成分可能是硅酸、铁、铝、硫等，有机成分可能是单宁酸、木质素、腐殖物等。预处理方法有澄清、石灰软化、砂滤或直流混凝过滤、微滤(MF)、超滤(UF)。

有机物污染物主要存在于反渗透系统的前端，普遍存在于地表水或废水中，常带电荷，反渗透膜采用电中性的膜更为合适，如 DOW 的 BW30-FR 型膜、海德能的 LFC 型膜。预处理方法有澄清、石灰软化、活性炭过滤、微滤(MF)、超滤(UF)。生物污染物普遍存在于地表水或废水中，开始易在反渗透前端形成污染物，随后扩展到整个反渗透系统，通常污染物为细菌、生物膜、藻类、真菌。预处理方法有化学杀菌剂、紫外线杀菌、微滤、超滤、尽量减少死角、保持水流动。

难溶盐的反渗透预处理方法有离子交换软化、弱酸阳离子软化、石灰软化、添加化学阻垢剂等。

溶解性硅的反渗透预处理方法有石灰软化、原水加热、采用硅分散剂等方法。

4.3.1 预处理的目标

预处理的目标见表 4-1。

表 4-1 预处理的目标参数值

指标	建议值	最大值
SDI_{15}值	<3	5
浊度/NTU	<0.2	1
含铁量/(mg/L)	<0.03	0.1
游离氯/(mg/L)	≈0	0.1
水温/℃	25±5	35
pH 值	5~9	3~10

4.3.2 结垢控制

当难溶盐类在膜元件内不断被浓缩且超过其溶解度极限时，它们就会在反渗透膜膜面上发生结垢，如果反渗透水处理系统采用 50% 回收率操作时，其浓水中的盐浓度就会增加到进水浓度的两倍，回收率越高，产生结垢的风险性就越大。RO 系统中，常见的难溶盐为 $CaSO_4$、$CaCO_3$ 和 SiO_2，其他可能会产生结垢的化合物为 CaF_2、$BaSO_4$、$SrSO_4$ 和 $Ca_3(PO_4)_2$ 等。为了防止膜面上发生无机盐结垢，常采用如下措施。

4.3.2.1 加酸

加酸仅对控制碳酸盐垢有效。经常通过加入食品级硫酸，使碳酸钙维持溶解状态，但应防止生成硫酸盐垢。仅采用加酸控制碳酸钙结垢时，要求浓水中的朗格利尔指数(LSI)必须为负数。LSI 的定义见下式：

$$LSI = pH_b - pH_s$$

式中 pH_b——浓水的 pH 值；

pH_s——$CaCO_3$饱和液的 pH 值。

控制 $CaCO_3$ 结垢的条件为：

$LSI < 0$，不需要投加阻垢剂；$LSI \leqslant 1.8 \sim 2.0$，单独投加阻垢剂或完全采用化学软化；$LSI > 1.8 \sim 2.0$，加酸至 LSI 达 1.8～2.0，然后再投加阻垢剂；或完全采用化学软化。

4.3.2.2 加阻垢剂

阻垢剂可以用于控制碳酸盐垢、硫酸盐垢以及氟化钙垢，一般使用聚合有机阻垢剂。有机磷酸盐适应于防止不溶性的铝和铁的结垢，高分子量的多聚丙烯酸盐通过分散作用可以减少 SiO_2 结垢的形成。

负电性的聚合有机阻垢剂可能会与阳离子聚电介质发生协同沉淀反应并污染膜表面，所产生的胶状反应物难以从膜面上除去，必须保证当添加阴离子阻垢剂时，水中不存在明显的阳离子聚合物。同时必须避免过量加入，因为过量的阻垢剂对膜而言也是污染物。

4.3.2.3 石灰软化

通过水中加入氢氧化钙可除去碳酸盐硬度：

$$Ca(HCO_3)_2 + Ca(OH)_2 = 2 CaCO_3 + 2 H_2O$$

$$Mg(HCO_3)_2 + 2 Ca(OH)_2 = Mg(OH)_2 + 2 CaCO_3 + 2H_2O$$

非碳酸钙度可以通过加入碳酸钠(纯碱)得到进一步地降低。

$$CaCl_2 + Na_2CO_3 = 2 NaCl + CaCO_3$$

石灰-纯碱处理也可以降低二氧化硅的浓度，当加入铝酸钠和三氯化铁时，将会形成 $CaCO_3$ 以及硅酸、氧化铝和铁的复合物。通过加入石灰和多孔氧化镁的混合物，采用 60～70℃热石灰硅酸脱除工艺，可将硅酸浓度降低到 1mg/L 以下。

采用石灰软化，也可以显著地降低钡、锶和有机物，但是石灰软化处理通常需要使用上升流动方式的固体接触澄清器，澄清器的出水还需设置多介质过滤器，并在进入 RO 之前应调节 pH 值。

一般仅当产水量大于 200m³/h 的苦咸水系统才会考虑选择石灰软化预处理工艺。

4.3.2.4 调整操作参数

当其他结垢控制措施不起作用时，必须调整系统的运行参数，以防止产生结垢问题，因为保证浓水中难溶盐浓度低于溶度积，就不会出现沉淀，这需要通过降低系统回收率来降低浓水中的浓度。

溶解度还取决于温度和 pH 值，水中含硅时，提高温度和 pH 可以增加其溶解度，二氧化硅常常是唯一考虑需要调节这些运行参数以防止结垢的原因，因为这些参数的调节存在一些缺点，如能耗高或其他结垢的风险(如高 pH 下易发生 $CaCO_3$ 沉淀)。对于小型系统，选择低回收率并结合预防性清洗操作模式是控制结垢最简便的手段。

4.3.3 预防胶体和颗粒污堵

胶体和颗粒污堵可严重地影响反渗透元件的性能，如大幅度降低产水量等。胶体和颗粒污染的初期症状是系统压差的增加。

判断反渗透进水胶体和颗粒污染程度的技术是测量淤泥密度指数 SDI (Silt Density Index)，或称为污染指数(FI 值)。它是设计 RO 预处理系统之前应该进行测定的重要指标，同时在 RO 日常操作时也需定时检测防止胶体污染的方法综述如下。

1. 介质过滤

介质过滤器可以除去颗粒、悬浮物和胶体，过滤出水水质取决于杂质和过滤介质的大小、表面电荷和形状、原水组成和操作条件等，通常经过介质过滤器处理就可以达到$SDI_{15}\leqslant 5$。

水处理系统最常用的过滤介质是石英砂和无烟煤，细砂过滤器石英砂颗粒有效直径为0.35~0.5mm，无烟煤过滤器颗粒有效直径为0.7~0.8mm，当采用石英砂上填充无烟煤的双介质过滤器时，悬浮物等杂质可以进入过滤层内部，产生更有效的深层过滤而延长清洗间隔。过滤介质的最小设计总床层深度为0.8m，在双介质过滤器中，通常填充0.5m高的石英砂和0.4m高的无烟煤。

2. 微滤或超滤

微滤(MF)或超滤(UF)膜能除去所有的悬浮物，根据有机物分子量和膜截留分子量的大小，超滤还能除去一些有机物，一般情况下，SDI可以达到小于3。一般要求MF/UF的系统回收率要高，膜通量要高，可采用定期地正向或逆向反洗；且膜材料能耐氯，如聚砜膜或陶瓷膜。

3. 滤芯式过滤

每台反渗透系统应配置滤芯式保安过滤器，其孔径的最低要求为≤10μm，一般≤5μm。通常滤芯式过滤是预处理的最后一道防线，它对膜和高压泵起保护作用，防止可能存在的悬浮颗粒的破坏。预处理做得越好，RO膜所需的清洗次数就越少。

滤芯式过滤器由于清洗滤芯的效率较低并存在更高的生物污染的危险性，一般不选用可清洗滤芯式滤器。滤芯材料必须是非降解的合成材料，如尼龙或聚丙烯。必须按制造商的建议选择过滤流量，在压降超过允许极限前及时更换，但最好不超过三个月。过滤器应装有压力表指示压降，以便表示滤芯上截留污染物的数量，如果滤芯式滤器压差增加过快，表示预处理过程或水源可能出现问题，在采取对策之前，滤芯式滤器仅提供某种程度地短暂保护。滤芯式过滤器不是用来过滤大量杂质的设备，如果预处理系统设计选择不当，不仅会产生昂贵的更换费用，而且还会因为某些物质极易穿透滤芯而导致膜系统过早的故障。

4.3.4 预防微生物污染

4.3.4.1 微生物的危害

所有的原水均含有微生物：即细菌、真菌、藻类、病毒和其他高等生物。微生物污染基本上是一个生物膜生长的问题。微生物进入反渗透系统之后，找到了水中溶解性的有机营养物，这些有机营养物伴随反渗透过程的进行而浓缩富集在膜表面上，成为构成生物膜的理想环境，在适宜的生存条件下形成生物膜。

膜元件的微生物污染将严重影响反渗透系统的性能，出现进水至浓水间压差的迅速增加，导致膜元件发生"望远镜"现象与机械损坏以及膜产水量的下降，有时甚至在膜元件的产水侧也会出现生物污染，导致产品水受污染。一旦出现微生物污染并产生生物膜，其控制是十分复杂和困难的。因为生物膜能保护微生物抵受水力的剪切力影响和化学品的消毒作用，此外，没有被彻底清除掉的生物膜将引起微生物的再次快速的滋生。

因此微生物的防治是预处理过程中最主要的任务。地表水比井水出现生物污染的机会要多得多，这就是地表水、海水、废水更难处理的主要原因。

4.3.4.2 微生物的消毒与灭菌

1. 氯灭菌

针对地表水，通常需要在反渗透预处理部分采用氯消毒以防止微生物的污染，方法是在取水口加氯，并维持20~30min的反应时间，让整个预处理管线内保持0.5~1.0mg/L余氯浓度。但在进入膜元件之前必须经过彻底地脱氯处理，防止膜受到氯的氧化破坏。

① 氯化反应

常用的含氯消毒剂为氯气、次氯酸钠或次氯酸钙。在水中，它们迅速水解成次氯酸。

$$Cl_2 + H_2O \rightleftharpoons HClO + HCl$$

$$NaClO + H_2O \rightleftharpoons HClO + NaOH$$

$$Ca(ClO)_2 + 2H_2O \rightleftharpoons 2HClO + Ca(OH)_2$$

次氯酸在水中会分解氢离子和次氯酸根离子：

$$HClO \rightleftharpoons H^+ + ClO^-$$

余氯的杀菌效率与未分解的 HClO 的浓度成正比，次氯酸比次氯酸根的杀菌效力要高 100 倍。

② 氯的投加量

为了确定最佳的加氯量、最佳的加药点、pH 值和接触时间，可以采纳"确定水中所需氯的标准方法"。一般控制水中余氯量来调节加氯量。除了调节余氯量之外，水中 pH 大小影响氯的杀菌效果，pH 值高杀菌效果差需要较高的余氯量。所以余氯指标的控制与水的 pH 值有关。

③ 海水加氯处理

与一般水中的情况不同，通常海水中含有 65mg/L 左右的溴，当海水进行氯的化学处理时，溴会与次氯酸快速反应生产次溴酸。

$$Br^- + HClO \rightleftharpoons HBrO + Cl^-$$

这样对海水进行氯的处理时，起杀菌作用的主要是 HBrO 而不是 HClO，次溴酸会分解成次溴酸根离子。

$$HBrO \rightleftharpoons H^+ + BrO^-$$

HBrO 的分解程度比 HClO 的分解程度低，针对海水在高 pH 条件下，杀菌效果好。

④ 脱氯

为了防止膜被氧化，RO 的进水必须进行脱氯处理。在出现明显的脱盐下降之前，有些厂家的 RO 膜具有一定程度的抗氯性，大约与 1mg/L 余氯接触 200~1000h 后，可能会出现膜的降解，但一般反渗透膜元件本质上完全不能耐氯。

余氯一般通过活性炭或化学还原剂将其还原成无害的氯离子，由下述反应可知，活性炭能非常有效的对 RO 进水脱氯：

$$C + 2Cl_2 + 2H_2O \longrightarrow 4HCl + CO_2$$

焦亚硫酸钠（SMBS）是最常用的去除余氯以及抑制微生物活性的化学品，当它溶于水中时，SMBS 形成亚硫酸氢钠（SBS）。

$$Na_2S_2O_5 + H_2O \longrightarrow 2NaHSO_3$$

SBS 然后还原次氯酸：

$$NaHSO_3 + HClO \longrightarrow HCl + NaHSO_4$$

根据理论计算 1.34mg 的 SMBS 可以脱除 1.0mg 的余氯，但在实践中，每脱除 1.0mg 的余氯需要加入 3.0mg 的 SMBS。

SMBS 必须是食品级，不含杂质，还需是未经过钴活化过的产品。一般情况加药点设置静态混合器。为了保证保安过滤器滤芯仍处在余氯的灭菌保护之下时，注入点可以设置在保安过滤器的出口处，此时要求加入的 SMBS 溶液要经过过滤。

在混合点的下游管线上，应安装氧化-还原电极，监测氯是否被脱除掉。一般建议检测电极在发现有余氯时，可发出信号至系统联锁自停掉高压泵。

⑤ 投加方式

a. 连续性杀菌处理　连续性加入杀菌剂，保持有效的杀菌浓度，防止系统细菌的滋生。

b. 定期预防性消毒　除了连续地向原水加入杀菌剂外，也可以定期对系统消毒以控制生物污染。这种处理方法用于存在中等生物污染危害的系统上，但在有高度生物污染危害的系统，消毒仅是进行连续杀菌剂处理的辅助方法。进行预防性的消毒比进行纠正性杀菌更为有效。一般辅助采用非氧化性杀菌剂，每月两次左右，但高污染原水需根据实际水质情况增加次数。

2. 选用抗污染膜元件

抗污染（FR）膜元件能显著地减少或延缓生物污染的发生，在设计条件许可的情况下，应尽量采用抗污染（FR）膜元件。

4.3.5　预防有机物污染

高分子量的有机物在其是憎水性的或带正电荷时，于膜表面上的吸附过程更易进行；当 pH>9 时，膜表面及有机物均呈负电荷，因而，高 pH 值将有利于防止有机物污染。

在天然水体中存在的有机物主要为腐植酸类物质，其以 TOC 含量计通常在 0.5~20mg/L。当 TOC 超过 3mg/L 时，预处理部分应作专门的脱除有机物的考虑，腐植酸物质可以采用含氢氧根类絮凝剂的絮凝过程、超滤或活性炭吸附等方法除去，请参阅"4.3.3 预防胶体和颗粒污堵"。

以乳化态出现的有机物会在膜表面形成有机污染薄层，引发严重的膜性能衰减，必须在预处理部分除去。当 RO 系统的进水中油（碳氢化合物或硅基类）和油脂含量超过 0.1mg/L 时，必须采用絮凝或活性炭过滤。若由此引起的通量值下降不超过 15% 时，这些随时吸附到膜表面上的有机物质能被碱性的清洗剂清洗掉。

4.4　反渗透装置工艺操作

4.4.1　开车准备

（1）水源来水已能正常供给，排水沟道畅通；

（2）系统安装工作已完工，设备、管线密封水压试验合格完毕；

（3）转动机械检修完毕，电机转向正确且试运转完毕，对轮连接符合公差要求，润滑油牌号正确，加注适当；

（4）电气仪表合格，能够随时投入使用；电气电源可靠，并做好安全措施；

（5）系统设备、管线用≮0.2 MPa 新鲜水分段冲洗系统，取样分析，水质指标接近进水数据为合格，如不合格则冲洗至合格为止；

（6）各种水箱、容器渗水试验完毕，确认合格，各容器内清扫工作结束；

（7）压缩空气系统试转完毕，具备送气条件；

（8）电磁阀试验完毕，阀门反馈信号正确，控制气源管线吹扫工作结束，减压过滤装置调整完毕，具备投入条件；

（9）试运所需材料如药品准备齐全，各种记录表格、分析药品及仪器准备就绪。

（10）运行记录准备　所有与系统有关的资料都必须收集、记录和建档，以便追踪 RO 系统的性能和判断、发现并排除故障。

4.4.2 开车操作

1. 各系统冲洗

（1）依次启动反渗透系统原水泵，氧化剂加药泵、凝聚剂加药泵。

（2）反洗多介质过滤器，至正洗排水 SDI 值合格，投入运行。

（3）反洗活性炭过滤器，至正洗排水合格，投入运行。

2. 超滤系统开工

超滤系统初次启动操作：是对管道、压力容器、膜组等进行彻底的水洗和化学清洗。如果多介质过滤器后为超滤装置，那么在多介质过滤器投运后，按照超滤装置单元操作法进行超滤系统开工操作。

3. 反渗透系统开工

（1）投入电源。送上主控柜及就地盘的电源。

（2）将主控柜对应的各个加药计量泵，对应需运行机组的高压泵选择开关转至手动位置上。

（3）将反渗透(RO)就地盘上所需运行机组运行状态转至手动位置上。

（4）手动打开慢开电动阀、高压泵出口阀、产水阀、产水排放阀、浓水排放手动调节阀、其余阀门关闭。将 $5\mu m$ 微过滤器的进出口手动阀门打开，使进水连续通过反渗透(RO) 1min，以排出其中的空气。

（5）启动计量泵，启动对应的高压泵。

注意：在启动高压泵前，调节高低压保护开关。高压开关上限设定为 2.2MPa，低压开关下限设定为 0.1MPa。高压泵转动方向不对，将会使泵造成损坏。

（6）调节反渗透高压泵出口手动调节阀、浓水排放手动调节阀，调节反渗透(RO)产水流量，浓水排放量，回收率为设计值。

（7）投入运行：产水合格后，关闭产水排放阀，往外送水。

（8）计算脱盐率，并记录各压力表的运行参数，记录各电导率，流量水温的参数。

4.4.3 停车操作

1. 停车要求及注意事项

（1）停工前应按照实际情况，在操作规程的范围内编制好《停工方案》，经有关部门审批后执行。

（2）停工前所有操作工应在车间的安排下组织学习生产装置开停工及其检修 HSE 有关制度和规定，并严格按制度和规定进行操作。

（3）认真学习《停工方案》，明确停工检修项目，掌握停工各步骤操作方法。

（4）严格按《操作规程》和《停工方案》的规定进行操作，加强巡回检查，严防跑、冒、漏、憋压等事故的发生。

（5）事先与调度联系好有关流程，严禁随地排放有毒物质。

（6）做好停工操作的原始记录及交接班记录。

2. 正常停车程序

正常停工是指有计划且有充分处理时间的停工。正常停工时，从正常操作状态到停下来之间的各个阶段都是有控制地进行的。

正常停工的顺序步骤是：降负荷→停药剂→停泵→停反渗透→停超滤→保养。

（1）应首先闭合 RO"紧急停"开关，然后根据各单体设备操作规程，依次处理。全停各机泵，切断进水。

（2）停加药剂。

（3）保证容器、储罐液面。

4.5　反渗透装置单元设备操作

4.5.1　超滤系统操作

4.5.1.1　说明

超滤（UF）系统并联、自动运行，主要操作状态有：停机状态、产水状态、反洗状态、快冲状态、化学清洗（CIP）状态、漂洗状态、完整性测试状态以及排空状态。在设定的时间内，只有一套装置可以进行反洗、清洗或完整性检测。超滤（UF）系统通过可编程逻辑控制器（PLC）、PLC软件编程和含可操作界面的装置（触摸屏监控仪）来实现控制过程。

4.5.1.2　标准运行、反洗（包括化学反洗）操作程序表

标准运行、反洗（包括化学反洗）操作程序表见表4-2。

超滤（UF）系统开工初次启动程序冲洗后，超滤（UF）系统的运行和反洗是循环进行的。（以额定出力100m³/h，设计出力113.4m³/h为单元设备）。

4.5.1.3　设备保养事项

（1）超滤UF系统控制进水压力为<0.3MPa。

（2）自清洗过滤器进出口压差增加会引起进水或反洗水流量减少，请定期清扫过滤器的滤网。

（3）超滤UF系统停机一周以下，每天开机1~2h。

（4）系统停机一周以上，则需用600mg/L HCl封存。

（5）不足一月时间系统重新开机，则需按标准程序中"反洗"骤手动运行，时间调整为50s。若系统停机需超过1个月，则每过1个月，反洗后，重新进行封存。

表4-2　超滤系统操作程序表

步骤	操作		流量/(m³/h)	开启阀门号	保持开启时间	开启泵
1	运行		120	V1、V2、（V7错流）	60min	
2	反洗		275	V3、V4或V5	60s	反洗泵（1台）
3	反洗快冲		280	V6、V5	30s	反洗泵（1台）
4	反洗加NaClO	反洗	275	V3、V4	60s	反洗泵（1台）
		投药	275	V3、V4	60s	反洗泵（1台） NaClO加药泵
		浸泡			10min	
		冲洗	275	V3、V4	60s	反洗泵（1台）

① 设备阀门编号及说明：

超滤V1——进水阀门；超滤V2——产水阀门；超滤V3——反洗进水阀门；超滤V4——反洗排放阀门；超滤V5——反洗/快冲排放阀门；超滤V6——反洗/快冲进水阀门；超滤V7——错流阀门。

② 备注：

（a）1~3步骤循环进行。为正常运行和反洗。

（b）每"1~3"步骤循环进行20次后进行1次"4"加药反洗步骤，然后再"1~3"步骤循环进行为下一个循环开始。

（c）未到加药反洗而较长时间停机时，可手动选择"4"加药反洗再停机。时间超过一个星期要保养。

（d）以上步骤的时间设定为有效时间设定，不包括阀门和泵的启停时间；保证超滤本体阀门先开启而后关闭，而水

泵则后开启和先关闭，以防止水锤或憋压现象。

（e）阀开、关时间为3~4s，泵启、停为8s。

4.5.1.4 超滤（UF）系统化学清洗操作方法

1. 化学清洗条件

当产水流量下降，透膜压差达到最高限定值0.24MPa（35psi）时，就要进行化学清洗。温度是影响清洗效果的一个重要因素。清洗液温度要满足27~45℃。化学清洗一般2~3个月进行一次，历时几个小时。

2. 化学清洗和漂洗步骤

（1）停下超滤产水；将系统全部排空（此过程一般需要数分钟时间）；将清洗箱排空；

（2）确保清洗箱中没有任何杂质，然后注入硬度不超过60mg/L的清水；

（3）在注满水的清洗箱中加入化学药剂；

a. 氯/碱清洗液：700mL 50%的NaOH和800mL 12%~15%的NaClO，或1600mL 5%~6%的NaClO；

b. 柠檬酸洗液：2500mL浓度10%柠檬酸。

（4）将清洗箱与系统相连；在系统中选择"清洗"程序；按下"启动"按钮，系统自动执行清洗程序，可在电脑"系统流程"画面看到CIP的状态；

（5）将清洗浓水回流至清洗箱；记录下压力、产水流量、温度以及pH值，同时测量清洗箱中的游离氯的含量；

（6）清洗结束时，可以听见报警声，打开电脑"报警"画面，关闭报警；记录下最终的温度和pH值，并采样分析清洗箱中的游离氯的含量；

（7）停止清洗过程，再次启动电脑"排水"过程进行系统排空；排空清洗箱；当系统彻底排空后，停止排水过程；

（8）漂洗：用清水将清洗箱注满；选择"漂洗"状态，启动漂洗程序。漂洗大概需要10~20min，可在电脑"系统流程"上看见漂洗的状态；漂洗结束时，可以听见报警；排空系统和清洗箱；

（9）如系统需要另一种不同的药剂清洗，则要重复上述步骤；清洗完成后，最好进行一次完整性检测。

4.5.1.5 SDI_{15} 的测定

（1）打开 SDI 测试罐顶部取水样手动球阀，让 SDI 测试罐充满水。

（2）关闭 SDI 测试罐上所有阀门。

（3）开启 SDI 测试罐进气手动球阀，同时调节压力调节阀门，使 SDI 测试罐内水样压力稳定在0.21~0.25MPa。

（4）打开微孔过滤器，将膜片放入微孔过滤器内，然后放上O型圈，用手按住出水口水嘴，略微开启 SDI 测试罐底部测试取样阀，在微孔过滤器中充满水，以免空气存在而影响测试精度。关闭 SDI 测试罐取样阀，合上微过滤器，上紧螺丝（不要过紧，以免膜压破）。

（5）开启 SDI 测试罐底部测试取样阀，微调进气压力调节阀门，使 SDI 测试罐内水样压力稳定在0.21MPa（有时调整好压力后需重新更换1张0.45μm的 SDI 微孔膜片）。

（6）让 SDI 测试罐内的水样在0.21MPa的水压下通过0.45μm的微孔膜片通水，记录在0.21MPa压力下从通水开始到500ml水样的时间 $T_0(s)$。

（7）在上述压力下连续过滤 15min。

（8）15min 后再次测试得到 500ml 水样所需的时间(s) T_{15}。

（9）关闭进气手动球阀，停止送气。开启 SDI 测试罐底部排水或出水阀门(取样阀)，直至排光设备内存水。

（10）SDI_{15}值计算公式：

$$SDI_{15} = \left(1 - \frac{T_0}{T_{15}}\right) \times \frac{100}{15}$$

4.5.2　反渗透系统单元操作

4.5.2.1　典型一级二段反渗透系统流程

典型的一级二段反透系统流程见图 4-16。

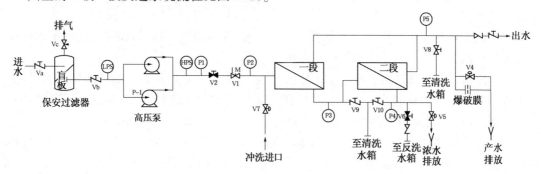

图 4-16　一级二段反渗透系统流程示意图

① V2、V4、V5、V7 为气动阀，V1 为电动阀，其余阀门为手动阀。

② 阀门编号：

V1—高压泵出口电动门；V2—高压泵出口手动调节门；V3—产水阀门；V4—产水排放气动门；V5—浓水排放气动阀门；V6—浓水排放手动调节；V7—冲洗进口气动阀；V8—产水回流阀门；V9——段浓水回流阀门；V10——、二段浓水回流阀门；Va—保安过滤器进口阀；Vb—保安过滤器出口阀。

4.5.2.2　反渗透系统运行操作

（1）手动投入运行：操作步骤同"反渗透(RO)系统开工"，调节各阀门，控制反渗透(RO)产水流量，浓水流量，浓水循环量，回收率。

（2）运行过程中巡回检查设备运行状态，记录各压力表运行参数：电导率、PH 值、流量、水温等参数。

（3）停运手动操作：

① 按下反渗透(RO)就地盘上相对应的高压泵停止按钮，使反渗透(RO)压泵停止运行。

② 停下对应的各个加药计量泵。

③ 关闭反渗透入口电动慢开阀，打开反渗透冲洗进水阀、淡水排放阀、浓水排放阀。

④ 打开反渗透(RO)冲洗泵的进、出水阀门，打开冲洗微过滤器(RCF)的冲洗进出口阀。

⑤ 启动反渗透(RO)冲洗泵，调节出水阀门，使流量约为额定运行负荷，压力为0.2~0.4MPa。

⑥ 连续运行 10~20min。停下反渗透(RO)冲洗泵。

⑦ 关闭反渗透冲洗进水阀、淡水排放阀、浓水排放阀。

4.5.2.3 系统化学清洗操作

1. 化学清洗条件

在运行条件下,进水压力、中段压力、浓水压力任何两个压力之差比初始压差上升15%~20%时;在运行条件不变情况下,产水量下降5%~20%时;在产水量不变的情况下,脱盐率明显下降时。

2. 配制清洗液,根据污垢的类别由厂家提供配方配制清洗液(见表4-3)。

3. 操作程序

(1)打开相应机组的清洗进水阀、产水阀、浓水回收阀,其他阀门关闭。

(2)低流量清洗 启动清洗泵以低流量(表4-4中约50%流量)注入清洗液,并用低压排除设备中的余水,用仅够补偿从进水到浓缩出水的压力进行清洗。此压力应低到基本不产生渗透为宜。

(3)反复循环清洗 排除设备余水后,清洗液将以浓缩液的形态和透过液的形态存在。反复循环这两种液体至清洗液水箱保持温度稳定。

(4)浸泡 停止清洗泵,浸泡1h,但对于污染严重的适当延长时间,保持满足指标的浸泡溶液温度,通常浸泡10~15h。在较长时间的浸泡期间,若RO清洗液温度下降到20℃,需用较慢的循环流量(参考表4-4约10%的流量)注入温度20~30℃的清洗液。

(5)大流量清洗 以表4-3流量用30~60min注入清洗液,冲掉反渗透RO膜表面清洗剂、剥落下来的污垢。如膜污染严重,可用高出表4-3流量150%的流量清洗。高流量引起最大压降允许为每个清洗单元0.2MPa。

(6)冲洗清洗液 可用过滤水冲洗清洗液,在酸洗时,可检查pH值,pH值若升高0.5,需适当加酸。

4.5.2.4 反渗透膜的保养

(1)短期保养(停运1~3天) 停运前,先对系统进行低压(0.2~0.4MPa),大流量(约等于系统产水量)冲洗,时间15min。

(2)系统停运一周以上 环境温度在5℃以上。停运前先对系统进行低压,大流量冲洗15min。对系统进行化学清洗。化学清洗完毕后,冲洗干净反渗透膜。配制0.5%的$NaHSO_3$溶液,低压输入系统且循环10min。关闭系统所有阀门进行封存。如系统停运10天以上,用0.5%甲醛溶液封存,每30天更换一次甲醛溶液,甲醛属于危险化学品,操作时要做好安全防护。

表4-3 厂家推荐不同膜污染条件下清洗液配方

污垢清洗药品	无机盐(CaCO₃ CaSO₄ BaSO₄)	金属氧化物(铁)	无机胶质	二氧化硅	生物膜	有机物
0.1%(质量分数)NaOH 0.1%(质量分数)Na-EDTA pH12,30℃ MAX				一般	最好	一般
0.1%(质量分数)NaOH 0.05%(质量分数)Na-DDS pH12,30℃ MAX			好		好	好

污垢清洗药品	无机盐（CaCO$_3$ CaSO$_4$ BaSO$_4$）	金属氧化物（铁）	无机胶质	二氧化硅	生物膜	有机物
1%（质量分数）STP 1%（质量分数）TSP 1%（质量分数）Na-EDTA pH12，30℃					好	好
0.2%（质量分数）HCl	最好					
0.2%（质量分数）H$_3$PO$_4$	一般	好				
2.0%（质量分数）CITRIC ACID	一般					
0.2%（质量分数）NH$_2$SO$_3$H	一般	一般				
1%（质量分数）Na$_2$S$_2$O$_4$	好					
2.4%（质量分数）CITRIC ACID 2.4%（质量分数）NH$_4$F-HF pH1.5~2.5，30℃ MAX	一般			一般	最好	

① W——质量分数；TSP——磷酸三钠；V——体积分数；HCl——盐酸；CaCO$_3$——碳酸钙；H$_3$PO$_4$——磷酸；CaSO$_4$——硫酸钙；CITRIC ACID——柠檬酸；NaOH——氢氧化钠；NH$_2$SO$_3$H——氨基磺酸；Na-EDTA——乙二胺四乙酸钠；Na$_2$S$_2$O$_4$——连二亚硫酸钠；Na-DDS——十二烷基硫酸钠；NH$_4$F-HF——氟化氢铵；STP——三聚磷酸钠。

表4-4 厂家推荐每根压力容器的流量和压力要求

输入压力/MPa	单元直径/mm	每根压力容器的输入流量/(L/min)
0.137~0.413	63.5	11~19
0.137~0.42	101.6	30~38
0.137~0.427	152.4	60~76
0.137~0.434	203.2	113~151
0.137~0.441	279.4	227~303

① 推荐的每根压力容器高流率循环时输入的流量取决于单元的压力容器数。

4.6 电渗析的原理与使用

4.6.1 电渗析原理和结构

1. 电渗析的原理

电渗析是利用离子交换膜在外电场作用下，只允许溶液中阳（或阴）离子单向通过，即选择性透过的性质，使水得到初步净化。电渗析除盐的基本原理以图4-17所示的双膜电渗析槽予以说明。

在此容器中，阳膜和阴膜将容器分为三个室，两端室中均插入惰性电极，容器中充满电解质溶液，这就组成了一个电渗析器单元，即双膜电渗析器。在直流电场作用下，阴阳膜之

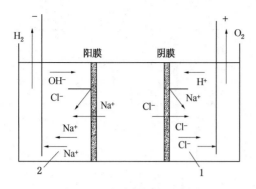

图 4-17 电渗析原理示意图

间区域中的 Na^+ 不断通过阳膜移到阴极室 2，而 Cl^- 不断通过阴膜到达阳极室 1。但是阴极室中的 Cl^- 却不能通过阳膜，而阳极室中的 Na^+ 也不能通过阴膜。因此，在阳、阴膜之间 NaCl 溶液的浓度就不断降低到要求的数值，水即被净化。在阳极室和阴极室中，由于离子的迁入，水溶液浓度升高，这可通过排污将浓缩液排掉。

鉴于电流能不断通过溶液，并保持阳极室和阴极室溶液的电性平衡，则在电极上必然发生放电反应（电极反应）。

阳极上发生的放电反应主要为：

$$4OH^- \longrightarrow 2H_2O + O_2\uparrow + 4e$$

$$2\,Cl^- \longrightarrow Cl_2\uparrow + 2e$$

阴极上发生的放电反应为：

$$2H^+ + 2e \longrightarrow H_2\uparrow$$

由此可见，电渗析的除盐过程必然要消耗一定的电能在电流通过溶液和交换膜时的电阻以及电极反应上。

从电极反应中还可以看出，阴、阳极室排出的水分别为碱性水和酸性水，故必须单独排放，以免污染环境。

2. 电渗析的结构

为了减少电极反应消耗电能的比例，提高制水效率，实际使用的都是多膜电渗析器（如图 4-18 所示）。单级多膜电渗析器的脱盐率仅 50% 左右，将此单级串联起来就组成多级电渗析器。

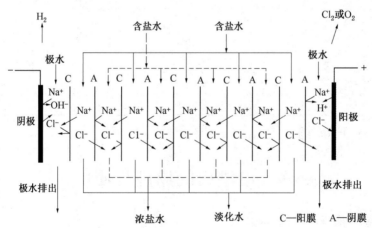

图 4-18 多膜电渗析器结构示意图

电渗析器可分为三部分：极区、膜堆和紧固部分

极区：电极材料有石墨电极、不锈钢电极、钛涂钌电极、钛镀铂电极及铅电极等，最常用的为石墨电极和钛涂钌电极。

膜对：一对阴、阳膜和一对浓、淡水隔板交替排列，组成的最基本脱盐单元。隔板材料常用聚氯乙烯和聚丙烯，其类型有填网式和冲膜式。

154

膜堆：若干膜对的集合体。

4.6.2　电渗析的运行

1. 常用概念

一级：一对正、负极之间的膜堆；一段：具有同一水流方向的并联膜堆。

在实际使用中，增加段数的作用：加长水的流程长度，增加脱盐效率；增加膜对数的作用：提高水处理量；增加级数的作用：降低两个电极之间的电压。

2. 常用运行参数

（1）电流效率

$$\eta = (实际去除的盐量(m_1)/理论去除量(m_2)) \times 100\%$$

$$m_1 = q \cdot (C_1 - C_2) \cdot t \cdot M_B / 1000$$

$$m_2 = I \cdot t \cdot M_B / F$$

式中　q——一个淡室的出水量，L/s；

C_1，C_2——进出水含盐量，mmol/L；

T——通电时间，s；

M_B——物质的摩尔质量；

F——法拉第常数；

I——电流强度，A。

（2）极限电流密度

电流传导主要靠 Na^+ 和 Cl^-。

$$电流总量 = Cl^- 电量 + Na^+ 电量$$

Cl^- 电迁移数（总电量中所占比例）= 0.5

Na^+ 电迁移数（总电量中所占比例）= 0.5

但在阴膜中，由于钠离子不能通过，氯离子的迁移数为 1，为此补充此差需要动用边界层中的氯离子，致使边界层与主流层之间存在浓度差。

当电流密度 i 过大时，水分子开始电离，参加迁移，此时发生浓差极化现象。

3. 极化与结垢

极化现象主要发生在阳膜的淡室一侧，结垢主要发生在阴膜浓室一侧。防止措施：

（1）极限电流法，在极限电流的 70%~90% 下运行；

（2）倒换电极；

（3）定期酸洗；

（4）将原水进行软化或阻垢处理。

4. 常用电渗析器规格及技术参数

电渗析法除盐、淡化时，进入电渗析器的水质一般应满足下列要求：浊度 <1~3mg/L；活性氯 <0.2mg/L；总铁 <0.3mg/L；锰 <0.1mg/L；水温 5~40℃。

5. 应用范围

（1）海水或苦咸水（含盐量小于 10g/L）淡化；

（2）自来水脱盐制取初级纯水；

（3）电渗析器与离子交换设备组合制取高纯水；

（4）废液的处理回收（可以与电极反应联合进行），如酸洗废水回收硫酸和铁，芒硝回收硫酸和碱等。

6. 常见工艺流程

（1）进水→预处理→电渗析系统：本系统一般适用于从苦咸水制取生活饮用水或工业用水，出水电阻率可达 $2\times10^4 \sim 20\times10^4 \Omega/cm^2$。

（2）进水→预处理→电渗析→离子交换系统：本系统一般适用于含盐量较高的进水或从苦咸水制取工业用除盐水、高纯水。这种除盐工艺较为经济合理，它使电渗析法和离子交换法各自发挥其特点。离子交换法制水纯度高，但它一般适用于含盐量低于 500mg/L 的进水水质；电渗析法出水纯度比较差，但它具有除盐范围广、对进水含盐量及其变化的适应性强等优点。

（3）进水→预处理→预软化→电渗析系统：本系统一般适用于从高硬度的苦咸水制取生活饮用水或工业用水。预软化系统是防止电渗析器内水垢生成的一种方法。

4.7 连续电去离子装置（EDI）的原理与使用

连续电除盐净水技术是一种将电渗析和离子交换相结合的脱盐新工艺。英文缩写为 EDI（Electrodeionization）。意为"电去离子"。俗称"电混床"、"填充床电渗析"。它是将电渗析和离子交换除盐有机结合起来的一种净水技术，因为可以不间断连续出水，所以称为连续电除盐。

EDI 是一种不耗酸、碱而制取纯水的新技术，利用混合离子交换树脂吸附给水中的阴阳离子，同时这些被吸附的离子又在直流电压的作用下，分别透过阴阳离子交换膜而被去除的过程。这一技术可以代替传统的离子交换，产生出电导达 $0.06\mu S/cm$ 的超纯水。

4.7.1 EDI 装置原理和结构

EDI 装置原理和结构如图 4-19 所示。

连续电除盐处理过程中同时进行着如下三个主要过程：（1）在外电场作用下，水中电解质离子通过离子交换膜进行选择性迁移的电渗析过程；（2）阴、阳混合离子交换剂上的 OH^- 和 H^+ 离子对水中电解质离子的离子交换过程（从而加速去除淡水室内水中的离子）；（3）电渗析的极化过程所产生的 OH^- 和 H^+ 及交换剂本身的水解作用对交换剂进行的电化学再生过程。

前两个过程可提高出水水质，而最后再生过程却因进行再生反应而使水质变坏，然而这一再生过程是填充床电渗析器长期不间断运行所必需的。因此，只要选择适宜的工作条件，就能保证获得高质量的纯水，又能达到交换剂的自行再生。

如图 4-19（b）所示，连续电除盐装置（EDI）由给水室（D 室）、浓水室（C 室）和电极室（E 室）组成，D 室内填充常规离子交换树脂，给水中的离子由该室去除；D 室和 C 室之间装有阴离子交换膜或阳离子交换膜，D 室中的阴（阳）离子在两端电极作用下不断通过阴膜和阳膜进入 C 室；H_2O 在直流电能作用下可分解成 H^+ 和 OH^- 根离子，使 D 室中混合离子交换树脂经常处于再生状态，因而有交换容量，而 C 室中浓水不断地排走。因此 EDI 在通电的情况下，可以不断地制出纯水，其内填的树脂无需使用酸碱再生。EDI 的每个制水单元均由一组树脂、离子交换树脂膜和有关的隔网组成。每个制水单元串联起来，并与两端的电极，组成一个完整的 EDI 设备。

EDI 对离子的脱除顺序与离子交换树脂对离子的吸附顺序相同。同时我们可以这样认为，在 EDI 组件中的离子交换树脂，沿淡水流向按其工作状态可以分为三个层面，第一层

156

为饱和树脂层，第二层为工作树脂层，第三层为保护树脂层。饱和树脂层主要起吸附和迁移大部电解质的作用，工作树脂层则承担着去除像弱电解质等较难清除的离子的任务，而保护树脂层树脂则处于较高的活化状态，它起着最终纯化水的作用。因为进入保护层的水质很纯，含盐量很低，这一部分在两极发生极化反应最严重，生成的 H^+ 和 OH^- 离子浓度最高，所以保护层树脂再生程度最高，也就保证了出水水质。因此，EDI 在通电状态下，可以不断地制出纯水。

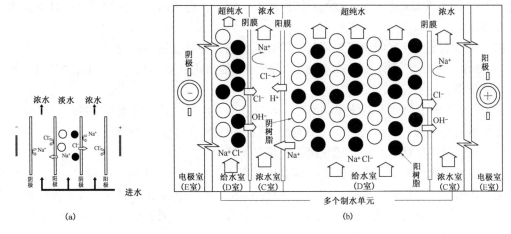

图 4-19　连续电除盐原理示意图

结垢是浓室存在的主要问题。Ca^{2+} 和 Mg^{2+} 进入浓室后在阴膜表面富集，而淡水室阴膜极化产生的 OH^- 透过阴膜。造成了浓水室阴膜表面有一个高 pH 值层面，这一特点导致浓水室结垢趋势明显增大。为了防止结垢生成，必须严格控制运行水的回收率和进水水质，尤其是硬度的含量。

连续电除盐(EDI)一般具有以下特点：

连续性生产，产水品质好且稳定，成本低；无废水、化学污染物排放，有利于节水和环保，节省了污水处理投资；设备结构紧凑，占地面积小；日常保养、运行操作简单，劳动强度低；对硅的去除率达到 95%~99%，对 CO_2 的去除率达到 99%，对硼的去除率 96%，可以连续保持 $DD<0.1\mu S/cm$，对氨的去除率 98%。

4.7.2　连续电去离子装置的运行

1. EDI 进水水质指标

常见参考 EDI 进水水质指标如表 4-5 所示。

表 4-5　EDI 进水水质指标参考数据表

项　目	单　位	EDI
TEA(包括 CO_2)	mg/LCaCO$_3$	≤25
pH		6.0-9.0
硬度		浓水 LSI≤2.0
CO_2	mg/L	≤3
SiO_2	mg/L	≤0.5
TOC	mg/L	≤0.5
余氯	mg/L	≤0.05
Fe/Mn/H_2S	mg/L	≤0.1
油或油脂	mg/L	—

2. EDI 的应用场合

EDI 一般用在反渗透(RO)后面,进行深度除盐;经过阳、阴床处理后的一级除盐水,尽管电导率很低,一般不使用 EDI 进行深度除盐,而使用混床除盐。

3. EDI 运行影响因素

尽管 EDI 进水为 RO 产水,但是仍不能避免三种因素对于 EDI 运行的负面影响:

(1) 有机物 EDI 性能衰减几乎全部是由于阴树脂性能下降引起。RO 产水中存在微量有机物(通常为 $50 \sim 500mg/L$),逐渐被阴树脂吸附、积累,造成阴树脂性能下降;且不能通过化学清洗恢复。

(2) 树脂本身活性官能团逐渐降解,当氧化剂存在时将加速该降解过程。

(3) RO 和 EDI 之间引入的二次污染,如水箱(溶出物、微生物)、空气二次污染;CO_2 去除不充分等;

EDI 最初在电子超纯水系统中应用时,水量较小,水箱、管道均采用洁净材料,且流程中多处使用紫外杀菌,因此这种情况不突出。但在电厂使用中,行业特点使得这些控制有机物和微生物的措施均难以实施,这也给系统带来了隐患。

以上 3 个因素会造成树脂性能不可恢复性的衰减,不同于 EDI 进水中硬度、CO_2 等指标的影响。要想保持树脂性能 $3 \sim 5a$,在工艺设计和运行维护中要格外细致。对于前两种因素的影响,一般简单更换树脂就能解决问题,且花费极少。对于第三种因素,一般建议采用设置效率更高、更清洁的脱气膜工艺来解决。

第5章　水的离子交换处理

离子交换水处理是通过离子交换剂，除去水中呈离子态杂质的水处理方法。该工艺可将水中的离子态杂质几乎全部除尽，制得的水可接近"纯水"。石油石化应用的离子交换剂是离子交换树脂，它直接影响着离子交换水处理的水质水平和经济性。为此，需要讨论离子交换树脂及其在水处理中的基本原理。

5.1　离子交换树脂

离子交换树脂是本身带有活性基团的有机合成物质，由于其外形与松树分泌的树脂相像而得名。树脂在水中其本身带有的活性基团中的离子与水中同符号的离子进行交换反应。

5.1.1　离子交换树脂的结构和命名

1. 离子交换树脂的结构简介

离子交换树脂属于高分子化合物，结构比较复杂，简要地说，可分为两大部分：一部分具有高分子的结构形式，称为离子交换树脂的骨架；它具有庞大的空间结构，是一种不溶于水的高分子化合物，这部分在交换反应中不发生变化，是树脂的支撑体。另一部分是带有可交换离子的基团，它们化合在高分子骨架上，是离子交换作用的主体。交联度是指聚合时支撑体(架桥物质)的质量占总质量的百分率。交联度的大小对聚合体的性能有很大的影响。树脂的机械强度和密度是随交联度的增大而加大的。

构成树脂骨架的高分子化合物是由许多低分子化合物单体，经聚合或缩合而成。不同种类的单体，可制成不同种类的树脂，根据单体的种类，可分为苯乙烯系、酚醛系和丙烯酸系等。

制造离子交换树脂的方法一般先聚合单体有机物，然后在聚合物上接入活性基因。如由苯乙烯和二乙烯苯(交联剂)共聚得交联聚苯乙烯：

此种聚合物没有活性基因，称为白球。将白球用浓硫酸磺化，可得强酸型阳离子交换树脂(RSO_3H)：

$$\begin{array}{c}-CH-CH_2-CH-CH_2-\\ \bigcirc \quad \bigcirc \\ -CH-CH_2-CH-CH_2\\ \bigcirc \end{array} \xrightarrow[100℃,\ Ag_2SO_4]{H_2SO_4} \begin{array}{c}-CH-CH_2-CH-CH_2-\\ \bigcirc \quad \bigcirc-SO_3H \\ -CH-CH_2-CH-CH_2-\\ \bigcirc \\ SO_3H \end{array}$$

其中—SO_3H 是活性基团，H^+ 是可交换离子。如将白球氯甲基化和胺化，则得到阴离子交换树脂。由此可见，制备离子交换树脂可以灵活选择活性基因，不受单体性质限制、且易于控制交联度。阳离子交换树脂内的活性基团是酸性的，而阴离子交换树脂内的活性基团是碱性的。

2. 离子交换树脂的命名和型号

国际上离子交换树脂的品种很多，型号不一。我国早期也存在这种情况，用户极不方便。为此，国家颁发了 GB 1631—89《离子交换树脂分类、命名及型号》，对命名原则规定如下：

离子交换树脂的全名称由分类名称、骨架（或基因）名称、基本名称组成。孔隙结构分凝胶型和大孔型两种，凡具有物理孔结构的称大孔型树脂，在全名称前加"大孔"。分类属酸性的应在名称前加"阳"，分类属碱性的，在名称前加"阴"。如，大孔强酸性苯乙烯系阳离子交换树脂。

离子交换产品的型号以三位阿拉伯数字组成，第一位数字代表产品的分类，第二位数字代表骨架的差异，第三位数字为顺序号，用以区别基因、交联剂等的差异。第一、第二位数字的意义，见表5-1。

表 5-1　树脂型号中的一、二位数字的意义

代　　号	0	1	2	3	4	5	6
分类名称	强酸性	弱酸性	强碱性	弱碱性	螯合性	两性	氧化还原性
骨架名称	苯乙烯系	丙烯酸系	酚醛系	环氧系	乙烯吡啶系	脲醛系	氯乙烯系

大孔树脂在型号前加"D"，凝胶型树脂的交联度值可在型号后用"×"号连接阿拉伯数字表示。如 001×7，表示强酸性苯乙烯系阳离子交换树脂，其交联度为7。

5.1.2　离子交换树脂的分类

1. 按交换基团的性质分类

根据交换基团的性质不同，离子交换树脂可以分为两大类：凡与溶液中阳离子进行交换反应的树脂，称为阳离子交换树脂，阳离子交换树脂可电离的反离子是氢离子及金属离子；凡与溶液中阴离子进行交换反应的树脂，称为阴离子交换树脂，阴离子交换树脂可电离的反离子是氢氧根离子及酸根离子。

离子交换树脂同低分子酸碱一样，根据他们的电离度不同又可将阳离子交换树脂分为强酸性树脂和弱酸性树脂；可将阴离子交换树脂分为强碱性树脂和弱碱性树脂。表5-2中归纳了离子交换树脂的类别。

表 5-2 离子交换树脂的类别

树脂名称	交换基团		酸碱性
	化学式	名称	
阳离子交换树脂	—$SO_3^-H^+$	磺酸基	强酸性
	—COO^-H^+	羧酸基	弱酸性
阴离子交换树脂	N^+OH^-	季铵盐	强碱性
	$\equiv NH^+OH^-$	叔胺盐	弱碱性
	$=NH_2^+OH^-$	仲胺盐	
	—$NH_3^+OH^-$	伯胺盐	

此外，还可以根据交换基团中反离子的不同，将离子交换树脂冠以相应的名称，例如：氢型树脂—SO_3H、钠型树脂—SO_3Na、钙型树脂—(SO_3)$_2Ca$、氢氧型树脂 NOH、氯型树脂 NOCl。

2. 按离子交换树脂的孔径分类

由于制造工艺的不同，离子交换树脂内部形成不同的孔型结构。常见的产品有凝胶型树脂和大孔型树脂两种。

（1）凝胶型树脂　这种树脂是均相高分子凝胶结构，所以统称凝胶型离子交换树脂。在它所形成的球体内部，由单体聚合成的链状大分子在交联剂的连接下，组成了空间的结构。这种结构像排布错乱的蜂巢，存在着纵横交错的"巷道"。离子交换集团就分布在巷道的各个部位。由巷道所构成的空隙，并非我们想象的毛细孔，而是化学结构中的空隙，所以称为化学孔或凝胶孔。其孔径的大小与树脂的交联度和膨胀程度有关。交联度越大，孔径就越小。当树脂处于水合状态时，大分子链舒展，链间距离增大，凝胶孔就扩大；树脂干燥失水时，凝胶孔就缩小。反离子的性质、溶液的浓度及 pH 值的变化都会引起凝胶孔径的改变。凝胶孔的特点是孔径极小，一般在 3nm 以下。它只能通过直径很小的离子，直径较大的分子(蛋白质分子 5~20nm)通过时，则容易堵塞孔道而影响树脂的交换能力。

（2）大孔型树脂　这种树脂在制造过程中，由于加入了致孔剂，因而形成大量的毛细孔道，所以称为大孔树脂。在大孔树脂的球体中，高分子的凝胶骨架被毛细孔道分割成非均相凝胶结构，它同时存在着凝胶孔和毛细孔。其中毛细孔的体积一般为 0.5ml(孔)/g(树脂)左右，孔径 10~200nm，比表面积从几到几百 m^2/g。由于这样的结构，大孔型树脂可以使直径较大的分子通行无阻，所以它能比较容易地吸着高分子有机物，并且容易被再生下来，所以有较好的抗污染性。

大孔型树脂由于空隙占据一定的空间，骨架的实体部分就相对减少，离子交换基团含量也相应减少，所以交换能力比凝胶型树脂低。大孔型树脂的吸附能力强，与交换的离子结合较牢固，不容易充分恢复其交换能力。

5.1.3　离子交换树脂的性能

5.1.3.1　离子交换树脂的物理性能

1. 外观

（1）颜色　离子交换树脂依其组成不同，呈现的颜色也各不相同：苯乙烯系均呈黄色，其他有赤褐色、黑色等。一般交联剂多的，原料中杂质多的，其制出的树脂颜色就深些。凝胶型树脂呈透明或半透明状态；大孔型树脂由于毛细孔道对光的折射，呈不透明状态。

（2）形状　离子交换树脂均制成球形，且要求树脂的圆球率(球状颗粒数占总颗粒数的百分率)应达到90%以上。对离子交换水处理而言，树脂的圆球率愈高愈好，这样的树脂通水性好，即水流阻力小，且球形树脂在一定容积内装载量最大。

2. 粒度

树脂粒度，可以用有效粒径和均一系数表示。树脂粒度的大小，对离子交换水处理有较大影响。粒度大，交换速度慢；粒度小，树脂的交换能力大，但水通过树脂层的压力损失就大。另外，树脂粒度相差很大，将使小颗粒树脂堵塞大颗粒树脂的空隙，造成水流不匀和水流阻力增大。这种情况还会影响反洗流速，流速过大会冲走小颗粒树脂；流速过小，不能松动大颗粒树脂。因此粒度大小要适当，分布要合理。一般树脂粒径 $0.20 \sim 1.2$ mm，有效粒径（d_{10}）$0.36 \sim 0.61$，均一系数（d_{40}/d_{90}）为 $1.22 \sim 1.66$，均一系数的含义是筛上体积为40%的筛孔孔径与筛上体积为90%的筛孔孔径之比。该比值一般大于等于1，愈接近于1，说明粒度愈均匀。

3. 密度

单位体积树脂的质量称为离子交换树脂的密度。离子交换树脂的密度可分为干态密度和湿态密度两种。水处理中树脂都是在湿态下使用的，故采用湿态密度。具有实际意义的密度是湿真密度和湿视密度。

（1）湿真密度　指单位真体积(不包括树脂颗粒间空隙的体积)内湿态离子交换树脂的质量，单位是 g/cm^3。

湿态离子交换树脂是指吸收了平衡水分，并经离心法除去外部水分的树脂。离子交换树脂的反洗强度、分层特性与湿真密度有关。一般湿真密度在 $1.04 \sim 1.30$ g/cm^3 之间，且阳树脂的湿真密度大于阴树脂的湿真密度。湿真密度是影响树脂实际应用性能的一个指标。

（2）湿视密度　指单位视体积内紧密无规则排列的湿态离子交换树脂的质量，单位是 g/cm^3。

湿树脂的视体积是离子交换树脂以紧密的无规律排列方式在量器中占有的体积，包括树脂颗粒的固有体积及颗粒间的空隙体积。湿视密度是用来计算离子交换器中装载树脂时所需湿树脂量的主要依据。一般在 $0.60 \sim 0.85$ g/cm^3。

4. 含水率

树脂的含水率是指在水中充分膨胀的湿树脂中所含水分的百分数。含水率和树脂的类别、结构、酸碱性、交联度、交换容量、离子形态有关。它可以反映离子交换树脂的交联度和网眼中的孔隙率。树脂含水率愈大，表示树脂的空隙率愈大，其交联度愈小。因此，在树脂的使用过程中，可通过含水率变化了解树脂性能的变化。一般树脂的含水率在 $40\% \sim 60\%$ 之间。所以，在储存树脂时，冬季应注意防冻。

5. 转型膨胀率

转型膨胀率是指离子交换树脂从一种单一离子型转为另一种单一离子型时体积变化的百分数。例如，树脂在交换和再生时，体积都会发生变化，经长时间不断的胀缩，树脂会发生老化现象，从而影响树脂的使用寿命。

6. 耐磨性

树脂颗粒在使用中，由于相互摩擦和胀缩作用，会产生破裂现象，所以耐磨性是影响其使用性能的指标之一。一般，树脂应能保证每年的损耗不超过 3%~7%。

5.1.3.2 离子交换树脂的化学性能

1. 酸碱性

离子交换树脂是一种不溶性的高分子电解质，在水溶液中能发生电离。例如，各种离子交换树脂在水溶液中电离时发生的反应分别为：

$$RSO_3H \rightleftharpoons RSO_3^- + H^+$$

$$RCOOH \rightleftharpoons RCOO^- + H^+$$

$$RNOH \rightleftharpoons RN^+ + OH^-$$

$$RNHOH \rightleftharpoons RNH^+ + OH^-$$

上述电离过程，使水溶液呈酸性或碱性。其中强型（强酸性或强碱性）离子交换树脂的电离能力大，其离子交换能力不受溶液 pH 值的影响；而弱型（弱酸性或弱碱性）离子交换树脂的电离能力小，在水溶液 pH 值低时，弱酸性树脂不能电离或部分电离，该树脂在碱性溶液中有较高的电离能力；相反，弱碱性树脂在酸性溶液中有较高的电离能力。表 5-3 列出了不同类型离子交换树脂能有效地进行电离交换反应的 pH 值范围。

表 5-3　各类树脂有效 pH 范围

树脂类型	强酸性阳离子交换树脂	弱酸性阳离子交换树脂	强碱性阴离子交换树脂	弱碱性阴离子交换树脂
有效 pH 值范围	0~14	4~14	0~14	0~7

离子交换树脂也能进行水解反应，若其水解后树脂的交换基团为弱酸或弱碱时，则该树脂的水解度就大。

2. 选择性

离子交换树脂对水中各种离子的交换能力是不相同的，即有些离子易被离子交换树脂吸着，但吸着后要把它解吸下来就比较困难；反之，有些离子则难被离子交换树脂吸着，但易被解吸，这种性能称为离子交换的选择性。一般情况下，离子交换树脂优先交换那些化合价数高的离子，即化合价越大的离子被交换（吸附）的能力越强；在同价离子中则优先交换原子序数大的离子，即通常在碱金属及碱土金属的离子中，其原子序数越大，则被交换（吸附）的能力越强。

在常温、低浓度的水溶液中，各种离子交换树脂对一些常见离子的选择性顺序分别为：

强酸性阳离子交换树脂　$Fe^{3+} > Al^{3+} > Ca^{2+} > Mg^{2+} > K^+ > Na^+ > H^+$

弱酸性阳离子交换树脂　$H^+ > Fe^{3+} > Al^{3+} > Ca^{2+} > Mg^{2+} > K^+ > Na^+$

强碱性阴离子交换树脂　$SO_4^{2-} > NO_3^- > Cl^- > OH^- > F^- > HCO_3^- > HSiO_3^-$

弱碱性阴离子交换树脂　$OH^- > SO_4^{2-} > NO_3^- > Cl^- > F^- > HCO_3^- > HSiO_3^-$

选择性会影响树脂的交换和再生过程，在实际应用中是一个重要的化学性能。

3. 交换容量

交换容量表示离子交换树脂的交换能力，即可交换离子量的多少，通常用单位质量或单位体积的树脂所能交换离子的摩尔数表示。交换容量是离子交换树脂最重要的性能指标。

（1）全交换容量　指单位质量的离子交换树脂中全部离子交换基团的数量，其单位通常以 mmol/g 表示。

（2）工作交换容量 指一个周期中单位体积树脂实现的离子交换量，即单位体积树脂从再生型离子交换基团变为失效型基团的量。影响工作交换容量的主要因素有：树脂种类、粒度，原水水质、出水水质的终点控制，以及交换运行流速、树脂层高度、再生方式等。

4. 热稳定性

离子交换树脂的热稳定性表示在受热作用下树脂保持理化性能不变的能力。

（1）强碱性阴离子交换树脂 其中的强碱基团在受热时易发生分解反应，结果使树脂的交换容量降低。不同强碱阴树脂的最高使用温度见表5-4。

表5-4 强碱阴树脂的最高使用温度

离子交换树脂		使用温度/℃
聚苯乙烯系	OH 型（Ⅰ型）	60
	OH 型（Ⅱ型）	40
	Cl 型	80
聚丙烯酸系 OH 型		40

（2）弱碱性阴离子交换树脂 弱碱基团在受热时会发生脱落现象，但其热稳定性比强碱基团的高。通常规定，聚苯乙烯系弱碱树脂的最高使用温度为100℃，而聚丙烯酸系弱碱树脂则为60℃。

（3）强酸性阳离子交换树脂 强酸性阳树脂的最高使用温度为 100~120℃。

（4）弱酸性阳离子交换树脂 其热稳定性更高一些。即使工作温度高达200℃，短时间内弱酸性阳树脂的交换容量损失并不高。

5.1.4 离子交换树脂的储存及预处理

5.1.4.1 离子交换树脂的储存

1. 新树脂的储存

（1）保持树脂的水分 树脂在出厂时，其含水率是饱和的，在储存保管过程中，必须防止水分消失。如发现树脂变干时，切忌将树脂直接置于水中浸泡，而应将它置于饱和的食盐水中浸泡，使树脂缓慢膨胀，然后再逐渐稀释食盐溶液。此外，树脂的储存时间不宜过长，最好不要超过一年。尤其是阴离子交换树脂因交换基团的分解，而显著降低树脂的交换容量。

（2）防止树脂受冻和受热 一般储存树脂的环境温度为 5~40℃。若在 0℃以下，会使树脂内水分冰冻，使树脂体积增大，造成树脂胀裂而丧失交换能力。若温度低于5℃，又无保温的条件，这是可以根据食盐溶液与冰点的关系，选用一定浓度的食盐溶液，将树脂置于其中浸泡，便可达到防冻目的。

树脂长期处于高温条件下，则容易引起树脂变形、交换基团分解和微生物污染。

（3）防止树脂劣化 树脂储存时，一定要避免与铁容器、氧化剂和油类物质直接接触，以防树脂被污染或被氧化降解，而造成树脂劣化。

2. 旧树脂的储存

若离子交换树脂在使用过程中有较长时间停用，则其保管要采取下列措施：

（1）树脂转型　通常把树脂转变成 Cl 型或 Na 型长期储存，故可将阴树脂、阳树脂用食盐溶液转型，阳树脂不宜以 Ca 型或 H 型长期存放。

（2）湿法存放　在交换器内将停用的树脂浸没于水中保存。

（3）防止霉变　交换器内长期存放树脂，其表面容易滋生微生物，发生霉变，尤其在温度较高的条件下，因此，必须定期换水和用水冲洗，同时亦可用 1.5%甲醛溶液浸泡消毒。

5.1.4.2　离子交换树脂的预处理

新树脂常含有溶剂、未参加聚合反应的物质和少量低聚合物，还可能吸着铁、铝、铜等重金属离子。当树脂与水、酸、碱或其他溶液相接触时，上述可溶性杂质会转入溶液中，使用初期污染出水水质。所以，新树脂在投运前要进行预处理。

1. 阳树脂的预处理

首先使用饱和食盐水，取其量约等于被处理树脂体积的两倍，将树脂置于食盐溶液中浸泡 18~20h，然后放尽食盐水，用清水漂洗净，使排出水不带黄色；其次再用 2%~4%NaOH 溶液，用量与上相同，在其中浸泡 2~4h(或作小流量清洗)，放尽碱液后，冲洗树脂直至排水出水接近中性为止；最后用 5%HCl 溶液，用量亦与上述相同，浸泡 4~8h，放尽酸液，用清水漂流至中性。

2. 阴树脂的预处理

其预处理方法中的第一步与阳树脂预处理方法中的第一步相同；而后用 5%HCl 溶液浸泡 4~8h，然后放尽酸液，用水清洗至中性；最后使用 2%~4%NaOH 溶液浸泡 4~8h，放尽碱液，用清水洗至中性。

5.1.5　离子交换树脂的鉴别

1. 药品及用具的准备

HCl(1mol/L)；$NH_3 \cdot H_2O$(5mol/L)；$CuSO_4$(10%)；NaOH(1mol/L)；酚酞指示剂；吸管、试管。

2. 区分阴阳树脂

（1）取样品 2mL 放入试管中，吸管吸取上层的水，放入 1mol/L HCl 溶液摇动，吸取上部的清液，此动作重复 2~3 次，然后加入纯水摇动，洗去过剩的盐酸，经过上述操作阳树脂转变成 H^+ 型，阴树脂转变成 Cl^- 型。

（2）加入已酸化的 10% $CuSO_4$ 溶液 5mL，摇动，静置，树脂呈浅绿色为阳树脂，树脂不变色为阴树脂。

3. 区分阳树脂强弱性

将上述浅绿色阳树脂用水充分洗净后，加入 5mol/L $NH_3 \cdot H_2O$ 溶液摇动，用水充分洗净后呈深蓝色为强酸性阳树脂。

4. 区别阴树脂强弱性

在将阴树脂中加入 1mol/L NaOH 溶液，摇动，将上层碱液吸除，然后用倾泻法充分清洗，洗去过剩的氢氧化钠，加入酚酞指示剂 5 滴，充分摇匀，用水充分清洗后，如果呈现红色，则为强碱性阴离子交换树脂。

5.1.6　水处理常用离子交换树脂一览表

水处理常用离子交换树脂一览表见表 5-5。

表 5-5　水处理常用离子交换树脂一览表

| 树脂牌号 | 类别 | 外观 | 交换容量 | | 出厂离子型 | 粒径/mm | 体积改变率/% | 湿真密度/(g/mL) | 湿视密度/(g/mL) | 水分/% | 活性基团 |
			全交换容量/(mmol/g)	工作交换容量/(mmol/mL)							
001×7	强酸性苯乙烯型	淡黄至褐色球状	≥4.2	1.1~1.5	Na⁺	0.3~1.2	Na⁺→H⁺ 8~10	1.23~1.28	0.75~0.85	45~55	$-SO_3H$
D001	强酸性苯乙烯型	灰褐色颗粒	≥3.8	≥1.0	Na⁺	0.35~1.25	Na⁺→H⁺ 8~10	1.20~1.29	0.72~0.85	8~48	$-SO_3H$
D113	弱酸性丙烯酸型	乳白色球状	≥10.5	—	H⁺	0.35~1.25	H⁺→Na⁺ 58	1.10~1.20	0.68~0.78	50~60	$-COOH$
201×7	强碱性苯乙烯型	淡黄至金黄球状	≥3.0	0.3~0.35	Cl⁻	0.3~1.2	Cl⁻→OH⁻ 8	1.06~1.11	0.66~0.75	40~50	$-N(CH_3)_3Cl$
D201	强碱性苯乙烯Ⅰ型	乳白至淡黄色球状	≥3.5	0.4~0.5	Cl⁻	0.35~1.25	Cl⁻→OH⁻ 15~20	1.05~1.10	0.65~0.75	50~60	$-N(CH_3)_3Cl$
D301	弱碱性苯乙烯型	淡黄色球状	≥3.8	0.9~1.2	OH⁻	0.35~1.25	游离胺→盐型 15~20	1.05~1.08	0.65~0.75	40~55	$-N(CH_3)_2$

5.2 离子交换除盐基本理论

5.2.1 离子交换原理

5.2.1.1 离子交换反应

1. 可逆性

离子交换反应是可逆反应，但是这种可逆反应并不是在均相溶液中进行的，而是在固态的树脂和溶液接触的界面间发生的。

例如含有 Ca^{2+} 的硬水，通过 RNa 型离子交换树脂时，发生的交换反应为：

$$2RNa + Ca^{2+} \rightleftharpoons R_2Ca + 2Na^+$$

由于上述反应过程不断消耗 RNa 型树脂，并使它转化为 R_2Ca 型树脂，造成树脂的交换能力减弱，直至失去交换能力。为恢复树脂的交换能力，可用一定浓度的食盐水通过已失效的树脂层，使树脂由 R_2Ca 型树脂恢复为具有交换能力的 RNa 型树脂，通常称为再生。其再生反应为：

$$R_2Ca + 2Na^+ \rightleftharpoons 2RNa + Ca^{2+}$$

离子交换反应是可逆的，这种反应的可逆性使离子交换树脂可以反复使用，是其在工业上应用的基础。

2. 强型树脂的交换反应

强型树脂是指强酸性阳离子交换树脂和强碱性阴离子交换树脂。

（1）中性盐分解反应

$$RSO_3H + NaCl \rightleftharpoons RSO_3Na + HCl$$

$$RNOH + NaCl \rightleftharpoons RNCl + NaOH$$

上述离子交换反应致使在溶液中生成游离的强酸或强碱。

（2）中和反应

$$RSO_3H + NaOH \rightleftharpoons RSO_3Na + H_2O$$

$$RNOH + HCl \rightleftharpoons RNCl + H_2O$$

上述反应的结果在溶液中形成电离极弱的水。

（3）复分解反应

$$R(SO_3Na)_2 + CaCl_2 \rightleftharpoons R(SO_3)_2Ca + 2NaCl$$

$$R(NCl)_2 + Na_2SO_4 \rightleftharpoons R(N)_2SO_4 + 2NaCl$$

3. 弱型树脂的交换反应

弱型树脂指弱酸性阳离子交换树脂和弱碱性阴离子交换树脂。他们不能进行中性盐分解反应，这是因为弱酸性树脂只能在 pH>4 时进行交换反应；弱碱性树脂只能在 pH<7 时才能进行交换反应，而中性盐分解反应则将生成强酸或强碱之缘故。但弱型树脂可以进行以下反应：

（1）非中性盐的分解反应

$$R(COOH)_2 + Ca(HCO_3)_2 \rightleftharpoons R(COOH)_2Ca + 2H_2CO_3$$

$$RNH_2OH + NH_4Cl \rightleftharpoons RNH_2Cl + NH_4OH$$

（2）强酸或强碱的中和反应

$$RCOOH + NaOH \rightleftharpoons RCOONa + H_2O$$

$$RNH_2OH + HCl \Longleftrightarrow RNH_2Cl + H_2O$$

（3）复分解反应

$$R(COONa)_2 + CaCl_2 \Longleftrightarrow R(COO)_2Ca + 2NaCl$$

$$RNH_2Cl + NaNO_3 \Longleftrightarrow RNH_2NO_3 + NaCl$$

5.2.1.2 离子交换平衡和选择性系数

1. 离子交换平衡

离子交换平衡是在一定温度下，经过一定时间，离子交换体系中固态的树脂相和溶液相之间的离子交换反应达到的平衡。离子交换平衡同样服从等物质量规则和质量作用定律。以 A 型树脂交换溶液中的 B 离子的反应为例：

$$Z_B RA + Z_A B \Longleftrightarrow Z_B RB + Z_B A$$

为此交换反应达到动态平衡时，A 交换 B 的选择性系数 K_A^B 为

$$K_A^B = \frac{[RB]^{Z_A}(A)^{Z_B}}{[RA]^{Z_B}(B)^{Z_A}} = \left(\frac{A}{RA}\right)^{Z_B} \div \left(\frac{B}{RB}\right)^{Z_A} \tag{5-1}$$

式中：Z_A、Z_B 分别为 A、B 离子的价数。

离子交换平衡是离子交换的基本规律之一。式(5-1)表示了一般交换反应的平衡关系。在稀溶液中，各种离子的活度系数接近于 1，式(5-1)中的(A)、(B)均可用各自的浓度表示。若将树脂内液相中离子的活度系数的影响也归并入选择性系数 K 中，则式(5-1)可写为：

$$K = \frac{[RB]^{Z_A}(A)^{Z_B}}{[RA]^{Z_B}(B)^{Z_A}} \tag{5-2}$$

设反应开始时，树脂中的可交换离子全部为 A，[A]等于树脂总交换容量 q_0(mmol/g 干树脂)，[RB]=0，水中[B]=c_0。（初始浓度，mmol/L），[A]=0；当交换反应达到平衡时，水中[B]减小到 c_B，树脂上交换了 q_B 的 B，即[RB]=q_B，则树脂上的[RA]=q_c-q_B，水中的[A]=c_0-c_B。由式(5-2)可得到：

$$K\left(\frac{q_0}{q_c}\right)^{Z_B-Z_A} = \frac{\left(1-\dfrac{c_B}{c_0}\right)^{Z_B}}{(c_B/c_0)^{Z_A}} \cdot \frac{(q_B/q_0)^{Z_A}}{(1+q_B/q_0)^{Z_B}} \tag{5-3}$$

式中 q^0、c^0 和 Z_B、Z_A 已知，只要测定溶液中的[A]或[B]，即可由上式求得 K。

式(5-3)适用于各种离子之间的交换。当 $Z_A = Z_B = 1$ 时，上式简化为：

$$\frac{q_B/q_0}{1-q_B/q_0} = K \cdot \frac{c_B/c_0}{1-c_B/c_0} \tag{5-4}$$

式中 q_B/q_0 称为树脂的失效度；c_B/c_0 为溶液中离子残留率。若以 q_B/q_0 为纵坐标，以 c_B/c_0 为横坐标，作图可得某一 K 值下的等价离子交换理论等温平衡线。如图 5-1 所示。

虽然实际等温平衡线因浓度的影响而与上述理论等温平衡线有一定的差别，但仍然可以利用平衡线图来判断交换反应进行的方向和大致程度以及估算去除一定量离子所需的树脂量。

在图 5-1 中，D 点表示初始状态，若 K 为 0.5，则体系达到平衡时，D 点应移动到 K 为 0.5 的平衡线上。根据树脂和溶液量的不同，平衡点应处在 D_S 和 D_R 两点之间，如 D' 点。移动结果，c_B/c_0 减小，q_B/q_0 增大，反应 RA+B $\Longleftrightarrow$ RB+A 向右进行。如果初始点为 D''，平衡时也移动到 D' 点，则 q_B/q_0 减小，c_B/c_0 增大，反应向左进行(再生)。

2. 离子交换速度

离子交换平衡是某种具体条件下，离子交换能达到的极限状态，它需要较长的时间才能达到。在实际应用中，交换器在高流速下进行交换与再生，其反应时间是有限的，不可能使其达到平衡状态。为此，研究离子交换速度及其影响的因素，将具有重要的实践意义。

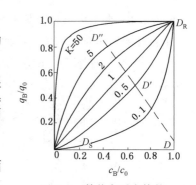

图 5-1 等价离子交换的理论等温平衡线

离子交换过程可以分为四个连续的步骤：

① 离子从溶液主体向颗粒表面扩散，穿过颗粒表面液膜（液膜扩散）。

② 穿过液膜的离子继续在颗粒内交联网孔中扩散，直至达到某一活性基团位置。

③ 目的离子和活性基团中的可交换离子发生交换反应。

④ 被交换下来的离子沿着与目的离子运动相反的方向扩散，最后被主体水流带走。

上述几步中，交换反应速率与扩散相比要快得多。因此总交换速度由扩散过程控制。离子交换速度可用下式表示：

$$dq/dt = D_0 B (c_1 - c_2)(1-\varepsilon)/(\phi \cdot \delta) \tag{5-5}$$

式中　dq/dt——单位时间内单位体积树脂的离子交换量；

　　　D_0——总扩散系数；

　　　B——与粒度均匀程度有关的系数；

　c_1、c_2——分别表示扩散界面层两侧的离子浓度，$c_1 > c_2$；

　　　ε——树脂的孔隙度；

　　　ϕ——树脂颗粒的粒径；

　　　δ——扩散距离。

据此，可以分析影响离子交换扩散速度的因素：

① 树脂的交联度越大，网孔越小，孔隙度越小，则内扩散越慢。大孔树脂的内孔扩散速度比凝胶树脂快得多。

② 树脂颗粒越小，由于内扩散距离缩短和液膜扩散的表面积增大，使扩散速度越快。研究指出，液膜扩散速度与粒径成反比，内孔扩散速度与粒径的高次方成反比。但颗粒不宜太小，否则会增加水流阻力，且在反洗时易流失。

③ 溶液离子浓度是影响扩散速度的重要因素，浓度越大，扩散速度越快。一般来说，在树脂再生时，整个交换速度偏向受内孔扩散控制；而在交换制水时，过程偏向受膜扩散控制。

④ 提高水温能使离子的动能增加，水的黏度减小，液膜变薄，这些都有利于离子扩散。

⑤ 交换过程中的搅拌或流速提高，使液膜变薄，能加快液膜扩散，但不影响内孔扩散。

⑥ 被交换离子的电荷数和水合离子的半径越大，内孔扩散速度越慢。试验证明：阳离子每增加一个电荷，其扩散速度就减慢到约为原来的1/10。

5.2.2　动态离子交换过程

工业上常用的是动态离子交换，即水在流动的状态下完成离子交换过程。动态离子交换是在交换器中进行的，运行制水和交换剂再生是离子交换水处理的两个主要阶段。

5.2.2.1 离子交换树脂层内的交换过程

在装有钠型树脂的离子交换柱中，自上而下地通过含有 Ca^{2+} 的水时，树脂层的变化可分为以下三个阶段(如图 5-2 所示)。

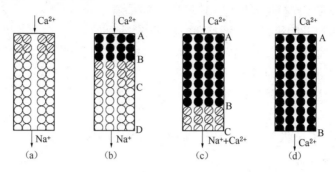

图 5-2 动态离子交换过程中树脂层态的变化

●—R_2C_a；⊘—$R_2Ca+RNa$；○—RNa。

(1) 交换带的形成阶段 溶液一接触树脂，就开始发生离子交换反应。随着水的流动，溶液的组成和树脂的组成不断发生改变，即树脂愈往上层，层中 Ca^{2+} 浓度愈大；水愈往下流，水中的 Ca^{2+} 浓度就愈小。当水流至一定深度时，离子交换反应达到平衡，树脂及溶液中反离 Na^+ 的浓度就不再改变了。这时，从树脂上层交换反应开始至下层交换平衡为止，形成一定高度的离子交换反应区域，称为交换带或工作层。

(2) 交换带的移动阶段 随着离子交换地进行，离子交换带逐渐向下部树脂层移动，这样树脂层中就形成了三个层或区域：交换带以上的树脂层，都为 Ca^{2+} 所饱和，它已失去交换能力，水通过时，水质不发生变化，此层称为失效层；接着是工作层，此层内钙型树脂和钠型树脂是混存的，上部钙型树脂多，下部钠型树脂多，水流经这一层时，水中的 Ca^{2+} 和钠型树脂中的 Na^+ 进行交换，使出水中 Ca^{2+} 浓度由原水中 Ca^{2+} 浓度降至接近于 0，此层是树脂层中正在进行离子交换的层区，其层区高度即为交换带的宽度；交换带以下的树脂层为尚未参与交换的树脂层，即其中全为钠型树脂，称为未交换层。所以，交换带移动阶段即是水处理中离子交换运行的中期阶段，也就是离子交换的正常运行阶段。

(3) 交换带的消失阶段 由于交换带沿水流方向以一定速度向前推移，致使失效层不断增大，未交换层不断减小，当交换带的下端达到树脂层底部时，Ca^{2+} 开始泄漏。如果继续运行时，使交换带逐渐消失，则出水中 Ca^{2+} 浓度将逐渐增加。当树脂层交换带完全消失时，出水中的 Ca^{2+} 浓度与原水中的相等，整个树脂层全部变为钙型树脂，即树脂层全部失效。在实际水处理中，工作层下端到达树脂层底部，微量的钙离子开始泄漏，即 Ca^{2+} 穿透时，经检测发现后就应及时停止工作，避免出水水质突然恶化，此时与工作层厚度相同的 Na^+ 型树脂层称为保护层。保护层厚度与交换带宽度相等，这层保护层起着保护出水水质的作用。所以，交换带的消失阶段即为离子交换运行的末期阶段。影响离子交换带宽度的因素有离子交换树脂的性能、离子交换柱的结构和离子交换的运行条件等。

5.2.2.2 离子交换树脂层内的再生过程

采用含有一定化学物质的水溶液，使树脂层内失效的树脂重新恢复交换能力，这种处理过程称为树脂的再生过程。再生能力或再生性能，通常用再生剂耗、再生剂比耗表示。

再生剂耗是指在失效的树脂中再生 1 摩尔交换基团所耗用的再生剂质量，单位为 g/mol。

再生剂比耗表示再生单位体积树脂用再生剂的量（mol/m³）和该树脂的工作交换容量（mol/m³）的比值。它反映了树脂的再生性能，是离子交换运行经济性的重要指标。由于树脂工作交换容量并不随比耗正比地增加，因此在一定条件下应通过工作交换容量随比耗变化的趋势确定一个既经济又实用的再生剂比耗。不同的树脂、不同的离子交换工艺，这种经济比耗也不同。

5.2.3 水的阳离子交换

5.2.3.1 氢型强酸性阳离子交换树脂的交换反应

（1）反应通式为：$Ca^{2+}+2RH \rightleftharpoons R_2Ca+2H^+$

$$Mg^{2+}+2RH \rightleftharpoons R_2Mg +2H^+$$

$$Na^+ + RH \rightleftharpoons RNa+H^+$$

（2）出水水质与交换终点的控制

按对出水水质要求不同，控制交换终点也不同，可分为两种情况：一种是要求除去水中全部阳离子，这相当于出水中钠离子出现为交换过程的终点，即控制漏钠作为运行终点，故在水的除盐系统中，要求以漏钠作为运行终点控制；另一种是以出水中硬度出现为终点，此时只交换了水中的钙、镁离子，使水软化，故在水的软化系统中，以控制漏硬度作为运行终点。

5.2.3.2 氢型弱酸性阳离子交换树脂的交换反应

氢型弱酸性阳树脂主要是和水中的碳酸盐硬度进行交换反应。当水中硬度大于碱度时，其反应式为：

$$Ca(HCO_3)_2+2RCOOH \rightleftharpoons (RCOO)_2Ca + 2CO_2+2H_2O$$

$$Mg(HCO_3)_2+2RCOOH \rightleftharpoons (RCOO)_2Mg + 2CO_2+2H_2O$$

若进水的碱度大于硬度，即有$NaHCO_3$时，则除了能除去水中的碳酸盐硬度外，在运行初期还可以除去部分$NaHCO_3$，反应式为：

$$Ca(HCO_3)_2+2RCOOH \rightleftharpoons (RCOO)_2Ca + 2CO_2+2H_2O$$

$$Mg(HCO_3)_2+2RCOOH \rightleftharpoons (RCOO)_2Mg + 2CO_2+2H_2O$$

$$NaHCO_3+RCOOH \rightleftharpoons RCOONa + CO_2+ H_2O$$

但是，由于Na^+的选择性不如Ca^{2+}、Mg^{2+}，在运行后半周期，原来已吸着的Na^+大部分又将被Ca^{2+}、Mg^{2+}置换到水中，反应式为：

$$2RCOONa+ Ca^{2+} \rightleftharpoons (RCOO)_2Ca + 2Na^+$$

$$2RCOONa+ Mg^{2+} \rightleftharpoons (RCOO)_2Mg + 2Na^+$$

5.2.3.3 氢型弱酸性阳离子交换树脂的出水水质

氢型弱酸性阳离子交换树脂只能除去水中的碳酸盐硬度，不能除去非碳酸盐硬度，故软化并不彻底。但因其具有较大的交换容量及容易再生的特点，常与强酸性阳树脂联合应用。

5.2.3.4 阳树脂的再生反应

阳离子交换树脂失效后，为恢复其交换能力需要进行再生。其再生过程使用酸液（硫酸或盐酸）通过失效的树脂层，使树脂中的阳离子被排到溶液中去，而酸液中的氢离子则被树脂吸着，恢复其交换能力。

1. 用盐酸再生时的反应式

$$R_2Ca + 2HCl \rightleftharpoons 2RH + CaCl_2$$

$$R_2Mg + 2HCl \Longleftrightarrow 2RH + MgCl_2$$
$$RNa+ HCl \Longleftrightarrow RH + NaCl$$

2. 用硫酸再生时的反应式

$$R_2Ca + H_2SO_4 \Longleftrightarrow 2RH + CaSO_4$$
$$R_2Mg + H_2SO_4 \Longleftrightarrow 2RH + MgSO_4$$
$$2RNa+ H_2SO_4 \Longleftrightarrow 2RH + Na_2SO_4$$

5.2.4 一级复床除盐基本原理

一级复床除盐指原水只一次相继地通过 H 型强酸性阳离子交换器(阳床)和 OH 型强碱性阴离子交换器(阴床)的除盐水处理。它包括 H 型强酸性阳离子交换器、除二氧化碳器和 OH 型强碱性阴离子交换器，并构成串联系统。

原水经 H 型强酸性阳离子树脂交换后，除去了水中的所有阳离子，被交换下来的 H^+ 与水中的阴离子基团结合形成相应的酸，原水中的 HCO_3^- 则变成了游离 CO_2，其反应为：

$$H^+ + HCO_3^- \Longleftrightarrow CO_2 + H_2O$$

在化学除盐系统中，一般均设有除碳器。形成的游离 CO_2 与原水中含有的 CO_2 很容易用除碳器除去，这样又免去了 OH 型强碱性阴树脂用于交换 HCO_3^- 而消耗其交换容量，也降低了再生剂消耗，而 OH 型强碱性阴树脂对进水中以酸形式存在的阴离子很容易进行交换反应，除去水中所含的阴离子，从而得到除盐水。

在一级复床除盐水处理时，为了除去水中除 H^+ 以外的所有阳离子，要求 H 型强酸性阳离子交换器出水中漏钠时，立即停止运行，用 NaOH 进行再生，这样才能保证一级复床除盐水的水质。

5.2.5 强弱型树脂联合应用

强弱型离子交换树脂联合应用是指同时使用强、弱两种类型离子交换树脂来除去水中各种离子杂质以达到除盐目的。联合应用工艺已出现很长时间，在生产实践中，克服了树脂性能上的不足，也由于双层床、双室床的成功研制及原水含盐量增高对除盐工艺提出了更高的要求，使得联合应用工艺有了发展。

5.2.5.1 强-弱型树脂联合应用的原理

强-弱型树脂联合应用工艺是指同时应用强-弱性两种树脂组成的化学除盐系统，去除水中成盐离子的方法。由于强型树脂交换能力强，可以去除水中的全部成盐离子，但交换容量低，再生比耗大；而弱型树脂虽然不能除去水中全部离子，但具有交换容量大，再生比耗低的优点。因此，为发挥两种树脂的优势，采用强-弱型树脂联合应用的工艺，既可以保证产水水质，又能提高树脂的工作交换容量，节约再生剂。

一般情况下，在原水含盐量大于 500mg/L 的情况下，采用强弱型树脂联合应用工艺，在联合应用中，强、弱两种树脂为对方提供了有利的工作条件，使得它们的特长都得到了充分发挥。经验表明：在再生剂比耗为 1.0~1.2 范围内，阳离子交换工艺的平均工作交换容量达到 1300~1700mmol/L，阴离子交换工艺的平均工作交换容量达到 800~1000mmol/L。

5.2.5.2 强弱型树脂联合应用的范围

根据强、弱离子交换树脂在联合应用中的特性，结合运行的经济性，可得出双层床及双室双层床适用的水质范围。可以根据体积比及附加条件(如设定运行流速、周期产水量等)来确定树脂的极限体积比，从而确定适用的原水水质。

(1)阳树脂强弱型联合应用工艺适用的水质范围：当原水"暂硬/∑阳"值在 0.48~0.85

范围时，可采用双层床；当原水"暂硬/∑阳"值在 0.54~0.85 范围时，可采用双室双床浮床；当原水"暂硬/∑阳"值大于 0.89 时，可采用变径串联系统。总之，当原水"暂硬/∑阳"值大于 0.5 时，可采用不同形式的阳树脂联合应用工艺。

（2）阴树脂强弱型联合应用工艺适用的水质范围：根据阳树脂联合应用工艺推算适用水质的原则，同样可以确定各种形式的阴树脂联合应用工艺适用的水质范围。决定树脂体积比的一个因素是两种树脂的工作交换容量之比。目前我国生产的强碱阴树脂的工作交换容量平均为 500mmol/L，弱碱性阴树脂的工作交换容量平均为 1000mmol/L。可认为弱碱阴树脂的工作交换容量是强碱阴树脂的 2 倍，视为常数。这样，决定强弱型树脂体积比的因素是原水中 SiO_2 含量与脱碳后残余 CO_2 含量之总和与原水中强酸根之比。弱碱阴树脂主要是去除水中强酸根离子，强碱阴树脂主要是去除水中弱酸根离子。所以，为充分发挥弱碱阴树脂工作交换容量高的优势，希望水中强酸根离子高一些。对于联合应用工艺，最不利的水质是水中 SiO_2 含量和强酸根含量的比值很大。

5.3　一级复床加混床离子交换除盐水处理系统原理与操作

离子交换树脂装入交换器中，按照一定工艺条件的要求，组合在一起则组成离子交换除盐系统。若将 H 型阳床和 OH 型阴床组合在一起，原水只一次经过 H 型、除碳器和 OH 型交换器，则此系统称为一级复床除盐系统；若在一级复床除盐系统后增加一个混床，则称为一级复床除盐加混床系统。这是目前我国常见的一种水处理除盐系统。

除盐系统的管道联接方式有两种：一种为母管制，另一种为单元制。水处理一级除盐系统联接方式采用单元制联接方式，此方式中阳床和阴床同时运行，同时进行再生；而且阴床的交换能力应比阳床富余 10%~15%，也就是说在单元制系统中阳床总是比阴床先失效。此系统优点：系统简单，维护、运行、监督方便。

5.3.1　一级复床运行和再生原理

一级复床除盐是除盐工艺中比较简单而又被广泛采用的工艺。它是由一台强酸性 H 型阳离子交换器、一台除二氧化碳器（简称为除碳器）和一台强碱性 OH 型阴离子交换器组成的系统，如图 5-3 所示的就是典型的一级除盐系统。

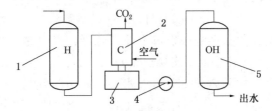

图 5-3　一级复床除盐系统

1—阳床；2—除碳器；3—中间水箱；4—中间水泵；5—阴床

1. 一级复床运行中离子交换过程和出水水质

（1）阳离子交换器与水中阳离子的交换　进入一级除盐系统的水经过预处理，水中只含有溶解性杂质。溶解性杂质包括阳离子、阴离子、少量胶体硅和有机物等。其中水中的阳离子主要由 Ca^{2+}、Mg^{2+}、K^+、Na^+ 和极少量的 Al^{3+}、Fe^{3+} 离子组成；阴离子主要由 HCO_3^-、SO_4^{2-}、Cl^- 和少量的 NO_3^-、$HSiO_3^-$ 离子组成，当水通过强酸性 H 型阳交换器时，水中所有的阳离子都被强酸性 H 型树脂吸收，活性基因上的 H^+ 被置换到水中，与水中的阴离子组合生成强酸和弱酸，反应式如下：

$$2RH+Ca(Mg,Na_2)\begin{cases}(HCO_3)_2\\Cl_2\\SO_4\end{cases}\rightarrow R_2\begin{cases}2H_2CO_3\\Ca(Mg,Na_2)+2HCl\\H_2SO_4\end{cases}$$

由此看出，阳离子交换器的出水是酸性水，不含其他阳离子。但当交换器运行失效时（即交换器中 H 型树脂接近耗尽时），其出水中就会有其他的阳离子的泄漏，而在诸多的阳离子中，首先漏出的阳离子是 Na^+，故习惯上我们称之为漏钠。当出水中的含钠超过一个给定的极限值，阳离子交换器即被判失效，需停运再生后才能投入运行。

图 5-4 所示为阳床经再生投入运行后的出水特性。当阳床再生后冲洗时，出水中各种杂质的含量迅速下降，待出水水质达到一定标准（如含钠量≤100μg/L）时，就可投入运行，此后水质基本保持稳定。当运行一定程度时，如图 5-4 中 b 点，漏钠量增大，酸度降低，树脂进入失效状态。

通水初期阶段：进水中所有阳离子均被交换成 H^+，进水中一部分 H^+ 与进水中的 HCO_3^- 反应生成 CO_2 和 H_2O，其余以强酸酸度形式存在于水中，其值与进水中强酸阴离子（$[1/2SO_4^{2-}]+[Cl^-]$）总浓度相等。

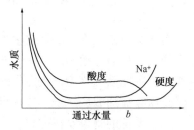

图 5-4 阳床出水特性

（2）脱除水中 CO_2　水经过 H 离子交换后，阴离子转变成相应的酸。其中 HCO_3^- 转变成了 H_2CO_3。当阴床进水中含有 H_2CO_3 时，HCO_3^- 的吸着性能与 $HSiO_3^-$ 相似，都集中在阴床的出口段树脂中，它的含量会影响除盐效果，从而影响出水中残留 $HSiO_3^-$ 的含量，影响出水水质。因此，在工业一级复床除盐系统中，一般都将经氢离子交换的出水先用除碳器除去 CO_2，再引入阴离子交换器。

阳床出水产生的游离 CO_2，连同进水中原有的游离 CO_2，可以很容易地利用亨利定律用除 C 器除掉，以减轻 OH 型离子交换器的负担，这就是在除盐系统中设置除碳器的目的。经脱碳处理后水中游离 CO_2 的含量一般可降至 5mg/L 左右。

一般当原水中碱度大于或等于 50mg/L 时，就应设除碳器。在原水碱度很低时或水的预处理中设置有石灰处理时，除盐系统中也可不设除 C 器，水中的这部分碱度经过氢离子交换后生成的 CO_2，由强碱性 OH 型离子交换器除去。

（3）阴离子交换器与水中阴离子的交换　进入强碱 OH 型阴离子交换器的水是酸性水，水中阳离子全部被除去，水中 CO_2 含量在 5 mg/L 以下，水中所有阴离子都以酸的形态存在，所以在强碱性阴离子交换器内发生的反应为：

$$2ROH+H_2\begin{cases}SO_4\\Cl_2\\CO_3\\SiO_3\end{cases}\rightarrow R_2\begin{cases}SO_4\\Cl_2\\(HCO_3)_2\\(HSiO_3)_2\end{cases}+2H_2O$$

由上述反应可以知道，阴床出水为纯水，基本不含任何杂质。事实上，经过一级复床处

174

理后的水质，一般电导率小于 5μS/cm，pH 在 7~9 之间，含硅量以 SiO_2 计在 10~20μg/L 左右。

当强碱性 OH 型阴交换器失效时，集中在交换器出口段的 $HSiO_3^-$ 先漏出来，致使出水的硅含量升高。失效时，由于有 $HSiO_3^-$ 漏出，出水 pH 值下降，至于出水的电导率，则常常是先出现略微下降，而后上升的情况，其原因是水中 OH^- 和 H^+ 离子要比其他离子易导电，所以当出水中两种离子的总含量很小时（即出水 PH 值为 7 左右时）有一电导率最低点，这一点之前由于出水中 OH^- 含量较大（即 pH>7）而电导率大，之后由于 H^+ 量多（即 pH<7）而电导率大。

在实际运行中，特别是在单元制一级复床系统的运行中，一般是强酸性 H 型阳交换器先于强碱性 OH 型阴交换器失效。此种情况下，由进入阴交换器的水质发生了变化，它的出水水质也将会随之改变，如图 5-5。

图 5-5 中的 a 点是强酸性 H 型交换器的失效点，由于阳交换器出水从 a 点开始漏出 Na^+，则从 a 点起，阴交换器出水中含有 NaOH，结果使出水 pH 值上升，又因为出水中 OH^- 的含量增大电导率也随之上升。对于阴交换器出水的 SiO_2 含量，由于出水中的反离子 OH^- 的增加，交换器对 $HSiO_3^-$ 的吸收能力下降，所以当 H 型阳交换器失效时，阴交换器出水的含硅量也会升。

在单元制一级复床系统的运行中，如果是强酸性 H 型阳交换器还没有失效，而强碱性 OH 型阴交换器失效。此种情况下，阴交换器的出水水质也将会随之改变。如图 5-6 所示。

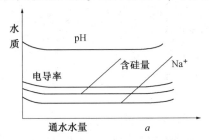

图 5-5　强酸性 H 型阳交换器失效，强碱性 OH 型阴交换器出水水质变化

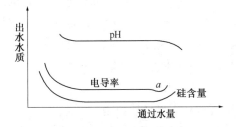

图 5-6　强碱性 OH 型阴交换器先于强酸性 H 型阳交换器失效出水水质其出水水质变化

当 OH 交换器先失效时，通常是出水中 SiO_2 含量增大，因为 H_2SiO_3 是很弱的酸，所以在失效的初期，对出水 pH 的影响不很明显，但紧接着随 H_2CO_3 或 HCl 漏出，pH 就会明显下降。至于出水的电导率往往会在失效点处先呈微小的下降，然后上升，这是因为 OH 交换器未失效时，其出水中通常有微量 NaOH，而当其失效时，这部分 NaOH 被 Na_2SiO_3 所替代，所以电导率有微小下降。当 OH^- 减少到与进水 H^+ 正好等量时电导率最低，之后，由于出水中 H^+ 的增加而使电导率急剧增大。

强碱 OH 型树脂对水中强酸阴离子（SO_4^{2-}、Cl^-）的吸着强于对弱酸阴离子的吸着，对 $HSiO_3^-$ 吸着能力最差。而且由于强酸 H 离子交换器的出水中含有微量的 Na^+，因此进入 OH 强碱交换器的水中除无机酸外，还含有微量的钠盐，因此强碱 OH 树脂还要进行与微量钠盐进行如下可逆交换：

$$ROH+Na \begin{cases} Cl \\ HCO_3 \\ HSiO_3 \end{cases} \Longleftrightarrow R \begin{cases} Cl \\ HCO_3 \\ HSiO_3 \end{cases} +NaOH$$

因此强碱 OH 阴离子交换器的出水呈微碱性。

要提高强碱 OH 交换器的出水水质，就必须创造条件提高除硅效果，以减少出水中硅的泄漏，这些条件包括水质方面的和再生方面的。由上述知道，如果水中硅化合物呈 NaHSiO$_3$ 形式，则用强碱 OH 型树脂是不能将其去除完全的，因为交换反应的生成物是强碱 NaOH，逆反应很强。因此，组织好强酸 H 交换器的运行，减少出水中 Na$^+$ 泄漏量，即减少强碱 OH 交换器进水的 Na$^+$ 含量，就可提高除硅效果。

如图 5-7 可以看出，随 H 交换器漏 Na$^+$ 量的增加，OH 交换器出水中 SiO$_2$ 的含量也增加，而且对 II 型树脂除硅的影响比对 I 型树脂的大。这是因为 I 型树脂比 II 型树脂碱性强，除硅能力也强的原因。

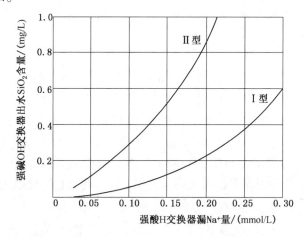

图 5-7　强酸 H 交换器的漏 Na+对强碱 OH 交换器除硅效果的影响

（4）运行监督　一级复床除盐系统运行监督的项目有流量、交换器的进出口压力差、进水水质和出水水质。

① 流量和进出口压力差

交换器应在规定的流速范围内运行，流量大就意味着流速高。交换器进出口的压力差主要是由水通过树脂层的压力损失决定的。流速高、水温低、树脂层越厚，则水通过树脂层的压力损失就越大。在正常情况下，进出口的压力差是有一定规律的。当它不正常升高时，说明树脂层积污过多，进气，或者析出沉淀(例如用 H$_2$SO$_4$ 再生析出沉淀)等情况可能发生。

② 进水水质符合本书 1.3.1 节中的要求。

③ 出水水质　一般情况下，强酸性 H 型交换器的出水不会有硬度，仅有微量 Na$^+$。当交换器接近失效时，出水中 Na$^+$ 浓度增加，应及时监测出水 Na$^+$ 浓度。

强碱性 OH 型交换器一般用测定出水 SiO$_2$ 含量和电导率的方法监督出水水质。

2. 离子交换器的再生

离子交换树脂运行一段时间后，失去继续交换水中欲除去离子的能力时称为失效。在实际上产中，通常运行到欲去离子开始泄露或者超过某一指标时，即认为失效。失效的树脂必须经过再生，才能恢复其交换能力。恢复树脂交换能力的过程称为再生。

通常，再生过程是用一定浓度的盐酸或者硫酸溶液通过失效的树脂，使树脂恢复交换能力。阳树脂的再生反应如下：

用盐酸再生时

$$R_2Ca + 2HCl \rightleftharpoons 2RH + CaCl_2$$

$$R_2Mg + 2HCl \rightleftharpoons 2RH + MgCl_2$$

$$RNa + HCl \rightleftharpoons RH + NaCl$$

用硫酸再生时

$$R_2Ca + H_2SO_4 \rightleftharpoons 2RH + CaSO_4$$

$$R_2Mg + H_2SO_4 \rightleftharpoons 2RH + MgSO_4$$

$$2RNa + H_2SO_4 \rightleftharpoons 2RH + Na_2SO_4$$

但是用硫酸再生时，必须防止在树脂层中产生 $CaSO_4$ 沉淀，因此，再生时需要控制硫酸的浓度。在实际生产过程中，常采用分步再生的方法，首先采用低浓度高流速的硫酸再生液再生，然后再逐渐提高硫酸的浓度，同时必降低流速，已取得满意效果。参数控制如表5-6。

表5-6　再生硫酸允许浓度

Ca^{2+} 占原水阳离子的比例/%	允许的 H_2SO_4 含量/%
20	4
40	3
60	2
80	1.5
100	1

阴树脂失效后，一般都用 NaOH 再生，阴树脂的再生反应如下。

$$R_2 \begin{cases} SO_4 \\ Cl_2 \\ (HCO_3)_2 \\ (HSiO_3)_2 \end{cases} + 2NaOH \rightarrow 2ROH + Na_2 \begin{cases} SO_4 \\ Cl_2 \\ (HCO_3)_2 \\ (HSiO_3)_2 \end{cases}$$

5.3.2　混合床离子交换除盐原理

混合床简称混床，为了满足高参数锅炉用水要求，需要得到更纯的水，人们采用了混合床离子交换除盐水处理系统。混合床常用于一级除盐水的后处理，与一级复床除盐系统构成完整的一级复床加混床除盐系统。如图5-8。

混合床离子交换器是以阳、阴两种离子交换树脂按一定比例均匀混合后填装于同一交换器内，相当于一个多级的除盐系统。其中经 H 型强酸性阳树脂与水中阳离子交换后形成的 H^+，和经 OH 型强碱性阴树脂与水中阴离子交换后形成的 OH^-

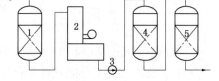

图 5-8　一级复床加混床系统
1—阳床；2—除二氧化碳器；
3—中间水泵；4—阴床；5—混床

相结合，形成电离度很小的水，使交换过程形成的 H^+ 和 OH^- 不能积累，从而消除了反离子对交换过程的干扰，使离子交换反应完全。因此混床出水的水质好。

以一级除盐水中残存的阳离子（如 Na^+）、阴离子（如 Cl^-、$HSiO_3^-$）为例，反应式如下：

$$Na^+ + RH = RNa + H^+$$

$$Cl^- + ROH = RCl + OH^-$$

$$HSiO_3^- + ROH = RSiO_3 + OH^-$$

$$H^+ + OH^- = H_2O$$

随着运行，上述反应将不再进行，混床将失去交换能力，出水水质将不合格。此时要停运交换器，准备再生恢复其工作交换能力。混床再生时利用阳、阴离子交换树脂的湿真密度差水力反洗分层后，再分别以规定浓度的酸、碱再生，恢复其工作交换能力。混合床的运行分反洗分层、体内或体外再生、树脂混合、正洗和交换等步骤。

5.3.3 一级复床加混床除盐系统首次开车准备

1. 全面检查装置情况

检查确认水处理装置所有设备和管线均已按照工艺和仪表要求正确安装，并完成仪表联校工作，尤其注意检查以下各点：止逆阀方向是否正确；正式盲板位置状态是否正确；临时盲板是否全部拆除；各阀门是否安装在能安全平稳操作的位置；开车组织方案资料数据是否齐备；化学品等公用工程是否齐备；分析检测及设备检修的人员工器具是否到位；安全防护用具是否齐备；现场通讯系统是否完好等。

2. 单机设备的试车

按照 8.4 节的转机操作法，对水处理系统的转动设备，如离心泵、罗茨鼓风机、往复式计量泵、空气压缩机完成单机试车，做好记录。出现泵反转、泄漏、振动等问题及时消除。

3. 工业风和仪表风系统吹扫

工业风和仪表风在引入装置时，应先将各仪表使用点和支线上的阀门关闭，然后引入工业风和仪表风后在总管的末端进行排放，把其中的杂物吹净后，再逐点吹扫各仪表使用点和支线，避免脏物杂质带入工业风和仪表风系统内。在管道的吹扫过程中应不断用木锤敲击管线的弯头、焊接口等，使管壁上附着的杂物落下，以彻底清除内部的残留杂质。在对进入仪表的仪表风管线进行吹扫时，必须要有仪表专业人员确认，进气时要缓慢，要对每条管线进行仔细检查，同时检查有无泄漏，若发现有泄漏应及时消除。工业风和仪表风系统吹扫确认合格后即可投入正常使用。

4. 蒸汽加热系统吹扫

装置的蒸汽加热系统的吹扫是由外界引入蒸汽按流程逐段吹扫，引入蒸汽时需按要求充分暖管排凝，严防因水锤造成设备或人身伤害，因蒸汽温度较高，吹扫时应注意做好防范措施，特别注意避免被蒸汽烫伤。蒸汽吹扫全部完成后，应尽快按要求将拆除的设备和仪表复位。

5. 电气、仪表、DCS(PLC)、联锁系统调试

化学水处理装置所有电气设备使用前均须由专业人员按照规定程序检查确认合格，包括现场照明和通讯系统。所有机泵的电机必须单独运合格。

各系统吹扫期间，应拆除全部的孔板、仪表元件和调节阀，以短节代替，并将仪表引压管关闭。吹扫时注意逐点将仪表引压管残存的水或杂质排净，检查调节期间安装方向是否正确；仪表指示是否正常；联锁系统试验结果是否正常；所有气动阀均需检查调校，确认动作正常；电动仪表通电试验正常。

DCS(PLC)系统调试须由专业人员按照规定程序检查，并确认系统调试合格。运行人员须确认各气动阀开闭位置、反馈信号是否正确。

6. 水冲洗

化学水处理装置在管线安装完毕，工艺流程打通后，为防止焊渣、土石等杂物残留在系统内，损坏交换器的水帽和设备，影响以后的工艺安全运行，按照规定必须进行水冲洗。

178

通常可以采取不解裂分段清洗法，系统冲洗主要进行如下工作：

（1）一级除盐水系统清洗：清水箱出口管线→清水泵→加热器→阳床入口段管线的冲洗；阳床的冲洗；阳床出水→中间水箱的冲洗；中间水箱出水→中间水→到阴床入口管线的冲洗；阴床的冲洗→一级除盐水箱管线的冲洗。

（2）树脂清洗系统的冲洗。

（3）二级除盐水系统的冲洗。

（4）冲洗的条件确认：所有非相关人员撤离现场；工业水满足要求，清水箱清扫干净；检查设备安装无误，流程畅通，各阀门开关位置正确；清水泵、罗茨风机、再生泵，中间水泵、一级除盐水泵的电机送电、并检查机泵是否能正常启动；仪表风流程打通，相关电磁阀气压正常；所有相关电磁阀送电，位置正确，开关灵活；污水排放沟清理干净杂物。

7. 水联运

在水处理装置准备填装离子交换树脂前，为了检验设备的健康水平、程序控制是否畅通无误和检验系统有无泄漏，保证改扩建后顺利开车成功，按照规定必须进行 8h 水联运。

水联运的条件确认：床子不能装填树脂；控制程序初步空载调试成功；所有电磁阀好用、气源、电源满足要求；所有机泵送电正常；所有阀门位置正确，开关灵活。

（1）按照要求投运滤池、活性炭过滤器等预处理系统。

（2）按照规程投运一级除盐系统，循环清洗联运（阳床、阴床联运），在设计流量下，联运 8h，每小时记录一次阳床、阴床格式的压力。一级除盐系统再生联运（阳床、阴床再生联运）。

（3）在水联运过程中，分别将交换器中的一台停运，试验再生流程。

（4）从二级出盐水泵出口引一条临时管线到清水箱。按照规程投运二级除盐系统清洗联运。

（5）在水联运期间要及时检查各运转设备的运行状况是否正常和程控是否有问题，准确记录其暴露的问题并联系解决。

8. 离子交换树脂的装填

经过水冲洗和水联动试车，将进行离子交换树脂的装填工作。

（1）事先要根据离子交换树脂的湿视密度计算离子交换树脂的装填量，并与设计值进行核对。

例如：某台离子交换器的直径为 3.2m，内装树脂层的高度为 2.4m，已知该树脂的湿真密度为 $1.15×10^3 kg/m^3$，湿视密度为 $0.75×10^3 kg/m^3$，求该交换器内装树脂量。

解：

$$V = \frac{1}{4}\pi D^2 H = 0.25×3.14×3.2^2×2.4 = 19.3m^3$$

$$\omega = V\rho = 19.3×0.75×10^3 = 14475kg = 14.475t$$

（2）浮动床离子交换树脂和惰性树脂由树脂水力输送器装入反洗塔，然后从反洗塔水力输送到交换器各室（固定床可以直接由人孔用树脂水力输送器装入床体内）。

（3）按照新的离子交换树脂要求进行树脂预处理。

（4）树脂装添顺序：D001、D113、D201、D301、惰性树脂。装填工作不能交叉进行。装某一型号树脂时，条件允许，除此型号树脂送到工作现场外，其它型号树脂暂时不要送到现场，必须严格避免不同类型树脂混装。

5.3.4 开车程序

1. 开车前的检查、准备工作

（1）水源、电源正常、照明充足。

（2）各种压力表、流量表、水位表和各种分析仪表经检查校验正常。

（3）分析用药品、仪器、仪表齐全好用。

（4）各种规程、图纸、记录、报表齐全，工具、材料具备。

（5）设备和阀门标志分明、阀门操作灵活、经试运转正常。并通知电气检查电气设备正常、绝缘合格。

（6）检查所有阀门应呈关闭状态。

（7）检查水泵、加药泵、各类风机正常。

（8）值班员应了解各管道阀门备用情况，有缺陷及时汇报处理，切实做好启动前的准备工作。

2. 系统整体启动

（1）开启原水总阀，调整原水压力和流量正常。

（2）根据来水水质，调整凝聚剂加药装置向原水系统加药，并将药液剂量调到要求范围（当生水悬浮物小于 5mg/L 时可不投运凝聚剂加药装置）。

（3）开滤池正洗排水阀门，正洗至洗排水清沏透明，悬浮物 <5mg/L，关闭正洗排水阀门，向清水箱进水冲洗，当清水箱排水合格后关闭排水阀门。

（4）当清水箱水位至 2/3 以上时，开清水箱出口阀门，按要求启动清水泵。

（5）开启备用的阳床入口阀门和空气阀，待空气阀溢水时，开启正排阀、关闭空气阀进行正洗，当化验水质合格，开出口阀，关闭正排阀。

（6）开启备用脱碳器入口阀，中间水箱排水阀，同时启动脱 CO_2 风机。

（7）冲洗中间水箱并取样化验，当化验水质符合强酸阳床出水水质后关排污阀。

（8）当中间水箱水位升至 2/3 以上时，按要求启动中间水泵。

（9）开启备用的阴床入口阀门和空气阀，待空气阀溢水时，开正排阀、关闭空气阀、开化学仪表的取样阀进行正洗，当 $SiO_2 < 100\mu g/L$，$DD < 10\mu S/cm$，正洗合格，开出口阀，关闭正排阀。向一级除盐水箱除盐水箱制水。

（10）冲洗一级除盐水箱，至水质透明，取样化验合格。关闭水箱排污阀，制一级除盐水。

（11）再生混床。正洗合格后投运，向二级除盐水箱供水，冲洗二级除盐水箱，合格后，开始制二级除盐水。并根据调度令，决定是否向外界供二级除盐水。

（12）当设备全部启动，应全面仔细巡视检查一遍，看有无漏项和误操作，并详细作好记录，以后按正常巡回检查制度进行检查化验调整。

（13）按规定时间对设备全面巡回检查，对原水流量、温度、压力，（凝聚剂加药装置加药和药位）、滤池出水水质、清水箱水位、清水泵、阳床压力、流量，脱碳器风机、中间水箱水位、（空擦滤池用空压机或罗茨风机）、废酸碱中和池水位、中和水泵、中间水泵、阴床、混床压力、流量，再生水泵、除盐水泵、送出除盐水的压力流量、除盐水箱、酸罐、碱罐的液位检查一遍并抄记。

（14）按规定时间间隔，对下列水样，取样化验和记录，并根据化验结果及时调整。阳床出水硬度、酸度、钠离子浓度。对原水碱度、硬度、氯离子。阴床出口酸度、电导率、二氧化硅。对接近失效的离子交换器要加强检查和化验监督。

（15）当离子交换器失效，应立即关闭入口阀和出口阀，开排空气阀，排除压力后关闭待再生，并立即将备用离子交换器正洗、投运。

5.3.5 停车操作

1. 停运前的检查

确认停运命令；控制程序正常；所有电磁阀完好、气源、电源满足要求；所有机泵运转、控制正常；所有阀门位置正确。

2. 系统停运

（1）按照要求停运滤池、活性炭过滤器等预处理系统。

（2）按要求停运清水泵、中间水泵、脱 CO_2 风机。

（3）关闭运行一级离子交换器入口阀、出口阀，关闭去化学仪表的取样阀、开空气阀排除压力后关闭。

（4）停运一级除盐水泵，关闭混床出入口阀。停运二级除盐水泵。

3. 检查与记录

当设备全部停运后，全面巡视检查一遍，看有无异常和漏项操作，作好记录。

5.4 离子交换除盐单元设备的结构、原理与运行

实际生产中，水的离子交换处理是在离子交换器中进行的。装有交换剂的交换器也称为床，交换器内的交换剂层称床层。离子交换装置的种类很多，大致分为固定床、浮动床和混床等。

离子交换器按水和再生液的流动方向分为：顺流再生式、对流再生式（包括逆流再生离子交换器和浮床式离子交换器）和分流再生式。按交换器内树脂的状态又分为：单层（树脂）床、双层床、双室双层床、双定双层浮动床、满室床以及混合床。按设备的功能又分为：阳离子交换器、阴离子交换器和混合离子交换器。

5.4.1 固定床顺流再生离子交换器

顺流再生离子交换器是离子交换装置中应用最早的床型，这种设备运行时，水流从上而下通过树脂层；再生时，再生液也是自上而下通过树脂层，即水和再生液的流向是相同的，称为顺流再生。

1. 交换器的结构

交换器的主体是一个密封的圆柱形压力容器，器体上设有人孔、树脂装卸孔和用以观察树脂状态的窥视孔。体内设有进水装置、排水装置和再生液分配装置。交换器中装有一定高度的树脂，树脂层上面留有一定的反洗空间（如图 5-9 所示）。

（1）进水装置，也叫布水装置。如图 5-10 它的作用是均匀分布进水在交换器的过水断面上；另一个作用是均匀收集反洗排水。由于这种设备在运行时，树脂上方有较厚的水垫层，因此对进水装置要求不高。

常见的进水装置有如下四种：漏斗式、十字穿管式、圆筒式、多孔板水帽式。

十字管式或圆筒式是在十字管或圆筒上开有许多小孔，管或筒外包滤网或绕不锈钢丝，也有在管或筒壁上开细缝隙的。常用材料为不锈钢或者工程塑料，也可采用碳钢衬胶。多孔

板水帽式的布水均匀性较好，孔板材料有碳钢衬胶或工程塑料等。

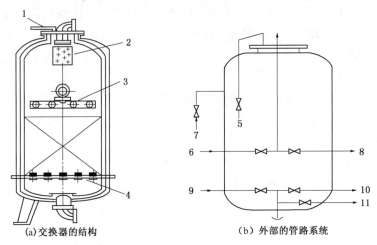

图 5-9　顺流再生离子交换器结构
1—放空气管；2—进水装置；3—进再生液装置；4—出水装置；5—排气管；6—上进水；7—进再生液；8-反洗排水；9—反洗进水；10—出水；11—正洗排水

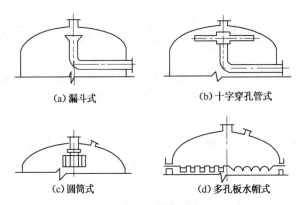

图 5-10　进水装置

（2）排水装置　排水装置的作用是均匀收集处理好的水，也起均匀分配反洗进水的作用，所以也称配水装置。一般对排水装置布集水的均匀性要求较高，常用的排水装置如图5-11所示，有穹形孔板石英砂垫层式和多孔板水帽式两种。

在穹形孔板石英砂垫层式的排水装置中，穹形孔板起支撑石英砂垫层的作用；常用材料有碳钢村胶、不锈钢等。石英砂垫层的级配和厚度见表5-7和图5-11所示。石英砂的质量为 $SiO_2 \geqslant 99\%$，使用前应用 5%~10% 的 HCl 浸泡 8~12h，以除去其中的可溶性杂质。

表 5-7　石英砂垫层的级配和厚度

粒径/（mm）	设备直径/（mm）		
	≤1600	1600~2500	2500~3200
1~2	200	200	200
2~4	100	150	150
4~8	100	100	100
8~16	100	150	200
16~32	250	250	300
总厚度	750	850	950

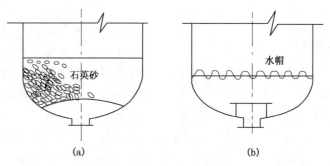

图 5-11　排水装置的常用形式

(a)穹形孔板石英砂垫层式；(b)多孔板加水帽式

(3)再生液分配装置　能保证再生液均匀地分布在树脂表面上，常用的分配液装置有辐射式、环形式、母管支管式三种。如图 5-12 所示。

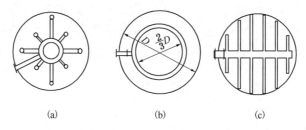

图 5-12　再生液分配装置

(a)辐射式；(b)圆环式；(c)母管支管式

小直径交换器可不专设再生液分配装置，由进水装置分配再生液，大直径交换器一般采用母管支管式。再生液分配装置距树脂层面约 200~300mm，在管的两侧下方 45°开孔，孔径一般为 6~8mm。

此外，在树脂层上方至进水装置之间有一定的反洗空间，这是为了在反洗时使树脂层有膨胀的余地，并防止细小颗粒被反洗水带走，其高度一段相当于树脂层高度的 60%~80%。

当这一空间充满水时，称水垫层，水垫层在一定程度上可以防止进水直冲树脂层面造成凸凹不平，从而使水流在交换器断面上均匀分布。

(4)外部管路阀门　一般顺流再生固定床的外部管路有七只阀门控制。进水阀、出水阀、反洗进水阀、反洗排水阀、进再生液阀、正洗阀、排空气阀。如图 5-9(b)所示。

(5)窥视镜　一般顺流再生固定床设有两个窥视镜。中部窥视镜的作用是用于窥视内部离子交换树脂的装填情况。上部窥视镜的作用是用于在反洗时观察内部离子交换树脂反洗膨胀情况，防止树脂膨胀过度而流失。

2. 工艺特点

顺流再生离子交换器运行失效后、再生前和再生后的树脂层态如图 5-13 所示。如图 5-13(a)当运行失效时，进水中离子依据树脂对它们的选择顺序依次沿水流方向分布，最下部树脂的交换容量未能得到充分利用，尚存在一部分 H 型树脂。顺流再生交换器再生前树脂需进行反洗，试验表明，经过反洗后各离子型树脂在床层中基本呈均匀分布状态，如图 5-13(b)所示。再生时，由于再生液由上而下通过树脂层，故上部树脂首先接触新鲜再生液得到较充分再生，由上而下树脂的再生度逐渐降低，下部未得到再生的主要是 Ca、Mg 型树脂，也有少量 Na 型树脂。

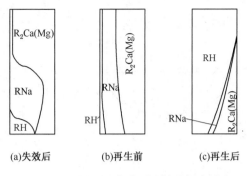

(a)失效后　　(b)再生前　　(c)再生后

图 5-13　顺流再生氢离子交换器树脂层态

在再生的初期，一部分被再生下来的高价离子流经下部树脂层时，会将下树脂中的低价离子置换出来，使这部分树脂转为较难再生的高价离子型。底部未失效的 H 型树脂也会因再生产物通过而转成失效态，这就会使树脂再生困难，并多消耗再生剂。所以顺流再生工艺的再生效果差。若再生前树脂未经反洗，即仍为失效后的层态(a)。则上述情况更为突出。

在顺流工艺中，交换器中树脂的再生通常是不彻底的，再生液入口端再生得较完全，出口端再生不完全。由于水的流向和再生液的流向相同，所以与出水相接触的正好是再生最不完全的部分。因此，即使在进水端水质已经处理得很好，而当它流至出水端时，又与再生不完全的树脂进行反交换重新使水质变差。图 5-14 是顺流 H 离子交换器出水 Na$^+$浓度变化曲线。正是由于这种反交换，随着运行的进行交换器底部的树脂层的再生度会逐渐有所提高。因此随着运行的进行，其出水水质会有所好转，直到失效。

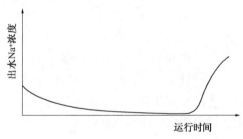

图 5-14　顺流 H 离子交换器出水 Na$^+$浓度变化曲线

由于树脂对 Ca^{2+}、Mg^{2+}的选择性比 Na$^+$大得多，以及离子交换平衡的浓度效应，在低浓度溶液中交换生成的 H$^+$置换下来的 Ca^{2+}、Mg^{2+}量微乎其微。一般来说，在出水端 Ca、Mg 型标脂含量小于用 60%情况下，出水硬度近于零。

顺流再生离子交换器的优点是：(1)设备结构简单，造价低；(2)运行操作方便，工艺控制容易；(3)由于一般每周期都要进行反洗操作，所以对进水悬浮物含量要求不很严格（浊度≤5.0mg/L）。

顺流再生离子交换器的缺点是：(1)树脂再生率低，在原水含盐量高或硬度高时，出水水质很难达到要求；(2)为保证水质，必须多耗再生剂，提高树脂再生度，因此运行费用高；(3)由于受流速限制，设备出力小。

3. 交换器的运行

顺流再生离子交换器的运行通常分为五步，从交换器失效后算起为：反洗、进再生液、置换、正洗和制水。这五个步骤，组成交换器的一个运行循环，称运行周期。

(1)反洗　交换器中的树脂失效后。在进再生液之前，常先用水自下而上进行短时间的强烈反洗。反洗的目的是：松动被压实的树脂层，使再生液在树脂层中均匀分布；清除树脂上层中的悬浮物、碎粒。经验表明，反洗时使树脂膨胀 50%～60%效果较好。反洗要一直进行到排水不混浊为止，一般需 10~15min。反洗也可以依据具体情况在运行几个周期后，定期进行。

（2）再生　先将交换器内的水放至树脂层以上 100~200mm 处，然后使一定浓度的再生液以一定流速自上而下流过树脂层。按照规定参数调整再生液浓度、流量达到要求。再生是离子交换器运行操作中很重要的一环。

（3）置换　当全部再生液送完后，树脂层中仍有正在反应的再生液，而树脂层面至计量箱之间的再生液则尚未进入树脂层。为了使这些再生液全部通过树脂层，须用水按再生液流过树脂的流程及流速通过交换器，这一过程称为置换。它实际上是再生过程的继续。置换水一般用配再生液的水，水量约为树脂层体积的 1.5~2 倍，以排出浓离子总浓度下降到再生液浓度的 10%~20% 以下为宜。

（4）正洗　置换结束后，为了清除交换器内残留的再生产物，应用运行时进水自上而下清洗树脂层，流速约 10~15m/h。正洗一直进行到出水水质合格为止。正洗水量一般为树脂体积的 3~10 倍，因设备和树脂不同而有所差别。

（5）制水　正洗合格后即可投入制水。

5.4.2　固定床逆流再生离子交换器

为了克服顺流再生方式底层交换剂（和出水最后接触的部分）再生程度低的缺陷，现在广泛采用逆流再生方式，即运行时水流方向和再生时再生液流动方向相对进行的水处理工艺。习惯上将运行时水流向下流动、再生时再生液向上流动的对流水处理工艺称逆流再生工艺；将运行时水流向上流动（此时床层呈密实浮动状态）、再生时再生液向下流动的对流水处理工艺称浮动床水处理工艺。这里先介绍逆流再生工艺。

1. 逆流再生工艺的特点

（1）不管顺流再生还是逆流再生，阳离子交换器失效后离子在交换剂层中的分布规律都差不多，如图 5-15（c）所示。上层完全是失效层，被 Ca^{2+}、Mg^{2+}、Na^+ 所饱和，下层是部分失效的交换剂层。逆流再生时，下层部分失效的交换剂总是和新鲜的再生液接触，故可得到很高的再生度，越往上交换剂的再生度越低，如图 5-15（a）所示。这种分布情况对交换很有利。因为运行时，出水接触的是这部分再生最彻底的交换剂，因此出水水质好，如图 5-15（b）所示。上层交换剂虽然再生不彻底，但运行时它首先与进水相接触，此时水中反离子浓度很小，故这部分交换剂仍能进行交换，

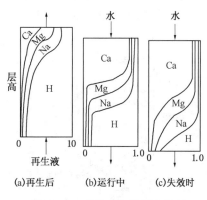

图 5-15　逆流式交换器交换剂层中离子变动过程

（a）再生后　（b）运行中　（c）失效时

故其交换容量得到充分的发挥。例如对于强酸 H 离子交换器来说，新鲜的酸再生液首先接触底部未失效的 H 型树脂，酸中 H^+ 未被消耗，进一步向上流动进入 Na 型树脂层区，将 Na 型树脂再生为 H 型树脂，再生液中尚未被消耗的 H^+ 以及被置换出的 Na^+ 继续向上流动与 Mg 型树脂接触，将树脂转为 H 型和 Na 型；含有 H^+、Na^+ 的再生液和被置换下来的 Mg^{2+} 再继续通过 Ca 型树脂，使 Ca 型树脂得到再生。由于再生液中的 H^+ 不是直接接触最难再生的 Ca 树脂，而是先接触容易再生的 Na 树脂并依次进行排代，这样就大大提高了 H 型树脂的转换率，所以相同条件下，再生效果比顺流式好。由于出水端树脂的再生度最高，所以运行时，可获得很好的出水水质。

（2）与顺流再生相比，逆流再生工艺具有以下优点：

a. 对水质适应性强 当进水含盐量较高或 Na 比值较大而顺流工艺达不到水质要求时，可采用逆流再生工艺。

b. 出水水质好 由逆流再生离子交换器组成的除盐系统，强酸 H 交换器出水 Na^+ 含量低于 $100\mu g/L$，一般在 $20\sim30\mu g/L$；强碱 OH 交换器出水 SiO_2 低于 $100\mu g/L$，一般在 $10\sim20\mu g/L$；电导率通常低于 $2.0\mu S/cm$。

c. 再生剂比耗低 一般为 1.5 左右。视水质条件的不同，再生剂用量比顺流再生节约 $50\%\sim100\%$，因而排废酸、废碱量也少。

d. 自用水率低 一般比顺流再生低 $30\%\sim40\%$。

逆流再生工艺的优越性是很明显的，目前已广泛应用于强型(强酸性和强碱性)离子交换。但对于弱酸性 H 离子交换剂来说，逆流再生只能改善其出水水质，却不能降低其再生剂用量。

2. 交换器的结构(如图 5-16，图 5-17)

在用逆流再生工艺时，必定要有液体(再生液或水)向上流动的过程，这是和顺流式不同的地方。由于这一特点，逆流交换的工艺过程比较复杂一些，因为当液体通过交换剂层上流时，如其流速稍微快了一些，就会发生和反洗一样的使交换剂层松动的现象。这样，交换剂层的上下次序完全打乱，通常称为乱层。如果发生了这一现象，交换剂层中的交换剂不再保持原有规则的变化，就失去逆流再生的优点。为此，在采用逆流再生工艺时，设备的结构和运行操作的特点都要注意到防止液体上流时发生乱层的现象。

逆流再生式离子交换器的结构和外部管路图，如图 5-16 和图 5-17 所示。其结构和顺流式固定床很相似。排水装置、进水装置相同，不同的地方如下：

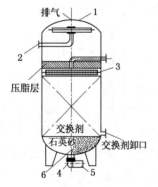

图 5-16 逆流再生式离子交换器的结构
1—进气管；2—进水管；3—中排装置；
4—出水管；5—进再生液管；6—穹形多孔板

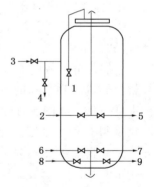

图 5-17 逆流再生交换器外部的管路系统
1—排气管；2—上进水；3—中排进水；4—中排排水；
5—上排水；6—反洗排水；7—出水；
8—进再生液；9—正洗排水

（1）中排装置 为了防止再生液和清洗水上流时发生乱层，逆流再生式离子交换器中间排水装置要求不漏交换剂颗粒，布水均匀。在交换器中应安装牢固，防止运行中被水流冲坏。目前中排装置常用的形式是母管支管式，可分为母管、支管处于同一平面与不在同一平面，总管在上或在下的几种形式。

图 5-18 是管插式中排装置，其母管和支管处于压脂层同一水平面上，插入树脂层的支管高度一般与压脂层厚度相同，所用防止树脂流失的方式、材料均与母管支管式相同。这种

中排装置能承受树脂层上、下移动时较大的推力，不易弯曲、断裂。

图 5-19 所示是母管、支管处于不同平面，总管在上的中排装置。母管置于树脂层上面，阻力较小，也不至于造成中部死区。支管是以短管与母管连接，用不锈钢螺栓固定。这样做比较容易使所有支管都处于同一水平面。支管上开孔或开缝隙并加装网套。网套一般内层采用 10~20 目聚氯乙烯塑料窗纱，外层用 60~70 目不锈钢丝网、涤纶丝套网(有良好的耐酸性能)、锦纶丝套网(有良好的耐碱性)等。也有的在支管上设置排水帽。

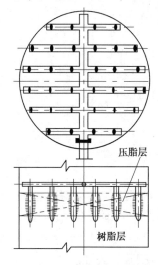

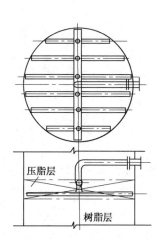

图 5-18　管插式中排装置　　　图 5-19　母管、支管处于不同平面，总管在上的中排装置

（2）压脂层　在中间排水装置之上，交换剂层上加一层厚约 150~200mm 的粒状物质作为压脂层(也称压实层)。这也是为了使液体上流时不乱层。

压脂层的材料有密度比树脂小的聚苯乙烯白球(20~30 目)、泡沫塑料球或离子交换树脂。若采用的是离子交换树脂，应注意以下问题：这部分树脂在运行中是得不到再生的，经常处于失效状态，所以一旦发生误操作，失效树脂进入交换剂层的下部，就会使出水水质降低。实际上，这一层压实层所能产生的压力很小，并不能在上流流速较高时防止乱层。然而，压脂层可以起到以下的作用：

过滤掉水中的悬浮物，使它不进入下部的交换剂层中，这样便于将其洗去，而不影响下部交换剂层的层次；可以使用来顶压的压缩空气或水均匀地进入中间排水装置。

在再生和冲洗时需采用较高的流速(如 4~7m/h)时，则应从交换器上部送入压缩空气或水，即令少量的空气或水由交换器上部进入，随同出水一起由中间排水系统排出。这样，由于交换器上部的压力加大了，下部的水流不会窜流到上部，从而防止交换剂层的乱层。这种方法，称为顶压法，一般用空气顶压的效果比较好。

如果逆流再生离子交换器中采用较低的上流流速再生，则可以不必进行顶压，甚至可不设中间排水装置，这对原有顺流再生交换器改成逆流再生是很适宜的。其做法只需把进再生液的位置由上部改为下部，废液从反洗排水管排出(无中间排水装置时)，再生、置换和清洗时均控制 1.5~2m/h 低流速。

（3）外部管路阀门　如图 5-20 所示，一般逆流再生固定床的外部管路有十只阀门控制。进水阀、出水阀、反洗进水阀、反洗排水阀、再生进再生液阀、正洗阀、排空气阀、进顶压空气阀、中间排水阀、小反洗进水阀(小正洗进水阀)。

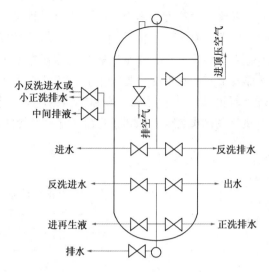

图 5-20　气顶压逆流再生离子交换器管路系统

3. 交换器的运行

在逆流再生离子交换器的运行操作中，交换过程和顺流式的没有区别。再生操作是随防止乱层措施的不同而不同，下面以采用压缩空气顶压的措施为例，说明其再生操作（见图 5-21）。

（1）小反洗（图 5-21（a））。交换器运行到失效时，停止交换运行，将反洗水从中间排水管引进，对中间排水管上面的压脂层进行反洗，以冲去运行时积聚在表面层和中间排水装置上的污物，然后由上部排走。冲洗流速应使压脂层能充分松动，但又不至于将正常的颗粒冲走。反洗一直进行到出水澄清。此过程对于水处理系统中的第一个交换器约需 15~20min，串接在第一个后面的第二个交换器约需 5~10min。

（2）放水（图 5-21（b））。小反洗后，待交换剂颗粒下降后，放掉交换器内中间排水装置上部的水，以便进空气顶压。

（3）顶压（图 5-21（c））。待交换器内中间排水装置上部的水放掉后，从交换器顶部送入压缩空气，使气压维持在 0.03~0.05MPa 的范围内，防止乱层。用来顶压的空气应经除油净化。

（4）进再生液（图 5-21（d））。在顶压的情况下，开启再生用喷射器，将喷射器中水的流速调节到交换器中水的上升流速为 4~7m/h。当有适量的空气随同交换器出水一起自中间排水装置排出时，再开启进再生液的阀门，以调节吸入流量使再生液达到所需的浓度。

（5）逆流冲洗（图 5-21（e））。当再生液进完后，关闭进再生液阀门，停止送入再生液，但喷射器保持原来的流量，在有顶压的情况下，进行逆流冲洗，直至排出废液达到一定标准为止（如 H 型交换器，控制排出废液中酸度小于 10mmol/L）。逆流冲洗所需的时间一般为 30~40min，逆洗水应采用质量较好的水，不然会影响底部交换剂的再生程度。这一过程也称为置换。

（6）小反洗（图 5-21（f））。停止逆流冲洗和顶压，放尽交换器内剩余空气，然后按照上述第一步的操作程序进行小反洗，直至剩余再生液除尽为止。这一步操作也可以用小正洗的方法进行。有人认为用小正洗优于小反洗，因为反洗时易使交换剂颗粒浮起，不易将残留的再生液洗净。经验指出，用小反洗需进行 20~30min，用小正洗约需 10~15min。

（7）正洗（图 5-21（g））。最后，用水由上而下进行正洗至出水合格，即可投入运行。

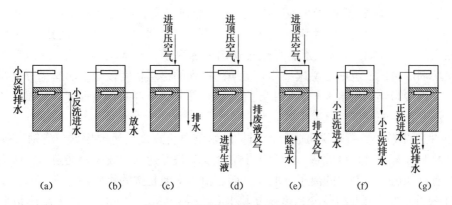

图 5-21　逆流再生操作过程示意

（a）小反洗；（b）放水；（c）顶压；（d）进再生液；（e）逆流清洗；（f）水正洗；（g）正洗

4. 逆流再生的操作工艺中需注意的问题

（1）逆流离子交换器一般在运行 10～20 个或更多周期后，进行一次大反洗，以除去交换剂层中的污物和破碎的树脂微粒。大反洗是从底部进水，废水由上部的反洗排水阀门放掉。由于大反洗时扰乱了整个树脂层，所以大反洗后第一次再生时，再生剂的用量应加大 1 倍以上。

（2）压脂层的厚度和顶压用的压缩空气压力要符合要求。

（3）为使底部树脂的再生程度高，不致被杂质污染而影响出水水质，故在逆流再生后，应用水质较好的水逆流冲洗，如用经过 H 离子交换的水来逆流冲洗阳离子交换器。

（4）中间排水装置应进行必要的加固，以防止其上的管子断裂或弯曲。此外，为了防止在反冲洗的过程中产生过大的应力，在大反洗时的流量应由小到大，以逐渐排除交换器中的空气和疏松树脂层。进入交换器水中的悬浮物含量要小，以免压脂层中积聚污物，造成过大的压降。

（5）如果采用聚苯乙烯白球作上部的压脂层，此白球的密度应比树脂小，它们应有明显的密度差，以便分层。如果白球的密度与树脂的密度很接近，则白球易混入树脂层，这样将减少树脂的有效体积。压脂层的厚度不能太小，否则会使上部气压不稳定，也会使悬浮物渗入树脂层。

（6）逆流再生所用的再生剂质量要好，否则，仍不能保证出水水质良好。逆流再生的再生废液中剩余的再生剂量较少，故不宜再用。

（7）应防止有气泡混入交换剂层中。

采用压缩空气或水顶压，不仅需要增加顶压设备或管道，而且操作也比较麻烦。为了克服这一缺点，无顶压逆流再生工艺对于阳离子交换器来说，只要将中排装置的小孔（或缝隙）的流速控制在 0.1～0.15m/s 和压脂层厚度保持在 100～200mm 之间，就可使再生液的流速为 7m/h 时不需要顶压，树脂层也能够稳定，并能达到顶压时的逆流再生效果。若增加压脂层的高度，还可以适当提高再生液流速。对于阴离子交换器来说，因阴树脂的湿真密度比阳树脂小，故应适当降低再生液的上升流速，一般以 4m/h 左右为宜。无顶压逆流再生的操作步骤与顶压逆流再生操作基本相同，只是不进行顶压。

5. 影响再生的因素

影响再生效果的因素很多，如：再生操作的方式、再生剂的种类、浓度、纯度、用量、再生液的流速、温度，交换剂的类型等等。下面就影响再生效果的几个因素进行讨论。

① 再生方式　再生液在流动过程中，首先接触到的是上部完全失效的交换剂，所以这一部分可得到较好的再生。再生液继续往下流，当与交换器底部交换剂接触时，再生液中已积累了相当数量的反离子(这里指的是被置换出来的离子，以下均为此含意)，严重地影响了离子交换剂的再生，也就是说这一部分交换剂得到的再生程度较低。而这部分交换剂再生得不好，又直接影响到出水水质。如果要提高这一部分交换剂的再生程度，就要增加再生剂的用量，那么再生的经济性就要下降。

② 再生剂用量　一般来说再生剂的用量是影响再生程度的重要因素，它对交换剂交换容量的恢复和经济性有直接关系。因为离子交换反应是可逆的，故失效交换剂上所吸着的离子，完全有可能由再生剂中的离子来取代。而且由于交换是按等物质的量进行的，从理论上讲，1mol 的再生剂比耗足以使交换剂恢复其 1mol 交换容量，但实际上再生反应最多只能进行到化学平衡状态，所以只用理论的再生剂量去再生交换剂时，一般是不能使交换剂的交换容量完全恢复的，故在生产上再生剂用量通常总要超过理论值。对于强酸性 H 离子交换剂，它的再生剂比耗一般为 2~3；弱酸性的离子交换剂则稍微大于理论量即可。

一般固定床交换器再生一次所需的再生剂用量(m)可按下式估算：

$$m = \frac{V_R \times E \times k \times M}{\varepsilon \times 1000}$$

$$V_R = \pi \times R^2 \times H$$

式中　m——再生一次所需再生剂用量，kg；

　　　V_R——树脂的装填量，m^3；

　　　R——交换器的内壁半径，m；

　　　H——树脂的装填高度，m；

　　　E——交换剂的工作交换容量，一般强酸型离子交换树脂为 $800~1500mol/m^3$，强碱性阴树脂为 $250~300mol/m^3$；

　　　K——再生剂比耗　对于强型离子交换树脂逆流再生时一般取 1.2~1.8，顺流再生时一般只取 1.1~1.5 即可；

　　　M——再生剂的摩尔质量，g/mol，HCl 为 36.5，NaOH 为 40，NaCl 为 58.5；

　　　ε——再生剂的纯度，一般食盐中 NaCl 含量为 95%~98%，工业盐酸 HCl 的含量为 30% 左右，液体工业烧碱在 45% 左右。

例题：有一台直径为 3.2m 的逆流再生钠离子交换器，内装高度为 2.4m 的 D001 树脂，若该树脂的工作交换容量为 $1000mol/m^3$，再生剂比耗 1.2，问该交换器再生一次约需纯度为 30% 的工业盐酸多少公斤？

解：　　$m = \dfrac{V_R \times E \times k \times M}{\varepsilon \times 1000} = \dfrac{19.3 \times 1000 \times 1.2 \times 36.5}{30\% \times 1000} \approx 2818 (kg)$

$V_R = \pi \times R^2 \times H = 3.14 \times (3.2/2)^2 \times 2.4 \approx 19.3 (m^3)$

③ 再生液浓度　再生液的浓度对再生程度也有较大影响。当再生剂用量一定时，在一定范围内，其浓度愈大，再生程度愈高；当浓度达某一值时，再生后交换剂交换容量的恢复程度可达到一个最高值。例如用盐酸再生 2%~4% 较为合适。一定再生剂用量的情况下：如果再生浓度太低，则再生不完全，而且再生时间必然要延长，造成设备水耗增大。但再生浓度也不能太高，因为再生剂用量一定的情况下，浓度高，再生液体积小，与交换剂的反应就不容易均匀进行，而且过高的浓度还会使交换基团受到压缩，反而使再生效果下降。

④ 再生液流速　再生液的流速是指再生溶液通过交换剂层的速度，它是影响再生程度的一个重要因素。维持适当的流速，实质上就是使再生液与交换剂之间有适当的接触时间，以保证再生反应的进行。

再生时，控制一定的再生液流速非常重要。如果流速过快，再生液与交换剂接触时间过短，交换反应尚未充分进行，再生液就已被排出交换器，这样即使再生剂用量成倍增加，也很难得到良好的再生效果，特别是当再生液温度很低时，更不宜提高流速。再生液的流速通常可控制在 4~6m/h，对于无顶压逆流再生离子交换器来说，为了防止再生时乱层，再生液流速要控制得更低，一般为 2~4m/h。

为了再生时交换反应充分进行，一般再生液与离子交换树脂的接触时间应不少于30min。当再生剂用量和再生液流速确定后，进再生液的时间可按下式计算：

$$t = \frac{60 \times V_{再生液}}{S_{截面积} \times v}$$

$$V_{再生液} = \frac{m_{纯再生剂}}{C \times \rho \times 1000}$$

式中　t——进再生液的时间，min；

$V_{再生液}$——再生液的体积，m³；

$S_{截面积}$——交换剂层(交换器)的截面积，m²；

$v_{再生液}$——再生液流速，m/h；

$m_{纯再生剂}$——纯度为 100% 的再生剂一次再生的用量，kg；

C——再生液质量分数，%；

ρ——再生液密度，g/ml。

例如：有一台直径为 3.2m 的逆流再生钠离子交换器，内装高度为 2.4m 的 D001 树脂，失效后一次再生用 30% 的盐酸 2818kg，再生控制再生液的浓度为 3%(密度为 1.02g/ml)，再生流量为 5m/h，问进再生液需要多长时间？

解：2818kg 盐酸中 HCl 含量 $m_{纯再生剂} = 2818 \times 30\% = 845.4(kg)$；

交换器截面积 $S_{截面积} = 3.14 \times (3.2/2)^2 \approx 8.04(m^2)$；

则：

$$V_{再生液} = \frac{m_{纯再生剂}}{C \times \rho \times 1000} = \frac{845.4}{3\% \times 1.02 \times 1000} \approx 27.62(m^3)$$

$$t = \frac{60 \times V_{再生液}}{S_{截面积} \times v} = \frac{60 \times 27.62}{8.04 \times 5} \approx 40.2(min)$$

⑤ 再生液温度　再生液的温度对再生程度也有很大影响，因为提高再生液的温度，能同时加快内扩散和膜扩散。如把 HCl 再生预热到 40℃，再生 H 型交换剂时，就能大大改善对树脂中铁及其氧化物的清除程度，同时还能减少运行时漏 Na^+。但是，由于交换剂热稳定性的限制，再生液的温度不宜过高，否则，易使交换剂的交换基团分解，促使交换剂变质和影响其交换容量。

⑥ 再生剂的种类和纯度　不同的再生剂对离子交换剂的再生程度有不同影响，如再生 H 型交换剂可用 HCl，也可用 H_2SO_4。一般来说，HCl 的再生效果好。但采用 H_2SO_4 作再生剂时，只要很好地掌握再生条件，也可以得到满意的再生效果。再生剂的纯度对交换剂的再生程度和出水水质影响很大。如果再生剂质量不好，含有大量杂质离子，再生程度就会降低，出水水质也要受到影响。

6. 运行中的监督

（1）运行中应按规定进行水质化验和抄表记录，一般不超额定出力运行，两台同时运行时，应进行流量调整，避免同时失效。

（2）离子交换器运行中应严格控制出水水质，失效后立即停止运行。

（3）离子交换器出入口压差不得大于0.05MPa，否则应停止运行，分析原因，采取措施进行处理。

（4）设备启动或停止时，同时应投入或停止流量表和测试仪表。

（5）阳离子交换器的工作交换容量和酸耗的计算：

① 工作交换容量：

$$E_{R-H} = \frac{Q(W_{进}+A_{出})}{V_{R-H}}$$

② 酸耗

$$q_{HCl} = \frac{T_{HCl}\times10^3}{Q(W_{进}+A_{出})}$$

③ 再生用酸体积计算：

$$V_{HCl} = \frac{T_{HCl}}{1000\times S_{HCl}\times d_{HCl}}$$

上述三式中：E_{R-H}——工作交换容量，mol/m^3；

$W_{进}$——阳离子交换器进水平均碱度，$mmol/L$；

$A_{出}$——阳离子交换器出水平均酸度，$mmol/L$；

V_{R-H}——阳离子交换器装树脂体积，m^3；

Q——周期制水量，t；

q_{HCl}——阳离子交换器再生酸耗，g/mol；

T_{HCl}——再生用酸量 kg；

V_{HCl}——再生用酸体积 m^3；

S_{HCl}——再生用酸浓度%；

d_{HCl}——再生用酸密度，（t/m^3）。

（6）阴离子交换器失效后工作交换容量和碱耗的计算

① 工作交换容量的计算：

$$E_{R-OH} = \frac{Q\times\left(A_{进}+\dfrac{\lambda_{SiO_2}}{60}+\dfrac{\lambda_{CO_2}}{44}\right)}{V_{R-OH}}$$

式中　E_{R-OH}——工作交换容量，mol/m^3；

$A_{进}$——阴离子交换器运行一个周期的进水平均酸度，$mmol/L$；

V_{R-OH}——阴离子交换器内树脂体积，m^3；

Q——周期制水量，m^3；

λ_{SiO_2}、λ_{CO_2}——阴离子交换器入口水中的含量，mg/L。

② 再生用碱液体积计算：

$$V = \frac{T_{NaOH}}{1000\times S_{NaOH}\times d}$$

式中　V——再生一台交换器用碱液体积，m^3；

　　T_{NaOH}——再生一台交换器用碱量，kg；

　　S_{NaOH}——所用碱液浓度，%；

　　d——所用碱液密度，t/m^3。

③ 碱耗(g/mol)的计算：

$$碱耗 = \frac{100\%NaOH 用量(kg)}{\left(进水酸度 + \dfrac{\lambda_{SiO_2}}{60} + \dfrac{\lambda_{CO_2}}{44}\right) \times 周期制水量(t)}$$

5.4.3　浮动床离子交换器

浮动床离子交换器一般简称为浮床，它也是逆流再生方式的一种。其运行和再生时的水流方向与固定床逆流再生相反，即运行时，水流方向是自下而上，同时将树脂层托起，这就是浮床名称的来历。再生时，再生剂自上而下流动。

1. 浮动床内离子交换器的结构

浮动床离子交换器的结构如图 5-22 所示，外部管系阀门如图 5-23 所示。

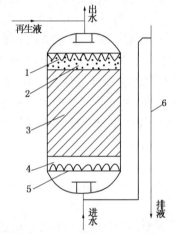
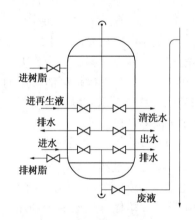

图 5-22　浮动床本体结构示意　　　　图 5-23　浮动床管路系统

1—顶部出水装置；2—惰性树脂层；3—树脂层；

4—水垫层；5—下部进水装置；6—倒 U 形排液管

（1）底部进水装置　该装置起分配进水和汇集再生废液的作用。一般多采用孔板水帽式进水装置。为缓冲进水的冲力，通常在进水管出口处加装挡板。

（2）顶部出水装置　该装置起收集处理好的水、分配再生液和清洗水的作用。

常用设备由孔板水帽式为宜；有些设备选用弧形支管式。如图 5-24，该装置的多孔弧形支管外包裹 40~60 目的滤网，网内衬一层较粗的塑料窗纱，起支撑作用。

多数浮动床以出水装置兼再生液分配装置，但由于再生液流量比进水流量小得多，故这种方式很难使再生液分配均匀。为此，通常在树脂层面以上填充 200 mm 高、密度小于水、粒径为 1.0~1.5mm 的惰性树脂层，以改善再生液分布的均匀性。

（3）树脂层和水垫层 运行时，树脂层在上部，水垫层在下部；再生时，树脂层在下部，水垫层在上部。为防止成床或者落床时树脂乱层，浮动床体内树脂层需达到一定的高度。在转型膨胀率允许的范围内，尽可能地装满。这样，水垫层很薄。

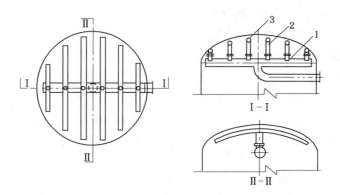

图 5-24　弧形母管支管式出水装置
1—母管；2—支撑短管；3—弧形支管

水垫层的作用：一是作为树脂层体积变化时的缓冲高度；二是使水流和再生液分配均匀。水垫层不宜过厚，否则在成床或落床时，树脂会乱层，这是浮动床最忌讳的；若水垫层厚度不足，则树脂层膨胀时会因没有足够的缓冲高度，而使树脂受压、挤碎以及水流阻力增大。合理的水垫层厚度，应是树脂在最大体积(水压实)状态下，以 0~50mm 为宜。

(4) 倒 U 形排液管浮动床再生时，如废液直接从底部排出容易造成交换器内负压而进入空气。因交换器内树脂层以上空间很小，空气会进入上部树脂层并在那里积聚，使这里的树脂不能与再生液充分接触。为解决这一问题，常在再生排液管上加装倒 U 形管，并在倒 U 形管顶开孔通大气，以破坏可能造成的虹吸，倒 U 形管顶应高出交换器上封头。没有安装倒 U 形管的交换器，其正排阀应能够调整开度，以保持再生时交换器入口压力表有一定的压力，防止内部负压。

2. 浮动床离子交换器的运行

浮动床的运行过程：制水→落床→进再生液→置换→下流清洗→成床→上流清洗→制水。上述过程构成一个运行周期。

(1) 落床　落体分自然落床和压力落床。自然落床是当运行至出水水质达到失效标准时，关闭出、入口阀门，停止制水，靠树脂自身重力从下部起逐层下落，在这一过程中同时还可起到疏松树脂层、排除气泡的作用，需要 2~3min。压力落床是关入口阀门，开下部排水阀门，利用出口水的压力强迫树脂整齐下落，时间约 1min。两种落床方式相比较，压力落床速度快，床层的扰动小，适用于水垫层稍高和阀门有程序控制的设备。自然落床速度慢，适用于水垫层低的设备。

(2) 进再生液　一般用水射器输送。先启动再生专用泵(也称自用水泵)调整再生流速；再开启计量箱出口门，调整再生液的浓度，进行再生。

(3) 置换　待再生液进完后，关闭计量箱出口门，继续按再生流速和流向进行置换，置换时间一般为 15~30min，置换水量约为树脂体积的 1.5~2 倍。

(4) 下流清洗　置换结束后，开清洗水门，调整流速至 10~15m/h 进行下流清洗，一般需 15~30min。

(5) 成床、上流清洗　进水以 20~30m/h 的较高流速将树脂托起，并进行上流清洗，直至出水水质达标时，即可转入制水。

浮动床运行流速控制在 7~60m/h。运行时效终点一般为：强酸性 H 浮动床，出水 Na^+ 含量 ≥100μg/L；Na 型浮动床，出口水硬度 ≥0.03mmol/L。强碱性 OH 浮动床 SiO_2 含量 ≥

100μg/L，电导率≥5.0μS/cm。

3. 浮动床的工艺特点

浮动床是逆流再生床的一种，因此阳离子和阴离子交换器失效后离子在交换剂层中的分布规律都差不多和逆流再生固定床相似，离子吸附和再生离子排代规律也相似。浮动床的出水水质和逆流再生固定床也一样。

（1）优点 从浮床工艺的实际应用中可以看出，浮床不仅具有逆流再生的特点，还具有一些独特的优点。

a. 浮动床除了具有对流再生工艺的优点外，还具有水流过树脂层时阻力损失小的特点。这是因为它的水流方向与重力方向相反，在相同流速下，与水流自上而下相比，树脂层的压实程度较小，所以水流阻力也小。这也是浮动床可以高流速运行和树脂层可以较高的原因。

b. 由于浮床离子交换器比顺流再生和逆流再生离子交换器更充分地利用了交换器的容积（前者容积的利用率在95%以上，而后者只有60%左右）并且树脂床层明显提高。因此，可以允许在更高的流速下运行，这不仅提高了单位时间的制水量，同时也增长了运行周期。

c. 浮床离子交换器由于装填树脂量大、树脂床层高，所以，当用于处理水质较差的原水时，可以采取降低流速来保证运行周期的制水量；反之，对于较好的原水水质，可以提高运行流速以减少或缩小设备，降低投资。因而，浮床离子交换器适用的水质范围是比较宽的。

d. 由于水力筛分作用，浮床交换规脂床层从下至上，树脂的粒径分布由大逐渐减小，即交换层中树脂颗粒分布沿水流方向逐渐减小。这样，不仅对离子交换过程有利，同时也减小了水流的阻力，有利于提高运行流速和出水质量。

e. 浮床没小反洗过程，所以节约了自用水耗。另外因水垫层空间小，交换器失效时这部分水的水损失小。树脂层高，清洗水的利用率也高，一般清洗水耗可降低至树脂体积的2倍。因此，浮床交换器的自用水耗可以降至3%以下。

f. 浮床再生方式不会引起树脂的乱层，所以出水的质量和周期制水量稳定。

g. 由于省去了容易损坏的中间排水装置，因而操作简单，运行可靠。

（2）缺点

a. 浮动床成床时，其流速应突然增大，不宜缓慢上升，以便成床状态良好。在制水过程中，应保持足够的水流速度，不得过低，以避免出现树脂层下落的现象。为了防止低流速时树脂层下落，可在交换器出口设回流管。当系统出力较低时，可将部分出水回流到该级之前的水箱中。

b. 浮动床在制水周期中不宜停床，尤其是后半期，否则会导致交换器提前失效。

c. 动床体外清洗增加了设备和操作的复杂性，为了不使体外清洗次数过于频繁，所以对进水浊度应该严格要求，一般应≤2mg/L。

4. 浮动床的体外清洗

由于浮动床内树脂是基本装满的，没有反洗空间，所以无法进行体内反洗。当树脂需要反洗时，需将部分或全部树脂移至专用清洗装置内进行清洗。经清洗后的树脂送回交换器后再进行下一个周期的运行。清洗周期取决于进水中悬浮物含量的多少和设备在工艺流程中的位置，一般是10~20个周期清洗一次。清洗方法有下述两种：

（1）水力清洗法 将约一半的树脂输送到体外清洗罐中，然后在清洗罐和交换器串联的情况下进行水反洗，反洗时间通常为40~60min。

（2）气-水清洗法　将树脂全部送到体外清洗罐中，先用经净化的压缩空气擦洗5~10min，然后再用水以 7~10m/h 的流速反洗至排水透明为止。该法清洗效果好，但清洗罐容积要比交换器大一倍左右。

清洗后的树脂，也应像逆流再生离子交换器那样增加 50%~100% 的再生剂用量。

5.4.4　双室双层浮动床离子交换器

1. 双室双层浮动床的结构

双室双层浮动床是将交换器分隔成上、下两室，弱型树脂和强型树脂各处一室，强型树脂在上室，弱型树脂在下室，这样就避免了树脂混层带来的问题。上、下两室间装有双向水帽的多孔隔板，以沟通上、下两室的水流。水冒的制造材料有 ABS 树脂和不锈钢等，缝隙一般 0.1mm。运行时采用水流自下而上的浮动床方式，则这种设备称为双室双层浮动床，如图 5-25 所示。

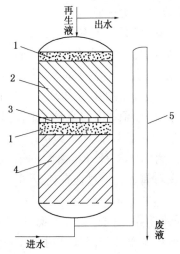

图 5-25　双室双层浮动床结构示意图
1—惰性树脂层；2—强型树脂层；3—多孔板；
4—弱型树脂层；5—倒 U 形排液管

在这种设备中，由于上、下室中是基本装满树脂的，所以不能在体内进行清洗，需要另设专用的树脂清洗装置。双室双层浮动床的运行和再生与普通的浮动床相同。

2. 双室双层浮动床的运行原理

双室双层浮动床运行时，原水首先和 D113 弱酸阳树脂接触，水中的暂时硬度和其发生交换反应，从而暂时硬度被从水中除去。随着运行，水将继续和 D001 强酸性阳树脂接触，水中残余的暂时硬度和其他阳离子将继续和树脂发生交换，从而被从水中除去。

原水经过阳浮动床后，水中的阳离子几乎全部被 H^+ 取代，阳床出水进入对应的除 CO_2 塔。经过除碳后的水中残留的 CO_2 小于 5mg/L。

除碳后的水进入阴床，首先和 D301 弱碱树脂接触反应，水中强酸阴离子将被除去。水溶液运行到上室，将继续和 D201 树脂接触，水中残余的强酸根阴离子和其他阴离子将继续和树脂发生交换，从而被从水中除去。待阳床和阴床失去交换能力，出水水质将不合格。此时要停运交换器，阳床和阴床分别以规定浓度的酸、碱再生，恢复其工作交换能力。

3. 双室双层浮动床的运行

一级双室双层浮动床除盐系统，由于其操作较复杂，因此一般采用程序控制来完成操作。其启动前的检查同一级复床固定床的操作相同。双室双层浮动床的再生与运行参数见表 5-8。

表 5-8　逆流再生离子交换器（双室床、双室浮动床）

设备名称		（双室床）			（双室浮动床）		
		阳离子交换器		阴离子交换器	阳离子交换器		阴离子交换器
运行流速/(m/h)		25~30		25~30	30~50		30~50
再生	药剂	H_2SO_4	HCl	NaOH	H_2SO_4	HCl	NaOH
	耗量/(g/mol)	≤60	40~50	≤50	≤60	40~50	≤50
	浓度/%		1.5~3	1~3		1.5~3	0.5~2
	流速/(m/h)		≤5	≤5		5~7	4~6

运行流速/(m/h)		25~30		25~30	30~50		30~50
置换(逆洗)	流速/(m/h)	8~10	≤5	≤5	同再生流速		
	时间/min	30		30	20		30
正洗	时间/min	—			计算确定		
	流速/(m/h)	10~15		10~15	15		15
	水耗/[m³/m³(R)]	1~3		1~3	1~2		1~2
成床	流速/(m/h)	—		—	15~20		15~20
	时间/min	—		—	—		—
	顺洗时间/min	—		—	3~5		3~5
工作交换容量[mol/m³(R)]	弱	2000~2500	2000~2500	600~900	2000~2500	2000~2500	600~900
	强	600~750	1000~1400	400~500	600~750	1000~1400	400~500
出水质量		$Na^+<100\mu g/L$		$SiO_2\leqslant100\mu g/L$	$Na^+<100\mu g/L$		$SiO_2\leqslant100\mu g/L$
反洗(体外反洗)	周期	—		—	—		—
	流速/(m/h)	10~15		10~15	10~15		10~15
	时间/min	—		—	—		—

4. 双室双层浮动床离子交换树脂的体外清洗

双室双层浮动床离子交换树脂的体外清洗目的：松动被压实的树脂层；通过水流的冲刷和树脂颗粒的摩擦，除去随着在树脂表面的悬浮杂质；排除破碎的树脂和树脂层中积存的气泡。

双室双层浮动床离子交换树脂的体外清洗的操作步骤如下(如图5-26所示流程)：

(1) 按照顺序开启反洗塔中排、上排、进树脂阀门和离子交换器的进水阀门。

(2) 开启上室底部树脂出口球阀，调节离子交换器进水阀门前的手动阀门，观察树脂的输送情况，树脂输送干净后，关闭离子交换器进水阀门和反洗塔进树脂阀门。

(3) 反洗塔放水到中排后关闭反洗塔中排阀门。

(4) 打开反洗塔进空气阀，开启罗茨风机，擦洗离子交换树脂5min。

(5) 停运罗茨风机，关闭进空气阀，静置5min。

(6) 打开反洗塔进树脂阀门、离子交换器进水阀门，开始清洗离子交换树脂，调节离子交换器进水阀门前的手动阀门，使离子交换树脂上界面维持在反洗塔上视镜中心线处，反洗树脂30~40min。

(7) 树脂清洗干净后，关闭离子交换器进水阀门、反洗塔进树脂阀门、上室底部树脂出口球阀和反洗塔上排阀门。

(8) 打开反洗塔排空气阀门、反洗塔进水阀门，开始上水，满水后，关闭反洗塔排空气阀门。

(9) 打开离子交换器的排水门、离子交换器上室树脂出口门，然后打开反洗塔进树脂阀门，树脂开始输送回离子交换器。

（10）观察树脂的输送情况，树脂输送完后，打开反洗塔白球返回阀门，冲洗和输送带出的白球。

（11）关闭离子交换器上室树脂出口阀门、离子交换器的排水阀门、反洗塔进水阀门、反洗塔白球返回阀门。

（12）打开树脂输送管冲洗阀门、反洗塔排污阀门，冲洗管线5min。

（13）关闭树脂输送管冲洗阀门、反洗塔进树脂门，排污门没有树脂颗粒后，关闭排污门。

（14）反洗结束后检查阀门的开关情况。

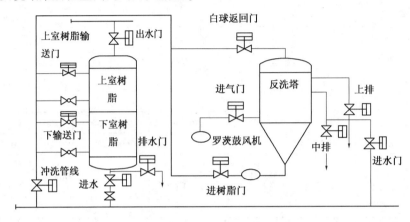

图5-26　双室双层浮动床离子交换树脂清洗系统流程

5.4.5　混合床离子交换器

1. 混床的结构

混床离子交换器的本体是一个圆柱形压力容器，有内部装置和外部管系组成。离子交换器内部主要设备有：上部进水装置、下部排水装置、进碱装置、进酸装置、中排装置。如图5-27所示。

2. 混床的运行

（1）反洗分层　目前反洗分层都是采用水力筛分法，对阴、阳树脂进行分层。这种方法就是借反洗的水力将树脂悬浮起来，使树脂层达到一定的膨胀率，再利用阴、阳树脂的密度差达到分层的目的。一般阴树脂的密度较阳树脂的小，分层后阴树脂在上，阳树脂在下。只要控制适当，可以做到两层树脂间有一明显的分界面。

反洗开始时，流速宜小，待树脂层松动后，逐渐加大流速至10m/h左右，使整个树脂层的膨胀率在50%以上。一般反洗需10~15 min。

两种树脂是否能分层明显，除与阴、阳树脂的湿真密度差、反洗水流速有关外，还与树脂的失效程度有关。树脂失效程度大的分层容易，反之就比较难，这是由于树脂在吸着不同离子后，密度不同，沉降速度不同而致。

对于阳树脂，不同型的密度排列为：$H^+ < NH_4^+ < Ca^{2+} < Na^+ < K^+$；阴树脂不同型的密度排列为：$OH^- < Cl^- < CO_3^{2-} < HCO_3^- < NO_3^- < SO_4^{2-}$。

当交换器运行到终点时，如底层尚未失效的树脂较多，则由上述排列可知：未失效的阳树脂（H型）与已失效的阴树脂（SO_4^{2-}型）密度差较小，所以分层就比较困难。为了容易分层，可在分层前先通入NaOH溶液，将阴树脂再生成OH型，阳树转变为Na型，使两者间的密度差加大，从而加快其分层，提高分层效果。

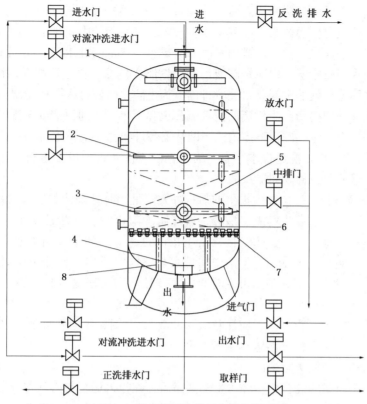

图 5-27 混床内部结构图和外部管系图

1—进水装置；2—进碱装置；3—中排装置；4—出水挡板；

5—分层后阴树脂；6—分层后阳树脂；7—多孔板与水帽；8—支撑管

此外，H 型和 OH 型树脂还有互相粘结的现象(即抱团)，使分层困难。为了消除此粘结现象，可在分层前先通入 NaOH 溶液。

（2）再生　混合床的再生通常有三种方法：体内再生、体外再生和阴树脂外移再生。在热力发电厂中一般不用第三种方法，下面仅介绍体内再生方法。

体内再生，就是树脂在交换器内部进行再生的方法。根据进酸、进碱和冲洗步骤的不同，它又可分为两步法和同时处理法两种。

所谓两步法是指酸、碱再生液不是同时而是先后进入交换器。两步法又可分为碱液流经阴、阳树脂的两步法和酸、碱分别通过阳、阴树脂的两步法。在大型装置中，一般都使用酸、碱分别单独通过阳、阴树脂层的两步法。如图 5-28 所示。

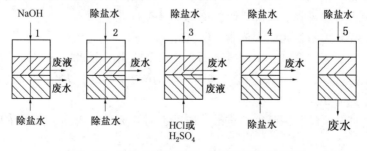

图 5-28　酸碱分别通过阳、阴树脂再生示意图

1—阴树脂再生；2—阴树脂清洗；3—阳树脂再生、阳树脂清洗；4—阳、阴树脂各自清洗；5—正洗

这种方法，是在反洗分层完毕之后，将交换器中的水放至树脂表面上约200mm处，从上部送入NaOH溶液再生阴树脂，废液从阴、阳树脂分界处的中间排水装置排出，并按同样的流程进行阴树脂的清洗，清洗至排出水的OH⁻碱度0.5mmol/L以下。在此再生和清洗时，可用水自下部通入阳树脂层，以减轻碱液污染阳树脂。然后，再生阳树脂时酸由底部通入，废液也由阴阳树脂分界处的中间排水装置排出。为了防止酸液进入阴树脂层，需继续自上部通以小流量的水清洗阴树脂，阳树脂的清洗流程也和再生时相同，清洗至排出水的酸度降到0.5mmol/L以下为止。最后进行整体正洗，即从上部进水，底部排水，一直洗至排出水电导率至1.5μS/cm以下(在正洗过程中，有时为了提高正洗效果，可以进行一次2~3min的短时间反洗，以消除死角，松动树脂层)。

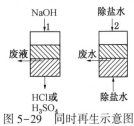

图5-29 同时再生示意图
1—阴、阳树脂同时再生；
2—阴、阳树脂分别清洗

体内再生的另一种方法是同时处理法如图5-29所示。此法实际上与碱、酸分别通过阴、阳树脂的两步法相似，即在再生和清洗时，由交换器上下同时送入碱、酸液或清洗水，分别经阴、阳树脂层后，由中间排水装置同时排出。此法再生时间的长短取决阴树脂的再生时间。实践证明，若使这种再生方法得到满意的结果，必须有精心设计的再生系统。为了避免酸、碱对出水的污染，设计时，应注意酸、碱液与出水隔离，例如在连接混合床出水管的酸溶液输送管上设置两个阀门。

（3）再生后离子交换树脂的混合

再生后阴、阳树脂的混合树脂经再生和洗涤后，在投入运行前必须将分层的树脂重新混合均匀。通常用从底部通入压缩空气的办法搅拌混合。所用的压缩空气应经过净化处理。压缩空气进入交换器前的压力一般为0.1~0.15MPa，流量为2.5~3.0m³/(m²·s)。混合时间视树脂是否混合均匀为准，一般为2~5min，时间过长易磨损树脂。为了获得较好的混合效果，混合前应把交换器中的水面下降到树脂层表面上100~150mm处。

试验得知，树脂混合后，通常下层比较接近于给定的树脂混合(体积)比例，上层树脂相差较大。这可能是由于混合后排水不及时或排水速度不够，在树脂往下沉降的过程中又重新分离的结果。所以，要使树脂能混合均匀，尚需有足够大的排水速度，迫使树脂迅速降落，避免树脂重新分离。树脂下降时，采用顶部进水对加速其沉降也有一定的效果。

（4）正洗 混合后的树脂层，还要用除盐水以10~20m/h的流速进行正洗，直至出水合格后，方可投入制水运行。

3. 同步法再生混床的再生步骤

（1）反洗分层 开混床排气阀、反洗进水阀、反洗排水阀。反洗水流速为10m/h，控制好反洗水量，防止有效树脂被反洗排出，反洗15min。

（2）静止沉降 关闭各阀门，树脂自然沉降10min。

（3）放水 开混床空气阀、中间排水阀，放水至树脂层上200mm。

（4）关混床排气阀，开混床进酸、碱阀。启动酸、碱自用水泵，开酸、碱喷射器进水阀，调整进水流速为5m/h。

（5）进酸、碱 开酸、碱喷射器进酸、碱阀，对混床进行再生，酸液浓度为5%、碱液浓度为4%。

（6）置换 所需酸碱量达到要求后，关酸喷射器进酸阀，关碱喷射器进碱阀。维持原流量对树脂进行置换30min左右。

（7）对流冲洗　打开混床对流冲洗上进水阀门，排气阀门，待空气阀门出水后，关闭空气阀，同时打开混床对流冲洗下进水阀门，对混床进行对流冲洗，对流冲洗流速以10~15m/h，树脂不动为宜，清洗30min，中排出水 DD≤10μS/cm 即可。

（8）排水　正洗至出水 DD≤10μS/cm，关混床对流冲洗阀门、中排阀门，开中排上部排水阀门、空气阀门，排水至树脂上 200mm 左右。

（9）混合迫降　开反排阀门、排气阀门、压缩空气进气阀门，进行混合，空气压力 0.1~0.15MPa，5min 后，迅速关闭进气阀门，开正排阀门、进水阀门，关闭反排阀门进行迫降。

（10）正洗　排气阀门出水后关闭，投在线硅表、电导率表、钠表，进行正洗。

（11）备用或投运　正洗至出水合格，关闭混床各阀门备用或投运。

5.4.6　除碳器

除二氧化碳器简称除碳器。它是除去水中游离 CO_2 的设备。

5.4.6.1　除二氧化碳器的工作原理

原水经氢离子交换后，原水中的阳离子几乎都转变成 H^+，出水呈酸性，并含有大量的游离 CO_2 气体。这是因为出水 pH 明显降低，有利于水中碳酸的电离平衡向生成方向 CO_2 转移：

$$H^+ + HCO_3^- \Longleftrightarrow H_2CO_3 \Longleftrightarrow CO_2 + H_2O$$

例如每 1mmol/L 的 HCO_3^-，可产生 44mmol/L 的 CO_2。当水中 PH 值低于 4.3 时，水中的碳酸几乎全部以游离的 CO_2 形式存在。

水中游离的 CO_2 可以看作是溶解在水中的气体，根据气体分压定律和亨利定律可知，只要降低水面上 CO_2 分压力就可除去水中溶解的 CO_2 气，这就是除碳器的工作原理。

5.4.6.2　除二氧化碳的目的

在离子交换水处理系统中，阳床出水若先用除碳器除去水中的 CO_2，再流经阴床，则可以减轻阴床的负担，延长阴床的工作时间，同时为阴离子树脂吸附硅酸根创造有利条件。

5.4.6.3　除二氧化碳的种类

常用的除碳器有两类：鼓风式除碳器和真空式除碳器。

1. 鼓风式除碳器

鼓风式除碳器主要由本体、填料、中间水箱等组成。通过鼓风式除碳器后，一般可将水中的 CO_2 含量降至 5mg/L 以下。

2. 真空式除碳器

利用真空泵或喷射泵从除碳器的上部抽真空，使水达到沸点从而除去水中的气体。此方法不仅能除去水中的 CO_2，而且还能除去水中溶解的 O_2 和其他气体，所以对防止交换树脂的氧化和金属设备的腐蚀也是有益的。

5.4.6.4　鼓风式除碳器

1. 鼓风除碳器结构

鼓风式除碳器的结构为圆柱型塔式结构，由配水装置、填料层(拉希环、多面空心塑料球、波纹板等)和鼓风装置(脱碳风机)所组成。水从上部进入塔体，由配水装置均匀地喷淋在填料表面形成水膜，经填料层与空气接触后，流入下部集水箱(中间水箱)。空气由鼓风机从塔底鼓入，与水中析出的二氧化碳一起从顶部排出。

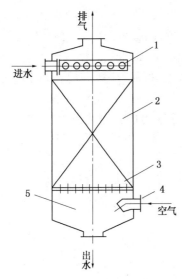

排气

进水

空气

出水

图 5-30 大气式除碳器的结构
1—布水装置；2—填料层；3—填料支撑；
4—风机接口；5—风室

鼓风式除碳器的结构如图5-30所示。本体是一个圆柱形不承压容器，用钢板衬胶制成。上部有布水装置，下部有风室；内装的填料可以是瓷环(也称拉希环)鲍尔环、木质格栅或塑料多面空心球等。过去常用瓷环，近几年逐渐被塑料多面空心球代替。塑料填料质轻、强度高、装卸方便，工艺性能与瓷环相同，除碳效果也与瓷环相近。除碳器风机一般都采用高效离心式风机。

2. 工作过程

除碳器工作时，水从上部进入，经布水装置淋下，通过填料层后，从下部排入水箱。用来除CO_2的空气是由风机从除碳器底部送入，通过填料层后由顶部排出。

在除碳器中，由于填料的阻挡作用，从上面流下来的水被分散成许多小股水流、水滴或水膜，以增大空气与水的接触面积。由于空气中CO_2的量很少，它的分压约为大气压力的0.03%，所以当空气和水接触时，水中CO_2便会析出并被空气带走，排至大气。

在20℃的条件下，当水中CO_2与空气中CO_2达平衡时，水中CO_2应该为0.5mg/L，但在实际设备中它们尚未达到平衡，所以通过鼓风式除碳器后，一般可将水中的CO_2含量降为5mg/L左右。

3. 影响除CO_2效果的工艺因素

当处理水量、原水中碳酸化合物和出水中CO_2含量要求一定时，影响除CO_2效果的工艺因素如下：

(1) 水温 除CO_2效果与水温有关，水温越高，CO_2在水中的溶解度越小，因此除碳效果越好。

(2) 水和空气的流动工况和接触面积 水和空气的逆向流动以及比表面积大的填料能有效地将水分为线状、膜状或水滴状，从而增大水和空气的接触面积，也缩短了CO_2从水中析出的路程和降低了阻力。

(3) 风量和风压 风机的风量和风压是根据处理水量、填料类型等因素决定的。通常，用ϕ50mm的塑料多面孔心球做填料，填料层阻力为120~140Pa/m。理论上，每处理1m^{3}水需要15~30m^{3}风量。

第6章 炉内水处理

水经过预处理和离子交换等工艺处理以后，水中的悬浮物、胶体及溶解性盐类均已除去，但水中还溶解有各种气体，这些气体中的氧和二氧化碳能引起锅炉给水系统和锅炉本体的腐蚀。锅炉给水虽然十分洁净，但给水系统腐蚀会产生腐蚀产物，疏水、凝结水等系统还会带进少量的硬度等杂质，在炉内蒸发浓缩后，可能造成锅炉结垢和腐蚀、过热器和汽机等设备积盐的危害。这要缩短热力设备的使用年限、影响安全经济运行。所以热力系统要进行炉内水处理，防止设备的结垢、积盐和腐蚀。炉内水处理的主要内容有：汽、水品质监督、给水的水质调整和控制、锅炉的炉内加药处理、锅炉的停用保护和化学清洗等。

6.1 水、汽系统的金属腐蚀

所谓金属腐蚀，就是金属表面和周围介质(如水和空气等)发生化学或电化学作用，而遭受破坏的一种现象。

锅炉设备在运行或停用期间遭受的腐蚀有材料方面的原因，也有介质方面的原因。材料方面如材料的种类、组织中的杂质和内应力等；介质方面如给水中的溶解氧和二氧化碳等气体以及给水的 pH 值等。另外，金属表面的温度、水循环状况、水中盐类的种类和浓度、金属的表面状态和附着物等，也都有一定的影响。

6.1.1 金属腐蚀的分类

1. 按机理分类，分为化学腐蚀和电化学腐蚀。

(1) 化学腐蚀是指金属与周围介质直接反应并有电子得失，如铁在空气中生成四氧化三铁的反应和过热蒸汽与金属的反应都属于化学腐蚀。

(2) 电化学腐蚀是指金属与周围介质分别进行氧化还原反应，有电流产生。如铁在水中产生三氧化二铁的反应，铁失去两个电子转成亚铁离子(Fe^{2+})，氧得电子转成氢氧根(OH^-)。热力系统的金属都浸在水溶液中，因此金属腐蚀基本是电化学腐蚀。

2. 按其外观的破坏形式，又可分为均匀腐蚀和局部腐蚀。

(1) 均匀腐蚀　在腐蚀性介质的作用下，几乎整个金属表面都遭受腐蚀速度近于相等的腐蚀，所以危害程度较小。

(2) 局部腐蚀　在整个金属表面上，只有个别部位发生腐蚀，这种危害性较大。它又分为以下几种：

① 溃疡状腐蚀　在金属表面上的个别部位产生往深处发展的腐蚀坑。

② 孔蚀　孔蚀与溃疡状腐蚀有些相似之处，只是孔蚀的面积更小更深。

③ 晶间腐蚀　晶间腐蚀也叫苛性脆化，它是在侵蚀性介质的作用下，发生在金属晶粒边缘间的一种腐蚀。金属产生这种腐蚀以后，机械强度明显降低，最后引起金属晶粒间裂纹。

④ 穿晶腐蚀　金属在侵蚀性介质和大小及方向都不断变化的应力作用下，发生的晶裂纹损坏。

3. 按温度分类，分为高温腐蚀和低温腐蚀。

（1）高温腐蚀是指金属与高温介质发生氧化还原反应，如炉管在高温烟气中的腐蚀，高温蒸气中金属的腐蚀等。

（2）低温腐蚀是指金属与低温介质发生氧化还原反应，如自来水管腐蚀。

6.1.2 金属腐蚀的基本原理

热力系统金属的腐蚀主要是电化学腐蚀，这里只介绍电化学腐蚀的基本原理。

1. 原电池和腐蚀电池

将金属浸泡在溶液中，金属表面在水分子的作用下，金属表面上金属离子形成水合离子进入溶液中，电子留在金属表面，在金属表面附近形成双电层；当金属浸泡在含有金属离子的溶液中时，金属离子就沉积在金属表面，在金属表面附近形成双电层。金属表面与其附近的溶液之间形成的电位差，称为电极电位。如将不同活泼性的金属片（如 Zn 和 Cu）浸泡在溶液（如 $CuSO_4$）中，再用导线将两金属片与检流计连接起来，检流计上有电流指示，这种由化学能转变成电能的装置称为原电池。如图 6-1 所示。

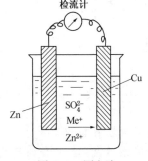

图 6-1 原电池

在这原电池中，在溶液中（称内电路）金属锌失去电子：$Zn \rightarrow Zn2++2e$，称为阳极（金属发生溶解），溶液中 Cu^{2+} 得到电子转成 Cu 沉积在铜片上，该极称为阴极。从外电路来看，锌片上有电子流出称为负极（用"-"表示），铜片上得电子称为正极（用"+"表示），热力系统中，由于温度的差别、炉管内含有杂质、溶液的浓度差别等，再加上金属本身又是导体，就会形成许多微小的原电池，引起金属的腐蚀，称为腐蚀电池。

2. 极化与去极化

电池形成闭合回路时，电动势减小的现象称为极化。极化能使腐蚀现象减少。一般阳极只有表面状态发生改变（如腐蚀产物在金属表面堆积形成保护膜），才能造成阳极极化。而在阴极上，假如接受电子的物质不能迅速地扩散，或阴极反应产物不能很快地排走，则由于金属传送电子的速度很快，由阳极传送来的电子就会堆积起来，产生阴极极化。

去极化是指使极化现象减少的现象。去极化会促进腐蚀。去极化的物质称为去极化剂。水中含有的 O_2、Fe^{3+}、H^+、NO_2^- 都是去极化剂，会促进腐蚀。还有 Cl^- 可破坏某些合金金属表面保护膜，属阳极去极化剂。

3. 保护膜

金属表面在特定条件下形成的一层薄膜，将金属与周围介质隔开，阻滞了阳极反应，发生了阳极极化，腐蚀速度减慢，保护金属不遭受进一步的腐蚀，这种能起到抑制腐蚀的膜称为保护膜。保护膜应具有结构致密、没有微孔、腐蚀介质不能透过、覆盖整个金属表面又不易从金属表面脱落等特征。因此，金属表面能否生成良好的保护膜是影响金属腐蚀程度一个重要因素。新建锅炉的化学清洗能够使锅炉内金属表面形成一层致密的保护膜。

6.2　锅炉给水处理与水质控制

锅炉给水由汽轮机的凝结水、补给水、生产返回水和各种热力设备的疏水等组成。这些给水组成中仍存在着对热力设备安全经济运行有害的杂质，如水中的溶解氧、二氧化碳、金属腐蚀产物以及从水汽系统中所带进的盐类等。所以，对锅炉给水必须进行严格的处理。

锅炉给水处理又称锅炉给水水质调节。通过给水处理，可减缓给水系统的金属腐蚀过程、降低给水中的腐蚀产物含量以及减少结构材料的氧化物在水汽系统中的沉积，确保机炉的安全和经济运行。

为了防止给水系统的金属腐蚀，通常采用的方法是除掉水中的溶解氧，并且提高给水的pH值，这种常用的给水处理方法称为"给水碱性水规范"。给水的除氧处理的方法包括热力除氧和化学除氧。对于不同压力的锅炉，给水中溶解氧含量的控制标准有所不同。高压以上的锅炉，给水溶解氧的含量应小于 $7\mu g/L$。给水 pH 值的调节是将给水的 pH 值控制在碱性范围内。对于不同压力的锅炉，给水 pH 值的控制标准也有区别。高压以上锅炉，给水的pH 值控制在 8.8~9.3 之间。这是同时考虑到防止钢铁的腐蚀和铜合金的腐蚀。高压以上的锅炉，在采用除盐水作为补给水时，给水处理除进行热力除氧外，大都辅以联氨进行化学除氧以及采用加氨或胺调节给水 pH 值。

6.2.1 锅炉给水系统的腐蚀

6.2.1.1 溶解氧腐蚀

给水系统中，最易发生的金属腐蚀是钢材受到水中溶解氧的腐蚀。

1. 腐蚀原理

铁受水中溶解氧的腐蚀是一种电化学腐蚀，铁和氧形成两个电极，组成腐蚀电池。铁的电极电位总是比氧的电极电位低，所以在铁氧腐蚀电池中，铁是阳极，遭到腐蚀，氧为阴极，进行还原，在这里溶解氧起阴极去极化作用，是引起铁腐蚀的因素。这种腐蚀称为氧去极化腐蚀，或简称氧腐蚀。

2. 腐蚀特征

当钢铁受到水中溶解氧腐蚀时，常常在其表面形成许多小型鼓包，其直径自 1~30mm 不等，这种腐蚀特征被称为溃疡腐蚀。鼓包表面的颜色由黄褐色到砖红色不等，次层是黑色粉末状物，这些都是腐蚀产物。当将这些腐蚀产物清除后，便会出现因腐蚀而造成的陷坑。

如果电厂中除氧工作进行得不完善，在给水管道和省煤器中常常能看到这种腐蚀。发生在给水管道中的鼓包颜色由黄褐色到砖红色都有，在省煤器中的大都是砖红色的。

氧腐蚀具有这种特征和腐蚀产物的性质关系很大。金属遭到腐蚀所生成的产物，并不只是表现为此金属的阳离子。这些阳离子在溶液中会进一步和水中某些物质发生反应，这种进一步变化的过程称为腐蚀的二次过程，生成的产物称为二次产物，我们平常看到的腐蚀产物，大都是这些二次产物。

铁受到溶解氧腐蚀后产生 Fe^{2+}，它在水中进行的二次过程为：

$$Fe^{2+}+2OH^-\longrightarrow Fe(OH)_2$$
$$4Fe(OH)_2+2H_2O+O_2\longrightarrow 4Fe(OH)_3 \tag{1}$$
$$Fe(OH)_2+2Fe(OH)_3\longrightarrow Fe_3O_4+4H_2O \tag{2}$$

在这些产物中，$Fe(OH)_2$ 是不稳定的，容易进一步发生（1）式和（2）式的反应，所以最后的产物主要是 $Fe(OH)_3$ 和 Fe_3O_4。其中，$Fe(OH)_3$ 表示三价铁的氢氧化物，它的化学组成实际上并不像此化学式所表示的那样简单，常常是各种含水氧化铁的混合物，所以也可以写成 $Fe_2O_3 \cdot nH_2O$，或者简化表示成 Fe_2O_3。

溃疡腐蚀点上各层腐蚀产物有不同的颜色，就是由于它们是由不同化合物所组成的关系。其表面层的黄褐色到砖红色产物是各种形态的氧化铁，次层的黑色粉末是 Fe_3O_4。有时，在腐蚀产物的最里层，紧靠金属表面处，还有一个黑色层，这是 FeO。

溶解氧腐蚀之所以会形成溃疡状，和腐蚀二次产物的性质有关。在一般条件下，由于水中溶解氧腐蚀而形成的二次产物，常常是疏松的，没有保护性。所以一旦在金属表面的某一点形成了腐蚀点，就不能阻止其继续腐蚀。在这个腐蚀点上，由于腐蚀产物的阻挡，水中溶解氧扩散到这一点的速度减慢，形成了在腐蚀点四周的溶解氧浓度大于此腐蚀点上的溶解氧浓度的情况，这样，它的四周便成为阴极，腐蚀点本身成为阳极，腐蚀将继续进行。此时二次产物层慢慢向外扩散，当它遇到水中 OH^- 和 O_2 等，便又产生新的二次产物，积累在原有的二次产物层中。所以二次产物层越积越厚，形成了鼓包，鼓包下面越腐蚀越深，形成陷坑。溃疡腐蚀点上的腐蚀产物都是会被磁铁所吸引的，这是由于许多腐蚀产物常常连在一起，而其中的 Fe_3O_4 和 $\gamma\text{-}Fe_2O_3$（氧化铁的一种结晶形态）能被磁铁所吸引的关系。

3. 腐蚀部位

在给水系统中会发生腐蚀的部位，决定于水中溶解氧的含量和设备的运行条件。通常，最易发生氧腐蚀的部位为给水管道和省煤器。在各种给水组成部分中，补给水的输送管道以及疏水的贮存设备和输送管都会发生严重的氧腐蚀，凝结水系统不易发生氧腐蚀。

给水通过除氧后虽然含氧量已很小，但在省煤器中由于温度较高，所以只要有少量氧，仍然有可能发生氧腐蚀。特别是当除氧器运行不良，或当含氧量分析不正确，以致使给水含氧量经常较大时，腐蚀甚至还会很严重。省煤器的溶解氧腐蚀通常集中在其进口部分，出口部分腐蚀较轻，这是因为水中的氧在进口部分进行的腐蚀过程中已消耗完了。

在疏水系统中，因疏水箱是通大气的，而且有些疏水管道不是经常有水，无水时管道便为空气所充满，因此疏水中常含有大量的氧。所以疏水经常会有严重的氧腐蚀。因为凝汽器的汽侧是在负压下运行的，免不掉有一些空气漏入，而且冷却水的渗漏也会带进一些溶解氧，所以在凝结水中，总是含有微量的溶解氧。但是，即使补给水是直接加到凝汽器中的，凝结水的含氧量也不会很大，因为凝汽器本身可以起到除氧作用，大部分氧可由抽气器抽走，所以凝结水的含氧量一般不大于 $50\mu g/L$。由于凝结水的温度低和含盐量小，这微量的氧不会引起严重的腐蚀。

6.2.1.2 游离二氧化碳的腐蚀

1. 腐蚀原理

当水中有游离的 CO_2 存在时，水呈酸性反应，如下式：

$$CO_2 + H_2O \Longleftrightarrow H^+ + HCO_3^-$$

这样，由于水中 H^+ 的量增多，就会产生氢去极化腐蚀。所以游离二氧化碳腐蚀，从腐蚀电池的观点来说，就是水中含有酸性物质而引起的氢去极化腐蚀。此时，在腐蚀电池中发生如下反应：

阴极反应：$2H^+ + 2e \rightarrow H_2$

阳极反应：$Fe - 2e \rightarrow Fe^{2+}$

二氧化碳溶于水虽然只显弱酸性，但当它溶解在很纯的水中时，还是会显著地降低其 pH 值。例如当每升纯水中溶有 $1mg\ CO_2$ 时，水的 pH 值便可由 7.0 降至 5.5 左右。弱酸的腐蚀性不能单凭 pH 值来衡量，因为弱酸只有一部分电离，所以随着腐蚀的进行，消耗掉的离子会被弱酸的继续电离所补充，因此 pH 值就会维持在一个较低的范围内，直到所有的弱酸电离完毕。

游离二氧化碳受温度的影响较大，因为当温度升高时，碳酸的电离度增大，会大大促进腐蚀。

2. 腐蚀特征

钢材受游离二氧化碳腐蚀而生成的腐蚀产物都是易溶的，在金属表面不易形成保护膜，所以其腐蚀特征是金属均匀地变薄。这种腐蚀虽然不一定会很快引起金属的严重损伤，但由于大量铁的腐蚀产物带入锅内，往往会引起锅内结垢和腐蚀等许多严重问题。

3. 腐蚀部位

热力设备汽水系统中的二氧化碳，来源于补给水和漏入汽轮机凝结水中的冷却水带入的碳酸化合物。在冷却水中所含有的碳酸化合物主要是 HCO_3^-，还有少量 CO_2 或少量 CO_3^{2-}。在补给水中所含碳酸化合物，随其净化方法的不同有所不同：经石灰和钠离子交换处理的软化水中，有一定量的 HCO_3^- 和 CO_3^{2-}；经 H-Na 离子交换水中，有少量 CO_2 和 HCO_3^-；在蒸馏水中，有 CO_2 和少量 HCO_3^-；化学除盐水中，各种碳酸化合物都很少。这些碳酸化合物，进入给水系统后，一部分首先被除氧器除去。在除氧器中，按理应将游离二氧化碳全部除去，但实际运行中不易做到，而是时常有少量游离二氧化碳残存；HCO_3^- 可以一部分或全部分解。所以，除氧器以后给水中含有的碳酸化合物主要是 HCO_3^- 和 CO_3^{2-}，它们在进入锅炉后会全部分解，放出 CO_2：

$$2HCO_3^- \rightarrow CO_2 \uparrow + H_2O + CO_3^{2-}$$
$$CO_3^{2-} + H_2O \rightarrow CO_2 \uparrow + 2OH^-$$

生成的 CO_2 被蒸汽带出锅炉，随蒸汽一起流经饱和蒸汽管道、过热蒸汽管道、汽轮机、进入凝汽器。在凝汽器中，一部分 CO_2 溶入凝结水中，其余的被抽气器抽走。

在热力系统中，最容易发生 CO_2 腐蚀的部位是凝结水系统，因为它处于除氧器前。所以凝结水是热力系统中游离 CO_2 含量较多的部分，而且它的水质较纯，只要含有少量的 CO_2，就会使其 pH 值显著降低。同理，在蒸发器的蒸馏水管道中、疏水系统中和热电厂的热网加热蒸汽的凝结水系统中，也会发生游离 CO_2 腐蚀。

6.2.1.3 同时有溶解氧和游离二氧化碳的腐蚀

在给水系统的水流中，若同时含有 O_2 和 CO_2 时，则钢的腐蚀就更严重。

在凝结水系统、疏水系统和热网水系统中，都可能发生 O_2 和 CO_2 同时存在的腐蚀。对于给水泵，因其是除氧器后的第一个设备，所以当除氧不彻底时，更容易发生这类腐蚀，因为在这里还具备两个促进腐蚀的条件：温度高，轴轮的快速转动使保护膜不易形成。

在用除盐水作补给水时，由于给水的碱度低、缓冲性小，所以一旦有二氧化碳和氧气进入给水中，给水泵就会发生这种腐蚀。此时，在给水泵的叶轮和导轮上发生腐蚀，一般腐蚀是由泵的低级部分至高级部分逐渐增强的。

类似的腐蚀也会发生在给水中含氧的酸性水的情况下。例如，当水的离子交换除盐设备和除氧器控制不好，以致有时给水呈酸性且含有氧时，腐蚀就会非常严重。

在凝汽器、射汽式抽气器的冷却器和加热器等设备中所用的传热管件，大都是黄铜管，故当水中含有游离二氧化碳和氧气时，还会引起铜管腐蚀。当温度高于 $40 \sim 50\,℃$ 时，水中如含有游离二氧化碳可以在没有氧气的情况下，促使黄铜脱锌腐蚀，即黄铜中的锌组分发生溶解的现象。当水中同时有游离二氧化碳和氧气时，铜本身也会遭到腐蚀。

低压加热器铜管的汽侧，由于常常有游离二氧化碳和氧气，所以最易遭到腐蚀。这种情况下的腐蚀特征是管壁均匀变薄，并有密集的麻坑。这种麻坑的部位往往集中在疏水水面以上、靠近水面、温度较低的进水端、设有抽气管的地方。因为这些部位容易形成一层薄膜，此水膜的温度常低于饱和温度成为过冷水膜，所以这层水膜中的二氧化碳量特别大，容易腐蚀管子。试验证明，立式加热器汽侧不同部位汽水中的含二氧化碳量有很大差别，当进水含有二氧化碳量为 $18\sim20mg/L$ 时，在靠近疏水水面上取得的抽汽样品，含二氧化碳量最高，可以高达 $600\sim700mg/L$ 左右。由此可以推知，在铜管壁上那些过冷水膜中，和从铜管上面流下的冷凝水中，必溶有大量的二氧化碳。

当加热器铜管汽侧受到腐蚀时，它的疏水中含铜量会增加。疏水中含铜量随着二氧化碳的量的增大而加大。疏水中铜的来源，是疏水水滴在铜管上腐蚀铜材后带下来的，并不是加热器下部积存的疏水腐蚀铜管所造成，因为铜管并未浸泡在下部疏水中。

6.2.2 锅炉给水的除氧处理

锅炉给水除氧处理包括热力除氧和化学除氧。热力除氧可将给水中绝大部分溶解氧除掉，化学除氧可以进一步除去给水中的残留溶解氧。

6.2.2.1 热力除氧

从气体溶解定律(亨利定律)可知，任何气体在水中的溶解度与此气体在气水分界面上的分压成正比。目前，火力发电厂几乎都采用热力除氧器对给水进行除氧。热力除氧器是以加热的方式除去给水中溶解氧及其它气体的一种设备。即以蒸汽通入除氧器内，把要除氧的水加热到相应压力下的饱和温度(即水的沸腾温度)，使溶于水中的气体解析出来，并随余汽排出除氧器，以达到除氧的目的。

热力除氧器有多种形式，按进水方式的不同可分为混合式和过热式。在混合式除氧器内，需要除氧的水与加热用的蒸汽直接接触，使水加热到相当除氧器压力下的沸点；过热式除氧器的运行方式，先将需除氧的水在压力较高的表面式加热器中加热，至温度超过除氧器压力下的沸点，当水引入除氧器后，一部分水汽化，其余水沸腾，以达除氧的目的。

电厂中用得最广的是混合式除氧器，按其工作压力不同可分为真空式、大气式和高压式三种。按构造分为淋水盘式、喷雾填料式和喷雾淋水盘式等。高压和超高压机组常采用喷雾填料式除氧器，工作压力约为 $0.59MPa$；亚临界参数机组多采用卧式喷雾淋水盘式除氧器，其最高压力为 $0.78MPa$。此外，还有些机组采用凝汽器真空除氧。

6.2.2.2 化学除氧

化学除氧是在要除氧的水中加入能与氧反应的化学试剂，使水中溶解氧降低的一种处理方法。在电厂中，化学除氧剂应具备的条件是：能迅速与氧反应；反应产物和化学药品本身在水汽循环中是无害的；具有使金属表面钝化的作用；对工作人员的健康影响最小以及便于使用控制等。

火力发电厂的锅炉给水除氧都是在热力除氧的基础上辅以化学除氧。高参数以上的锅炉目前大都使用联氨(N_2H_4)进行化学除氧。

采用联氨除氧的优点是：联氨与氧的反应产物及过剩联氨在高温下的分解产物都不会产生固体物，因而不会使锅炉给水中的含盐量增加。

1. 联氨

(1) 联氨的性质

联氨(N_2H_4)又称为肼。在常温下是一种无色液体。它具有挥发性、有害、易燃、易溶于水和乙醇等特点。联氨是一种还原剂，具有弱碱性，遇热会分解。市售联氨一般是 40% 水合联氨。

208

① 物理性质

联氨的一般物理性质列于表6-1中。空气中的联氨对人体有侵害作用，故空气中联氨蒸汽量最高不允许超过1mg/L。当空气中联氨蒸汽的浓度超过4.7%（按体积计）时，遇火会发生爆炸。

② 化学性质

1）还原性　联氨在碱性水溶液中，是一种很强的还原剂。它可将水中溶解氧还原，如下式：

$$N_2H_4+O_2 \longrightarrow N_2+2H_2O$$

表6-1　联氨的一般物理性质

项　　目	密度(25℃)/(g/mL)	沸点(0.1MPa)/℃	凝固点(0.1MPa)℃	闪点/℃
联氨(N_2H_4)	1.004	113.5	1.4	52
水合联氨($N_2H_4 \cdot H_2O$)		119.5	<-40	90

反应产物N_2和H_2O对热力系统的运行没有害处。

此外，联氨的还原性质还可防止锅炉内产生铁垢和铜垢，反应式如下：

$$6Fe_2O_3+ N_2H_4 \longrightarrow 4Fe_3O_4+ N_2+ 2H_2O$$

$$2Fe_3O_4+ N_2H_4 \longrightarrow 6FeO+ N_2+ 2H_2O$$

$$2FeO+ N_2H_4 \longrightarrow 2Fe+ N_2+ 2H_2O$$

$$4CuO+ N_2H_4 \longrightarrow 2Cu_2O+ N_2+ 2H_2O$$

$$2Cu_2O+ N_2H_4 \longrightarrow 4Cu+ N_2+ 2H_2O$$

2）弱碱性　联氨的水溶液显弱碱性，在水中按下式电离：

$$N_2H_4+2H_2O \Longrightarrow N_2H_5^++OH^- \qquad K_1=0.5\times10^{-7}(25℃)$$

$$N_2H_5^++H_2O \Longrightarrow N_2H_6^{2+}+OH^- \qquad K_2=0.5\times10^{-16}(25℃)$$

3）热分解　联氨遇热按下式分解：

$$3N_2H_4 \Longrightarrow N_2+ 4NH_3$$

在没有催化剂的情况下，N_2H_4的分解速度决定于温度。如在300℃和pH值约为9时，N_2H_4完全分解需10min。实际上，剩余的N_2H_4，在进入锅炉内部以后，才发生迅速分解。

（2）联氨除氧的条件

联氨和水中溶解氧的反应速度受温度、pH值和联氨过剩量的影响。为使联氨和水中溶解氧的反应进行迅速和完全，必须维持以下条件：

① 必须使水中联氨有足够的过剩量。联氨同氧的化学反应是一种二元反应，反应速度同水中联氨及溶解氧浓度成正比，理论上联氨同氧反应是等物质的量的。在实际控制上，为了加快反应速度，联氨的剂量通常为理论值的2~4倍，当有催化剂存在时，过剩量可以小些。

② 必须使水维持一定的pH值。pH值在9~11之间时，反应速度最快。因此以除盐水作补给水时，在给水加联氨前必须先加氨处理，使给水的pH值提高到8.5以上。

③ 必须有足够的反应温度。常温下，联氨同溶解氧的反应速度是比较慢的，一般长达数小时，当温度升高时，反应速度急剧增加。通常在除氧器出口处加入联氨，此处给水温度达150℃以上，联氨同溶解氧的反应时间仅数分钟。

2. 催化联氨的使用

催化联氨又叫活性联氨，它是在水合联氨中加入微量的催化剂配制成的。催化剂一般是有机化合物，如对苯二酚、1-苯基-3-吡唑烷酮等，不采用铜、锰、铁等金属化合物作催化剂。催化联氨大大提高了联氨和氧的反应速度，尤其是在低温水中，催化联氨效果显著地超过普通联氨。因此，催化联氨可以用于凝结水–给水系统的除氧处理，也就是可将联氨的加药点移到凝结水泵出口处。

6.2.3　给水加氨处理

给水 pH 值的控制，根据机组类型、锅炉运行所采用的水化学工况及给水水质等因素来决定；同时必须考虑对铜和铁等不同材质金属的防蚀效果。表 6-2 为碱性水工况汽包炉给水 pH 值控制标准。

表 6-2　锅炉给水 pH 值的控制标准(25℃)

炉　　型	汽　包　炉
锅炉水化学工况	碱性水工况
工作压力(MPa)	>5.88，≤18.62
低压加热器为铜管	8.8~9.3
低压加热器为钢管	9.0~9.4

氨是一种易挥发的碱化剂，具有遇热不易分解等性质，因此给水 pH 值的调节一般采用加氨处理。

正确进行氨处理，热力设备的铜和铁的腐蚀明显减少。这有利于降低汽水循环系统中的铜、铁含量，并可减少锅炉受热面上金属氧化物的沉积量，延长锅炉化学清洗时间间隔，有效保证锅炉的经济运行。

在一般情况下，锅炉给水 pH 值过低的原因是由于它含有游离 CO_2 等酸类物质，所以加氨就相当于用氨水溶液的碱性来中和碳酸等酸类物质的酸性。通常，加氨的目的就是根据锅炉运行时水化学工况的要求，将给水的 pH 值调节在 8.5 以上。

1. 氨的电离

氨的水溶液称为氨水，呈碱性，按下式电离：

$$NH_3+H_2O \Longrightarrow NH_4OH \Longrightarrow NH_4^++OH^-$$

氨水和水中二元碳酸(H_2CO_3)的中和反应有以下两步：

$$NH_4OH+H_2CO_3 \rightarrow NH_4HCO_3+H_2O$$

$$NH_4HCO_3+NH_4OH \rightarrow (NH_4)_2CO_3+H_2O$$

根据计算，加入的氨量恰好中和 H_2CO_3 至 NH_4HCO_3，则该溶液的 pH 值为 7.9，若中和至 $(NH_4)_2CO_3$，则该溶液的 pH 值为 9.2。

2. 氨的分配系数

分配系数 K_F 是指汽水两相共存时，某物质在蒸汽中的浓度同与此蒸汽相接触的水中该物质浓度的比值。氨同二氧化碳的分配系数都大于 1，但氨的分配系数远小于二氧化碳。分配系数受温度、压力的影响。

由氨的分配系数可以得知，在汽水循环系统的各部位，氨浓度的分布是不相同的。在凝汽器中，二氧化碳先于氨由抽汽口排出，而含有较多氨的蒸汽在凝汽器不流动部位凝结时，凝结水中的氨浓度很高，可达 50mg/L 以上，此现象称为氨的富集，它会引起铜合金材料的氨蚀。

3. 络合作用—铜合金的氨蚀问题

某些金属离子在有氨的水溶液中，能形成稳定的可溶性络离子。如：水中的 Cu^{2+} 和 Zn^{2+}，在有氨时会形成铜氨络离子 $Cu(NH_3)_4^{2+}$ 和锌氨络离子 $Zn(NH)_4^{2+}$。它们的络合稳定常数 $lgK_{稳}$(20℃，离子强度 I=0.1)分别为 12.59 和 9.07。

$$Cu^{2+}+4NH_3 \rightleftharpoons Cu(NH_3)_4^{2+}$$

$$Zn^{2+}+4NH_3 \rightleftharpoons Zn(NH_3)_4^{2+}$$

在热力系统采用铜合金材料的低压加热器和凝汽器中，由于氨和氧的存在，加快了铜合金材料的溶解，这就是通常所说的铜管的氨腐蚀问题，其化学腐蚀过程如下：

阳极过程：$Cu+2NH_3-e \longrightarrow Cu(NH_3)_2^{+}$　　$E^0=-0.12V$

　　　　　$Zn+4NH_3-2e \longrightarrow Zn(NH_3)_4^{2+}$　　$E^0=-0.01V$

阴极过程：$O_2+2H_2O+4e \longrightarrow 4OH$　　$E^0=+0.80V$

自催化作用：$H_2O+2Cu(NH_3)_3^{+}+\dfrac{1}{2}O_2 \xrightarrow{4NH_3} 2Cu(NH_3)_4^{2+}+2OH^{-}$

　　　　　　$Cu+(NH_3)_2^{2+}+e \longrightarrow Cu(NH_3)_2^{+}+2NH_3$

在凝汽器空抽区中，黄铜的氨腐蚀主要取决于凝结水中氨的浓度和凝汽器的过冷度

6.2.4　给水加氨和联氨的操作

给水加氨和加联氨，通常将氨和联氨在溶液箱内溶解，配制成 $0.3\%\sim0.5\%$ 的稀溶液，用计量泵加到给水系统的除氧器出口。

1. 加药量

根据锅炉运行时水化学工况所要求的给水 pH 值，按照纯水中氨浓度与溶液 pH 值的关系估算氨的加入量。但是，实际的加氨量在各个机组中是不同的，有必要根据给水中的铜、铁含量通过调整试验来确定。在调整试验中，一方面要确保给水 pH 值在水汽质量标准规定的范围内，另一方面要使给水中的铜、铁含量保持在最低水平，以减轻锅内的结垢速度和避免引起腐蚀。

通常给水中允许的氨含量应在 $1.0\sim2.0\text{mg/L}$ 以下，省煤器入口联氨过剩量维持 $10\sim50\mu\text{g/L}$，以减少氨在凝汽器的空抽区等部位的富集，避免引起铜合金材料的氨蚀问题。

2. 加药系统

给水加氨系统与联氨的加药系统和设备相同，氨液或联氨经手工(或抽氨泵)加入溶液箱后，用除盐水配成稀溶液(如图 6-2)。

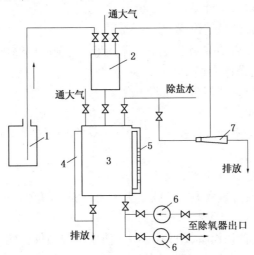

图 6-2　给水加药系统流程图

1—联氨桶；2—计量箱；3—加药箱；5—液位计；6—计量泵；7—喷射器

配药所需药液量按下式计算：

$$W = \frac{1000V \times (0.5\% \sim 1\%)}{N}$$

式中　　W——工业氨液或联氨的质量，kg；

　　　　V——溶液箱的容积，m^3；

　　　　N——工业氨液或联氨的纯度。

3. 加药设备的操作

各溶液箱、联胺贮存罐在使用前应用除盐水冲洗干净，加药泵和加药管路投运前应用除盐水冲洗干净，各液位计、温度计、压力表安全阀和压力释放阀使用前应进行检查和调整，液位计阀门应打开，报警装置应安装。

（1）氨液的配制前的检查

1）检查浓氨水溶液箱液位正常。

2）各阀门及表计处于完好的备用状态。

3）进水管道有充足的除盐水。

（2）氨液的配制操作

1）开启氨溶液箱排污门，开启氨溶液箱除盐水进水阀，将溶液箱冲洗干净后关闭排污门和进水门。

2）开启氨溶液箱的除盐水进水总阀。

3）开启氨溶液箱凝结水进水阀。

4）开启氨溶液箱充浓氨水阀。

5）启动氨抽液泵打入适量高浓度氨水。

6）启动氨溶液箱搅拌器，搅拌配成所需浓度的氨溶液。

（3）联氨的配制操作

1）开联氨输送泵和计量箱进液阀、排气阀，浓联胺就进入计量箱，当体积满足要求后关计量箱进液阀。

2）开联氨溶液箱进口阀，计量箱出口阀。

3）开进水阀使液位升到设定位置。

4）打开电源开关，按启动按钮启动搅拌器，混合完全后按停止按钮停止搅拌。

（4）向热力系统加药操作步骤

1）通知汽机运行人员打开相应的加药一次阀门。

2）开溶液箱的出口阀。

3）开相应需启动计量泵的入口阀。

4）开计量泵的出口阀。

5）启动计量泵，就地或自动调节行程。

6）若出口压力太大或流量太大或管路阻力太大，安全阀将动作，溶液返回泵入口。

（5）运行维护

液氨瓶属中压设备，如该设备长期不用，在使用前应做气密性工作压力试验，并在装氨前还需用氮气置换排尽空气、潮气方可灌装液氨。

6.3 汽包锅炉的炉水水质调节

炉水来源于给水，由于炉水在高温下运行，随给水进入炉水的杂质就会在炉内浓缩与沉积，从而有可能造成炉管的结垢与腐蚀，严重时还将发生爆管事故。另一方面，炉水水质又将直接影响蒸汽品质，需对炉水加以处理，以防止汽轮机通流部位的积盐与腐蚀，因而电厂、站必须重视炉水处理，保证炉水水质符合标准规定。

6.3.1 锅内的杂质和沉积物

6.3.1.1 锅内杂质的来源

锅内各种杂质的来源分为两个方面：一是来自锅内金属母材的腐蚀产物；二是由炉前的给水、凝结水和补给水等系统带入的不纯物质；三是炉内加药带入的杂质。究竟以何为主，因锅炉条件和水处理状况而异。现将来自炉前系统的杂质分述如下：

1. 凝汽器泄漏

当冷却水从凝汽器不严密处漏入其蒸汽侧时，冷却水中的杂质就会随之进入蒸汽凝结水中。进入凝结水中的各种盐类物质的含量，取决于漏入的冷却水量和冷却水质，它直接影响炉水的水化学工况，并在锅内形成酸性物质或析出碱性物质，引起锅炉受热面的腐蚀或形成沉积物。近年来，凝汽器泄漏、凝结水硬度超标，已成为锅炉结垢、腐蚀爆管的主要原因之一。

凝汽器的结构不同、运行工况不同，泄漏入的冷却水量也有很大差异。严密性很好的凝汽器，可以做到渗入的冷却水量为汽轮机额定负荷时凝结水量的 0.0035%~0.01%，一般凝汽器在正常运行条件下，其泄漏率为 0.01%~0.05%。

凝汽器的汽侧漏入空气或低压缸接合面与汽轮机端部的汽封装置漏入空气等，均会增加凝结水中氧和二氧化碳的含量。特别是当凝汽器汽侧负压较小(50%)，且冷却水温偏低时，将有大量空气漏入，造成凝汽器除氧条件恶化，使凝汽器出口的凝结水氧含量增加。因此，凝汽器泄漏往往是杂质进入锅炉的主要原因。

2. 锅炉补给水中杂质进入给水系统

在原水水质恶化、药剂质量下降、水处理设备出现缺陷、运行操作以及管理不当时，会使锅炉补给水质量下降，携带较多杂质进入给水系统。当原水受到污染时，还应注意到天然或合成有机物引起的不良影响。

3. 生产回水和疏水中的杂质进入给水系统

为了节水和利用余热，要尽力回收生产回水和疏水，但从热用户返回的供热蒸汽凝结水和热力系统内各辅助设备的凝结水(即疏水)，往往易受外界杂质的污染，若生产回水和疏水中主要杂质含量超过表6-3所列控制标准，则应对其进行相应处理，以免大量杂质进入给水系统。

表 6-3　生产回水和疏水控制标准

	硬度/(μmol/L)	铁/(μg/L)	油/(μg/L)
生产回水	≤2.5	≤100	≤1
疏　　水	≤2.5	≤50	—

4. 金属的腐蚀产物随给水带入锅内

目前大多数锅炉其锅内的沉积物是以腐蚀产物为主。这些物质多是由于锅炉、管道及附属设备，在运行、停运和检修过程中发生腐蚀而产生的，尤其是在机组启动时，若系统及设备冲洗不佳，将有较多的腐蚀产物被带入锅内。锅内腐蚀产物的来源见表6-4。

表6-4　锅内腐蚀产物的来源硬度

锅炉类型	母材腐蚀/%	给水带入/%
自然循环锅炉	30	70
直流锅炉	20~40	60~80
超临界锅炉	50~60	40~50

5. 药品的影响

炉内处理用药剂的质量也是影响水中杂质进入锅炉的因素之一。

6.3.1.2　锅内的沉积物

某些杂质进入锅炉后，在高温、高压和蒸发、浓缩的作用下，部分杂质会从溶液中析出固体物质并附着在受热面上，这种现象称之为结垢。这些在热力设备受热面水侧金属表面上生成的固态附着物称之为水垢和盐垢。其它不附着在受热面的的析出物(悬浮物或沉积物)称之为水渣。水渣往往浮在汽包汽、水分界面上或沉积在锅炉底部下联箱中，通常可以通过连续排污或定期排污排出锅炉。但是如果排污不及时或排污量不足，有些水渣会随炉水的循环，粘附在受热面上形成二次水垢。

水垢的导热性能很低，比钢铁低几十倍到几百倍。当锅炉水冷壁结垢后，将严重影响热量的正常传递，使锅炉热效率降低。更为重要的是因为传热不良将导致炉管壁温升高，造成爆管事故。此外，结垢还会引起沉积物下的腐蚀，对锅炉的正常运行构成威胁。如果锅炉水中的水渣过多，也会堵塞炉管，影响炉水循环，严重时还会影响蒸汽品质。

水垢的化学组成比较复杂，通常由许多化合物混合而成，但往往又以某中成分为主。按水垢的主要化学成分可将水垢分为几类：钙镁垢、硅酸盐垢、氧化铁垢、铜垢和磷酸盐垢。

1. 钙镁水垢

钙镁水垢中钙镁化合物的含量较高，大约占90%左右。此类水垢又可根据其主要化合物的不同成分分为：碳酸盐水垢($CaCO_3$)、硫酸钙水垢($CaSO_4$、$CaSO_4 \cdot 2H_2O$)、硅酸钙水垢($CaSiO_3$、$5CaO \cdot 5SiO_2 \cdot H_2O$)、镁垢[$Mg(OH)_2$、$Mg_3(PO_4)_2$]等。

结垢部位：加热器、省煤器以及凝汽器管等部位易形成碳酸钙水垢。锅炉水冷壁、蒸发器等热负荷较高的部位容易形成硫酸钙水垢和硅酸钙水垢。

形成原因：①锅炉补给水处理差，有硬度成分；②凝汽器泄漏而又没有凝结水精处理；③锅炉加药不适当；④锅炉连续排污量不够，使水渣形成二次水垢。

钙镁水垢易发生在中、低压锅炉中。

2. 硅酸盐水垢

盐水垢的化学成分大多是铝、铁的硅酸化合物，其化学结构复杂。此种水垢中的二氧化硅的含量为40%~50%，铁和铝的氧化物含量为25%~30%。此外，还有少量的钙、镁、钠的化合物。

结垢部位：热负荷较高或水循环不良的炉管容易形成硅酸钙水垢。

形成原因：锅炉补给水没有进行除硅处理。

硅酸盐水垢易发生在中、低压锅炉中。

3. 氧化铁垢

氧化铁垢的主要成分是铁的氧化物,其颜色大多为灰色或黑色。

结垢部位:锅炉热负荷较高的部位(如喷燃器附近)或水循环不良的炉管容易形成氧化铁垢。

形成原因:主要是炉水含铁量大和炉管的局部热负荷太高。炉水含铁量大的原因有,锅炉运行时,炉管遭到高温炉水腐蚀,或随给水带入的氧化铁,或在锅炉停用时产生的腐蚀产物,它们都会附着在热负荷较高的炉管上,转化为氧化铁垢。

氧化铁垢易发生在高参数大容量的锅炉中。

4. 铜垢

当垢中金属铜的含量达到 20%~30% 时,这种水垢称之为铜垢。铜垢往往会加速水冷壁管的腐蚀。

结垢部位:局部热负荷很高的炉管内。

形成原因:热力系统的铜合金设备遭到氨和氧的共同腐蚀或单独腐蚀后,铜的腐蚀产物随给水进入锅炉。

铜垢只发生在机组水汽系统含有铜合金的锅炉中。

5. 磷酸盐垢

磷酸铁盐垢的主要化学成分磷酸亚铁钠 $[Na_4FeOH(PO_4)_2 \cdot 1/3NaOH]$。会使炉管发生酸性磷酸盐腐蚀。

结垢部位:主要在热负荷较高的部位。

形成原因:主要是炉水中的磷酸盐含量过高并添加了磷酸氢二钠,钠与磷的摩尔比过低造成的。磷酸铁盐垢易发生在高参数大容量局部热负荷较高的锅炉中。

6.3.1.3 锅炉水冷壁管常见的腐蚀

1. 垢下的腐蚀

当锅炉水冷壁管内表面附着有水垢或水渣时,在其下面会发生严重的腐蚀,这种腐蚀通常称为垢下腐蚀。这种腐蚀的危害是,首先结垢阻碍管壁与炉水正常的热交换,使金属温度升高;其次渗透到垢下的炉水深度蒸干,引起垢下的化学成分与炉水主体成分有显著的差异,垢下的 pH 值往往差别最大,会引起酸性或碱性腐蚀。垢下腐蚀一般发生在热负荷高的部位,如燃烧器附近、水冷壁向火侧等。

2. 酸性磷酸盐腐蚀

酸性磷酸盐腐蚀是近几年才确认为与磷酸盐隐藏和再溶出相关的一种腐蚀形式。最初进行炉水协调 pH-磷酸盐处理时,Na^+ 与 PO_4^{3-} 的摩尔比控制在 2.3~2.8。为此往往连续向锅炉加入 Na_2HPO_4 或 NaH_2PO_4,使 Na^+ 与 PO_4^{3-} 的摩尔比和 pH 值都降低,如果加入 Na_2HPO_4 或 NaH_2PO_4 的量过大就容易发生酸性磷酸盐腐蚀。

酸性磷酸盐腐蚀和碱性沟槽腐蚀很相似,一般都发生在向火侧。碱性沟槽腐蚀的特征是腐蚀产物分两层,两层之间有针型的二价、三价铁离子钠盐晶体。酸性磷酸盐腐蚀产物外层为黑色,内层为灰色并含有 $NaFePO_4$ 化合物。研究发现,Na^+ 与 PO_4^{3-} 的摩尔比在 2.6 以下并且温度高于 177℃ 时才容易发生酸性磷酸盐腐蚀。

3. 酸腐蚀

当冷却水为海水、苦咸水(Cl^- 含量在 500mg/L 以上的地下水)直接泄漏到水、汽循环系统或精理混床运行不当有 Cl^- 漏出或树脂进入水、汽循环系统时，会导致炉水的 pH 值急剧下降，发生酸性腐蚀。腐蚀的原因有：

① 冷却水(特别是海水)中的 $MgCl_2$ 和 $CaCl_2$ 进入锅炉后会水解产生酸性物质。

② 锅炉给水采用加氨水处理，Cl^- 往往以氯化铵的形式进入锅炉水中，由于氨容易挥发而留下盐酸，例如，某一些电厂由于凝结水混床运行控制不当而漏 Cl^-，经常导致炉水的 pH 值低于 7。

③ 凝结水混床树脂漏入锅炉，高温分解产生有机酸。

4. 碱腐蚀

当冷却水为碳酸盐含量较高的河水或湖水时，如果凝汽器发生泄漏，冷却水直接进入锅炉，将在炉水中高温分解产生游离的氢氧化钠，会使沉积物下的炉水的 pH 值上升到 13 以上，会破坏金属保护膜，发生碱性腐蚀。

6.3.2 汽包锅炉的炉水处理

6.3.2.1 几种处理方式

为了防止在汽包锅炉中产生钙垢，除了保证给水水质外，通常还需要在锅炉水中投加某些药品，使随给水进入锅内的钙离子(补给水中残余的或凝汽器中漏入的)在锅内不生成水垢，而形成水渣随锅炉排污排除。在发电厂的锅炉中，最宜用作锅内加药处理的药品是磷酸盐。向锅炉水中投加磷酸盐的这种处理方法，简称为磷酸盐处理。

后来发现，炉水中若含有游离的氢氧化钠，便会引起锅炉水冷壁管的碱性腐蚀。因此，便发展了加入酸式磷酸盐来中和炉水中游离氢氧化钠的处理方法，这种方法称为协调 pH－磷酸盐处理。

由于磷酸盐在水中的溶解度，随温度的提高而急剧降低，因此在超高压和亚临界汽包炉上采用磷酸盐时，就容易发生明显的"磷酸盐暂失"现象。

炉水的磷酸盐处理，在开始采用时，是维持炉水中的 Na/PO_4 摩尔比(R)为 3:1，炉水中的钠盐全为 Na_3PO_4，而没有游离氢氧化钠。后来研究表明，即使炉水中的 R 值符合 3:1 的关系，由于炉水中磷酸钠在浓缩时并非按摩尔比形成沉淀，液膜中仍含有游离氢氧化钠的可能。为此，有必要降低此摩尔比值。研究证明，只有当炉水中的 R 值小于 2.8:1 时，才能防止液膜中含有游离氢氧化钠。但 Na^+/PO_4^{3-} 摩尔比值过低，又会引起炉水 pH 值偏低，不利于水冷壁管的防腐。为此，又规过了 R 比值不应低于 2.2，这样，就产生了一种控制 R 值为 2.2~2.85 的协调 pH－磷酸盐处理控制炉水的处理方法。

6.3.2.2 磷酸盐处理

磷酸盐防垢处理就是用加磷酸盐溶液的办法，使锅炉水中经常维持一定量的磷酸根(PO_4^{3-})。由于锅炉水处在沸腾条件下，而且它的碱性较强(锅炉水的 pH 值一般在 9~11 的范围内)，因此炉水中的钙离子和磷酸根会发生下列反应：

$$10Ca^{2+}+6PO_4^{3-}+2OH^- \longrightarrow Ca_{10}(OH)_2(PO_4)_6 \qquad (碱式磷酸钙)$$

生成的碱式磷酸钙是一种松软的水渣，易随锅炉排污排除，且不会粘附在锅内转变成水垢。

因为碱式磷酸钙是一种非常难溶的化合物，它的溶度积很小，所以当锅炉水中保持有一定量的过剩 PO_4^{3-} 时，可以使锅炉水中钙离子(Ca^{2+})的浓度变得非常小，以至在锅炉水中它的浓度与 SO_4^{2+} 浓度或 SiO_3^{2-} 浓度的乘积不会达到 $CaSO_4$ 或 $CaSiO_4$ 的溶度积，这样锅内就不会有钙垢形成。

为了达到防止在锅炉中产生钙垢的目的，在锅炉水中要维持足够的 PO_4^{3-} 浓度。这个浓

度和炉水中的 SO_3^{2-}、SiO_4^{2-} 浓度有关，从理论上来讲是可以根据溶度积推算的，但是实际上因为没有得出钙化合物在高温锅炉水中溶度积的数据，而且锅内生成水渣的实际反应过程也很复杂，所以锅炉水中 PO_4^{3-} 浓度究竟应维持多大合适，还估算不出，主要凭实践经验来定。水汽质量标准中规定的炉水 PO_4^{3-} 量，是根据实践经验确定的。

锅炉水中的 PO_4^{3-} 不应太多，太多了不仅随排污水排出的药量会增多，使药品消耗增加，而且还会引起下述许多不良后果：

（1）增加锅炉水的含盐量，影响蒸汽品质。

（2）有生成 $Mg_3(PO_4)_2$ 的可能，$Mg_3(PO_4)_2$ 的沉淀易粘附锅内，不易排掉。但随给水进入锅内的 Mg^{2+} 量常常是很少的，在沸腾着的碱性锅炉水中，它会和随给水带入的 SiO_3^{2-} 发生下述反应：

$$3Mg^{2+}+2SiO_3^{2-}+2OH^-+H_2O \longrightarrow 3MgO \cdot 2SiO_2 \cdot 2H_2O \downarrow \qquad （蛇纹石）$$

此反应生成的蛇纹石呈水渣形态，易随锅炉水的排污排除。

但是当炉水中 PO_4^{3-} 过多时，就有可能生成 $Mg_3(PO_4)_2$。

（3）若锅炉水含铁量较大时，有生成磷酸盐铁垢的可能。这种情况最容易发生在凝汽式电厂分段蒸发锅炉的盐段水冷壁管上。

（4）容易发生 Na_3PO_4 的暂时消失现象。发生这种现象时，在热负荷很大的炉管内有磷酸氢盐的附着物生成。

由上可知，只要能达到防垢的目的，锅炉水中 PO_4^{3-} 的浓度以低些为好。所以，在能确保给水水质非常优良的情况下，应尽量降低锅炉水中 PO_4^{3-} 浓度的标准。高参数汽包锅炉，由于采用了优良的水净化技术，补给水水质得到良好的保证；而且因为与该锅炉配套的汽轮机组的凝汽器非常严密，凝结水的水质也有可靠的保证（机组装设了凝结水净化设备，凝结水水质很好），因此随给水进入锅炉内的 Ca^{2+}、SO_4^{2-} 和 SiO_2^{2-} 等非常少，所以对锅炉进行锅炉水的磷酸盐处理时，其中 PO_4^{3-} 浓度的标准很低，这种锅内处理称低磷酸盐处理。

应注意：锅炉水的磷酸盐处理是向锅炉水中添加不挥发的盐类物质，这会使锅炉水的含盐量增加。为了既保证处理效果，又不影响蒸汽品质，应注意下列问题：

（1）加药要均匀，速度不宜太快，以免炉水含盐骤增，影响蒸汽品质变坏。

（2）应及时排除生成的水渣，以免影响蒸汽的品质和水汽循环。

（3）药品需纯净，以免杂质进入锅内，引起腐蚀和蒸汽品质。一般 $Na_3PO_4 \cdot 12H_2O$ 的纯度三级品应不小于 92%，一级品不小于 98%，不溶性残渣不大于 0.5%。

6.3.2.3 磷酸盐加药系统及运行

1. 磷酸盐配药操作

在药品溶液箱中，用除盐水将固体磷酸盐溶解成浓磷酸盐溶液（一般为 5%~8%），搅拌均匀。用高压力、小容量的计量泵连续地直接加在汽包内的锅水中。

一般两台机组共用一套加药系统，每个加药系统设两台溶液箱和三台计量泵。汽包水室中设有磷酸盐加药管，为使药液沿汽包长度方向均匀分配，加药管应沿汽包长度方向铺设，管上开许多等距离的小孔。此管应装在下降管附近，并应远离排污管处。

2. 磷酸盐加药的操作

① 通知锅炉运行人员打开相应机组的加药一次阀。

② 开磷酸盐溶液箱的出口阀。

③ 开相应需启动计量泵的入口阀。

④ 开计量泵的出口阀。

⑤ 启动任一台泵，就地或自动调节行程，可以调整炉水中 PO_4^{3-} 浓度。

6.3.3 汽包锅炉的化学清洗和停用保护

为了确保锅炉运行中有良好的水汽质量和避免炉管的结垢与腐蚀，除了要做好补给水的净化和锅炉机组内的水质调整处理以外，锅炉的化学清洗和停用保护也是重要的工作。

6.3.3.1 锅炉化学清洗的必要性

锅炉的化学清洗，就是用某些化学药品的水溶液来清除锅炉水汽系统中的各种沉积物，并使金属表面上形成良好的防腐保护膜。锅炉的化学清洗，一般包括碱洗(或碱煮)、酸洗、漂洗和钝化等几个工艺过程。

目前，新建锅炉在启动前一般都应进行化学清洗；已经投入运行的锅炉，也应在必要时进行化学清洗。

新建锅炉通过化学清洗，可除掉设备在制造过程中形成的氧化皮(也称轧皮)和在贮运、安装过程中生成的腐蚀产物、焊渣以及设备出厂时涂覆的防护剂(如油脂类物质)等各种附着物，同时还可除去在锅炉制造和安装过程中进入或残留在设备内部的杂质，如砂子，尘土，水泥和保温材料的碎渣等，它们大都含有二氧化硅。

新建锅炉启动前进行的化学清洗，不仅有利于锅炉的安全运行，而且还因为它能改善锅炉启动时期的水、汽质量，使之较快达到正常标准，从而大大缩短新机组启动到正常运行的时间。

运行锅炉化学清洗的目的在于：除掉锅炉运行过程中产生的水垢、金属腐蚀产物等沉积物，以免锅内沉积物过多而影响锅炉的安全运行。

6.3.3.2 化学清洗的步骤

化学清洗应该按一定的步骤进行，一般有：水冲洗、碱洗或碱煮、酸洗、漂洗和钝化等步骤，现分述如下。

1. 水冲洗

在用化学药品清洗前，应先用清水将清洗系统进行冲洗。目的是：对于新建锅炉，是为了除去新锅炉安装后脱落的焊渣、铁锈、尘埃和氧化皮等；对于运行后的锅炉，是为了除去运行中产生的某些可被冲掉的沉积物。此外，水冲洗还有检查清洗系统是否有漏泄之处的作用。

水冲洗的流速越大越好，因为流速大既能将设备冲洗干净，又能节约清洗用水。水冲洗的流速一般应保持大于 0.6m/s。当清洗系统比较复杂时，为了保证有足够的水流速度和更好的冲洗效果，可将其分成几部分进行。水冲洗进行到排水清澈透明，就可结束。

2. 碱洗或碱煮

碱洗就是用碱液清洗，碱煮就是在锅内加碱液后，锅炉升火进行烧煮。这两种方法的采用，常因锅炉具体情况不同而不同。一般规定：新建直流锅炉和 10.0MPa 及以上的汽包炉在启动投运前必须进行化学酸洗。10.0MPa 及其以下的汽包炉除锈蚀严重外，可不进行酸洗，只进行碱煮。现按不同的锅炉，分述如下。

(1) 新建锅炉 新建锅炉一般采用碱洗，目的是为了清除锅炉在制造和安装过程中，制造厂涂覆在内部的防锈剂及安装时沾染的油污等附着物，给下一步酸洗创造有利条件。

碱洗所采的洗液一般含有 0.2%~0.5% Na_3PO_4、0.1%~0.2% Na_2HPO_4(或者 0.5%~1.0% $NaOH$、0.5%~1.0% Na_3PO_4)和 0.05%左右的洗涤剂。因为游离 $NaOH$ 对奥氏体钢有腐

蚀作用，故如果清洗范围内有用奥氏体钢的制成的部件，碱洗时一般不用 NaOH。

碱洗溶液，应采用除盐水或软水配制。配制方法一般按边循环边加药方式进行：即先在清洗系统内充以除盐水并进行循环，同时将除盐水加热到 90~98℃，然后连续、缓慢地往清洗液箱内加入事先配制好的浓药品。这种方式可以保证药液混合均匀。碱洗时，流速一般应大于 0.3m/s，碱液循环流动的时间为 8~24h。碱洗结束后，先放尽清洗系统内的碱洗废液，然后用除盐水(或软化水)冲洗清洗回路，一直冲洗到出水 pH ≤ 8.4，水质清澈为止。接着进行酸洗。

（2）运行炉　对于运行后的汽包锅炉，一般可采用碱洗；当锅内沉积物较多或含硅量较大时，应采用碱煮；当锅内沉积物含铜较多时，在碱洗后还应进行氨洗。今将碱煮和氨洗的工艺列述如下：

① 碱煮　碱类能松动和清除部分沉积物，碱煮使用的药品主要是 Na_3PO_4 和 NaOH，这两种药品大都混合使用。碱液中药品的总浓度可为 1%~2% 左右或者更大些，有时还含有 0.05%~0.2% 的合成洗涤剂。

碱煮的方法为，当锅内加入碱液后，将锅炉点火，使锅内水煮沸并汽压升到 1~2MPa，在维持压力和排汽量为额定蒸发量的 5%~10% 的条件下，煮炉 12~14h。碱煮过程中应反复进行几次"补水-底部排污"。

当药剂的浓度下降到开始时浓度的一半时，应适当补加药剂。碱煮后待水温降到 70~80℃ 时，即可将碱煮废液全部排出，然后进行必要的锅内检查，并将堆积于联箱等处的污物清除掉。检查完毕后，接好酸洗系统先进行水冲洗，接着进行酸洗。

② 氨洗　氨洗的目的是为了除铜。氨洗除铜原理是：铜离子能在氨水中生成稳定的络离子。由于沉积物中铜主要是以金属铜的形式存在，为了促进铜的溶解，通常要在 NH_4OH 溶液中，添加氧化剂过硫酸铵 $[(NH_4)_2S_2O_8]$。

氨洗时的工艺条件如下：溶液中含 1.5%~3% NH_3 和 0.5%~0.75% $(NH_4)_2S_2O_8$，温度为 35~70℃，时间为 4~6h。氨洗后，再用除盐水(或软化水)冲洗。

3. 酸洗

酸洗时，药液的酸制方式有两种：

（1）边循环边加药　这种方法是用"碱洗-水冲洗"合格后留在清洗系统中的除盐水来配酸液。具体用法是，用清洗泵(耐酸泵)将此除盐水在清洗系统中循环，并将它加热到所需温度，然后在继续循环过程中慢慢地将事先配好的浓药液加入。

（2）在清洗箱中配制清洗液　这种方法是将清洗用的所有药品都加到清洗箱中配制成一定浓度的溶液，并加热到所需的温度，然后用清洗泵将它灌注到清洗系统中。常用于低压或中压小容量的锅炉。

在酸洗过程中，应经常测定清洗液的温度，并在各取样点采样，一般每半小时取样一次，测定样品的含铁量、酸浓度；当用柠檬酸清洗时，还应测定其 pH。若酸浓度太低，可适当补加酸与缓蚀剂。当循环清洗到达既定时间后或清洗液中 Fe^{2+} 含量无明显变化时，就可结束酸洗。

酸洗结束后，不应用放空的办法将废酸液排走，因为空气进入锅内会使其发生严重的腐蚀，而应用除盐水排挤酸液并进行冲洗。为了提高冲洗效果，应尽可能提高冲洗流速。冲洗一定要进行到排出水的 pH 为 5~6，含铁量小于 20~50mg/L 为止。要尽可能缩短时间，以防酸洗后的金属表面生锈。

4. 漂洗

当用盐酸或柠檬酸作为清洗剂时，在酸洗结束并用除盐水(或软化水)冲洗后，一般要用稀柠檬酸溶液进行一次冲洗，这种冲洗通常称为柠檬酸漂洗。这是利用柠檬酸有将铁离子络合的能力，以除去酸洗和水冲洗后残留在系统内的铁离子，以及水冲洗时在金属表面可能产生的铁锈。经验证明，漂洗可以使酸洗后的金属表面很清洁，从而为钝化处理创造有利条件；而且当有漂洗措施时，酸洗后水冲洗的时间可以适当缩短，冲洗时的用水量也就可以减少。

漂洗时一般采用0.1%~0.2%的稀柠檬酸溶液，添加若丁(使其浓度为0.05%)或者添加二邻甲苯硫脲(使其浓度为0.01%)，并用氨水将其 pH 调节为3.5~4.0左右，溶液温度维持为60~90℃，循环冲洗2~3h，漂洗就可结束。

漂洗结束后，不再进行水冲洗，直接加氨迅速将洗液的 pH 调节到9~10，并按下面介绍的办法，加亚硝酸进行钝化处理。

5. 钝化

经酸洗、水冲洗或漂洗后的金属表面，当暴露于大气中时非常容易受到腐蚀。因此，应立即进行防腐处理，其办法是用某些药液处理，使金属表面上生成保护膜，这种处理通常为钝化。

(1) 亚硝酸钠钝化法　此法通常是用0.5%~2.0%的 $NaNO_2$ 溶液，并加氨水将其 pH 调节为9~10，温度维持为60~90℃，使溶液在清洗系统内循环6~10h，然后将废液排去，钝化过程结束。在进行钝化处理时，一般是先往系统中加氨水，将水的 pH 迅速提高，当提高到大于9时，将 $NaNO_2$ 溶液加入。此法能使酸洗后的新鲜金属表面上形成致密的、呈钢灰色的(或银灰色的)保护膜。

排去钝化液后，还应用除盐水冲洗，以免残留的 $NaNO_2$ 在锅炉运行时引起腐蚀。

(2) 联氨钝化法　此法是用除盐水配制浓度为300~500mg/L 的联氨溶液，并加氨调节 pH 到9.5~10左右(或使氨浓度为10~20mg/L)，温度维持为90~100℃，使溶液在清洗系统内循环24~30h。此法处理后，金属表面通常生成棕红色或棕褐色的保护膜。

(3) 碱液钝化法　此法是采用1%~2%的 Na_3PO_4 或者 Na_3PO_4 与 NaOH 的混合液进行钝化。这种溶液还可将酸洗时残留在循环回路中的酸液中和掉。

这种方法钝化后，金属表面产生黑色保护膜。这种保护膜的防腐性能不如上述两种，故目前高压以上的锅炉，都不采用这种方法，一般只用于中、低压汽包锅炉。

6.3.3.3　化学清洗后的处置

锅炉经化学清洗后，应仔细检查汽包、联箱和直流锅炉的启动分离器能打开的部分，并应清除沉积在其中的渣滓。必要时，可割取管样，以观察炉是否洗净、管壁是否形成了良好的保护膜等情况。检查以后，拆除化学清洗用的临时管道和设备，使锅炉等设备恢复正常系统。此后，锅炉应立即投入运行，以减少停用腐蚀。

化学清洗后，还应评定清洗效果。进行评定时既要根据清洗后上述检查的结果，还应参考清洗系统中所安装的腐蚀指示片的腐蚀速、在启动期内水汽质量是否迅速合格、启动过程中和启动后有没有发生因沉淀物引起爆管事故以及化学清洗的费用等情况，进行全面评价。

6.3.3.4　锅炉的停用保护

1. 停用保护的必要性

在锅炉停用时期，如不采取保护措施，锅炉水汽系统的金属内表面会遭到溶解氧的腐蚀。因为，当锅炉停用后，外界空气必然会大量进入锅炉水汽系统内。此时，锅炉虽已放水，但在炉管金属的内表面上往往因受潮而附着一薄层水膜，空气中的氧会溶解在这些水膜中，使水膜中饱含溶解氧，所以很容易引起金属的腐蚀。若停用后未将锅内的水排放或者因有的部位水无法放尽，使一些金属表面仍被水浸润着，则同样会因大量空气中的氧溶解在这些水中，而使金属遭到溶解氧腐蚀。

当停用锅炉的金属表面上还有沉积物或水渣时，停用时的腐蚀过程会进行得更快。这是因为，有些沉积物和水渣具有吸收空气中湿分的能力，水渣本身也常含有一些水分，故沉积物（或水渣）下面的金属表面上仍然会有水膜。而且，在未被沉积物（或水渣）覆盖的金属表面上或者沉积物的孔隙、裂隙处的金属表面上，水的含氧量较高（空气中的氧含量扩散进来）；沉积物（或水渣）下的金属表面上，水的含氧量较高；沉积物下的金属表面上，水的含氧量较低。这使金属表面产生了电化学不均匀性：溶解氧浓度大的地方，电极电位高而成为阴极；溶解氧浓度小的地方，电极电位较低而成为阳极，在这里金属便遭到腐蚀。此外，沉积物中有些盐类物质还会溶解在金属表面的水膜中，使水膜中的含盐量增加，因而也能加速溶解氧的腐蚀。所以在沉积物和水渣的下面最容易发生停用腐蚀。

停用时锅炉金属的腐蚀，与运行中发生溶解氧腐蚀的情况一样，属于电化学腐蚀；腐蚀损伤呈溃疡性，但是它往往比锅炉运行时因给水除氧不彻底所引起的氧腐蚀严重得多。这不仅是停用时进入锅内氧的量多，而且还因为停用时在锅炉的各个部位都能发生腐蚀。为了区别停用腐蚀与运行中氧腐蚀，现将它们发生的部位对比如下：运行时过热器管不会发生氧腐蚀，但停用时立式过热器下弯头处因常常会积水而腐蚀往往很严重；运行中的氧腐蚀只是在省煤器的进口管段较严重，而停用时整个省煤器管内均会腐蚀；运行中仅在除氧器工作失常的情况下，氧腐蚀才会扩展到汽包和下降管中，而上升管（水冷壁管）是不会发生氧腐蚀的，但发生停用腐蚀时，这些部位的金属表面都会遭到腐蚀损害。

停用腐蚀的危害性不仅由于它在短期内会使大面积的金属发生严重的损伤，而且还会在锅炉投入运行后继续发生不良影响，其原因如下：

（1）停用时因金属的温度低，其腐蚀产物大都是疏松状态的 Fe_2O_3，它们附在管壁上的能力不大，因此，很容易被水流带走。所以当停用机组启动时，大量腐蚀产物就转入锅内水中，使锅内水中的含铁量增大，这会加剧锅炉炉管中沉积物的形成过程。

（2）停用时腐蚀金属表面上产生的沉积物（金属腐蚀产物）及所造成的金属表面的粗糙状态，会成为运行中腐蚀的促进因素。因为从电化学观点来看，腐蚀产生的溃疡点坑底的电位比坑壁及其周围金属的电位更低，因此在运行中它将作为腐蚀电池的阳极而继续遭到腐蚀；而且停用腐蚀所生成的腐蚀产物是高价氧化铁，在运行时能起阴极去极化作用，它被还原成亚铁化合物，这也是促使金属继续遭到腐蚀的因素。假如锅炉经常停用、启动，运行腐蚀中生成的亚铁化合物，在锅炉下次停用时，又被氧化为高铁化合物，这样腐蚀过程就会反复地进行下去。所以经常启动、停用的锅炉，腐蚀尤为严重。

由上述可知，停用腐蚀的危害性非常大，防止锅炉水汽系统的停用腐蚀，对锅炉的安全运行有重要的意义。为此，在锅炉停用期间，必须对其水汽系统采取保护措施。

2. 选择停用保护方法的原则

以后讲述了许多停用保护的方法，而且对它们的特点和适用范围也作了一些介绍。现为了便于选择，这里再将有关选择的各因素综述如下：

（1）锅炉的结构　对于具有立式过热器的汽包锅炉，保护前如不能将过热器内存水吹净、烘干，那就不要用干燥剂法；保护后如不能进行彻底冲洗，不宜采用碱液法。直流锅炉和工作压力高于12.7MPa的汽包锅炉，因水汽系统复杂，特别是过热器系统内往往难以将水完全放尽，故一般采用充氮法或联氨法，也有采用氨液法的，但启动前应特别注意对水汽系统进行彻底冲洗的问题。

（2）停用时间的长短　对于短期停运的锅炉，采用的保护法应能满足在短时间内启动的要求，如采用保持蒸汽压力法、保持给水压力法等。长期停运或封存的锅炉，应采用干燥剂法、联氨法或氨液法等。

（3）环境温度　在冬季应估计到锅内存水或溶液是否有冰冻的可能性，如锅炉车间温度会低于0℃，那么就不宜采用碱液法或氨液法等。

（4）现场的设备条件　如锅炉能否利用相邻的锅炉热风进行烘干，过热器有无反冲洗装置等。

（5）水的来源和质量　采用满水保护法时，若没有质量合格的给水或除盐水，停用保护的效果往往不够理想。

3. 停用保护的方法

防止锅炉水汽系统发生停用腐蚀的方法较多，但其基本原则却不外以下几条：

（1）不让空气进入停用锅炉的水汽系统内；

（2）保持停用锅炉水汽系统金属内表面的干燥。实践证明，当停用设备内部相对湿度小于20%时，就能避免腐蚀；

（3）在金属表面造成具有防腐作用的薄膜；

（4）使金属表面浸泡在含有除氧剂或其他保护剂的水溶液中。

停用保护的方法大体上可分成：满水保护和干燥保护两类。

（1）满水保护法

这类方法是用具有保护性的水溶液充满锅炉，借以杜绝空气中的氧气进入锅内。此类方法根据所用水溶液组成的不同，有以下几种。

1）联氨法　联氨法是用除氧剂联氨配成保护性水溶液充满锅炉。其具体做法如下：

在锅炉停用后不进行放水，而是用加药泵将氨水和联氨注入（添加氨水的目的是调节水的pH值），使锅炉水汽系统各部分都充满加有氨和联氨的水，而且各处的浓度都很均匀。它们的加入量应使锅内水中的过剩联氨浓度为200mg/L。pH值（25℃）大于10。如果锅炉是在大修后或放水检查后进行保护，则应先往锅炉内灌满水或经除氧的除盐水，然后再往水中加联氨和氨水。当没有给水或经除氧的除盐水时，可先充灌未除氧的除盐水，然后将锅炉点火并将汽压升至稍高于大气压，放出一定量的蒸汽，使锅内的水得以除氧，最后再加入联氨和氨水。

若采用此法进行停用保护，在将联氨与氨溶液加入锅内前，应检查所有有关阀门及水汽系统其他附件的严密性，以免药液漏泄；当锅内充满保护性溶液后，应关闭所有阀门并再次进行水汽系统严密性的检查，最好用泵将锅内的保护性水溶液升压至1.0MPa，以防止空气漏进而消耗联氨。

若保护时期较长，则应定期取样分析锅炉水汽系统各部分的联氨浓度和pH值，发现联氨浓度或pH值下降时，应补加联氨或氨水。若保护时期很短，在阀门等附件严密性很好的条件下，为了简化操作也可不取样分析。

在冬季采用满水保护法时，因气温低，锅内有冰冻的可能，因此应有防冻措施。例如，将锅炉间断升火，使锅内水保持一定温度。

采用联氨溶液保护的锅炉，在启动前应将保护用药液排放。因为联氨有毒，排放时应注意稀释，有条件时应该回收处理后排放，排放后应对锅内进行冲洗。

2）氨液法　氨液法是基于在含氨量很大的水（800~1000mg/L）中，钢铁具有不会被氧腐蚀的性能。氨液停用保护法，是将凝结水或补给水配制成浓度800mg/L以上的稀氨液，用泵打入锅炉水汽系统内，并使其在系统内进行循环，直到各采样点取得样品的氨液浓度趋于相同，然后将锅炉所有阀门关严，以免氨液漏掉。在保护期间每星期应分析氨液浓度一次，若发现氨浓度显著下降，应寻找原因，采取防止措施并补加新氨液。

锅炉充氨液前，应将存放水放掉，立式过热器内存水应用氨液将积水顶出。因为氨液对铜制件有腐蚀作用，事先应拆除或者隔离可能与氨液接触的铜制件。氨液容易蒸发，故水温不宜过高，系统要严密。

锅炉启动前，应将全部氨液排出后再进水，在锅炉点火并升汽压后，用蒸汽冲洗过热器并向空排汽，直到蒸汽中含氨量小于2mg/L，才可将锅炉出口蒸汽并入主蒸汽母管或向汽轮机送汽。采取这种措施的目的，是为了防止蒸汽含氨量太高引起铜制件的腐蚀。

液氨法适用于保护长期停用的锅炉。若在冬季锅炉房气温低，有冰冻可能时，采用此法时也应有防冻措施。

3）保持给水压力法　保持给水压力法是在锅炉内充满着除氧合格的给水，并用给水泵顶压，使锅内水的压力为1.0~1.5MPa，然后将水汽系统所有阀门关闭，以防止空气渗入锅内而达到防腐目的。保护期间应严密监督锅内的压力（最好利用压力自动记录表），如果发现水的压力下降，应再送给水顶压；保护期间应每天分析水中溶解氧一次，若含氧量超过允许的标准，应换水。

此法一般适用于短期停用的锅炉。冬季采用此保护时，应有防冻措施。

4）保持蒸汽压力法　对于容量锅炉（如链条锅炉）或经常启、停的锅炉，可在停用后，用间断升火的办法，保持锅炉蒸汽压力为0.5~1.0MPa，以防止空气渗入锅炉水汽系统内。在保护期间，炉水磷酸根应维持运行时的标准，每班分析锅炉水的PO_4^{3-}和含氧量一次，并记录锅炉压力。当锅炉水中溶解氧不合格时，应升火排汽。

此法操作简单，启动方便，适用于热备用的锅炉。

（2）干燥保护法

这种方法是使锅炉金属表面经常保持干燥，以防腐蚀。其办法有如下几种：

1）烘干法　烘干法为在锅炉停运后，当锅炉水温大约降至100~120℃时，就进行放水（常称热炉放水）。当水放尽后，利用炉内余热或利用点火设备再在炉内点微火，或将部分热风引入炉膛中将锅内金属表面烘干。此法只适用于锅炉在检修期间的防腐。在检修期间如需要清除锅炉水汽系统内的沉积物，应安排在检修将近结束时进行。锅炉检修完毕并进行水压试验后，如不能立即投入运行，应立即采取其它的停用保护措施。

2）充氮法　此法是将氮气充入锅炉水汽系统内，并使其保持一定的正压（大于外界的大气压），以阻止空气的渗入。由于氮气很不活泼，无腐蚀性，所以可以防止锅炉的停用腐蚀。

其方法为：在锅炉停炉降压至0.3~0.5MPa时，将充氮管路接好，当锅内压力降至0.05MPa左右时，开始由氮气罐或氮气瓶经充氮临时管路向锅炉汽包和过热器等处送氮气。所用氮气的纯度应达99%或更高。充氮时，可将锅炉水汽系统中的水放掉，也可以不放水。

充氮后，锅炉水汽系统中氮气的压力应为 0.05MPa 以上。对于未放水的锅炉或锅炉中不能放尽水的部分，充氮前最好在锅内存水中加入一定剂量的联氨，并用氨将水的 pH 值调节至10 以上，并定期监督水中溶解氧和过剩联氨量等。充氮时，锅炉水汽系统的所有阀门应关闭，并应严密不漏，以免因漏泄而使氮气消耗量过大和难以维持氮气压力。

在充氮保护期间，要经常监督锅炉水汽系统中氮气的压力和锅炉的严密性，若发现氮气消耗量过大，应查找漏泄的地方并采取措施消除之。锅炉启动时，在上水和升火过程中即可将氮气排入大气中。充氮法具有操作简便、启动方便的优点，适用于短期停用锅炉的保护。

6.4　锅炉蒸汽品质的控制

从锅炉引出的蒸汽含有少量钠盐、硅酸和二氧化碳等杂质，称为蒸汽污染。蒸汽品质是指这些杂质含量的多少。这些杂质含量过多，会沉积在过热管内，会引起过热器管局部过热，在汽轮机内沉积会使其效率、出力降低，还会影响机组的安全、经济运行。

6.4.1　蒸汽污染的原因和影响因素

6.4.1.1　蒸汽污染的原因

1. 过热蒸汽的污染

汽包锅炉中，过热蒸汽品质决定于饱和蒸汽品质、减温器运行工况、减温水的质量。只要减温器不发生泄漏(表面式减温)，减温水符合规范(混合式减温)，过热蒸汽品质主要决定于饱和蒸汽。

2. 饱和蒸汽携带锅炉水水滴

由于锅炉内的锅炉水蒸发浓缩，锅炉水中含盐量比给水的含盐量大得多。从汽包内分离出的饱和蒸汽会夹带锅炉水水滴，锅炉水中的各种盐类(如钠盐、硅化合物等)，以水溶液状态带入蒸汽，称为饱和蒸汽的水滴携带，也称机械携带。这就是饱和蒸汽污染的原因之一。对于中低压锅炉，蒸汽带水是蒸汽污染的主要原因。

3. 饱和蒸汽溶解杂质

蒸汽有溶解某些物质的能力，蒸汽压力愈高，蒸汽的溶解能力愈大。因为饱和蒸汽压力愈高，它的密度愈大，蒸汽的性能愈接近水的性能，所以机组参数愈高，蒸汽溶解某些物质的能力愈大。如中压锅炉的饱和蒸汽有明显溶解硅酸的能力，饱和蒸汽压力大于 12.74MPa，能溶解钠化合物，如 NaOH、NaCl 等。饱和蒸汽溶解而携带锅炉水中某些物质的现象称为蒸汽的溶解携带。

由上述可知，饱和蒸汽携带某物质的量，应为水滴携带量与溶解携带量之和。对于不同压力的汽包锅炉，饱和蒸汽携带盐类的情况可归纳为以下几种：

(1) 低压锅炉中，饱和蒸汽对各种盐类溶解携带量都很小，蒸汽污染主要是机械携带所致。

(2) 高压锅炉(出口压力为 5.9~12.64MPa)中，蒸汽中含硅量主要决定于溶解携带，蒸汽中的钠盐，主要为机械携带。

(3) 超高压锅炉(出口压力大于 12.74MPa)中，蒸汽中含硅量主要决定于溶解携带，蒸汽中的 NaCl、NaOH 是溶解携带和机械携带二者之和。而 Na_2SO_4、Na_3PO_4、Na_2SiO_3 等主要是机械携带所致。

(4) 亚临界压力锅炉(出口压力大于 16.74MPa)　中，蒸汽中含硅量主要决定于溶解携带，该锅炉对各种钠化合物都有较大的溶解能力，蒸汽中含钠量为机械携带与溶解携带之和。

6.4.1.2 影响饱和蒸汽带水和溶解杂质的因素

汽包内水滴形成过程，有两种情况：

（1）当蒸汽泡通过汽水界面进入汽空间时，蒸汽泡水膜的破裂会溅出一些大小不等的水滴。

（2）当汽水混合物从汽空间引入时，汽流冲击水面喷溅锅炉水，或汽水混合物撞击汽包壁和其他内部装置，或由于汽流的相互冲击，都会形成许多小水滴。

上述过程产生的水滴都具有一定的动能，能飞溅。那些较大水滴飞溅至汽空间某一高度后，靠自身重力而下落；而微小的水滴很轻，自身重力小于汽流对它的摩擦力与蒸汽对它的浮力，微小水滴就随蒸汽一起上升被蒸汽带出汽包；有些水滴飞溅到汽包蒸汽引出管口附近，这里蒸汽流速很大，也就被带走。因此，形成的水滴越多、越小和汽包内蒸汽流速越大，蒸汽带水量就越大。

1. 锅炉压力对蒸汽带水的影响

锅炉压力愈高，锅炉水的沸点也愈高，锅炉水的表面张力愈小，愈易形成小水滴而被蒸汽带走；压力升高，水、汽密度差减小，形成的小水滴更细小，两者难于分离，汽流运载水滴的能力增强，蒸汽带水量也增大。

2. 锅炉结构对蒸汽带水的影响

汽包内径大小将影响蒸汽的汽空间高度，汽包内径较大，水滴上升到一定高度后，靠自重会返回锅炉水中，可减少蒸汽带水量；汽包内径小，汽空间较小，蒸汽泡破裂产生的许多小水滴，被蒸汽带走的可能性增大，蒸汽带水量就会增大。但汽包内径不宜过大，因汽空间高度达 1~1.2 m 以后，再增加高度，蒸汽湿分无明显降低，只会增加金属的耗用量。这种单靠水滴自身重量的自然分离，无法将蒸汽中许多小水滴分离出来。

汽水混合物只用少数几根管引入汽包或蒸汽从汽包引出不均匀，都会造成汽包内局部区域蒸汽流速很高，使蒸汽大量带水，影响蒸汽汽质，因此在锅炉制造过程中，应使蒸汽沿汽包整个长度和宽度均匀流动。

3. 汽包水位对蒸汽带水的影响

汽包水位计上的指示数值，比汽包内的真实水位低一些。原因是汽包水面下是汽水混合物，水中有大量蒸汽泡，越接近水面汽泡越多。水位计中的水受大气冷却，温度较低，随水带入的蒸汽泡被冷凝成水而无汽泡。因此，汽包中水的密度小于水位计中水的密度，这种水位计水位略低于汽包中水位计的现象称为水位膨胀现象。穿过汽包水层的蒸汽泡愈多，水位膨胀愈剧烈。另外，许多蒸汽泡从水层下进入穿过水层上升，且进入汽包的汽水混合物又有很大的动能，不断冲击汽包内锅炉水，所以汽包内的水处于强烈地波动着。

汽包水位过高，蒸汽带水量会增大，因为此时汽空间减小了，缩短了水滴飞溅到蒸汽引出管管口的距离，不利于自然分离，蒸汽带水量就会增大。

4. 锅炉负荷对蒸汽带水的影响

锅炉负荷增加使蒸汽带水量增大，原因如下：

（1）负荷增大，上升管内蒸汽量增大，汽水混合物从水层下面引入汽包时，汽水分界面蒸汽泡增多，汽泡的动能也增大，离开水层的汽泡水膜破裂产生的水滴量和水滴动能都增大。汽水混合物从汽空间引入汽包时，由于汽水混合物的动能增大，机械撞击、喷溅所形成水滴的量和动能也都增大。

（2）负荷增大，蒸汽引出汽包的流速增大，蒸汽运载水滴的能力也增大。

（3）负荷增大，水室中蒸汽泡增多，水位膨胀，汽空间减小，不利于自然分离。

实践证明，随着负荷增加，蒸汽湿分先是缓慢增大，当增至某一数值以后，再增加负荷，蒸汽湿分就急剧增大，转折点的锅炉负荷为临界负荷。锅炉运行的容许负荷应低于此临界负荷。

5. 锅炉水含盐量对蒸汽带水的影响

当锅炉水含盐量增加未超过某一数值时，蒸汽的带水量基本不变。当锅炉水含盐量超过某一数值时，蒸汽带水量增加，蒸汽含盐量也急剧增加。蒸汽含盐量开始急剧增加时的锅炉水含盐量称为临界含盐量。

6. 影响饱和蒸汽溶解携带的因素

（1）物质本性对饱和蒸汽溶解携带的影响

饱和蒸汽的压力一定时，各种物质的本性不同，分配系数 K 也不一样，饱和蒸汽对各种物质的溶解能力也不相同。因而溶解携带有选择性，这种携带也称为选择性携带。如中压锅炉饱和蒸汽对硅酸具有溶解携带，而 $NaCl$ 只有在超高压饱和蒸汽中才出现溶解携带。

（2）压力对饱和蒸汽溶解携带的影响

饱和蒸汽的压力提高，各种盐类在饱和蒸汽中的溶解能力也增加。在汽包锅炉中，给水中溶解态和胶态硅化合物进入汽包内，由于汽包内水温较高、pH 值较高，硅化合物均变为溶解态。饱和蒸汽主要溶解锅炉水中的硅酸，饱和蒸汽压力越高，硅酸的溶解携带系数越大。锅炉水中硅化合物的形态决定于锅炉水的 pH 值，所以 pH 值对硅酸溶解携带系数有影响。提高锅炉水 pH 值，平衡向生成硅酸盐的方向移动，锅炉水中硅酸减少，饱和蒸汽中溶解携带系数将减小；反之，降低锅炉水 pH 值，锅炉水中硅酸增多，饱和蒸汽中硅酸的溶解携带系数将增大。当锅炉水 pH 值一定时，随着饱和蒸汽压力的提高，硅酸的溶解携带系数迅速增大为了保证蒸汽含硅量不超过允许值，锅炉压力愈高，锅炉水的含硅量应愈低。对于高参数锅炉的给水含硅量要求应很严，对补给水就应进行彻底除硅，还应严格防止凝汽器泄漏。

6.4.2 过热器中的盐类沉积

1. 从汽包引出的饱和蒸汽携带的盐类有两种状态：一种呈蒸汽溶液状态，如硅酸；另一种呈液体溶液状态，即含钠盐的小水滴。

当饱和蒸汽被加热成过热蒸汽时，小水滴会发生以下两种过程：

（1）蒸发、浓缩直至被蒸干，水滴中的某些盐类结晶析出。

（2）过热蒸汽比饱和蒸汽有更大的溶解能力，小水滴中的某些盐类会溶解在过热蒸汽中，使蒸汽中溶解物的含量增加。

所以，在过热器中饱和蒸汽带出的各种盐类有以下两种情况：饱和蒸汽携带的某种盐类量大于该盐类量在过热蒸汽中的溶解度时，该盐类就会沉积在过热器中(有的小水滴在汽流中被蒸干，盐类呈固体微粒被带往汽轮机)，称为过热器积盐；饱和蒸汽携带的盐类量小于该盐类量在过热蒸汽中的溶解度时，该盐类就会全部溶解于过热蒸汽而带往汽轮机。

2. 盐类的沉积情况：

饱和蒸汽携带的各种杂质在过热器内沉积情况是不一样的，现分述如下：

（1）硫酸钠和磷酸钠（Na_2SO_4、Na_3PO_4）在饱和蒸汽中，以水滴携带形态存在。它们随水温升高，溶解度下降，在过热器中被蒸干析出。又因它们在过热蒸汽中溶解度很小，当饱和蒸汽中的含量大于过热蒸汽中的溶解度时，就会在过热器内沉积。

（2）氢氧化钠（NaOH）在过热器内，蒸汽携带的水滴被蒸发时，水滴中的 NaOH 在水中溶解度随水温升高，溶解度增大，所以在过热器内，NaOH 不会从溶液中以固体析出，而是形成浓度很高的 NaOH 液滴。在高压锅炉中，由于过热蒸汽的压力和温度较高，NaOH 在过热蒸汽中溶解度较大，远超过饱和蒸汽携带量，NaOH 全部被过热蒸汽溶解带往汽轮机。

在中、低压锅炉中，NaOH 在过热蒸汽中溶解度较小，饱和蒸汽携带的 NaOH 量大于过热蒸汽中的溶解度，在过热蒸汽内浓缩形成液滴，该液滴有的被过热蒸汽带往汽轮机，但大部分粘附在过热器管壁上，可能与过热器内蒸汽中 CO_2 反应生成碳酸钠（Na_2CO_3）沉积物。沉积在过热器内的 NaOH，在锅炉停运后，也会吸收空气中的队而变成 Na_2CO_3。另外，当过热器内 Fe_2O_3 较多时，NaOH 会与它反应，生成铁酸钠（$NaFeO_2$）沉积在过热器中。

（3）氯化钠（NaCl）在高压锅炉中，饱和蒸汽携带 NaCl 的总量小于过热蒸汽中的溶解度，NaCl 不会在过热器内沉积，而是溶于过热蒸汽带往汽轮机。在中压锅炉中，往往因其携带的 NaCl 量超过它在过热蒸汽中的溶解度，有固体 NaCl 沉积在过热器中。

（4）硅酸在过热器中，饱和蒸汽携带的硅酸在过热时失水变成 SiO_2。饱和蒸汽携带的硅酸总量远小于过热蒸汽中的溶解度，水滴中的硅酸全部转入过热蒸汽溶液，不会沉积在过热器中。

3. 汽包锅炉过热器中盐类沉积情况，按锅炉压力的不同分述如下：

（1）中、低压锅炉的过热器中，沉积的盐类主要是 Na_2SO_4、Na_3PO_4、Na_2CO_3 和 NaCl。

（2）高压锅炉的过热器中，沉积的盐类是 Na_2SO_4。

（3）超高压和亚临界压力锅炉的过热器中，盐类沉积量较少。因此类锅炉的过热蒸汽溶解盐类的能力很大，饱和蒸汽携带的盐类大都转入过热蒸汽中带往汽轮机。

在各种压力的汽包锅炉的过热器中，还可能沉积氧化铁，这些氧化铁是过热器本身的腐蚀产物。由于铁的氧化物在过热蒸汽中溶解度很小，绝大部分铁的氧化物沉积在过热器内，极少部分以固态微粒形态被过热蒸汽带往汽轮机中。

4. 过热器反冲洗

汽包锅炉运行中，不能保证过热器内没有沉积物。为防止沉积物过多，危害过热器的安全运行，在锅炉停运或检修时，可用水洗的办法来清除过热器内易溶于水的钠盐。过热器水洗一般用水温不低于 $70 \sim 80℃$ 的凝结水进行，这样可提高冲洗效果和减少水耗。如无凝结水时，也可用除盐水或给水来冲洗。过热器水洗可针对整个过热器管簇，称为公共式冲洗。对于低压小容量锅炉，过热器水洗可单独针对每根过热器管，称为单元式冲洗。

6.4.3　汽轮机中的盐类沉积

过热蒸汽中杂质形态有：一种呈蒸汽溶液，主要是 SiO_2 和各种钠化合物；另一种呈固态微粒，主要是没有沉积下来的固态钠盐和铁的氧化物。在中、低压锅炉的过热蒸汽中还有微小的 NaOH 液滴。实际上过热蒸汽中杂质大都呈第一种形态，后两种形态是很少的。过热蒸汽进入汽轮机后，这些盐类沉积在蒸汽通流部位称为汽轮机积盐。

带有各种杂质的过热蒸汽进入汽轮机作功时，随压力和温度降低，蒸汽中的钠化合物和 SiO_2 溶解度下降，当其中某种盐类的溶解度下降到低于它在蒸汽中的含量时，该盐类就以固态形式析出，沉积在汽轮机的蒸汽通流部位。蒸汽中微小 NaOH 液滴及一些固态微粒，也可能粘附在汽轮机的蒸汽通流部位，形成沉积物。

盐类在汽轮机中沉积的基本规律为：过热蒸汽中的第三类钠化合物，如 Na_2SO_4、Na_3PO_4、Na_2SiO_3，蒸汽压力稍有下降，它们在蒸汽中的含量就高于溶解度，最先析出，主要沉积在汽轮机的高压级内；第二类钠化合物，如 $NaCl$ 和 $NaOH$，它们在蒸汽中溶解度较大些，主要沉积在中压级，沉积的 $NaOH$ 还会与蒸汽通流部位的金属表面氧化铁反应，生成难溶的 $NaFeO_2$，也会与蒸汽中 CO_2 反应，生成 Na_2CO_3；第一类硅酸在低压级内沉积，形成不溶于水、质地坚硬的不同形态的 SiO_2。

蒸汽中的盐类并非全都沉积在汽轮机内，汽轮机排出的乏汽中溶解微量盐类和排汽的湿分也带走一些杂质。

沉积在汽轮机内的易溶盐，可用湿蒸汽办法清除。不溶于水的沉积物可在大修时，用喷砂的方法清除转子和隔板上的沉积物。水质良好的机组，一般在汽机大修时用砂纸打磨叶片，清除沉积物。

6.4.4 获得清洁蒸汽的方法

获得清洁蒸汽的方法主要是从汽包引出的是清洁的饱和蒸汽，而饱和蒸汽中的杂质来源于锅炉水。为获得清洁的蒸汽，应减少锅炉水中杂质的含量。还应减少蒸汽的带水量和降低杂质在蒸汽中的溶解量。还需防止饱和蒸汽在减温器内被污染。为此，应采取下述措施：减少进入锅炉水中的杂质量、进行锅炉排污、采取适当的汽包内部装置和调整锅炉的运行工况等。

1. 减少进入锅炉水中的杂质

锅炉水中杂质来源于给水，要减少进入锅炉水中的杂质，主要应保证给水水质优良，其方法如下：

（1）降低热力系统的汽水损失，减少补水量。

（2）采用完善、优良的水处理工艺，提高运行水平，降低补给水中杂质含量。

（3）防止凝汽器泄漏，以免冷却水漏入凝结水中，污染凝结水。

（4）加强给水和凝结水系统的防腐措施，减少给水中的金属腐蚀产物。

（5）采用凝结水除盐处理，除去汽轮机凝结水中的各种杂质。

对于新安装锅炉，在启动前应进行化学清洗，减少启动后锅炉水中各种杂质（如含硅量）的含量，使蒸汽汽质较快合格。

2. 汽包锅炉的排污

锅炉运行中，给水带入锅内的杂质，只有少量的被蒸汽带走，大部分留在锅炉水中。随运行时间的延长，如不采取措施，锅炉水中的含盐量或含硅量就会超过允许值，引起蒸汽品质恶化。锅炉水中水渣过多，不仅影响蒸汽品质，还可能造成炉管堵塞，影响锅炉安全运行。为了使锅炉水中的含盐量或含硅量在极限允许值以下和排除锅炉水中的水渣，在锅炉运行中，需经常排放部分锅炉水，并补入相同量的补给水，这称为锅炉排污。锅炉排污方式有连续排污（也叫表面排污）和定期排污两种。

连续排污即连续地从汽包含盐量高的部位排放部分锅炉水，同时也排掉锅炉水中细微的或悬浮的水渣。排污装置应沿汽包长度均匀排水，排污管应装在汽包正常水位下 $200 \sim 300mm$。有旋风分离器的汽包锅炉，排污管可装在旋风分离器底部附近，以免吸入蒸汽泡。排污管采用 $28 \sim 60mm$ 管，管上开直径 $5 \sim 10mm$ 的小孔，开孔数目以保证小孔入口处水速为排污管内水速的 $2 \sim 2.5$ 倍为宜。

定期排污是定期从锅炉水循环的最低点（水冷壁下联箱处）排放部分锅炉水，主要是排除水渣，因大部分水渣沉积在水循环系统的下部。排放的速度要快，时间应很短，一般不超过 $0.5 \sim 1min$。否则要影响锅炉运行的安全。每次排放的水量约为蒸发量的 $0.1\% \sim 0.5\%$；中低压锅炉的水质较差，每次排放水量约为 1% 或更多些。排污时间的间隔可根据水质而定。

定期排污可作为迅速降低含盐量的措施，以补连续排污的不足；汽包水位过高，用其能迅速降低水位。新安装锅炉或旧锅炉在启动期间，需加强定期排污，以排除锅炉水中的水渣和铁锈。

3. 汽包内装设提高蒸汽品质的设备

为了获得清洁蒸汽，可在汽包内装设汽水分离装置、蒸汽清洗装置、波形板等。不同压力锅炉，汽包内装置也不同，锅炉压力愈高，汽、水分离愈困难且蒸汽溶解携带杂质的能力也愈大，汽包内的装置也愈完善。

（1）汽水分离装置

汽水分离装置的主要作用是减少饱和蒸汽带水，其工作原理是利用离心力、黏附力和重力进行水与汽的分离。

旋风分离器的汽水分离装置是高压和超高压锅炉常用的汽包内部装置，由旋风分离器、百叶窗和多孔板及蒸汽清洗装置等组成，这种装置的汽水流程为：上升管来汽水混合物先进分配室，均匀地进入各旋风分离器，旋风分离器是一圆筒形设备，汽水混合物在筒内急速旋转产生离心力，将水滴抛向旋风分离器的内壁，形成水膜向下流，水经筒底导叶流人汇集槽（也称托斗），再从汇集槽槽侧的孔中流出，平稳地进入水室，分离出的汽经分离器上部的百叶窗分离器，它是有许多波形钢板（钢板间有一定大小的间隙）平行组装而成，当蒸汽流经波形板时，在板间曲折流动，蒸汽中

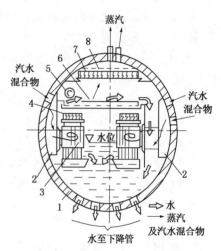

图 6-3　锅炉汽包内部装置

1—汽包；2—汽水混合物物合配室；3—旋风分离器；
4—旋风分离器顶帽；5—给水管；6—清洗装置；
7—百叶窗分离器；8—多孔顶板

的水滴被抛出，附在钢板表面，形成水膜向下流入水室，使蒸汽携带的湿分进一步分离，蒸汽进入汽包的汽空间，然后经汽空间的蒸汽清洗装置后，最后经多孔顶板，由蒸汽引出管引出汽包。

（2）蒸汽清洗装置

汽水分离装置只能减少机械携带，不能减少蒸汽溶解携带，因此在高压和超高压锅炉汽包内还装有蒸汽清洗装置，即让饱和蒸汽通过该装置上含杂质量很少的清洁水层，使饱和蒸汽中杂质含量比清洗前低得多。蒸汽清洗装置的工作原理如下：

① 蒸汽通过清洁水层时，它所溶解携带的杂质与清洗水中的杂质按分配系数重新分配，蒸汽中原来溶解的杂质一部分转入清洗水中，这样就降低了蒸汽中的溶解携带的杂质含量。

② 蒸汽中原含杂质较高的锅炉水水滴，与清洗水接触时，杂质就会转入清洗水中，而蒸汽离开清洗水层后，带水量不变，但所带水滴是含杂质量较少的清洗水水滴，蒸汽的水滴携带的杂质含量就降低了。

蒸汽清洗是将给水总量的 $40\% \sim 50\%$，引至带孔的水平孔板装置上，水在此板上形成 40

229

~50mm 厚度的水层。蒸汽从下面进入，穿过水层，进入汽空间，然后经过多孔板或百叶窗等汽水分离装置，最后由蒸汽引出管引出。清洗蒸汽后的水流入汽包水室。此外，还有采用分段蒸发的方法来降低锅炉的排污率的，同时，又保证良好的蒸汽品质。

6.4.5　汽包锅炉的热化学实验

1. 热化学试验的目的

汽包锅炉热化学试验的目的，是寻求获得良好蒸汽品质的运行条件。这是按照预定的计划，使锅炉在各种不同工况下运行，以求取得最优运行条件。因为锅炉的蒸汽品质，要受锅炉结构和锅炉运行工况等许多因素的影响，所以其获得良好蒸汽品质的运行条件无法预测，只有通过这样的试验来决定。通过热化学试验能查明：锅炉水水质、锅炉负荷及负荷变化速度、汽包水位等运行条件，对蒸汽品质的影响，从而可确定其下列运行标准：

（1）锅炉水水质标准，如含盐量（含钠量）、含硅量等。

（2）锅炉最大允许负荷和最大负荷变化速度。

（3）汽包最高允许水位。

此外，通过热化学试验还能鉴定汽包内汽水分离装置和蒸汽清洗装置的效果，确定有没有必要改变或调整这些装置。

热化学试验并不是经常进行的，只有在遇到下列一种情况时，才需进行。

（1）新安装的锅炉，投入运行一段时间后。

（2）锅炉改装后，例如汽水分离装置、蒸汽清洗装置和锅炉的水汽系统等有变动时。

（3）锅炉的运行方式有很大的变化时。

（4）已经发现过热器和汽轮机积盐，需要查明蒸汽品质不良的原因时。

2. 热化学试验的方法

影响锅炉蒸汽品质的因素很多，在热化学试验时，只能对这些因素一个个地进行研究。为此，每进行一次试验时，仅研究一个因素的变化对蒸汽品质的影响，其它因素维持不变。

试验1：测定锅炉水含盐量对蒸汽品质的影响。

此试验应在维持锅炉额定压力、额定蒸发量和中间水位的运行条件下进行。试验方法如下：

（1）提高锅炉水含盐量。从锅炉水含盐量最低开始，逐渐提高，直到使蒸汽品质发生严重劣化。

（2）测定与记录。在提高锅炉水含盐量的过程中，应测定蒸汽品质和锅炉水质。蒸汽的测定项目为含钠量、含硅量；锅炉水的测定项目为含钠量、电导率和含硅量。当发现蒸汽品质已明显变坏时，测定和记录时间间隔要缩短至每隔 3~5min 一次。

（3）求临界含盐量。当蒸汽品质严重劣化时，停止提高锅炉水含盐量，记录此时的蒸汽含钠量和炉水电导率，取样和测定此时的炉水含钠量、含硅量和蒸汽含硅量。以此时的锅炉水含盐量为临界含盐量。

（4）求允许含盐量。求得锅炉水临界含盐量后，再以临界含盐量的 80%、70%、60%、50%、40% 等不同浓度的锅炉水含盐量，作蒸汽品质试验。在每一种含盐量下，进行较长时间的试验（一般是 10~15min），取样测定和记录一次。通过这个试验可求得能够保证蒸汽品质合格的最高允许含盐量，并可求得蒸汽品质与锅炉水含盐量的关系。

根据上述试验结果，选择能够保证蒸汽品质且排污率较小的锅炉水含盐量，作为运行中的控制标准。

试验2：测定蒸汽含硅量与锅炉水含硅量的关系。

进行这项试验有以下两种方法：

（1）与"试验1"同时进行，不另作专门试验。这种方法是，在进行"试验1"的过程中，每次取得的水、汽样品，除了测定含钠量等指标外，还测定其含硅量。这样就可求得饱和蒸汽含硅量与锅炉水含硅量的关系。由此可以确定锅炉水的最高允许含硅量以及运行中锅炉水含硅量的控制标准。

（2）另作专项试验。当需要求得锅炉饱和蒸汽的硅酸携带系数时，或者要鉴定汽包内蒸汽清洗装置的效率时，就应进行专项试验。其原因是在于高压锅炉的补给水都是经过除硅处理的，含硅量较低，在进行"试验1"时，用改变补给水率和停止锅炉排污等办法，都不可能较大幅度地提高锅炉水的含硅量，这样就不可能得到准确的数据。

这一专项试验，应在锅炉保持额定负荷和中间水位的条件下进行。试验中为提高锅炉水含硅量，要用磷酸盐加药设备直接向锅炉水中添加硅酸钠溶液。锅炉水含硅量的提高速度，对于有蒸汽清洗装置的锅炉每小时不超过 10mg/L，对于没有蒸汽清洗装置的锅炉每小时不超过 3mg/L。

对于有蒸汽清洗装置的锅炉，为了确定其清洗效率，应测定清洗前、后蒸汽的含硅量。

为了保证试验结果可靠，在进行这项试验时，饱和蒸汽含硅量可以允许高一些，例如有的使其高达 $70\sim80\mu g/L$，以减少测定含硅量的相对误差。

试验3：测定锅炉的负荷对蒸汽品质的影响。

这项试验应在锅炉额定压力下和中间水位的条件下进行，锅炉水含盐量和含硅量可用控制排污量的办法调整，使保持为"试验1"所确定的最高允许含盐量和含硅量的 70%～80%。

从锅炉额定负荷的 70%～80% 开始，逐渐增加到 80%、90%、100%、120%等。在每个负荷下，运行 3～4h，以确定其蒸汽品质。对于额定负荷小于 200t/h 的锅炉，负荷增加的间距通常以 20t/h 为宜。容量很小的锅炉，可根据情况另行选定，但应有明显的间距。在每一种负荷的试验过程中，应尽量维持负荷稳定，其变动幅度不应大于负荷间距的 ±1/4。进行这项试验时锅炉负荷的上限和下限，可视具体情况而定。如果锅炉确有必要超铭牌负荷运行，而且在锅炉安全运行方面又有可靠的根据（如经过锅炉热力和强度校核计算），那么进行这项试验时锅炉负荷的上限可适当提高。当试验中发现高负荷下，蒸汽品质不良时，可将锅炉水含盐量和含硅量适当降低，再进行试验。

锅炉负荷的增高速率是：每隔半小时或更长时间增加 5～10t/h；在超过额定负荷后，每隔半小时或更长时间增加 3～5t/h。

通过本试验可以确定能保证蒸汽品质合格的允许锅炉负荷，还可了解汽水分离装置在不同负荷下的分离效果。

试验4：测定锅炉的负荷变化速度对蒸汽品质的影响。

这项试验应在锅炉额定压力、中间水位和锅炉水含盐量为最高允许含盐量的 70%～80% 的条件下进行。

试验时，选定几种锅炉负荷的变化速度，通常每分钟变动量在额定负荷的 5%～15% 的范围内。蒸发量在 400t/h 以上的锅炉，宜在 5%～10% 内选取；小于 100t/h 的锅炉，宜在 10%～15% 内选取。以每一种选定的速度升、降负荷 1～2 次。

试验时，锅炉先按规定的速度由最小负荷升到"试验3"所确定的锅炉最大负荷，在此最大负荷下维持一段时间后，又以原来速度减至最小允许负荷。每分钟记录一次负荷和蒸汽含钠量，并且每分钟进行一次蒸汽取样，测定蒸汽含硅量。当发现以某一速度升降负荷会使蒸汽品质恶化时，应降低变化速度并再做试验，直到求得一个不会使蒸汽品质劣化的最大负荷变化速度。

因为在锅炉负荷剧烈变动时，常常会发生蒸汽品质的严重恶化，所以，对于汽包内部装置，不仅要根据稳定工况下所进行的蒸汽品质试验来评价，而且还应根据锅炉负荷变化时的试验结果进行评价。

试验 5：测定锅炉的最高允许水位。

此试验应在锅炉额定压力和负荷的条件下进行，锅炉水的含盐量应维持在 "试验 1" 所确定的最高允许含盐量的 70%~80%。

此试验应从低水位开始，逐渐地、均匀地、分阶段地提升水位。水位提升的幅度一般为每 20min 提升 10mm 左右为宜。因为水位提升太快，会引起蒸汽品质劣化。每次水位提升到指定的位置时，应稳定运行 3~4h。

当水位提升到某一位置，发现蒸汽品质严重劣化时，应开始降低水位，降低水位的速度与提升时相同。当水位降低到指定位置时，也应将锅炉稳定运行 3~4h，测定蒸汽含钠量。如此逐步将水位降低，直至蒸汽品质合格，这时的水位便是该锅炉的最高允许水位。

试验 6：测定锅炉水位的允许变化速度。

此试验在确定了锅炉的最高允许水位以后进行，试验应在锅炉额定压力和额定负荷的条件下进行，锅炉水的含盐量应维持在 "试验 1" 所确定的最高允许含盐量的 70%~80%。

通常水位的允许变化速度在每分钟 10~30mm 的范围内，所以可以在此范围内选取几个数值进行试验。先以较低的速度进行，如对蒸汽品质无影响，再更换另一较高的速度进行。每次试验从允许的最低水位开始，以指定的变化速度等速提高锅炉水位，当达到最高允许水位后，维持稳定运行一段时间，然后再按此变化速度等速下降。以后再按另外的速度进行试验，直到求得不会引起蒸汽品质劣化的允许变化速度。

上述各项并不是每次热化学试验时都需要进行的，可以根据每次试验目的不同，选作其中几项。

第7章 冷凝水处理

冷凝水泛指由蒸汽冷凝而成的水。一般来讲，冷凝水包括三个部分：汽轮机凝结水（发电厂汽轮机凝结水或企业工业透平冷凝水）、工艺冷凝水（石油化工装置反应器冷凝水等）和疏水（换热器蒸汽凝结水）等，通称冷凝水。随着企业节能减排工作力度的增加，冷凝水回收利用越来越重要。冷凝水中通常含有设备及管道的腐蚀产物（如铁的氧化物）、油和化工装置的化学品泄露物等。通常，需要对冷凝水进行除铁、除油和除盐处理，合格后用作锅炉给水。

7.1 冷凝水的污染

7.1.1 冷凝水中杂质的来源

冷凝水是由蒸汽凝结而成，水质应该是很纯净的。但是由于下述原因可能产生污染。

1. 发电厂汽轮机凝结水中金属腐蚀产物

由于设备和管道的金属腐蚀，使冷凝水中含有金属腐蚀产物，主要是铁和铜的氧化物。他们是以微粒形式存在于水中的，真正呈溶解状态的很少。

凝结水中金属腐蚀产物的量与很多因素有关，比如机组运行工况，设备停、备用保护的好坏，凝结水的 pH 值，溶解氧含量等。在机组正常运行中，要想降低给水中的铜铁含量是很困难的，而设置了冷凝水处理装置，对冷凝水中金属氧化物微粒进行滤除，就可以使冷凝水中铜铁含量大大下降，保证给水品质。

在机组启动时，由于设备停备用期间的腐蚀及启动时水流的冲刷，冷凝水中铜铁含量达到"mg/L"级，比正常运行时冷凝水中铜铁含量高出几十倍，导致长时间的大量排水冲洗，才能达到冷凝水回收标准。这不仅浪费了大量冲洗水，而且延长了启动时间，减少了发电量。

冷凝水处理装置出水标准见表 7-1。

表 7-1 冷凝水处理装置出水标准

项　目	硬度/ （μmol/L）	铁/ （μg/L）	铜/ （μg/L）	钠/ （μg/L）	SiO_2/ （μg/L）	电导率 （25℃）/（μS/cm）
数值	~0	≤5	≤3	≤3	≤15	≤0.2

2. 发电厂汽轮机凝结水中微量溶解盐

冷凝水中微量溶解盐主要来自两个方面：蒸汽带入的杂质及凝汽器泄漏带入的杂质。

蒸汽带入的杂质量是有限的，对亚临界汽包炉及直流炉，饱和蒸汽允许含钠量不大于 10μg/L，二氧化硅不大于 20μg/L，实际运行值可能会远低于标准值，进入汽轮机的蒸汽中的杂质含量也会远低于标准值。

凝汽器泄漏会使冷却水漏入凝结水中，是凝结水中杂质的主要来源。凝汽器中装有几万根热交换管（黄铜管或钛管），极易发生泄漏。凝汽器的泄漏分两种情况：较大的泄漏和轻微的泄漏。较大的泄漏多发生在凝汽器管子应力破裂、管子与隔板摩擦穿孔或大面积腐蚀穿孔的时候，此时大量冷却水进入凝结水中，冷凝水质严重恶化；轻微的泄漏多是由于凝汽器管子轻微腐蚀穿孔或管子与端板胀接处不严密，造成冷却水渗入到冷凝水中。即使制造和安装质量都较好的凝汽器，在机组长期运行中，负荷和工况的变动引起凝汽器管束的振动与膨胀收缩，也会使管子与端板除连接的严密性降低，造成轻微泄漏。

当用淡水作为冷却水时，凝汽器允许泄漏率一般应小于 0.02%，严密性较好的凝汽器，泄漏率可以低于 0.005%；当用海水冷却时，要求泄漏率小于 0.004%。

以某 300MW 机组为例，若蒸发量 1000t/h，冷凝水量 370t/h，不同水质的冷却水在不同泄漏率时造成冷凝水中杂质含量上升的情况列于表 7-2。

表 7-2　不同冷却水质在凝汽器泄漏时对冷凝水质的影响

项　　目		冷凝水质的变化值	
		硬度/(μmol/L)	钠/(μg/L)
冷却水为淡水（Na^+ 100mg/L，硬度 5mmol/L）	泄漏率 0.02%	20	1
	泄漏率 0.005%	5	0.25
冷却水为海水（NaCl 3.5%）	泄漏率 0.005%		688
	泄漏率 0.0004%		55

3.　工艺冷凝水的杂质污染

由于热用户监控不当或运行故障，致使化工料或制成品漏到冷凝水中，是造成工艺冷凝水污染的一个原因。由于生产工艺不同，热用户不同，漏到冷凝水中的杂质成分和含量也不同。石化装置冷凝水中往往含有较多的有机物料和油脂，视漏泄情况不同，可能使冷凝水中的有机物含量为 100~150mg/L，含铁量可达 100~500μg/L。化工企业冷凝水中则可能含有各种盐类物、其他机械杂质及微量的油质等。

工艺冷凝水是冷凝水中数量较大的部分，必须重视工艺冷凝水的回收管理工作。这里包括：监督热用户工艺装置的正常运行，减少和防止泄漏事故的发生；严格按水汽质量标准回收工艺冷凝水，严格按操作规章进行凝结水处理工艺的运行和操作等。

7.1.2　冷凝水处理装置的作用

（1）提高了冷凝水质，降低了冷凝水含盐量和铜铁等金属腐蚀产物含量，提高了给水品质。

（2）可减少因凝汽器泄漏而带来的停机次数，在凝汽器轻微泄漏时可保证机组正常运行，在凝汽器较大泄漏时可保证机组的安全停机。

（3）减少机组启动的冲洗时间，既节约了冲洗用水，又增加了发电时间。

7.1.3　冷凝水处理常用工艺流程

冷凝水处理工艺流程原则上有三部分组成：前置过滤器-除盐混床-后置过滤器。前置过滤器主要用来去除水中的金属腐蚀产物和油类等杂质；后置过滤器主要用于截留除盐装置漏出的碎树脂，目前常用树脂捕捉器代替。

7.2　冷凝水的过滤处理

冷凝水过滤处理用来滤除冷凝水中的金属氧化物微粒，目前常用的设备有：覆盖过滤器、电磁过滤器、阳离子交换器、微孔管式过滤器。

7.2.1 覆盖过滤器的运行

1. 覆盖式过滤器的结构

覆盖过滤器的结构如图7-1所示。覆盖过滤器的本体是钢制圆筒，底部为锥形，体内上部沿水平方向装有一块多孔板，孔呈菱形四角排列，用来固定滤元。滤元是不锈钢管或工程塑料管制成的。管的外侧刻有许多纵向齿槽。槽内开有许多直径为3mm的小圆孔。孔距上部大，孔数少，孔距下部小，孔数多，目的是为了各部进水均匀。齿棱上刻有螺纹（螺距为0.7~0.8mm），沿螺纹绕上直径为0.4~0.5mm的不锈钢丝，即组成滤元。

滤元上部管口敞开，用作出水，管口有螺纹，用来将滤元固定在多孔板上；滤元下端有一段不开齿槽的螺纹管，用来拧上半球形螺帽封闭下部管口。滤元直立吊装在多孔板上，下端用钢条焊网孔固定。滤元间距离在覆盖滤料后净距不小于25mm。多孔板与滤元应连接严密、防止漏水，多孔板的上部是出水区，出水口在上封头的顶端。多孔板的下部为进水区，进水口在圆锥形的底部。进水口处装有蘑菇形水分配罩，罩上开有许多小孔。

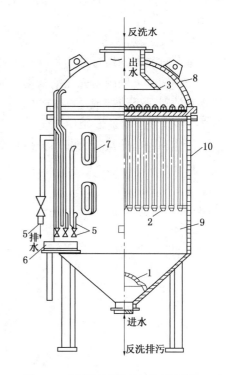

图7-1 覆盖过滤器的结构示意图
1—水分配罩；2—滤元；3—集水漏斗；
4—放气管；5—取样管及压力表；6—取样槽；
7—观察孔；8—上封头；10—本体

覆盖过滤器在投运后，在集水漏斗与上封头之间会聚集空气，此空间称为上气室。多孔板下，会形成另一个聚集空气的区域，称为下气室。在下气室的筒体上装有放气管，该管上装有快开的放气门。

在覆盖过滤器中，各滤元的表面都是过滤面积，它与堆放粒状滤料的过滤器相比，具有生产率大的特点，在相同出力的情况下，其体积要小得多。

2. 覆盖过滤器工作原理

水的过滤过程最初是依靠滤层表面滤料颗粒间小孔的机械阻留和滤料表面的吸附作用来完成的。当水中的悬浮物被截留下来时，他们会彼此重叠、架桥而变成一层附加的滤膜，以后这层滤膜就起主要的过滤作用。

但对于冷凝水来说，因为他所含有的杂质都是很微小的悬浮物和胶体，大都能穿过普通的滤料过滤层，所以应当采用极细的粉末状物质作滤料。当采用粉状滤料时，就不能采用在容器内堆积滤料的过滤设备，因为它既不能反洗，也不需要厚层滤料。

覆盖过滤器就是为了使用粉状过滤介质而设计的过滤器。它是将粉末状滤料覆盖在特制的多孔管件（称为滤元）上，形成一个薄层的滤膜。水从管外通过滤膜和管孔进入管内，进行过滤。因覆盖在滤元上的滤膜起着过滤作用，所以成覆盖过滤器。

覆盖过滤器所用的滤料因该具备化学性稳定、多空隙的性能。覆盖器的滤料也可成为助滤剂，因为铺膜时此滤料是随水流一起进入过滤器的，好像助滤剂一样。常用的滤料为木质纤维素纸浆，它是将干的纸浆粉碎，并通过30目的筛子过筛制成的。如果用活性炭（100~200目）作助滤剂，则可将水中的含油量从10mg/L降至5mg/L。因为活性炭化学稳定性好、多孔隙、吸附力强，具有良好的除油效果，一般只须将活性炭在纸浆覆盖的滤元上再覆盖2~3mm厚即可。

3. 覆盖过滤器的运行

覆盖过滤器的运行分为：铺膜、过滤和去膜三步。

（1）铺膜　铺膜是先在铺料箱中加入一定量的水，放进滤料，启动铺料泵，将铺料箱中的水和滤料循环搅拌成均匀的2%~4%的悬浊液，将此液通过满水的过滤器进行铺膜（见图7-2中虚线所示的专用滤料循环门及管路）。铺膜前先将循环门打开3~5min，使滤料悬浊液经筒体和铺料箱进行大循环，待整个系统中滤料悬浊液的浓度均匀后，再让悬浊液通过滤元进行铺膜。

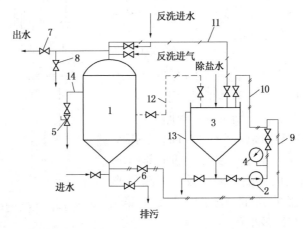

图7-2　覆盖式过滤器的运行系统示意图

1—覆盖式过滤器；2—铺料泵；3—铺料箱；4—压力表；5—快开放气门；
6—排查门；7—出水门；8—旁路放水门；9—铺料母管；10—滤料循环管；
11—回浆管；12—滤料大循环管；13—溢流管；14—放空气管

铺膜流速大小和滤料的干视密度有关，具体流速应通过试验选定。铺膜过程开始时，大部分滤料被截留在滤元表面上，小部分回流到铺料箱中。

铺膜经过一段时间后，从观察孔中看到滤元上已均匀地覆盖着滤膜时，为压实滤膜，可将流速提至约5~8m/h，这样还可将沉积在设备死角处的滤料搅动起来。在铺膜时，悬浊液的流动应平稳上升，不能过快或过慢，如过快，滤元上的滤膜形成上厚下薄的不匀现象；如过慢，会形成上薄下厚的现象。

滤膜的厚度3~5mm为宜，滤料用量约为每平方米过滤面积0.5~1.0kg。滤膜压实后，铺料泵还应继续运行，流速维持在3m/h左右，以防滤膜脱落。

在铺膜过程中应该注意以下几个问题：

① 滤料浆液浓度应控制在2%~4%，浓度过小，铺膜时间过长，不易铺均匀。

② 铺膜时要防止带入空气，以免影响正常的铺膜流速。

③ 铺膜流速的大小决定于滤料干视密度，干视密度小的应选用较低的铺膜流速。对干视密度为0.25~0.35g/m³，流速可选2~3m/h。

④ 铺膜过程中要保证滤料浆液平稳上升，上升过快，流速高，容易形成上厚下薄的滤膜。反之，则容易形成上薄下厚的滤膜。

⑤ 滤料的颗粒粒径要适当，一般在30目以下。粒径过小，滤膜孔隙就小，将导致过滤

时水头损失急剧上升；粒径过大，滤膜就不平整。

⑥ 从滤膜开始到压实结束一般需要 45min 左右。

（2）过滤　过滤开始前，先用大流量的水冲洗过滤器至出水不带滤料，随后进行冷凝水的过滤，滤速为 6～12m/h。滤速太大滤膜会很快压实，压降迅速上升，运行周期缩短；滤速太小可能使滤元上滤膜脱落。

过滤初期的压力损失约 0.01～0.05MPa，当的压力损失达 0.15～0.3MPa，或出水含铁量超过规范时即可停运进行去膜。

在正常情况下，当进水悬浮物（主要是铁的悬浮物）的含量不大于 50μg/L 时，起初水含量可在 10μg/L 以下。当机组启动时，进水含铁量高时（500～3000μg/L），出水的含铁量一般为 10～30μg/L。

（3）去膜　去膜采用自压缩空气爆膜法，即先关出水门，进水门仍开着，利用进水压力压缩上下气室中空气，3～5min 后，待到过滤器内部各出压力均匀时，关闭进水门，然后迅速打开空气门和排渣门，进行爆膜和排渣。此时，由于压缩在筒体内的压缩空气突然膨胀，多孔板上面的一些水从滤元内部压挤出来，打碎滤膜并使滤膜脱落和排走。然后用反洗水将滤元冲洗干净，以便重新铺膜。

7.2.2　电磁过滤器的运行

电磁过滤器是利用电磁场作用，除去水中含铁物质和某些非铁磁性物质，除铁率可达 90%。

1. 电磁过滤器的结构

电磁过滤器的结构如图 7-3 所示。筒体是奥氏体钢制成的，壁上有对开的两个窥视孔，筒体下部是过滤层，层内装有直径为 6～6.5mm 软磁体制的铁球，层高 1m。进水装置为缝隙式，并起支撑铁球的作用。出水装置为直筒括入式，直筒段开条形缝隙槽，直筒下端圆板上开有许多直径为 5mm 的小孔，防止冲洗时，铁球被冲出。筒体外绕有线圈，筒体与线圈间有一薄层的绝热层，防止高温冷凝水传热给线圈，造成线圈温度过高。线圈外套有屏蔽罩，减少漏磁和使线圈抽风散热。

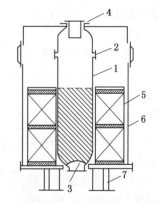

图 7-3　电磁过滤器结构示意图

1—通水筒体；2—窥视孔；3—进水装置；
4—出水装置；5—电磁线圈；6—屏蔽罩；
7—过滤器支座

2. 电磁过滤器的运行

运行时，先给电磁过滤器的线圈通直流电，产生磁场，铁球被磁化，并产生很强的磁感应强度。处理水自下而上通过铁球层，水中含铁物质被磁化了的铁球吸住，水得到净化。当出水含铁量超过规定值时，停止电磁过滤器的运行，进行清洗，除去铁球表面吸附的铁化合物。

清洗时，电磁过滤器先停止通水，再断直流电，进行铁球去磁。铁球退磁后，用大流量的水自下而上地冲洗铁球（冲洗水的流速约为运行水流速的 80%），使球滚动并相互摩擦，将铁球上吸附的铁化合物洗脱，随水流流出过滤器，时间约 20～60s。清洗时，冷凝水从旁路通过，冷凝水暂不处理。

应特别注意：电磁过滤器停运时，先停通水，后切断电源；运行时，先向电磁过滤器送电，后通水。

7.2.3 复合膜过滤器的运行

复合膜过滤器的工作原理是：利用滤料的架桥作用，将粉末状的过滤介质覆盖在一种特制的多孔管件(滤元)上，在其表面形成滤膜，当冷凝水由管外通过滤膜和滤元孔隙进入管内时，通过化学吸附和机械阻截等一系列手段的综合作用，去除其中的油、铁及其它杂质。

复合膜过滤器在运行过程中，随着滤膜阻截下的杂质的增多，留置在滤膜上的杂质会在滤膜上再形成一层致密的附加滤膜，进一步增加了杂质的去除精度。复合膜过滤器采用的过滤介质常用的有木质纤维素粉末和湿式粉状活性炭，具有化学稳定性好、质地均匀、多孔、吸附能力强等特点，克服了普通滤料过滤精度不足的缺点。

复合膜过滤器的运行操作主要分为四大步骤：铺料成膜、投运切换以及失效后的反冲爆膜和气水擦洗。

7.2.3.1 铺料成膜

复合膜过滤器备用设备的铺料成膜应在运行设备临近失效前进行。复合膜过滤器运行中出现下列情况之一，开始进行备用设备铺膜：进出口压差达到 0.18MPa；进出口压差小于 0.015MPa；连续运行 5d。

铺料成膜的操作步骤如下：

(1) 开启复合膜过滤器的顶部排气阀。

(2) 开启复合膜过滤器的除盐水阀，给复合膜过滤器充水。

(3) 复合膜过滤器内充满水后，开启复合膜过滤器的滤液出水阀，关闭顶部放气阀，除盐水从铺膜箱的回水管进入铺膜箱。铺膜箱的水位上升至溢流口以下 500mm 时，关闭复合膜过滤器的除盐水阀。

(4) 开启铺膜泵的放气阀，将泵体内的空气排尽，然后关闭放气阀。

(5) 人工称取一定量的木质纤维素，用除盐水将其溶解并搅拌均匀，待溶液无沉淀后倒入铺膜箱内。

(6) 开启铺膜箱的搅拌机，将滤液搅拌均匀，然后关闭搅拌机。

(7) 开启铺膜调节阀至 35% 开度后开启铺膜泵，然后开启滤液进水阀，进行木质纤维素的铺膜。

(8) 循环铺膜 20min 后，复合膜过滤器滤元上的木质纤维素滤膜完整成膜，循环铺膜水基本澄清，木质纤维素的铺膜完成。

(9) 关闭铺膜调节阀至 33% 开度，进行木质纤维素滤膜的压膜。

(10) 循环压膜 10min 后，木质纤维素滤膜的压膜完成。此时，从复合膜过滤器的窥视窗处可以看到循环铺膜水澄清，滤元的表面已均匀覆盖上致密的木质纤维素滤膜。木质纤维素滤膜的压膜完成后，铺膜泵继续运行，准备进行湿式粉状活性炭的铺膜。

(11) 人工称取一定量的湿式粉状活性炭，用除盐水将其溶解并搅拌，待溶液无沉淀后倒入铺膜箱，进行湿式粉状活性炭的铺膜。

(12) 循环铺膜 50min 后，湿式粉状活性炭的滤膜完整成膜，循环铺膜水基本澄清，湿式粉状活性炭的铺膜完成。

(13) 关闭铺膜调节阀至 20% 开度，进行湿式粉状活性炭滤膜的压膜。

(14) 循环压膜 10min 后，湿式粉状活性炭滤膜的压膜完成。

此时，从复合膜过滤器的窥视窗处可以看到循环铺膜水澄清，木质纤维素滤膜的表面已均匀覆盖上致密的湿式粉状活性炭滤膜。

7.2.3.2 投运切换

复合膜过滤器铺料成膜后需立即投入运行，中间不准断水。新成膜的复合膜过滤器与失效的复合膜过滤器进行切换时，必须首先将保持泵的状态切换至停止状态，防止保持泵频繁自动启停，烧毁电机。

投运切换的操作步骤如下：

（1）将保持泵的状态切换至停止状态，然后关闭切换设备的保持阀。

（2）开启铺膜箱的排水阀，然后开启投运设备的冷凝水进水阀。

（3）关闭投运设备的滤液进水阀，然后停止铺膜泵运行，关闭铺膜调节阀。

（4）开启投运设备的冷凝水出水阀，然后关闭投运设备的滤液出水阀。

（5）依次关闭切换设备的冷凝水出水阀和进水阀。

（6）开启投运设备的保持阀，然后将保持泵的状态切换至供电状态。

（7）铺膜箱内的水排尽后，关闭铺膜箱的排水阀。

7.2.3.3 反冲爆膜

复合膜过滤器失效停运后需尽快进行反冲爆膜的操作。复合膜过滤器备用设备投入正常运行后即可进行失效设备的反冲爆膜操作。复合膜过滤器失效设备在进行反冲爆膜的操作时必须确保所使用压缩空气的压力在 $0.4 \sim 0.6$ MPa 的范围内。如压缩空气的压力超出这个范围，则立即中止反冲爆膜的操作，以防出现人员和设备的意外伤害。

反冲爆膜的操作步骤如下：

（1）开启复合膜过滤器的滤液出水阀，将复合膜过滤器的水位降至多孔板下，然后关闭滤液出水阀。

（2）开启复合膜过滤器的压缩空气反洗阀，将压缩空气引入复合膜过滤器中。复合膜过滤器内的压力升至 $0.4 \sim 0.6$ MPa 左右后，关闭压缩空气反洗阀。

（3）快速开启复合膜过滤器的反洗排污阀，利用压缩空气迅速膨胀产生的冲击力，爆除滤元外的滤膜。

（4）复合膜过滤器内的水排尽后，关闭复合膜过滤器的反洗排污阀。

7.2.3.4 气水擦洗

复合膜过滤器的反冲爆膜操作结束后需立即进行气水擦洗的操作。复合膜过滤器在进行气水擦洗的操作时也必须确保所使用压缩空气的压力在 $0.4 \sim 0.6$ MPa 的范围内。如压缩空气的压力超出这个范围，则立即中止气水擦洗的操作，以防出现人员和设备的意外伤害。

气水擦洗的操作步骤如下：

（1）依次开启复合膜过滤器的顶部排气阀和除盐水阀。

（2）复合膜过滤器内的水位上升至多孔板附近后，关闭除盐水阀，然后开启压缩空气正洗阀，采用压缩空气和除盐水共同擦洗滤元，清除残留的滤渣。

（3）$5 \sim 10$min 后，关闭复合膜过滤器的压缩空气正洗阀，然后开启复合膜过滤器的反洗排污阀。

（4）复合膜过滤器内的水排尽后，关闭复合膜过滤器的反洗排污阀。

气水擦洗的操作完成后需从复合膜过滤器的窥视窗处观察滤元上是否有残留滤膜。如滤元上仍残留有滤膜，需重复气水擦洗的操作直至滤元上的残留滤膜去除干净。

7.3 冷凝水的除盐

冷凝水目前多用混床进行除盐，采用复床的较少，这主要是因为冷凝水水质较好。在冷凝水处理中，普遍采用的除盐设备为 H-OH 型混合床(以下简称混床)。由于冷凝水处理混床的运行流速很高，对混床所用的阴、阳树脂的中的性能和配比要求，混床的结构与再生方式，混床的运行工况等都与补给水处理混床有所不同。

7.3.1 高速混床的树脂

用于高速混床处理冷凝水的离子交换树脂，有特定的性能要求。在物理性能方面，树脂的机械强度必须较高，与补给水除盐系统中的树脂相比，树脂的粒度应该大而且均匀，有良好的水力分层性能，这是因为所处理冷凝水的水量很大和含盐量低。混床运行流速很高，一般为 80~100m/h，更高些的为 110~120m/h，国外最高的可达 130~150m/h。

此种高速混床运行时，树脂颗粒受压而破碎是个严重问题，所以要求树脂的机械强度好。

1. 机械强度

凝胶型树脂的孔径小，交联度低，抵抗树脂"再生-失效"反复转型膨胀和收缩而产生的渗透应力较差，因而易破碎。大孔型树脂的孔径大，交联度高，抗膨胀和收缩能力强，因而不易破碎。高速混床的实际运行结果表明，选出用大孔型树脂，混床压降可控制在 0.2MPa 以下，树脂破损率大大降低。当混床高流速运行时，树脂要经受较大的水流压力，如机械强度不足以抵抗所受压力时就会破碎，因此用于高速混床的树脂一定要有高的机械强度。

2. 树脂的粒径

要求合适且大小要均匀，一般要求 90%以上重量的树脂颗粒集中在粒径偏差在±0.1mm 范围内，这样的好处：

(1) 减轻树脂的交叉污染。粒度不均的树脂，在反洗分层后，阳树脂与阴树脂不能有效分离，容易形成小颗粒阳树脂和大颗粒阴树脂互相渗杂的混脂区。再生时阳树脂中夹杂的阴树脂变成 Cl 型(HCl 作再生剂时)，阴树脂中夹杂的阳树脂变成 Na 型(NaOH 再生)。混脂区的存在，即使再生非常彻底，由于上述原因，再生混合后，树脂层中有一部分 RCl 和 RNa 树脂。这对冷凝水精处理水质影响很大。表现为混床漏 Na 和漏 Cl。这叫阴阳树脂的交叉污染。

(2) 树脂层压降小。如果颗粒不均匀，小的填充在大的之间，水流阻力大，压降大，均匀颗粒不存在此问题。

(3) 水耗低。均粒树脂颗粒反洗时，无大颗粒树脂拖长时间，所以反洗时间短，用水少。

要求混床树脂颗粒大且均匀，是为了减少水流通过树脂层的压降，高速混床的运行压降，一般不超过 0.2MPa。

3. 化学性能

要求树脂有较高的交换速度和较高的工作交换容量，这样才可适应混床运行流速高、运行周期长的要求。因此，一般认为，大孔型树脂比凝胶型树脂更适用于冷凝水处理。

4. 必须选用强酸、强碱性树脂

因为弱型树脂都具有一定的水解度，而且弱碱性树脂不能出掉水中的硅；羧酸型弱酸性树脂交换速度慢，而混床的流速很高，因此不能用弱型树脂。否则，很难保证高质量的出水水质要求。

5. 冷凝水处理用的混床中阴、阳树脂的配比

与补给水处理用的混床不同。因为电厂冷凝水中常含有 NH_3，它会消耗阳树脂的交换容量。在冷凝水处理系统中，若混床前有前置阳床，树脂的配比可采用阴:阳=1:1；若无前置阳床，则采用阴:阳=1:2。若出现凝汽器经常泄漏或冷却水含盐量很高（如海水、苦咸水）的情况，则应加大混床中阴树脂的比值，例采用阴:阳=3:2。

7.3.2 高速混床的结构和特点

1. 高速混床的结构

由于冷凝水具有流量大、含盐量低的特点，故采用高流速运行的混床即高速混床，其外部管系阀门如图7-4。高速混床的内部进水分配器和底部集水器均采用双速水嘴的形式。

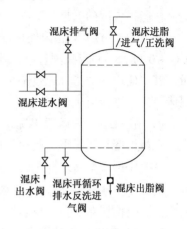

图 7-4　高速混床管系图

用于冷凝水除盐的高速混床在结构上不同于补给水制备所用的低速混床。高速温床的结构特点与其采用的体外再生方式密切相关。因为采用体外再生时，混床交换器体内不需中间排水装置，这就简化了混床内部结构，适应高流速通水运行的要求。若在交换器体内安设中间排水装置，在高流速通水的运行条件下，会造成较大的压力损失，且中间配水装置也容易损坏。采用体外再生，高速混床就不需设置酸、碱管道，交换器的管路系统就较简单了，这样就可避免因偶然发生的事故使酸、碱液漏入冷凝水中。此外，因采用体外再生方式和利用运行时的高速通水条件，高速混床交换器的高度就可降低，使之便于在主厂房中布置。

对高速混床内部结构的主要要求是，进水装置和排水装置应能保证水的分配均匀，排脂装置应能排尽交换器内的树脂，安装、检修都比较方便。

高速混床的内部结构如图7-5和图7-6所示。这种结构的高速体外再生混床，我国已在生产中应用。图7-5的底部排水装置是由一根母管和其两侧连有的几十根支管构成，支管上绕不锈钢钢丝。

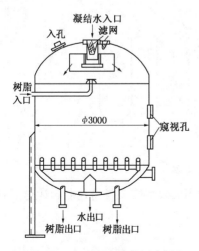

图 7-5　高速混床结构示意图

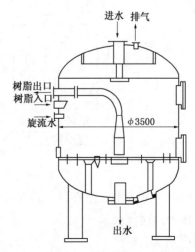

图 7-6　内装水帽的高速混床结构示意图

241

2. 高速混床的特点

（1）运行流速高最大流速 120m/h。

（2）采用体外再生简化了混床内部结构。

（3）处理水量大，能有效除去水中的离子及悬浮物等杂质。

（4）对树脂的性能要求很高。

（5）有专用的树脂分离设备与再生设备，此设备可以达到分离效果好、减少交叉污染、提高树脂再生度的效果。

（6）用 H-OH 型混床处理冷凝水，可以使出水的电导率在 $0.1\mu S/cm$ 以下，通常可达 $0.06\sim0.08\mu S/cm$。我国各电厂高速混床运行监督指标有两个：出水电导率和出水 SiO_2 含量。其中任何一个指标超过限值，即电导率（25℃）$>0.5\mu s/cm$ 或 $[SiO_2]>10\mu g/L$ 时，应将混床停运、进行再生。

（7）在机组正常运行工况下，高速混床的出水含铁量小于 $5\mu g/L$，除铁效率在 50% 以上。在机组起动工况下，高速混床的除铁效率一般都在 90% 以上，除铜效率高于 60%。

（8）H-OH 型高速混床的缺点是把不该除去的 NH_4^+ 也除去了（用于调节给水的 pH 值而投加的 $NH_3\cdot H_2O$）。由于冷凝水中的 NH_4^+ 与其他杂质相比，其量较大，所以 H-OH 型混床的阳离子交换树脂交换容量会被 NH_4^+ 大量消耗掉，这对混床的运行是不利的。

7.3.3 高速混床的再生工艺

7.3.3.1 体外再生高速混床的再生系统方式

由于冷凝水除盐的处理水量很大，因此多采用体外再生混床，所谓体外再生混床是指运行时树脂在混床内，再生时将树脂送出，送到专用的再生装置中进行再生。

体外再生混床的再生系统目前有以下几种：双塔系统、三塔系统、T 塔系统。

（1）双塔系统

该系统运行方式是：混床树脂失效后，将树脂送到阳再生塔，在阳再生塔

中反洗、分层，然后将上部阴树脂送入阴再生塔，阳树脂留在阳再生塔，分别进行再生、正洗，阴树脂再生结束后再送回阳再生塔，经混合、正洗后送回混床运行（如图 7-7 所示）。

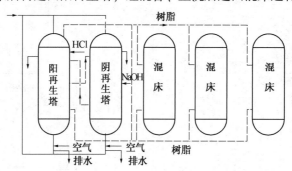

图 7-7 双塔体外再生系统

该种体外再生方式由于没有再生的替换树脂，混床失效后需要等待树脂再生好后送回才能运行，混床停运时间长。

（2）三塔系统

三塔系统比双塔系统增设一个树脂贮存罐，可以多备一份树脂，失效混床不必等待树脂再生好后在投运，而可以在树脂送出后即将备用树脂送回投运，因此提高了混床利用率。

该系统运行方式是：混床树脂失效后，将树脂送入阳再生塔，在其中进行擦洗、反洗、分层，然后将上部阴树脂送入阴再生塔，阳树脂留在阳再生塔内，经再生、正洗、混合后送入贮存塔备用。原先贮存塔中再生好的树脂在失效混床树脂送出后，即送回混床，混床又可以投入运行(如图7-8所示)。

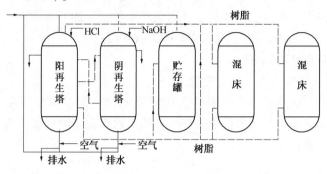

图7-8　三塔体外再生系统

（3）T塔系统(中间抽出法)

T塔系统是在三塔系统的基础上再增加一个中间树脂塔，用来存放分层后阴阳树脂交界处的树脂。因为此处树脂极易混杂，是交叉污染产生混脂的主要部位，把这部分树脂另外处理，就可以减少混脂率，提高树脂再生度。

该系统运行方式是：混床树脂失效后，将树脂送入阳再生塔，在其中进行擦洗、反洗、分层，然后将上部阴树脂送入阴再生塔，中间层树脂送入中间树脂塔，阳树脂留在阳再生塔。分别对阳树脂、阴树脂进行再生、正洗，再生好之后，阴树脂再送回到阳再生塔，与阳树脂混合、正洗并转入贮存塔备用。

中间树脂塔中树脂在下次再生前转入阳再生塔，参加下次再生时失效树脂反洗分层。中间树脂塔中有时还装有筛网，可以筛去碎树脂。

7.3.3.2　提高混床树脂再生度的方法

随着机组参数的提高，对冷凝水水质的要求也越来越高。对于国外和国内的某些机组，已提出冷凝水中钠及氯离子含量小于$0.1\mu g/L$的要求，要达到这样高的水质要求，就需要混床树脂有较高的再生度。

提高混床树脂再生度的方法可以分为如下三类：

1. 提高阴阳树脂分离度

目前对于混床中阴阳树脂的分离，最常见的是水力分层法。它是将树脂反洗展开，然后利用阴阳树脂湿真密度的不同让其自然沉降，阳树脂密度大，沉在下部，阴树脂密度小，沉在上部。这种分离方法的混脂率约为1%~8%。混脂对出水水质影响很大，比如当阳树脂混入阴树脂中，用氢氧化钠再生阴树脂时，混入的阳树脂变为RNa型，即失效型，降低了混床中阳树脂的再生度；当阴树脂混入阳树脂中，在阳树脂用盐酸再生时，混入的阴树脂变为RCl型，也是失效型，也降低了混床中阴树脂的再生度。这种现象即是交叉污染，最终影响混床出水水质。

因此在再生前将混床树脂彻底分离，减少混脂率，是提高树脂再生度、改善混床出水水质的首先考虑的方法。目前有如下一些具体做法：

（1）中间抽出法　即在前面所述的T塔系统中，将分层后的阴阳树脂交界面处极易混淆的树脂专门抽出，不参加再生，就可以减少混脂率，减少交叉污染。

（2）二次分离法　混床失效后的树脂在阳再生塔内反洗分层后，将阴树脂及混脂送入阴再生塔中进行再生，混入阴树脂中的阳树脂在再生时变为 RNa，它与 ROH 树脂密度差较大，故可以再进行一次分离，且分离效果较好。第二次分离是在阴再生塔内进行的。当阴树脂再生、正洗结束后进行分离，分离后的阴树脂送回阳再生塔进行混合，分离后残存在阴再生塔底部的少量阳树脂待下一次树脂再生时，送入阳再生塔，参加下一次再生操作。

（3）浓碱分离法　是用 14%～16% 的氢氧化钠溶液送入阴再生塔，此时阴树脂自然上浮，阳树脂下沉，从而使阴阳树脂完全分离。

2. 将分离后混杂的树脂变为无害树脂

由于采用分离的方法很难达到阴阳树脂 100% 的分离，总是多少存在一些混脂层，所以有人提出不要追求越来越高的分离效率工艺，而是设法将混杂的树脂变为无害树脂，这一类方法中比较好的是钙化法。

3. 完善再生工艺

它包括提高再生液纯度、调整再生剂用量剂改进某些再生操作（比如碱液加热）等，以提高树脂再生度。其中再生液纯度对再生度的影响十分显著的，再生液纯度包括再生剂纯度（再生用酸、碱中杂质含量）及配制再生液用水的纯度，因此在冷凝水处理工艺中，要选用高质量的酸和碱，再生用水一定要用纯水。

7.3.3.3　再生工艺过程

1. 三塔式体外再生法

三塔式体外再生法的再生系统由阳再生分离塔、阴再生分离塔、储存塔组成。其再生工艺过程如图 7-9 所示。其操作步骤如下：

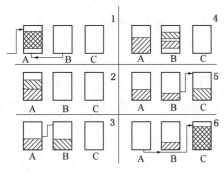

图 7-9　三塔式体外再生工艺过程
A—阳树脂再生分离塔；B—阴树脂再生分离塔；
C—树脂储存塔

（1）失效树脂及上次再生时留下的 Na 型树脂移送到 A 塔。

（2）这批树脂经反洗后分成两层。

（3）阴树脂和分界面上的混合树脂移送到 B 塔。

（4）再生 A 塔中阳树脂和 B 塔中阴树脂，然后用水洗浮选法分离 B 塔中的阳、阴树脂。

（5）阴树脂移送到 C 塔，Na 型阳树脂留于 B 塔，并清洗 A、C 塔中的树脂。

（6）阳树脂移送到 C 塔，将 C 塔中阳、阴树脂混合和冲洗后即处于备用状态。

2. T 塔系统（中间抽出法）再生法

在体外再生系统中，当失效的混合树脂在阳再生分离塔中反洗分层时，在阳、阴树脂分界面处，会有一层"混脂层"（这是因细粒和破碎的阳树脂混杂在阴树脂中引起的）。此"混脂层"树脂体积约占混床树脂总体积的 15%～20%。将此"混脂层"视做中间隔离层，就可使阴、阳树脂分离良好，在输送"混脂层"上面的阴树脂层时，不会携带"混脂层"下面的阳树脂。然后再将此"混脂层"取出，输送入"混脂塔"，且不参加再生。这也就使阳再生塔中的阳树脂上不残留阴树脂，从而保证了阴、阳树脂的良好分离。

（1）T 塔式三塔再生工艺如图 7-10 所示。再生系统由两个阳再生分离塔和一个阴再生塔组成。阳再生分离塔结构如图 7-11 所示。阴再生塔的结构如图 7-12 所示。在再生操作中总有一个阳再生分离塔作为混脂塔和树脂储存塔用。具体再生操作步骤如下：

① 树脂输送。某台混床（如 2 号混床）失效后，将失效树脂输送至 1 号阳再生分离塔，然后将 2 号阳再生分离塔（树脂贮存塔）中已再生好的树脂输送至已空的 2 号混床中。混床即可再次投运。

② 树脂分离。失效树脂在 1 号阳再生分离塔中进行反洗分层，然后将阴树脂输送至阴再生塔，再将混脂层树脂送至"混脂塔"（即已空的 2 号阳再生分离塔）。

③ 空气擦洗、再生、清洗。阳、阴树脂分别在 1 号阳再生分离塔和阴再生塔内进行空气擦洗，再分别用 HCl 和 NaOH 进行再生，然后清洗好。

④ 树脂的混合和正洗。将再生后且清洗好的阴树脂送入装有再生好的阳树脂的 1 号阳再生分离塔中。用压缩空气使阴、阳树脂混合，再用水正洗，然后即转入备用状态。此时 1 号阳再生分离塔已成为树脂储存塔。

⑤ 树脂再输送。2 号混床中失效的混脂层树脂仍在 2 号阳再生分离塔中，2 号阳再生分离塔准备好接受另一台混床失效后送来的全部失效树脂。重复进行①～④步操作。

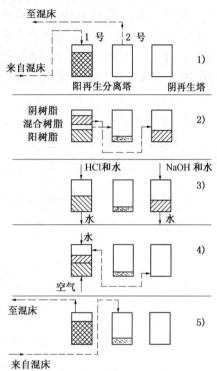

图 7-10 混脂塔方案三塔式再生工艺示意

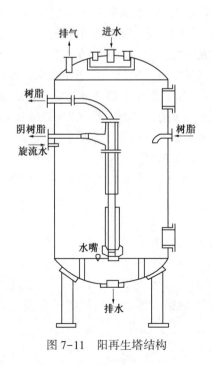

图 7-11 阳再生塔结构

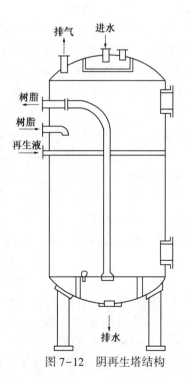

图 7-12 阴再生塔结构

（2）T 塔式四塔再生工艺如图 7-13 所示。再生系统由一个阳再生分离塔、一个阴再生培、一个树脂储存塔和一个混脂塔组成。此再生系统中的树脂储存塔和混脂塔是分别特意设计和制造的设备，仅用于存放和输送树脂。在此塔中只有输送树脂用的水进、出，不会有任何再生药液进入，可保证再生清洗后备用树脂更安全、可靠地储存与输出、杜绝再生液的渗漏。且混脂塔的体积较小。由于此方案在投资、占地面积和便于布置等诸方面。均可与三塔再生工艺媲美，国内近年投产的亚临界压力 300MW 机组冷凝水处理系统，采用这种混脂塔方案四塔再生工艺的较多。其再生操作步骤大致如下：

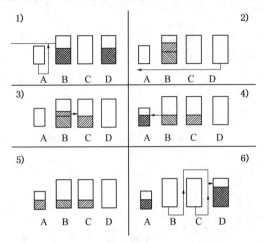

图 7-13　混脂塔方案四塔式再生工艺示意图

① 冷凝水混床中失效树脂送入 B 塔。然后，将上次再生时移在 A 塔中的混脂层树脂送入 B 塔。

② 将储存在 D 塔中的已再生好的树脂送至已空的混合床中。混床即可再次投入运行。

③ 在 B 塔中将失效的混合树脂进行反洗分层。然后将阴、阳树脂分界面一定高度以上的阴树脂送至 C 塔。

④ 将分界面上、下约 0.3m 的混脂层树脂送至 A 塔存放。

⑤ 分别空气擦洗、再生、清洗在 B、C 塔中的阳树脂、阴树脂。

⑥ 将 B、C 塔中的阳树脂、阴树脂先后送至 D 塔，用压缩空气使阴、阳树脂混合，然后用水正洗，洗至出水电导率小于 $0.3\mu S/cm$、$[SiO_2]$ 小于 $20\mu g/L$ 后转入备用状态。

7.3.4　氨化混床的特点

通常将 RH 型阳树脂和 ROH 型阴树脂混合构成的混床成为氢—氢氧型混床，塔在冷凝水处理中使用有一定缺点。主要由于热力系统防腐的需要，冷凝水中含有一定的氨（大约 1mg/L 左右），pH 较高（8.8~9.4），这些氨进入混床后，会与阳树脂发生交换，降低阳树脂对水中钠的交换容量，使运行周期缩短，周期制水量缩短。另外，由于冷凝水氨被混床树脂交换，混床出水 pH 值成中性，为了防腐需要，还必须在混床出口在此加氨，造成浪费。

为了解决这一问题，提出将混床中 RH 树脂改为 RNH_4 树脂，即由 RNH_4 和 ROH 构成混床，此即氨化混床。氨化混床可以提高混床周期制水量，提高出水水质。

7.3.4.1　氨化混床 NH_4-OH 和 $H-OH$ 型混床的区别

NH_4-OH 型混床的特性与 $H-OH$ 型混床相比，在工艺上有较大的不同，下面以除去水中 NaCl 为例，作简要说明

当采用 $H-OH$ 型混床时，离子交换反应如下：

$$RSO_3H+NaCl \rightarrow RSO_3Na+HCl$$

$$RNOH+HCl \rightarrow RNCl+H_2O$$

可见反应的最终产物中有很弱的电解质水 H_2O，这相当于中和反应，所以反应容易进行，而且当采用强酸性 H 型树脂时，它对冷凝水中的钠、促铁和铜的离子有较大的吸着能力，这也有利于离子交换反应。

当采用 NH_4-OH 型混床时，离子交换反应如下：

$$RSO_3NH_4+NaCl \rightarrow RSO_3Na+NH_4Cl$$
$$RNOH+NH_4Cl \rightarrow RNCl+NH_4OH$$

从离子交换反应看，此类型混床与 H—OH 型混床有两个不同点：

（1）在阳离子交换方面。从离子交换的选择性次序可知 NH_4 型阳树脂对 Na^+ 的吸着能力比强酸性 H 型的较小，所以 Na^+ 较容易穿透。

（2）在阴离子交换方面。由于此种混床内不发生中和反应，反应产物中有氢氧化铵，因而其出水保持有一定的碱性，所以 Cl^- 及 SiO_3^{2-} 较容易穿透。

由于这些原因，对 NH_4—OH 型混床来说，离子交换反应的完成程度就与混床再生后树脂中残留的 Na 型、Cl 型树脂量有显著的关系。如混床的树脂中 Na 型或 Cl 型树脂的残留率越大，它的出水水质就越差。为了能较完全地除去冷凝水中钠、铁、铜等离子，使 NH_4—OH 型混床的出水水质像 H—OH 型混床的那样良好，NH_4—OH 型混床的再生程度应比 H—OH 型混床的高，它要求阴树脂的再生率达 95.5% 以上，阳树脂的达到 99.5% 以上，即残留的钠型树脂应在 0.5% 以下。

如表 7-3 所示，在保证同等出水水质量的前提下，NH_4—OH 型混床的再生度要比 H—OH 型混床的高得多。

表 7-3 NH_4—OH 型和 H—OH 型混床再生度对照表

	混床出口水水质要求	应该达到的再生度	
		H—OH 型混床	NH_4—OH 型
阳树脂	$[Na^+]=1\mu g/L$	H 型树脂 $xH=54\%$	NH_4 型树脂 $xNH_4=99.4\%\sim99.9\%$
阴树脂	$[Cl^-]=1.5\mu g/L$	OH 型树脂 $xOH=11.6\%$	OH 型树脂 $xOH=89\%\sim98\%$

因此，在设计和使用 NH_4—OH 型混床时，特别重要的是要选定合适的树脂及阴、阳树脂配比，要有分离阴、阳树脂的有效方法及充分再生的方法，否则就不能得到良好的出水水质。

由于在通入再生溶液时，混在阴树脂中的阳树脂变成了 Na 型、混在阳树脂中的阴树脂变成了 Cl 型树脂，所以阴、阳树脂的分离是否完全，对 Na 型或 Cl 型树脂残留率的影响很大。要特别防止再生时阳树脂混入阴树脂中。例如混床中阳树脂常因磨损使粒径变小，阴树脂因被杂质污染而密度增大，其结果会使水力反洗法不易将它们完全分离。此时，必须采用更好的分离方法：一种是在分离前先通以 NaOH 溶液，使混床中的阴树脂再生成 OH 型，然后再分离，因为一般强碱性阴树脂从 Cl 型变为 OH 型时，体积大约增加 5%，这样就增加了阴、阳树脂之间的湿真密度差，有利于分离；另一种方法是在分离塔中加入 8%～16% 的 NaOH 溶液，使阴树脂浮在上面，阳树脂沉在下面得到分离。

NH_4—OH 型混床的再生，采用体外再生方式。将阴、阳树脂仔细分离后，用 NaOH（要求纯度达 99.00% 以上）彻底再生阴树脂，用 HCl（对纯度和含钠量有严格要求）彻底再生阳树脂。再生所用水的纯度、含钠量和含氯量的要求也很严格。

阳、阴树脂分别用 HCl 和 NaOH 再生后，用除盐水进行清洗，然后再用 0.5%～1% 的氨水分别对阳、阴树脂进行冲洗。氨水冲洗的目的是将阴树脂再生后残存于其中的 Na 型阳树脂转成 NH_4 型，减少混床中 Na 型树脂的残存率；再生后的 H 型阳树脂用氨水转成 NH_4 型。

不可直接用氨水再生阳树脂，原因是：氨水是弱碱溶液，它的水溶液中电离的 NH_4^+ 量很少，无法用产生的 NH_4^+ 将阳树脂上的 Na^+ 完全置换出来。如先用 HCl 彻底再生（再生度要达 99.5% 以上），使阳树脂全转成 H 型，再用氨水冲洗就会发生中和反应，比较容易将 H 型树脂转成 NH_4 型树脂.

NH_4-OH 型混床的出水水质良好，在机组正常运行的情况下，出水水质：含钠量为 $0.5\mu g/L$，SiO_2 含量为 $5\sim8\mu g/L$，电导率为 $0.1\sim0.2\mu S/cm(25℃)$。

7.3.4.2 混床树脂氨化方法

如何将混床中阳树脂转变为氨型使氨化混床应用中的关键，从失效型 RNa 型转变为 RNH_4 很困难，通常是将阳树脂再生为 RH 型再转变为 RNH_4 型。具体做法有如下两种：

1. 混合后氨化

混床失效后树脂送出，经分离并分别再生，阳树脂为 RNH_4 型，阴树脂为 ROH 型，正洗结束后阴阳树脂混合，以后用氨液通过，将 RH 转变为 RNH_4。也可以先以氢-氢氧型混床运行，利用冷凝水中氨对混床进行氨化，此即运行中氨化。运行中氨化可分为三个阶段：第一阶段是以氢—氢氧方式运行，树脂吸收水中钠离子及铵离子，直至铵离子穿透；第二阶段是从出水中有铵离子开始直至出水钠离子含量与进水钠离子含量相等，在此阶段除出水铵离子含量逐渐上升外，出水钠离子含量也逐渐上升，并出现一个钠离子含量的峰值（其数值可能仍在允许范围内）；第三阶段是进出水中铵离子含量几乎相等，对水中钠离子进行交换，直至出水电导率等指标超过标准时失效，此即氨型运行阶段。运行中氨化要保证进水中钠离子含量不能太大，否则会造成阳树脂再生度降低，影响氨化混床的出水水质。

2. 循环氨化法

混床树脂分层时为减少交叉污染，将阴树脂及混层树脂送入阴再生塔，以使阳树脂中无阴树脂。分层结束后，首先对阴树脂进行再生，再生好后，用 0.3%～0.5% 氨水通过，将阴树脂中混杂的阳树脂由 RNa 转变为 RNH_4，流出液进入未再生的阳树脂中，这时氨液中微量钠离子又被阳树脂中残存的 RNH_4 净化，恢复氨液的纯度。这种方式要进行长时间在阳再生塔与阴再生塔之间进行再循环，直至阴树脂中混入的阳树脂全部转化为 RNH_4，完成之后再对阳树脂进行再生，转化为 RH，用氨液通过转为 RNH_4，并与 ROH 混合后运行。

氨化混床使用中的问题：

（1）氨化混床对其进水水质波动的适应性较差，其除硅能力也稍差；

（2）氨化混床氨化过程很长，根据阴树脂中混入阳树脂量的不同，再生一次需十几至几十小时，另外由于它要求的树脂再生度高，对再生用酸碱质量要求也高；

（3）氨化混床运行时，还要防止空气漏入系统，因为空气中有二氧化碳，它进入系统中会与 NH_4OH 生成 NH_4HCO_3，阴离子会使混床中阴树脂提前失效，出水中 Cl^-、SO_4^{2-}、SiO_3^{2-} 离子含量上升。

当然，氨化混床有一个优点，就是运行周期长，制水量大，每 $1m^3$ 树脂的周期制水量多的可达 $1.5\times10^4m^3$，而氢-氢氧型混床可能仅为其 1/6，因此周期制水量增加数倍。

第8章 常用设备的使用与维护

8.1 水处理设备的运行管理

为保证水处理设备的安全经济运行，不仅需要正确的运行操作，还需要有严格的运行管理制度，如制定必要的规章制度、质量保证体系，进行人员培训、运行分析、反事故演习等。通过管理工作，不断加强运行人员的工作责任心和提高运行人员的技术素质。

8.1.1 报表记录管理

对水处理设备的运行应建立运行报表记录制度。每班对运行工况进行监督，定时记录设备的运行状况如流量、压力、温度、水质、水箱液位，转机电流、电压，反洗、再生情况；设备异常、缺陷，交接班情况，计算班用水量、制水量等；建立设备缺陷台帐，设备变更台帐，工作票台帐，运行分析台帐，反事故演习台帐等。

8.1.2 巡回检查

（1）每1～2h应对设备巡回检查一次。检查项目包括设备本体、管道、阀门、转动机械、油位、油质、振动、声音、气味、漏水与否，电源开关、就地表计、液位等情况。

（2）巡回检查应带好手电筒、听诊器、对讲机、抹布以及必要的工具。

（3）在巡回检查中发现轻微缺陷，如盘根、法兰漏水等应进行处理，缺油时应补油，油质劣化应进行换油，并对设备做好清洁工作。

（4）巡回检查中如发现异常，应及时进行分析，不能处理的缺陷应填写缺陷通知单，并做好交班记录。

8.1.3 定期维护工作

（1）定期切换：对系统有两台以上的泵，应定期切换运行。

（2）定期换油：一般转动设备每运行六个月更换一次油（或按设备使用说明要求换油）。

（3）对澄清池等设备应定期进行排污。

（4）对各种箱、槽定期进行冲洗。

（5）对各种表计、安全阀、减压阀定期进行校验。

（6）定期清洗试验用玻璃仪器，校验试验室仪表。

8.1.4 交接班工作

（1）交班前应做好仪器、仪表和现场的清洁工作。

（2）交班前设备运行工况，水箱、药箱液位等应符合交班规定。

（3）接班应分析主要设备的出水水质，了解所有运行和备用设备情况，检查水箱、药箱液位以及转动机械油位等。

（4）记录接班情况。

8.2 阀门的操作与维护

8.2.1 阀门的操作

阀门操作正确与否，直接影响使用寿命，应从以下几方面加以注意：

（1）阀门在日常操作中一定按规定使用，不能超温、超压运行，操作要注意缓开缓关，扳手与阀门大小相匹配，特别是不能用扳手过力操作，防止把阀门传动机构损坏。操作闸阀或截止阀时，当关闭或开启到死点后，最好往回松半圈，防止咬死。

（2）高温阀门，当温度升高到200℃以上时，螺栓受热伸长，容易使阀门密封关不严，这时要对螺栓进行热紧，在热紧时不宜在阀门全关时进行，以免阀杆顶死。

（3）气温0℃以下时，对停汽、停水的阀门要注意排凝，以免冻裂阀门。不能排凝的要注意保温。

（4）填料压盖不宜压过紧，应以不泄漏和阀杆操作灵活为准。

（5）在操作中通过听、闻、看、摸及时发现异常现象，及时处理或联系处理。

8.2.2 阀门的维护

（1）阀门要定期清洁　阀门的各部件容易积灰、油污等，污浊物会对阀门产生磨损和腐蚀。

（2）阀门要定期润滑　阀门的传动部位必须保持润滑良好，减少摩擦，避免磨损。润滑部位要按具体情况定期加油，经常开启。

（3）阀门各部件保持完好　阀件应齐全、完好，法兰和支架的螺栓应齐全、满扣，不能有松动。不允许敲打，不允许支承重物或站人。有驱动装置的要保证驱动装置清洁、润滑完好。

（4）阀门的防腐　阀门损坏主要是腐蚀引起的，阀门在使用中防腐是很重要的。阀门腐蚀有内腐蚀和外腐蚀，内腐蚀因介质不同而腐蚀形态各异，操作人员很难控制，在运行中操作人员重点是做好外防腐。

（5）阀门的保温　阀门保温是节约能源，提高热效率和保证设备正常运行的一项重要措施。

8.3 静设备的操作与维护

8.3.1 加热器

加热器是利用工质的热能来加热另一工质的热交换设备。按传热方式不同，加热器可分为混合式和表面式两种。水处理系统的原水、碱再生液多采用加热器提高温度。

8.3.1.1 混合式加热器

混合式加热器就是加热工质与被加热工质直接混合，在加热器内传热与传质同时进行。这种加热器能充分利用加热工质的热量。如水被蒸汽加热，则可加热到加热蒸汽的饱和温度，其传热效率最高，并且设备结构简单，易于进行设备防腐处理，价格低廉，便于混合收集不同温度的水流；同时还能完全除去水中的气体。火电厂使用的混合式加热器一般为汽水混合加热器，利用蒸汽直接与水混合，达到加热水的目的。常用在锅炉给水除氧器、喷水减温器以及水处理系统的原水加热器和碱液加热器中。

汽水混合加热器主要由喷管、壳体、网板、封头等部件组成，如图8-1所示。

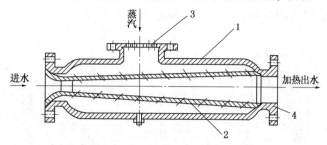

图8-1　汽水混合加热器的结构
1—壳体；2—喷管；3—网板；4—封头

（1）壳体　用厚壁无缝钢管制成，属于承压部件，蒸汽与水在壳体内充分混合。

（2）喷管　为拉伐尔形的钢管，器壁上开孔，喷管一端直径较小为进水喷嘴，另一端直径较大为出水扩散混合管。需加热的水通过直径较小的进水喷嘴后，提高了流速，当高速水流进入喷管的扩散混合管时，此区则形成低压或变成真空状态，蒸汽就从喷管外侧通过管壁上的许多斜向小孔进入其内侧，和高速流动的水流充分混合。

（3）网板　是蒸汽滤网孔板，用厚的不锈钢板制成，板上布满小孔。其主要作用是使蒸汽扩散均匀，分散地进入壳体内，以充满壳体空间，并在喷嘴扩散管内，达到混合均匀、降低汽水撞击、减少噪声的目的。

（4）封头　为带法兰的封头，主要用来封闭该加热器的两端并便于与管道相连接。

（5）其他附件　在蒸汽侧、水侧的阀门、管道上，还装有温度、压力控制仪表等。其作用是随时监控设备，保证安全运行。

混合式加热器可以立式布置，也可以卧式布置，应根据生产需要进行安装。在使用中应注意以下几点技术要求：

（1）安装时，在蒸汽管道上应装设止回阀，以防蒸汽倒流。

（2）在运行时，蒸汽压力应始终高于水压力0.05MPa。

（3）投入运行时，先投运水侧，再开启蒸汽阀门；停运时，应先关闭蒸汽门，而后再停止水侧，关闭进出口水阀门。

8.3.1.2　表面式加热器

表面式加热器是加热工质与被加热工质分别通过加热器列管，两者之间通过列管管壁进行热量交换，不存在两种工质的物质交换。这种加热器由于存在传热阻力，所以被加热的水不可能被加热到加热蒸汽的饱和温度，即不能充分利用加热蒸汽的热能。故表面式加热器的热经济性比混合式加热器的要低。此外，表面式加热器消耗金属材料较多，价格较贵。当加热器管子破裂时，水将进入蒸汽系统，产生汽水冲击。另外，蒸汽侧需有输送凝结水的疏水器及疏水管道，致使系统复杂化。但是，表面式加热器运行比较可靠，在工作中较少监视，加上两种工质不混合，因而得到广泛应用。如用于水处理生水加热器、汽轮机凝汽器和蒸汽取样冷却器等。

1. 表面式加热器的结构及其部件的作用

表面式加热器按其布置形式可分为立式与卧式两大类。按结构来分则种类很多，以加热管束型式来分，有直管式、U形管式、螺旋管式、套管式等；以水室结构来分，有管板式和联箱式等。在火电厂水处理系统中，使用较多的是具有卧式管板水室和直管管束的表面式加热器。下面以此类表面式加热器为主进行介绍，如图8-2所示。

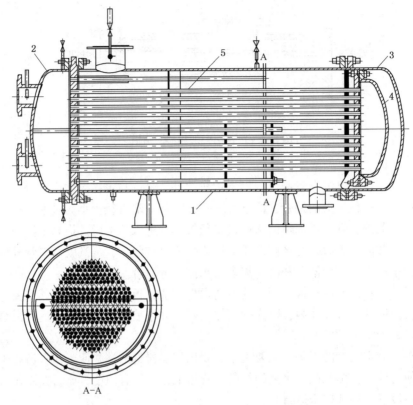

图 8-2　表面式加热器的结构
1—外壳；2—水侧封头；3—汽侧封头；4—热交换管封头；5—热交换管

（1）水室　加热器两端的封头与管板构成水室。封头是由水压机热压成形制成的，其作用是向加热管束导入、汇出水流，其上焊有进水、出水管座。如果水是一次通过加热器，则一端封头部分是进水水室，另一端封头部分是出水水室，如果水在加热器中折流时，则一端封头部分中间有隔板隔开，下部是进水水室，上部是出水水室，而另一端封头部分是折水水室，水在其中汇聚并折返进入加热管束。两端水室均带有法兰，由螺栓将水室法兰与加热器筒体法兰紧密连接。

（2）管板　由碳钢板钻孔制成，孔上装有加热管束。管板一侧是水室，另一侧是加热蒸汽室。管板与加热器筒体构成蒸汽加热汽室。

（3）筒体　由碳钢板卷制焊接而成。筒体上部有进汽管及安全门的管座，下部有疏水排出管管座。筒体两端有法兰，用来与封头连接。筒体内装有花板和加热管束，蒸汽将热量传递给管束中的水，蒸汽凝结成水由下部流出。为保证筒体安全，防止来汽超压而爆破，在其上部的安全门管座上装有安全阀，一旦蒸汽超压，安全阀便自动开启排汽。

（4）管束　由碳钢管、铜管或钛管等制成，可根据传热要求与被加热工质选定材料。对于水处理生水系统，碳钢管和铜管均可采用。铜管传热性能好，耗汽量小，但价格贵；钢管虽造价较低，但传热差，耗汽量大。若水源为海水，腐蚀性强，则用钛管或镍铜管较好，也有采用不锈钢管的。管束的作用主要是通过管壁将热量由汽侧传给水侧，构成加热器的传热功能。为保护管束不被蒸汽直接吹损,在蒸汽入口处设有护板。为固定管束与延长蒸汽流程,提高蒸汽放热效果,沿管束轴向设有许多半圆形的管隔板,交叉排放。管隔板用拉筋与两端的管板焊死,而与筒体及加热管都有一定的间隙,以免筒体、管子受热时与隔板产生热应力。管子两端与管板相连,视工作压力大小采用胀接或焊接的方式。

(5)其他附件 除安全阀外,加热器还附有疏水器、蒸汽流量调节阀、温度测量指示仪表、压力表及阀门等。其作用是监控设备,保证加热器安全运行。

2. 表面式加热器的操作与维护

检修后的加热器要求符合下列质量标准:

(1)本体、水室及管子内壁无水垢等附着物,清理干净。

(2)加热锅水压试验合格。

(3)蒸汽压力表、玻璃水位计、温度表安装齐全,表计指示准确。

(4)所有阀门应严密,安全阀灵活可靠。

(5)表面是加热器的投运,应先投入水侧运行,后投蒸汽运行。

(6)投入蒸汽前,应检查疏水系统畅通;然后缓慢开启蒸汽入口阀,逐渐提高温度。

8.3.2 化学水处理管道

化学水处理管道接触的腐蚀性介质较多,因此,管道防腐尤为重要。通常,自阳床出口,介质具有腐蚀性。阳床出口水质为稀强酸溶液,自阴床出口起,一、二级除盐水与大气接触,溶解 CO_2 后也显弱酸性。因此,在水处理系统中,自阳床出口起,至二级除盐水箱入口,管道需要采用防腐蚀措施。再生系统的管道,与腐蚀性的酸、碱或盐介质接触,也需要采取防腐措施。

通常管道采用的防腐措施有:碳钢衬胶、碳钢喷塑、不锈钢、工程塑料等。

使用橡胶衬里的管道,适用于压力不大于 0.6MPa 的场合,其工作温度硬橡胶为 0~85℃,半硬橡胶和软橡胶为-25~85℃。水处理装置中各类管道的防腐规定见表 8-1。

8.3.3 储罐

储罐是储存物料的槽罐,对储罐的基本要求是有足够的容积,以满足生产要求。化学水处理装置的储罐一般均为常压容器,例如除盐水箱、盐酸罐和碱罐等。除盐水箱的结构采用圆柱形筒体加圆锥体顶盖,罐顶设有排气管与大气相连,水箱(池)应设有水位计、进水管、出水管、溢流管、排污管、呼吸管及人孔等,并有便于检修、清扫的措施。必要时,还应装设高低水位警报装置。浓硫酸、浓碱液贮存设备及管道应有防止低温凝固的措施。

操作人员对储罐的容积和物料进出量的平衡应心中有数,以避免系统故障检修或开停车过程中满罐溢流事故的发生。正常生产中,应经常检查各储罐焊缝和各连接口的法兰面是否渗漏,基础是否有沉降现象;储罐保温应完整,储罐的测量仪表特别是液位计必须准确好用。

装置长期运行后,介质中夹带的少量杂质、铁锈以及填料碎末会在储罐里累积,影响产品质量。因此在装置大检修时,应对除盐水箱、酸碱罐等进行人工清理。

水处理各种储罐的防腐要求见表 8-1。

表 8-1　各种设备、管道的防腐方法和技术要求

序号	项　目	防腐方法	技术要求
1	活性炭过滤器	衬胶	衬胶厚度 3~4.5mm
2	钠离子交换器	涂耐蚀漆	涂漆 4~6 度
3	除盐系统各种离子交换器	衬胶	衬胶厚度 4.5mm(共两层)
4	中间(除盐、自用)水泵和化学废水泵	不锈钢	根据介质性质选择相应材质
5	除二氧化碳器	衬胶,耐蚀玻璃钢	衬胶厚度 3~4.5mm
6	真空除气器	衬胶	压力 1.07~2.67kPa(即真空度 752~740mmHg),衬胶厚度 3~4.5mm
7	中间水箱	衬胶,衬耐蚀玻璃钢	衬胶 3~4.5mm 玻璃钢 4~6 层
8	除盐水箱,凝结水补水箱	涂漆(漆酚树脂,环氧树脂,氰凝,氯磺化聚乙烯等),玻璃钢	涂漆 4~6 度,衬玻璃钢 2~3 层
9	盐酸贮存槽	钢衬胶	衬胶厚度 4.5mm(共两层)
10	浓硫酸贮存槽及计量箱	钢制	不应使用有机玻璃及塑料附件
11	凝结水精处理用氢氧化钠贮存槽及计量箱	钢衬胶	衬胶厚度 3mm
12	次氯酸钠贮存槽	钢衬胶,FRP/PVC 复合玻璃钢	耐 NaOCl 橡胶 衬胶厚度 4.5mm(共两层)
13	食盐湿贮存槽	衬耐酸瓷砖,耐蚀玻璃钢	玻璃钢 2~4 层
14	浓碱液贮存槽及计量箱	钢制(必要时可防腐)	—
15	盐酸计量箱	钢衬胶,FRP/PVC 复合玻璃钢,耐蚀玻璃钢	衬胶厚度 3~4.5mm
16	稀硫酸箱、计量箱	钢衬胶	衬胶厚度 3~4.5mm
17	食盐溶液箱、计量箱	涂耐蚀漆、FRP/PVC 复合玻璃钢	涂漆 4~6 度
18	加混凝剂的钢制澄清器、过滤器,清水箱	涂耐蚀漆	涂漆 4~6 度
19	混凝剂溶液箱,计量箱	钢衬胶,FRP/PVC 复合玻璃钢	衬胶 3~4.5mm
20	氨、联氨溶液箱	钢制(应为无铜件),不锈钢(亚临界参数及以上机组)	
21	酸、碱中和池	衬耐蚀玻璃钢,花岗石	玻璃钢 4~6 层
22	盐酸喷射器	钢衬胶,耐蚀玻璃钢	衬胶厚度 3~4.5mm
23	硫酸喷射器	耐蚀、耐热合金,聚四氟乙烯等	
24	碱液喷射器	钢制(应为无铜件)耐蚀玻璃钢	
25	系统(除盐,软化)主设备出水管	钢衬胶,钢衬塑管,ABS 管	衬胶厚度 3mm
26	浓盐酸溶液管	钢衬胶,钢衬塑管	衬胶厚度 3mm
27	稀盐酸溶液管	钢衬胶,钢衬塑管,ABS 管,FRP/PVC 复合管等	衬胶厚度 3mm
28	浓硫酸管	钢管,不锈钢管	

序号	项 目	防腐方法	技术要求
29	稀硫酸溶液管	钢衬胶，钢衬塑管，ABS 管，FRP/PVC 复合管等	衬胶厚度 3mm
30	凝结水精处理用氢氧化钠碱液管	钢衬胶，钢衬塑管，ABS 管，FRP/PVC 复合管，不锈钢管等	衬胶厚度 3mm
31	碱液管	钢制（必要时可防腐）	
32	混凝剂和助凝剂管	不锈钢管，钢衬塑管，ABS 管	应根据介质性质，选择相应的材质
33	食盐溶液管	钢衬塑管，ABS 管，FRP/PVC 复合管，钢衬胶等	衬胶厚度 3mm
34	氨、联氨溶液管	钢管不锈钢管（亚临界参数及以上机组）	
35	氯气管	紫铜	
36	液氯管	钢管	
37	氯水及次氯酸钠溶液管	钢衬塑管，FRP/PVC 复合管，ABS 管等	
38	水质稳定剂药液管	钢衬塑管，ABS 管，不锈钢管，FRP/PVC 复合管	
39	氢气管	不锈钢管，钢管	
40	气动阀门用压缩空气母管	不锈钢管	
41	其他压缩空气管	钢管	
42	盐酸、碱贮存槽和计量箱地面	衬耐蚀玻璃钢，衬耐酸瓷砖或其他耐蚀地坪	玻璃钢 4~6 层
43	硫酸贮存槽和计量箱地面	衬耐酸瓷砖，耐蚀地坪，花岗石	玻璃钢 4~6 层
44	酸、碱性水排水沟	衬耐蚀玻璃钢，花岗石	玻璃钢 4~6 层
45	酸、碱性水排水沟盖板	水泥盖板衬耐蚀玻璃钢，铸铁盖板、FRP 格栅	
46	受腐蚀环境影响的钢平台、扶梯和栏杆、设备和管道外表面（包括直埋钢管）等	涂刷耐酸（碱）涂料，如环氧沥青漆、氯磺化聚乙烯等	除锈干净，涂料按规定施工并不少于两度，色漆按工艺要求

①当使用和运输的环境温度低于0℃时，衬胶应选用半硬橡胶。

②ABS 管材不能使用再生塑料。

8.3.4 水、汽集中取样装置

1. 水、汽取样流程

从锅炉、汽机取出的水、汽样品，首先进入冷却器冷却，出样经减压后（冷却、减压后样品的压力小于0.1MPa，温度小于35℃）分两路，一路经过恒温装置（恒温至25℃±1℃）恒温后进入在线仪表检测；另一路进入手工取样。仪表检测信号、报警信号等由微机记录、显示。

2. 取样装置的投运操作

（1）投入冷却水系统

缓慢开启各样品回路的进样阀，调整减压阀使流量符合要求，手工取样为 500mL/min，各化学仪表中的流量取决于仪表。（注：样水温度应小于 45℃，若高于 45℃，应检查冷却水的压力、温度和流量是否符合技术指标。）

（2）投入仪表

在所有回路用样水冲洗两小时后，样水可以进入各分析仪表，pH 表和钠表的投入应在恒温装置投入后。

3. 取样装置的停运

（1）停运各化学仪表和记录仪，注意应确保分析仪表的电极浸在足够的样水中。

（2）关样品进口阀，注意高压阀不要频繁操作。

（3）关各冷却器的冷却水进、出口阀。

（4）停运恒温装置。

4. 操作注意事项

操作中应戴手套，防止高温、高压蒸汽烫伤。高压取样阀、排污阀关要关严。减压阀调节好位置后，不准随意调节。当取样系统发生异常时，应采取正确措施处理，保证人身和设备安全，及时通知检修人员。

8.4　动设备的操作与维护

8.4.1　离心泵

1. 启动前检查

（1）泵、电动机周围要求清洁，无杂物存在。

（2）联轴器连接螺丝和保护罩应牢固，地脚螺丝应牢固无缺，电动机接线应良好。

（3）轴承和轴承室应有充足的清洁润滑油，油位保持在 1/3~2/3。

（4）电流表和压力表应完好，压力表的截阀开启，启动前压力表的指示应为零。

（5）停用超过 7d 或检修后的电动机，在启动前应测量绝缘合格。

（6）手动盘车灵活，轻快无阻。

（7）打开冷却水，调整流量适当。

2. 离心泵的启动

（1）打开泵的入口阀及排气阀，当空气阀溢水后，关闭排空阀（对于自吸离心泵，同时打开出口阀）。

（2）按泵的启动按钮，泵启动，待压力升到额定数值时，缓慢地打开泵的出口阀，注意电流表的指示数，避免电流超额定电流。调整到适当的流量和压力。

（3）检查转机本体，应该无异音，电流表、压力表指示正常，轴串动，转机震动不超标。

3. 运行维护

（1）定时检查电流、电压表及出口压力表指示应正常。

（2）按规定时间间隔检查泵油位，油位保持在 1/3~2/3，油质清洁。并检查轴承温度，一般不超过 60℃。

（3）泵及周围应保持清洁，不应有水、油、药液漏至地面。

（4）流量增大时，应注意电流压力的变化，防止超负荷运行。

（5）盘根泄漏不超过规定值。

（6）切换备用泵时，先启动备用泵，待备用泵运行正常后，方可停止运行泵。

4. 离心泵的停运

（1）关闭泵的出口阀，按停止按钮。

（2）设备检修时，则要关闭泵的出入口阀，联系电气停电并挂禁止操作牌。

（3）长期停用，联系停电。

8.4.2 计量泵

1. 启动前的准备

（1）药箱内有足够的药液，开启药箱出口阀。

（2）泵体、电动机处于良好的状态。

（3）变速箱油位应在中心线，各加油点盖紧。

（4）手动盘车灵活，并带动活塞杆移动。

（5）打开泵的出口压力表阀。

（6）开启泵的出入口阀，打通泵的前后流程。

2. 计量泵运行与维护

（1）将泵的行程调到合适的位置，按启动按钮。启动后检查泵的振动无异常后，可根据工艺需要调整行程，并检查压力表，应指示正常。

（2）一般每 2h 巡检一次，电机、变速箱温度不超过 75℃；变速箱油位正常，油质良好；压力表指示正常。

（3）经常保持设备及周围地面清洁。

3. 计量泵的停运

（1）按停止按钮。

（2）长期停用，关闭泵的出入口阀，停电。

8.4.3 罗茨风机

1. 启动前的检查

（1）联轴器连接牢固，偏差、同心度不大于允许值。皮带无缺损，松紧度适当。

（2）润滑油箱油质、油位正常。

（3）盘车灵活，听机内无杂音。

（4）冷却水畅通并调整流量适中。

2. 风机的启动

（1）开启风机的出入口阀，确保流程畅通。按启动按钮。

（2）注意压力表指示不得超过风机允许升压值。

（3）检查电流不超过额定电流。震动正常。

3. 风机的运行维护

（1）检查电机、轴承、齿轮箱温度；润滑油油位、油质及齿轮箱上油情况。

（2）风机运行无异常声音。

（3）各连接螺栓无松动。

（4）检查出风压力不超过允许升压值。

（5）检查冷却水不断流。

4. 风机的停止

（1）按停止按钮。

（2）风机切换或检修关闭出口阀，长期停用联系停电。

8.4.4 小型往复式空压机

1. 空压机的开车

（1）确认空压机和干燥器送电。

（2）开通冷却水调整流量适中。

（3）检查润滑油的油位一般 $1/3 \sim 2/3$，油质应良好。

（4）空压机开车应保证零压力启动。开空压机出口阀，打开去贮气罐管路的阀门，保证其出路畅通。

（5）盘车灵活，检查三角带松紧合适。

（6）然后按启动按钮，启动空压机。

（7）开机后，对空压机仔细检查：油温、排气压力、排气温度符合要求；电机温升及各表读数正常；各部位无异常声音，无漏气、漏水、漏油现象。负荷调节器灵活好用。

2. 空压机的停车

（1）按停车按键，空压机停车。

（2）停运后马上关冷却水。

（3）冬季停车后要将气缸和冷却器中的冷却水彻底放净。

（4）长期停运，联系停电。

第9章 故障判断与处理

9.1 预处理设备的故障判断与处理

9.1.1 澄清设备的故障处理

机械搅拌加速澄清池的故障处理见表9-1，斜管(板)沉淀池的故障处理见表9-2。

表9-1 机械搅拌加速澄清池的故障处理

序号	现象	原因	处理方法
1	澄清池出水浑浊。清水区有小絮状颗粒上升。第二反应室絮状颗粒小，泥渣浓度越来越小	加药量不足；提升水量过大	增加加药量；降低提升水水量
2	池面有大量颗粒矾花上浮	加药量过大	适当降低加药量或加强排泥工作
3	清水区絮状颗粒大量上浮，甚至出现翻池现象	进水水温过高；进水流量过大；加药中断；排泥不及时，泥渣层过高	降低进水水温至正常值；调小进水水量；恢复加药；及时排泥，控制泥渣层高度
4	泥渣层高度(或浓度)增加过快、出水浑浊度上升	排泥量少	缩短排泥周期、延长排泥时间
5	清水区有大量气泡	加石灰水量大；池内泥渣沉积入口时间久而发酵；进澄清池水中带空气	减少加药量；停运进行清泥工作；设法放净空气

表9-2 斜管(板)沉淀池的故障处理

序号	现象	原因	处理方法
1	斜管澄清池出水浑浊	进水流量过大；各格进水流量不平衡；混凝剂加入过多或过少；排泥量减少	关小混合池进水阀；调节各格进水流量至平衡；调节加药量至合适；加强排泥工作
2	排泥阀排不出泥	排泥管路堵塞；排泥阀进水压力不足；排泥阀进水管路内漏；阀体本身故障	检查各进水阀；联系检修

9.1.2 过滤设备的故障处理

无阀滤池的故障原因及处理见表9-3，压力式过滤器的故障原因处理见表9-4。

表 9-3　无阀滤池的故障原因及处理

序号	现象	原因	处理方法
1	出水浊度超标	入水浊度升高；滤料结块产生偏流；滤池不能自动反洗	调整斜管澄清池运行，使其出水合格；关严空气阀并进行强制反洗；进行强制反洗
2	滤池冲洗时跑滤料	冲洗流量过大	调整冲洗强度
3	滤池长期不能自动反洗	系统不严密；滤池空气阀未关严	关严滤池空气阀并进行强制反洗

表 9-4　压力式过滤器的故障原因处理

序号	现象	原因	处理方法
1	过滤器周期性水量减少	滤料与悬浮物结块；反洗强度不够或反洗不彻底；反洗周期过长；配水装置或排水装置损坏引起偏流；滤层高度太低；原水水质突然浑浊(如洪水期，水中悬浮物急剧增加)	加强反洗及水质澄清；调整水压力和流量；应适当增加反洗次数缩短反洗周期；检查配水装置或排水装置；适当增加滤层高度；加强原水水质分析和澄清工作，掌握水质变化规律
2	过滤期流量不够	进水管道或排水系统水头阻力过大；滤层上部被污泥堵塞或有结块情况	改变或排除进水管道或排水系统故障；清除污泥或结块；彻底反洗过滤器；尽量降低水中悬浮物含量
3	反洗时间很长浑浊度才降低	反洗水在过滤器截面上分布不均匀或有死角；滤层太脏	检查、检修配水或排水装置，消灭死角；适当增加反洗次数和反洗强度
4	反洗时过滤砂流失	反洗强度过大；排水或配水装置损坏导致反洗水在过滤器截面上分布不均	立即降低反洗强度；检查、检修排水或配水装置
5	过滤出水浑浊度达不到要求	滤层表面被污泥严重污染；滤层高度不够；过滤速度太快	加强和改进水的混凝、澄清工作，增大反洗强度；增加滤层高度；调整过滤水的速度
6	运行时出水中有滤砂	排水装置损坏	卸出过滤砂，检修排水装置

9.2　反渗透系统的故障判断与处理

9.2.1　反渗透系统故障概述

产水量和脱盐率是反渗透系统的基本性能参数，如果这两项指标达不到系统原设计要求，产水量小或者脱盐率低，就需要找到问题发生的原因。由于进水 TDS 和温度的波动以及系统机械性能等原因，即使完全没有污染倾向的系统，基本性能指标也会在小范围波动。下面是我们判别系统运行出现故障的参考标准值。

1. 系统出现故障的参考标准

反渗透系统的主要性能参数变化达到以下指标范围时，要及时进行故障分析，并进行相应的处理。

（1）在正常给水压力下，产水量较正常值下降 10% ~ 15%；

（2）为维持正常的产水量，经温度校正后的给水压力增加 10% ~ 15%；

260

（3）产水水质降低 10%～15%（产水电导率增加 10%～15%）；

（4）给水压力增加 10%～15%；

（5）系统各段之间压力降明显增加。

2. 故障原因基本类型

系统发生产水量减少和水质下降问题的原因比较复杂，可以简单归纳出几种类型：

（1）进水 TDS 增加、水温波动、运行参数调整等原因造成的性能变化不属于故障范围。

（2）系统硬件故障：O 型圈密封泄漏、膜氧化、机械故障等；需要更换或修理故障元器件。如果是膜氧化，要找到氧化的原因，消除氧化剂来源，更换膜元件。

（3）膜污染：膜污染是处理系统故障的核心工作，需要确定污染物类型、污染程度和污染分布，在此基础上进行清洗恢复。

（4）系统设计失误：系统设计问题可能与前面的几项都有关。对于有设计失误的系统，在恢复系统元器件性能之后，一定要对系统进行改造，纠正原有错误设计或运行参数。

9.2.2 运行参数对系统性能的影响

在系统发生问题时，首先要做的是确认问题的性质，消除温度、进水 TDS、产水量和回收率的影响，获得标准化性能参数。依据上述标准判断系统是否处于故障状态，是不是发生了膜污染。

系统操作参数的变化对与系统的性能有影响。比如，TDS 每增加 100mg/L，由于渗透压增加了，进水压力要增加 0.007MPa，产水电导也会相应上升。进水温度增加 6.6℃，进水压力降低 15%。提高回收率会提高浓水浓度和产水电导（回收率为 50%、75% 和 90% 时，浓水的浓度分别为进水的 2 倍、4 倍和 10 倍）。在回收率相同时，降低产水量会提高产水电导，原因是用来稀释透过盐分的水量少了。

要通过数据的标准化来确定系统是否有问题。运行初期应记录标准化的产水量、脱盐率和进水-浓水压力降。通过标准化消除了温度、进水 TDS、回收率和进水压力的影响。将系统目前的标准化性能参数与运行第一日的标准化数据进行对比，就可以确定系统性能的变化情况。

以下将列举的是运行参数对膜的性能有正常影响，这些影响可能会导致产水流量和水质的下降。

（1）产水量下降

下列运行参数的变化将降低系统中膜的实际产水量：

a. 进水泵压力不变时进水温度下降；

b. 用节流阀降低 RO 进水压力；

c. 进水泵压力不变时增加产水背压；

d. 进水 TDS（或电导率）增加，这会增加产水通过膜时所必须克服的渗透压；

e. 系统回收率增加，这会增加系统的平均进水/浓水的 TDS，从而增加渗透压；

f. 膜表面发生污染；

g. 进水流道网格的污染导致进水-浓水压力降（ΔP）增加，从而降低了元件末端的 NDP（净驱动压力）。

（2）产水品质下降

下列运行参数变化会导致实际产水水质劣化，即产水的 TDS 和电导率增加：

a. 进水温度上升时通过调节运行参数保持系统产水量不变；

b. 系统产水量下降，这会降低膜通量，导致原来稀释透过膜的盐分所需的纯水量减少；

c. 进水 TDS(或电导率)增加，脱盐率不变，但产水盐度随之增加；

d. 系统回收率增加，这会增加系统的进水/浓水 TDS 浓度；

e. 膜面污染；

f. O 型圈密封损坏；

g. 望远镜现象，进水–浓水压力降过大，膜元件外皮脱落；

h. 膜面损坏(比如受到氯的影响)致使膜的透盐率增加。

9.2.3　发生故障的常见原因

系统故障可以划分为两个类型：产水量小，脱盐率低。

1. 产水量下降时

膜污染会造成产水量下降，检查以下提问来寻找发生问题的原因。

(1) 是否正常关闭系统？在一些情况下，在装置关闭之前要用反渗透产水冲洗系统浓水，否则无机污染物会在膜面上沉积。

(2) 停机保护是否得当？在系统停机期间没有采取适当的保护措施，会导致严重的微生物生长(特别是在温暖的环境中)。

(3) 加酸或阻垢剂是否达到了要求的 pH 值或饱和指数？

(4) 进水和浓水之间的压力降是否超过了 15%？压力降增加标志着进水流道受到了污染，膜面水流被限制。检查各段的压力降情况，确定发生问题的位置。

(5) 保安过滤器是否污染？

2. 脱盐率低

(1) 低脱盐率时，产水电导率高。可能的原因有膜污染、膜降解和 O 型圈损坏。确认产水电导增加是否超过了 15%。

(2) 各段膜组件的产水电导率是否一样？逐段测试产水电导，尽可能对每个膜组件测试产水电导率。产水电导率明显高的组件可能有 O 型圈或膜元件损坏。要对该组件进行探测和检查。

(3) 膜元件是否与氯或其他强氧化剂有接触？任何氧化物质的接触都会损坏膜元件。

(4) 仪器是否经过校准？确认所有的仪器都经过校准。

(5) 膜元件的外观是否有变色或损坏？观察膜元件污染物及损坏物理情况。

(6) 进水的实际电导率和温度与原设计指标是否有差别？如果实际进水的 TDS 或温度高于原设计指标，产水水质达不到设计值是正常的。要对进水、浓水和产水进行取样分析，与设计数据的结果标进行对比。

(7) 是否发生过产水压力超过进水压力的情况(产水背压)？如果产水要提升到较高位置，管道上又没有安装逆止阀，停机时产水压力会超过进水，膜叶会膨胀破裂。

(8) O 型圈是否有问题？O 型圈会因老化而失去弹性或破裂，导致泄漏。周期性更换 O 型圈，或者定期探测膜组件。

3. 膜污染

如果以上问题都解决了，而系统依然没有恢复，还要考虑以下事项：

(1) 一旦排除了所有机械故障，就需要确定污染物并实施清洗。

(2) 分析清洗出来的污染物及清洗液的颜色和 pH 的变化。重新投运系统可以确认清洗效果。

（3）如果不知道是什么污染物又缺乏现场经验，可以委托专用清洗剂供应商对膜元件进行分析并提出清洗方案。

（4）如果所有尝试都没有结果，就需要对膜元件进行解剖。打开膜元件进行膜面分析和污染物分析，以确定发生问题的原因和解决方案。

一些污染物影响系统的前端，一些污染物在后端更为严重。故障诊断一览表（表9-5）对于判断污染物的性质非常有用。

表 9-5 反渗透膜元件故障诊断一览表

污染种类	可能污染位置	压降	进水压力	脱盐率下降
金属氧化物污染（Fe, Mn, Cu, Ni, Zn）	一段，最前端膜元件	迅速增加	迅速增加	迅速增加
胶体污染（有机和无机混合物）	一段，最前端膜元件	逐渐增加	逐渐增加	轻度增加
矿物垢（Ca, Mg, Ba, Sr）	末段，最末端膜元件	适度增加	轻度增加	一般增加
聚合硅沉积物	末段，最末端膜元件	一般增加	增加	一般增加
生物污染	任何位置，通常前端膜元件	明显增加	明显增加	一般增加
有机物污染（难溶 NOM）	所有段	逐渐增加	增加	降低
阻垢剂污染	二段最严重	一般增加	增加	一般增加
氧化损坏（Cl_2，Ozone，$KMnO_4$）	一段最严重	一般增加	降低	增加
水解损坏（超出 pH 范围）	所有段	一般降低	降低	增加
磨蚀损坏（碳粉等）	一段最严重	一般降低	降低	增加
O 型圈渗漏（内连接管或适配器）	无规则（通常在给水适配器处）	一般降低	一般降低	增加
胶圈渗漏（由于产水背压造成）	一段最严重	一般降低	一般降低	增加
胶圈渗漏（在清洗或冲洗时由关闭产水阀而造成）	最末端元件	增加（污染初期和压差升高）	增加（污染初期和压差升高）	增加

9.2.4　系统故障处理一般步骤

1. 数据分析、现场调查

数据分析和现场调查工作是进行诊断、排除系统故障的基础，要对系统运行实际数据进行全面分析，跟踪系统性能指标变化的细微过程，掌握现场运行过程中所有相关事件的具体情况。

（1）开始变化的时间点及相关事件，查阅系统运行日志或记录。

（2）进水水质或水源的变化：TDS、温度、SDI、余氯、个别离子浓度、pH。

（3）系统运行参数的调整及结果。

（4）系统性能变化时相关的特殊事件，比如开关机、关机保护措施、更换保安过滤器滤芯、产水用水量变化及操作人员变化等。

（5）系统加药的变化：阻垢剂、分散剂、还原剂、加酸、预处理系统加药，包括药剂供应商的变化。

（6）变化的方式，比如缓慢的平稳变化，较快的但均匀的变化，加速的变化和突变。

2. 数据标准化

确认系统性能参数下降的实际值，排除水质及运行参数变化对系统性能的影响。

3. 运用 RO 设计软件进行模拟计算

核查系统设计的合理性，检查系统预置参数可能存在的问题。膜元件选型、膜元件排列方式、泵配置、系统运行参数、结垢倾向、浓差极化、预测产水水质等。

4. 压力容器探测

发现问题膜元件，绘制系统脱盐率分布图，了解系统脱盐率下降的规律性，为污染性质判断提供依据。

5. O 型圈检查

发现损坏，更换损坏 O 型圈。

6. 膜元件污染观察分析

首末端膜元件端头目测观察，膜元件称重，污染物化学分析和仪器分析，确定污染物的物理化学特性。

7. 污染原因分析

查明系统污染的原因，尽量从源头控制膜污染。

8. 清洗方案

根据污染物及污染状况分析，制定化学清洗方案。

9. 清洗试验

对于污染严重的膜系统，需要在实施系统清洗之前进行试验清洗，清洗试验结果作为系统清洗方案的直接依据。

10. 系统清洗注意事项

（1）注意控制清洗流量，化学清洗初期应低流量，然后逐步增加流量。化学清洗后期特别是水漂洗时应保证足够大的流量，应达到每只 8 英寸膜 6~9 m^3/h。

（2）提高清洗温度（如 35℃）可加快化学反应速度，保证清洗效率。

（3）在一般情况下，首先使用低 pH 清洗液，并优先选用柠檬酸。

（4）在局部污染明显时可以采用分段清洗。

（5）为了提高清洗效果，可以适当延长浸泡时间，必要时可浸泡过夜。

9.2.5 其他常见故障

1. 膜元件安装

（1）蹿动　膜元件与压力容器的安装尺寸可能会有一定误差，如果膜元件之间或膜元件与适配器之间留有间隙，会造成膜元件蹿动，导致 O 型圈及连接部位损伤。

（2）润滑剂使用不当　使用凡士林或油质润滑剂会导致严重的负面影响。

（3）任何时候不允许使用石油类（如化学溶剂、凡士林、润滑油及润滑脂等）的润滑剂用于 O 型圈、连接管、接头密封圈及浓水密封圈的润滑。

（4）允许使用的润滑剂为水溶性润滑剂，如丙三醇（甘油）等。

2. 系统调试初期冲洗时间不够

有的膜元件出厂时使用亚硫酸氢钠保护液，如果冲洗时间不够，残留保护液成分会致使产水电导率高于设计指标。正常情况下应冲洗 30min 以上。

3. 预处理故障

漏砂、漏碳、铁锰超标、絮凝剂残余、SDI 高。

4. 产水染菌

由于 RO 产水中没有任何抑菌性成分，如果产水与染菌空气接触，便会在产水管道、膜元件中心管内及产水流道中形成感染。在产水中会发现不明丝状悬浮物。产水染菌现象一般发生在不规则间歇运行的小型系统中。

处理方法：产水系统消毒。用反渗透产水配置1%食品级亚硫酸氢钠溶液，灌满产水系统管道，包括膜元件产水流道。浸泡过夜后排放，运行冲洗2h以上，直到产水电导率达标。

简要故障判断与处理方法见表9-6。

表9-6 膜系统故障现象与解决方案

故 障 症 状			直 接 原 因	间 接 原 因	解 决 方 法
产水流量	盐透过率	压差			
↑	↑	→	氧化破坏	余氯、臭氧、$KMnO_4$ 等	更换膜元件
↑	↑	→	膜片渗漏	产水背压，膜片磨损	更换膜元件，更换保安过滤器滤芯
↑	↑	→	O型圈泄漏	安装不正确	更换O型圈
↑	↑	→	产水管泄漏	装元件时损坏	更换膜元件
↓	↑	↑	结垢	结垢控制不当	清洗，控制结垢
↓	↑	↑	胶体污染	预处理不当	清洗，改进预处理
↓	→	↑	生物污染	原水含有微生物，预处理不当	清洗、消毒，改进预处理
↓	→	→	有机物污染	油、阳离子聚电解质	清洗，改进预处理
↓	↓	→	压密化	水锤作用	更换膜元件或增加膜元件

9.3 离子交换系统的故障判断与处理

除盐设备运行中发生的故障是多方面的，原因也比较复杂，有设备缺陷方面的，树脂不良方面的，还有操作失误方面的。因此要求运行人员在熟悉除盐原理、设备结构、系统连接和操作要点的基础上，对故障进行认真分析，找出原因，及时消除。下表列出一些典型故障及其原因和消除故障的方法。

9.3.1 离子交换设备的故障判断与处理

离子交换设备的故障判断与处理见表9-7。

表9-7 离子交换设备的故障判断与处理

序号	故障现象	故 障 原 因	处 理 方 法
1	离子交换器运行中或再生中跑树脂	石英砂垫层级配不当或乱层，下部排水装置损坏	立即停止运行，通知检修处理
2	离子交换器周期制水量降低	1. 生水水质变坏(含盐量高) 2. 进水装置，再生装置，出水装置损坏，进水出水偏流，再生液分布不均匀 3. 树脂层表面不平 4. 再生剂质量差 5. 树脂污染 6. 再生液流速太高 7. 运行流速太高 8. 水温低	1. 了解水源变化，使用较好的源水 2. 联系检修修复 3. 注意反洗操作，提高反洗质量 4. 提高再生剂用量，调整再生液浓度 5. 更换优质再生剂，对树脂进行复苏处理 6. 降低再生液流速 7. 降低运行流速 8. 提高水温

序号	故障现象	故障原因	处理方法
3	除碳器除 CO_2 效率低	1. 除碳器鼓风机倒转 2. 除碳器鼓风机吸扩侧堵，进风量不足 3. 除碳器排风口不畅或堵塞 4. 进水量超过除碳器的出力 5. 风机有缺陷，风压量不足 6. 除碳器多孔板堵塞，孔板疏通流面积不够 7. 填料填的不平或填料装的不足 8. 进水装置损坏，配水不均 9. 除碳器水封有缺陷	1. 通知电气人员，倒换风机线 2~3. 检查疏通 4. 调小阳离子交换器的出力 5~9. 通知检修人员处理
4	喷射器不出酸碱	1. 计量箱出口门未开或出药管堵塞 2. 计量箱中无药或计量箱空气门未开 3. 喷射泵嘴被杂物堵塞 4. 喷射泵入口门水压不足 5. 喷射泵喷嘴磨损严重 6. 药液入口管活节或法兰不严	1. 打开计量箱出口阀，疏通出药管 2. 配制药液或开空气门 3. 通知检修拆开喷射泵，清出喷咀杂物 4. 提高入口水压 5. 通知检修更换喷射泵或喷咀 6. 消除不严密之处
5	再生时水往计量箱倒流	1. 再生的离子交换器内部压力过大 2. 进再生液的管道堵塞 3. 离子交换器进再生液时进口阀未开或开度太小 4. 运行中的离子交换器的再生液进口阀不严引起运行床水回流	1. 开大再生中的离子交换器的出酸或出碱阀和排废液阀 2. 检查冲洗进再生液的管道 3. 打开离子交换器的再生液进口阀 4. 检查并关严运行中离子交换器的再生液进口门，如有缺陷通知检修
6	中排管弯曲损坏	向上弯曲，一般为逆流再生固定床大反洗时交换器未充满水，或者树脂结块，向上做柱塞移动所致；向下弯曲，为压脂层树脂未能及时小反洗，树脂结块所致	1. 交换器的反洗和操作严格遵守规程 2. 检修，更换中排 3. 中排管的安装，适当增加固定点

9.3.2 离子交换系统出水水质劣化原因与处理

离子交换系统出水水质劣化原因与处理见表9-8。

表9-8 离子交换系统出水水质劣化原因与处理

序号	劣化现象	劣化原因	处理方法
1	滤池出水混浊	1. 凝聚剂量不当 2. 出力过大 3. 滤池该反洗 4. 反洗不彻底或反洗分层不好 5. 滤料太簿或出现凹坑	1. 调整凝聚剂量 2. 调整出力 3. 立刻进行反洗 4. 彻底空气擦洗或反洗分层 5. 通知检修检查增添滤料平整凹坑
2	清水泵出水浑浊	1. 空擦滤池出水浑浊 2. 清水箱底部污泥太多水位低；进水将污泥冲起	1. 检查处理空擦滤池 2. 首先关闭一台清水箱出口阀，清水泵排出水清后先倒这一台清水箱运行，若不清开另一台清水箱出口阀，关闭这台出口阀，清水泵出水清后使其运行，出水浑的清水箱清污后溃洗干净再投入运行

序号	劣化现象	劣 化 原 因	处 理 方 法
3	强酸阳离子交换器再生后Na⁺降不下来	1. 反洗不彻底，树脂疏松不够 2. 进酸量不足 3. 酸液分配装置损坏，进酸分布不匀 4. 树脂乱层 5. 酸质量不好 6. 进水水质恶化	1. 彻底反洗，重新再生 2. 适当增加进酸量 3. 检查修复酸液分配装置 4. 重新再生 5. 更换优质酸 6. 查明原因，更换水源
4	强酸阳离子交换器出水有硬度	1. 再生进酸量不足或酸液浓度不当 2. 进酸时树脂层内有空气 3. 反洗入口阀未关严 4. 酸液分配装置损坏、酸液分配不均匀 5. 过度失效而未及时发现	1. 重新再生 2. 进行大反洗，重新再生 3. 关闭反洗入口阀，重新正洗 4. 联系检修中排 5. 查明原因，更换水源，再生
5	强酸阳离子交换器出口酸度突然升高	1. 阳离子交换器再生时误开运行中强酸离子交换器进酸门或进酸阀未关严，其他阳离子交换器进酸时渗入 2. 生水水质发生变化，含盐量增大 3. 混凝剂量过大	1. 关严出水恶化的强酸阳离子交换器进酸阀，停止制水，进行正洗合格后投入 2. 停止出水恶化的阳离子，查明生水变化原因 3. 调整凝聚剂加入量
6	阴离子交换器出水硬度不合格	1. 阳离子交换器未正洗好就投入运行 2. 阳离子交换器过度失效漏硬度未及时发现	1. 立即停止阳离子交换器制水并进行正洗，正洗合格后再正洗阴离子交换器，正洗合格后投入 2. 立即停运失效的阳离子交换器同时停止出水有硬度的阴离子交换器，正洗合格后投入
7	阴离子交换器出水 pH 值、电导率、碱度高	1. 阴离子交换器内混装了阳树脂 2. 阳离子交换器失效过度未及时停运 3. 阴离子交换器再生质量或碱液质量差 4. 未正洗好投运	1. 进行树脂分离，清出阳树脂或更新阴树脂 2. 立即停运已失效过度的阳离子交换器 3. 重新再生，更换优质碱 4. 重新正洗合格后投入
8	阴离子交换器出水 SiO₂ 超标	1. 周期末期监督不严 2. 阳离子交换器再生时出口阀门未关严，废酸水进入中间水箱，阴离子交换器投入时废酸水进阴离子交换器，很快穿透造成跑硅	1. 运行周期末期要加强监督增加分析分数 2. 再生时工作要细心操作，阀门要关严，及早发现设备缺陷，提高再生工艺，保证再生效果
9	混合离子交换器出水质量不合格	1. 混合离子交换器失效时未及时停运 2. 再生质量差分层不好混脂不均匀，进酸、进碱浓度和速度未控制好 3. 混合离子交换器反进水漏或关不严	1. 立即停运再生 2. 把握好再生的各个环节重新再生 3. 检查并关严反进水阀门，若反进水阀门内漏通知检修更换
10	除盐水箱水质劣化	1. 混合离子交换器失效未及时停运，不合格水进入除盐水箱 2. 混合离子交换器再生时出口阀门不严再生液进入除盐水箱 3. 原水或异物进入除盐水箱 4. 除盐水箱内部脏	1. 停运再生，要加强监督增加分析次数 2. 要关严再生中的混合离子交换器出口阀门，如阀门有缺陷通知检修及时更换 3. 切断污染源 4. 运行合格的除盐水箱，停止污染的除盐水箱并进行清洗后，重新上合格的除盐水，若两个除盐水箱均遭污染，若机炉暂不要水，报告相关人员停止供水，加强排换水到合格供水

9.3.3　离子交换树脂的污染与处理

在离子交换水处理系统的运行过程中，各种离子交换树脂常常会渐渐改变其性能。原因有二：一是树脂的本质改变了，即其化学结构受到破坏；二是受到外来杂质的污染。由前一种情况所造成树脂性能的改变，是无法恢复的；由后一种情况所造成树脂性能的改变，则可以采取适当的措施，清除这些污物，从而使树脂性能复原或有所改进。

9.3.3.1　离子交换树脂的变质

1. 阳树脂

阳树脂在应用中变质的主要原因是由于水中有氧化剂，如游离氯、硝酸根等。当温度高时，树脂受氧化剂的侵蚀更为严重，若水中有重金属离子，因其能起催化作用，致使树脂加速变质。

阳树脂氧化后发生的现象为：颜色变浅，树脂体积变大，因此易碎和体积交换容量降低，但质量交换容量变化不大。由于设备中树脂上下层与进水接触先后顺序不同，受侵害的程度也不同，当水下流时，上层树脂首先与含氧化剂的水接触，所以遭受侵害的程度最大。

实践证明，强酸性 H 型树脂受侵害的程度最为强烈，如当进水中含有 0.5mg/L Cl_2 时，只要运行 4~6 个月，树脂就有显著的变质。而且由于树脂颗粒变小，使水通过树脂层的压力损失明显增大。磺酸基阳树脂的碳链氧化断裂产物(有些是含磺酸基的苯乙烯聚合物)，由树脂上脱落下来以后，变为可溶性物质。这些可溶性物质中还含有弱酸基，因此当这随水流入阴离子交换器时，首先被阴树脂吸着，吸着不完全时，就留在阴离子交换器的出水中，使水质降低。除去水中游离氯，常用两种方法，一种是用活性炭过滤，另一种是投加亚硫酸氢钠。

大孔强酸性阳离子交换树脂，在抗氧化性和机械强度方面都比较好，而交换容量、再生效率、漏钠量均与凝胶型树脂相差不多。

2. 阴树脂

总的来说，阴树脂的化学稳定性比阳树脂要差，所以它对氧化剂和高温的抵抗力也较差，但阴离子交换器在除盐系统中一般都是布置在阳离子交换器之后，进入除盐装置的水中的强氧化剂都消耗在氧化阳树脂上了，无形中对阴树脂起了保护作用，一般只是溶于水中的氧对阴树脂起破坏作用。

强碱性阴树脂在氧化变质的过程中，表现出来的是交换基团的总量和强碱性交换基团的数量逐渐减少，且后者的速度大于前者。这是因为阴树脂被氧化的初期，季铵基团在大多数情况下变成能进行阴离子交换的弱碱性基团。氧化变质的速度，开始时最大，随后逐渐减低，约两年后氧化速度几乎为恒定。这是因为，各种季铵基团的稳定性不同，在新树脂中含有加快树脂降解速度的杂质，这些杂质在作用过程中渐渐被除掉。树脂颗粒表面或接近表面处最易受侵害。

Ⅱ型强碱性阴树脂比Ⅰ型易受氧化，运行时提高水温会使树脂的氧化速度加快。防止阴树脂氧化可采用真空除气，这对应用Ⅱ型强碱性阴树脂时更有必要。

9.3.3.2　离子交换树脂的污染与复苏

1. 阳离子交换树脂的污染与复苏

阳树脂会受到进水中的悬浮物、铁、铝、硫酸钙、油脂类等物质的污染。在除盐系统中用的阳树脂受铁、铝污染的可能性很小，因为以酸作再生剂能很好地溶解和清除掉铁、铝的沉积物。但在软化水系统中的阳树脂，会在相当时间内被这类物质所污染，因为用食盐作再生剂有能从树脂表面有效地清除铁、铝沉积物，而只能除掉小部分已经交换到阳树脂上的铁和铝离子。采用硫酸作再生剂时，可能会有硫酸钙沉积在树脂表面。

运行中应尽量采取措施防止上述物质对阳树脂的污染。万一受到污染，可针对污染物种类用下述方法处理树脂。

(1) 空气擦洗法 从显微镜下能看出树脂表面有沉积物时，可采用空气擦洗除去。由于交换器树脂层底部通常都没有设置压缩空气分配系统，压缩空气擦洗可用内径为 20~45mm 的塑料硬管做成空气枪，以软管连接到压缩空气气源上进行。具体作法是：先将交换器的水位降到树脂层表面上 300~400mm 处，将空气枪插到树脂层底部，控制一定的空气压力和气量，使树脂强烈搅动；10~15min 后停气用水反洗，以除去擦下来的污染杂质。这样反复进行擦洗和反洗，直到反洗排水清晰为止。

(2) 酸洗法 对那些不能用空气擦洗法除去的物质，如 Fe^{3+}、Al^{3+}、$CaCO_3$、$Mg(OH)_2$，可用盐酸进行清洗。酸洗前应通过实验室试验，确定酸液浓度（常用 2%、5%、10%、20% 的浓度）和酸洗时间。对除盐系统中所用的阳树脂，可用原有的再生系统，配制所需浓度的酸液进行酸洗；对于软化系统中所用的树脂，必须将树脂转移到能耐盐酸的设备中进行酸洗。为防止酸液被稀释影响酸洗效果，酸洗前应先将交换器或设备中的水位降到树脂层表面上 200~300mm 处，然后进酸浸泡或低流速循环，也可以二者交替进行。

采用酸液浸泡方式酸洗时，可以通过压缩空气搅拌。受硫酸钙沉淀污染的阳树脂可用 EDTA 稀溶液清洗。

(3) 碱洗法 润滑油、脂类及蛋白质等有机质，经常存在于地面水中，当进入阳离子交换树脂层时，在树脂表面形成一层油膜，严重影响树脂的工艺性能，出现树脂层结块，树脂密度减小等不正常现象。此类受污染树脂的特征主要是树脂颜色变黑，极易与阳树脂受铁污染后变黑相混淆，可将少量受污染树脂放入小试管中加入少量水摇动，受此类污染的树脂会在水面看到"彩虹"现象。受此类污染的阳树脂，可用加热到 50~60℃ 的 5% 的 NaOH 进行碱洗。碱洗可分 3~4 次进行，每次持续时间为 4~6h，中间用水冲洗。复苏处理的终点可按排出废碱液的化学氧量降至 100~150mgO_2/L 控制。

2. 阴离子交换树脂的污染与复苏

强碱性阴树脂在使用中，常常会受到有机物、胶体硅、铁的化合物等杂质的污染，使交换容量降低。

(1) 有机物污染 离子交换除盐装置中的强碱性阴树脂，污染来源可能性最大的是原水中的有机物。有机物虽以植物和动物腐烂后分解生成的腐殖酸和富维酸为主，但种类很多，至今已发现有六千多种。腐殖酸和富维酸都属于高分子聚羧酸，前者相对分子质量大、含羧酸基团较少，在酸中不溶解；后者则相反。相对分子质量越大，越难解吸。

强碱性阴树脂被污染的特征是交换容量下降，再生后正洗所需时间延长，树脂颜色常变深，除盐系统的出水水质变坏，pH 值降低。凝胶型强碱性阴树脂之所以易受腐殖酸或富维酸污染，是由于其高分子骨架属于苯乙烯系，是憎水性的，而腐殖酸或富维酸也是憎水性的，因此二者之间的分子吸引力很强，难以在用强碱液再生时树脂时解吸出来，而且腐殖酸或富维酸的分子很大，移动缓慢，一旦进入树脂中后，易被卡在里面。随着时间的延长，被卡在树脂中的有机物越来越多，为预防强碱性阴树脂的有机物污染，应合理地采用加氯、混凝、澄清、过滤、活性炭吸附等各种水处理方法，尽量降低强碱性 OH 型交换器入口水中有机物的含量。

阴树脂被有机物污染程度，可用下述简易方法判断：将 50mL 被污染的树脂装入锥形瓶中，用纯水摇动洗涤 3～4 次，以去除树脂表面污物，然后加入 10% 食盐水，剧烈摇动 5～10min 后观察食盐水的颜色，按溶液色泽判别污染程度。

一般在树脂受到中度污染时即需进行复苏处理，经用多种钠盐和碱配成复苏液对污染树脂进行的试验发现，复苏液使树脂收缩程度大者复苏效果好。对于不同水质污染的阴树脂，复苏液的配比应有所变化，需做具体的筛选试验。常用两倍以上树脂体积的含 10% NaCl 和 1%NaOH 溶液，浸泡 16～48h 复苏污染树脂。

将复苏液加热到 40～50℃（Ⅱ型强碱性只能加热到 40℃），采用动态循环法复苏效果更好。有人曾用含次氯酸钠的氢氧化钠溶液处理严重污染的树脂，由于次氯酸钠可以氧化腐殖酸的大分子，使这变成扩散速度较快的小分子，所以处理效果很好。但这种处理会加速树脂的氧化，所以不宜经常使用（次氯酸含量在 0.5% 以上时树脂便受到侵害）。也有人用 3% 以下浓度的双氧水复苏受污染的阴树脂，并取得很好的效果，在室温下未发现双氧水对强碱性阴树脂有明显损坏作用。

丙烯酸系强碱性阴树脂，其高分子骨架是亲水性的，这样它和有机物之间的分子吸引力就比较弱，进入树脂中的有机物在用碱再生时，能较顺利地被解吸出来。它能更有效地克服有机物被树脂吸着的不可逆倾向，提高了有机物在树脂中的扩散性，因此具有良好的抗有机物污染能力。

（2）胶体硅污染　强碱性阴树脂一般不能交换天然水中的胶体硅酸，但当天然水通过强碱性阴离子交换器后，胶体硅酸仍有相当数量地减少，估计这与树脂的机械过滤及吸附作用有关。在正常情况下，胶体硅酸通常不会污染强碱性阴树脂，但当再生条件不适当时，如再生剂量少，再生液温度及再生液流速过低时，就存在强碱性阴树脂被胶体硅酸污染的可能性。例如，某厂使用后的 201×7 阴树脂中硅酸的含量达 68mg/（g 干树脂），而新树脂中硅酸根含量仅为 0.304mg/（g 干树脂），这说明使用后的树脂已被胶体硅酸污染。

（3）铁污染　运行中的树脂也经常被重金属离子及其氧化物污染，其中最常遇到的是铁的化合物。阴树脂被污染的可能性更大，这主要是因再生阴树脂的碱不纯，特别是由于液体碱中含有铁的化合物比较多而引起的。铁与大分子有机物生成络合物进入阴树脂网络，也会导致阴树脂受到污染。

阴树脂受铁污染颜色变黑，性能变坏，再生效率降低，再生剂用量与清洗水耗增加。受铁污染后的阴树脂一般也采用与阳树脂相同的酸洗办法进行处理。

值得说明的是，由于工业盐酸含铁量较高（可能以 $FeCl_4^-$ 形态存在），当酸洗被铁污染的阴树脂时，不仅不能清洗出树脂中的铁，相反还会交换到该树脂上去。因此，酸洗被铁污染的阴树脂宜用化学纯的盐酸。

如果阴树脂既被有机物污染，又被铁离子及其氧化物污染，则应首先除去铁离子及其氧化物，而后再除去有机物。利用超声波清洗被污染的阴、阳离子交换脂是近年来应用的一项新技术。它是利用高频率的超声振动所起的空化作用，使树脂的各种污染受到松动、破坏，进而转入到水中被反洗水冲走。

9.4　冷凝水处理设备的故障判断与处理

冷凝水处理设备的故障判断与处理见表 9-9。

表 9-9　冷凝水处理设备的故障判断与处理

	异常现象	原因分析	处理方法
1	混床运行周期短	1. 再生不彻底 2. 运行流速高 3. 树脂老化 4. 树脂污染 5. 树脂损失量大 6. 布水装置故障 7. 凝结水质量劣化 8. 汽水加氨量过大	1. 重新再生 2. 调节旁路门开度 3. 更换新树脂 4. 处理树脂 5. 查原因补充树脂 6. 联系检修处理 7. 查找冷凝水劣化原因 8. 调整加氨量
2	混床进出口压差高	1. 运行流速高 2. 树脂污染 3. 碎树脂过多 4. 树脂层压实 5. 进水杂质多	1. 减小运行流速 2. 复苏或更换树脂 3. 反洗除去 4. 反洗松动 5. 停运反洗树脂
3	树脂非正常损失	1. 底部出水装置泄露 2. 反洗,擦洗强度过大 3. 倒脂过程损失	1. 联系检修处理 2. 严格控制流量 3. 查找原因
4	混床出水水质不合格	1. 混床失效 2. 再生效果差 3. 树脂混合不好 4. 产生偏流 5. 进水水质劣化	1. 停运再生 2. 重新再生 3. 可重新混合投运 4. 消除偏流 5. 查明原因汇报相关人员
5	冷凝水温度高	1. 凝结器冷却效果差 2. 机组负荷高或真空差 3. 疏水直接排入凝结器	1. 联系汽机检查处理 2. 汇报调整 3. 联系相关人员处理
6	投运不久,混床出水导电度异常高,但 Na 含量不高	偏流使 NH_4^+ 局部穿透	将混床停运后进行重新混合,循环冲洗合格后投运。同时检查产生偏流的原因并进行消除,以免再次发生偏流
7	树脂混合气源压力低	1. 混合进气门开度小 2. 贮气罐压力低 3. 气源管堵塞或泄露	1. 联系检修处理 2. 汇报相关人员处理 3. 联系检修处理
8	树脂分层不完全	1. 反洗流量控制不当 2. 反洗分层时间短	1. 调整适当流量 2. 延长分层时间
9	再生碱液温度低	1. 稀释水流量太大 2. 热水箱未投运 3. 热水箱出水温度低	1. 调节至适当流量 2. 投运热水箱 3. 查找原因
10	进酸浓度低	1. 酸计量泵不上酸或上酸量小 2. 酸稀释水流量大 3. 酸浓度表指示异常	1. 切换备用泵或联系检修 2. 调整至适当流量 3. 取样分析,校正仪表

271

	异常现象	原因分析	处理方法
11	树脂捕捉器差压高	树脂捕捉器滤网堵塞	投备用混床，解列有关混床。开启树脂捕捉器释放阀除去滤网上的细树脂。若排水中有较多正常粒径的树脂，则应检查混床出水水帽，紧固已松动的水帽，更换破损水帽
12	混床或贮存塔内树脂冲洗不合格	1. 阴、阳树脂反洗分层不彻底 2. 再生不彻底 3. 混床内树脂混合不均匀 4. 再生剂质量差 5. 树脂污染	1. 改善反洗工况，重新分层再生 2. 消除缺陷，严格按照工艺要求重新进行再生 3. 重新混合 4. 更换高纯度再生剂 5. 复苏仍不合格时更换新树脂
13	混床再生不合格	1. 反洗分层不彻底 2. 再生剂量不足或质量差 3. 再生液浓度不当 4. 碱再生液温度不当 5. 树脂被污染	1. 改善反洗工况，重新分层及再生 2. 进足再生剂或更换再生剂 3. 消除再生系统故障，调整计量泵行程及稀释水流量 4. 检查消除加热系统缺陷，调整稀释水量 5. 复苏或更换新树脂

9.5 热力系统水汽品质劣化的处理

9.5.1 热力系统水汽品质劣化时的三级处理值

当水汽质量劣化时，应迅速检查取样是否有代表性；化验结果是否正确；并综合分析系统中水、汽质量的变化，确认判断无误后，应立即向本厂领导汇报情况，提出建议。领导应责成有关部门采取措施，使水、汽质量在允许的时间内恢复到标准值。下列三级处理值的含义为：

一级处理值——有因杂质造成腐蚀、结垢、积盐的可能性，应在72h内恢复到标准值。

二级处理值——肯定有因杂质造成腐蚀、结垢、积盐的可能性，应在24h内恢复至标准值。

三级处理值——正在进行快速结垢、积盐、腐蚀，如水质不好转，应在4h内停炉。

在异常处理的每一级中，如果在规定的时间内尚不能恢复正常，则应采用更高一级的处理方法。对于汽包锅炉，恢复标准值的办法之一是降压运行。

1. 凝结水（凝结水泵出口）水质异常时的处理值（见表9-10）

表9-10 凝结水（凝结水泵出口）水质异常时的处理值

项 目		标准值	处 理 值		
			一级	二级	三级
电导率（经氢离子交换后，25℃）/（μS/cm）	有混床	≤0.20	0.20~0.35	0.35~0.60	>0.60
	无混床	≤0.30	0.30~0.40	0.40~0.65	>0.65
硬度/（μmol/L）	有混床	≈0	>2.0	—	—
	无混床	≤2.0	>2.0	>5.0	10~20

①用海水冷却的电厂，当凝结水的含钠量大于400μg/L时，应紧急停机。

2．锅炉给水水质异常时的处理值(见表9-11)

表9-11　锅炉给水水质异常时的处理值

项 目		标 准 值	处 理 值		
			一级	二级	三级
pH(25℃)	无铜系统	9.0~9.5	<9.0或>9.5	—	—
	有铜系统	8.8~9.3	<8.8或>9.3	—	—
电导率(氢导，25℃)/(μS/cm)		≤0.30	0.30~0.40	0.40~0.65	>0.65
溶解氧/(μg/L)		≤7	>7	>20	

3．锅炉水水质异常时的处理值

当出现水质异常情况时，还应测定炉水中氯离子含量、含钠量、电导率和碱度，以便查明原因，采取对策(见表9-12)。

表9-12　锅炉水水质异常时的处理值

项 目		标 准 值	处 理 值		
			一级	二级	三级
pH	磷酸盐处理	9.0~10.0	9.0~8.5	8.5~8.0	<8.0
	挥发性处理	9.0~9.5	9.0~8.0	8.0~7.5	<7.5

9.5.2　热力系统水汽品质劣化的原因与处理

热力系统水汽品质劣化的原因与处理见表9-13。

表9-13　热力系统水汽品质劣化的原因与处理

序号	劣化现象	原　因	处理方法
1	蒸汽SiO$_2$含量超标	1. 炉水SiO$_2$超标 2. 汽水分离装置有缺陷或效率低或汽包水位高 3. 锅炉运行工况剧变，减温水水质不良 4. 炉水pH低，碱度低 5. 新机组系统有硅酸盐杂质	1. 加强排污 2. 停炉后检修 3. 改善运行工况，改善减温水水质 4. 调整炉水pH及碱度 5. 加强洗硅
2	蒸汽钠含量超标	1. 炉内含盐量高 2. 运行工况剧变 3. 加药浓度大或速度太快 4. 减温水水质不良	1. 加强排污 2. 改善运行工况 3. 加强排污，调整加药量 4. 改善减温水水质
3	炉水导电度超标	1. 组成给水的凝结水．除盐水．疏水．导电度大 2. 锅炉排污不正常 3 炉膛火焰偏斜 4. 加药量太大	1. 查明导电度大的水源减少用量，必要时排掉 2. 增加锅炉排污量 3. 调整锅炉运行工况 4. 调整加药量
4	炉水pH低或酚酞碱度低于标准	1. 磷酸盐加药量不足 2. 酸性水进入锅炉 3. 磷酸三钠不纯，含有酸式磷酸盐 4. 排污量过大	1. 增大加药量 2. 查明原因，杜绝酸性水来源，向炉内加NaOH调炉水 3. 检查药品质量，必要时更换药品 4. 减小排污

序号	劣化现象	原 因	处 理 方 法
5	炉水 SiO_2 超出标准	1. 给水 SiO_2 超标 2. 锅炉排污量不足 3. 磷酸三钠不纯，含有硅酸盐杂质 4. 新锅炉启动时管道系统中存积土，沙子等杂质	1. 查明原因，改善给水水质 2. 增加排污量 3. 检查药品质量，必要时更换药品 4. 搞好系统启动前的冲洗工作，并加强排污
6	炉水 PO_4^{3-} 超标	1. 磷酸盐溶液浓度太大 2. 加药泵出口联络门没关严使磷酸盐溶液加入另一台炉内 3. 锅炉运行工况急剧变化，炉水浓缩倍率较高 4. 隐藏磷酸盐发生溶解	1. 稀释磷酸盐，减少加药量 2. 检查泵出口联络门开关是否正确 3. 调整运行工况，并加强排污 4. 加强监督，增加排污量
7	炉水 pH 高 PO_4^{3-} 低于 0.5mg/L	1. 凝结水有硬度 2. 疏水有硬度	1. 检查凝汽器是否泄漏，并加强加药处理 2. 检查疏水水质
8	炉水 PO_4^{3-} 低于标准	1. 计量箱溶液浓度太低 2. 计量箱无药或加药泵不上药 3. 泵的出口联络门不严或开错 4. 排污量太大 5. 凝汽器泄漏严重，凝结水处理不好，造成给水硬度大 6. 锅炉运行工况发生急剧变化，发生磷酸盐暂时消失现象	1. 增加药量，向计量箱加入固体磷酸盐 2. 查明原因，消除缺陷 3. 检查联络门 4. 减少排污量 5. 凝汽器进行查漏堵漏，增大加药量，加强凝结水处理 6. 调整锅炉运行工况
9	给水浑浊	1. 组成给水的水浑浊 2. 给水中含油类 3. 给水管道系统腐蚀严重	1. 查明原因，消除浑浊水 2. 查明油类来源，进行消除 3. 加强给水 pH 值调整，搞好防腐
10	给水硬度大	1. 凝汽器泄漏，凝结水处理床子过渡失效，机组启动初期 2. 疏水硬度大 3. 除盐有硬度	1. 凝汽器进行堵漏，抓紧凝结水处理失效混床再生工作，加强凝结水处理 2. 将疏水排掉 3. 查明原因，立即消除
11	给水 pH 不合格	1. 酸性水混入给水中，使 pH 下降 2. 加氨处理不当	1. 查明原因，消除酸性水水源 2. 调整加氨量
12	给水含氨量不合格	1. 加氨量浓度大(或小) 2. 加氨泵行程过大(或小)	1. 稀释(或增加)氨溶液 2. 调整氨泵行程
13	给水含铁铜超标	1. 机组启动初期，水汽系统含铁铜较高 2. 疏水含铁铜较高 3. 给水系统腐蚀	1. 进行换水，增加锅炉排污量 2. 查明含铁铜高的疏水，将其排掉 3. 加强氨处理做好防腐工作

序号	劣化现象	原　　因	处 理 方 法
14	给水溶解氧不合格	1. 除氧器运行不正常 2. 除氧器内部装置有缺陷 3. 前置泵给水泵不严 4. 除氧器排气门开度不够 5. 取样管不严，漏入空气 6. 给水加联氨不足	1. 通知汽机调整除氧器运行 2. 检修除氧器 3. 查明原因，进行密封 4. 联系汽机调整除氧器排气门 5. 检查取样器，消除漏气 6. 增加联氨加药量
15	疏水硬度超标	1. 疏水长期存放或生水漏入疏水系统 2. 含铁，铜量高的疏水进入疏水箱 3. 疏水箱严重腐蚀	1. 查明原因，加以消除或排掉 2. 将含铁，铜量高的疏水排掉 3. 检修进行防腐工作

9.6　转动设备的故障判断与处理

转动设备的故障判断与处理见表 9-14。

表 9-14　转动设备的故障判断与处理

序号	故障现象	故 障 原 因	处 理 方 法
1	泵振动或有显著杂音	1. 水源不足进入空气 2. 地角螺丝松动 3. 联轴器结合不良，水泵与电机转子不同心 4. 轴弯曲 5. 轴承缺油或油质不良 6. 电机振动或电机轴承故障 7. 转动部件松动、破裂或磨损 8. 轴承松动或窜轴 9. 叶轮气蚀严	1. 提高水箱水位，除泵内空气 2~5. 通知检修处理或进行加油、换油 6. 通知电机班检查处理 7~9. 通知检修检查处理
2	泵轴承温度突然升高	1. 轴承箱缺油或油质劣化 2. 轴承损坏	1. 加油或更换新油 2. 通知检修更换轴承
3	电机温度突然升高	1. 电动机过负荷 2. 电机匝间短路，加油太多、振动大 3. 电动机两相运行	1. 降低电动机所带转机出力 2. 联系电气处理，退出过量油。重新找正 3. 通知电气处理
4	电动机（水泵、风机等的电动机）运行中跳闸	1. 过负荷保险熔断 2. 热偶动作 3. 电源中断 4. 机械或控制回路故障	1. 关闭泵或风机出口阀门，切换备用泵运行，联系电气处理 2. 关闭泵或风机出口阀门，使电动机在空负荷下检查泵、风机等正常，按复位按钮重新启动一次，启动不起来，联系电气处理 3~4. 联系电气处理
5	罗茨风机风量不足	1. 罗茨风机入口有堵塞现象，滤清器该清理 2. 系统有泄漏 3. 叶轮与机体因磨损而引起间隙 4. 配合间隙有变动	1. 清除入口杂物，清理滤清器 2. 排除系统泄漏 3~4. 通知检修检查处理

序号	故障现象	故障原因	处理方法
6	计量泵打不出药	1. 药箱出口和泵入口门未开 2. 吸入高度太高 3. 吸入管道堵塞 4. 吸入管道漏气	1. 打开药箱出口阀和泵入口阀 2. 降低安装高度 3. 冲洗和疏通吸入管道 4. 通知检修人员消除漏气
7	柱塞泵排液量不足	1. 吸入管道局部堵塞 2. 吸入或排出阀门有杂物卡阻 3. 充油腔内有空气 4. 充油腔内油量不足或过多 5. 补油阀或安全阀漏油 6. 泵阀磨损关闭不严 7. 转速不足	1. 彻底冲洗疏通吸入管道 2. 清洗吸入阀，排出阀 3~6. 通知检修人员处理 7. 通知电气检修人员检查电机和电压
8	柱塞泵运行中冲击声过大	1. 吸入溶液中有空气 2. 转动零件松动或严重磨损 3. 吸入管道漏气 4. 隔膜腔内油量过多 5. 吸入高度过高 6. 吸入管径太小	1. 排除吸入溶液中空气 2~6. 通知检修人员处理

第 10 章　常规水质分析

10.1　水、汽取样方法

10.1.1　取样装置

(1) 取样器的安装和取样点的布置，应根据机炉的类型、参数、监督的要求，进行设计、制造、安装和布置，以保证样品有充分代表性。

(2) 除氧水、给水、蒸汽的取样器，均应采用不锈钢管制造。

(3) 除氧水、给水、炉水和疏水的取样装置，必须安装冷却器。取样冷却器应有足够的冷却面积，并接在能连续供给足够冷却水量的水源上，以保证水样流量在 500~700mL/min 时，水样温度仍低于 30~40℃。在现有条件的情况下可采用纯水做冷却水，以保证取样冷却器具有良好的换热效率。

(4) 取样冷却器应定期检修和清除水垢。机炉大修时，应安排检修取样器和所属阀门。

(5) 取样管道在取样前要冲洗 5~10min。冲洗后水样流量调至 500~700mL/min，待稳定后方可取样，以确保样品有充分代表性。

(6) 测定溶解氧的除氧水和汽机凝结水，其取样门和盘根和管路应严密不漏空气。

10.1.2　水样的采集方式

(1) 采集接有取样冷却器的水样时，应调节取样阀门开关，使水样流量在 500~700mL/min，并保持流速稳定，同时调节冷却水量，使水样温度为 30~40℃。

(2) 给水、炉水的样品原则上应保持常流。采集其他水样时，应先把管道中的积水放尽并冲洗后方能取样。

(3) 盛水样的容器(采样瓶)必须是硬质玻璃瓶或塑料制品(测定硅或微量成分分析的样品时，必须使用塑料容器)。采样前，应先将采样瓶彻底清洗干净，采样时再用水样冲洗三次(测定中另有规定者除外)，才能收集样品。采样后应迅速盖上瓶塞。

(4) 在生水管路上取样时，应在生水泵出口处或生水流动部位取样，采集井水样品时，应在水面下 50cm 处取样；采集自来水样时，应先冲洗管道 5~10min 后再取样；采集江、河、湖和泉中的地表水样时，应将采样瓶浸入水面下 50cm 处取样，并且在不同的地点分别采集，以保证水样有充分的代表性。江、河、湖和泉的水样，受气候、雨量等的变化影响很大，采样时应注明这些条件。

(5) 所采集水样的数量应满足试验和复核的需要。供全分析用的水样不得少于 5L，若水样浑浊时应分装两瓶，每瓶 2.5L 左右。供单项分析用的水样不得少于 0.3L。

(6) 采集供全分析用的水样应粘贴标签，注明：水样名称、采集人姓名、采集地点、时间、温度以及其他情况(如气候条件等)。

(7) 测定水中某些不稳定成分(如溶解氧、游离二氧化碳等)时，应在现场取样测定，采样方法应按各测定方法中规定进行。采集测定铜、铁、铝等的水样时，采集方法应按照各测定方法中的要求进行。

10.1.3 水样的存放与运送

水样在放置过程中，由于种种原因，水样中某些成分的含量可能发生很大的变化。原则上说，水样采集后应及时化验，存放与运送时间尽量缩短。有些项目必须在现场取样测定，有些项目则可以取样后在实验室内测定。如需要送到外地分析的水样，应注意妥善保管与运送。

（1）水样存放时间　水样采集后其成分受水样的性质、温度、保存条件的影响有很大的改变。此外，不同的测定项目，对水样可以存放时间的要求也有很大差异。所以可以存放的时间很难绝对规定，根据一般经验，表 10-1 所列时间可作为参考。

表 10-1　水样可以存放的时间

水 样 种 类	可存放的时间/h
未受污染的水	72
受污染的水	12~24

（2）水样存放与运送时，应检查水样瓶是否封闭严密。水样瓶应放在不受日光直接照射的阴凉处。

（3）水样的运送途中，冬季应防冻，夏季应防曝晒。

（4）化验经过存放或运送的水样，应在报告中注明存放的时间和温度条件。

10.2　水质分析方法

10.2.1　浊度的测定

1. 原理

本测定是使用 JZ-Ⅲ 型激光测浊仪，是属于以 He-Ne 激光为光源柱积分接收方式的散射光测浊仪。

He-Ne 激光器在激光电源作用下，射出的波长为 632.8nm 的激光 I_0 被分光镜分为测量光束 I_1 和参比光束 I_2，测量光束 I_1 通过比浊管与被测水样中微粒物质作用产生散射光 I_3，在被测液无光吸收情况下，I_3 由下式表示：

$$I_3 = I_1(1-e^{-KL}) = I_0 \alpha_1 (1-e^{-KL})$$

其中 K 为被测液浊度，L 为比浊管的有效光程，α_1 为 I_1 比 I_0 的商。可见散射光与浊度是非线性关系，并受激光强度 I_0 波动的影响。为了使读数线性地由浊度 K 决定，仪器中将 I_3 按正比关系由光电和这组转变成光电流，参比光按正比关系由参比光电池转变为光电流，二光电流经模拟电路转变成电压信号，再经 A/D 变换送至微处理器，微处理器对二输入信号作除法运算，削弱激光强度波动对测量结果的影响至允许误差范围内。对除法运算所得商进行线性校正和平均处理，使显示器读数与被测浊度相符。即测出水样浊度。此浊度标准是以福马肼标准悬浊液作标准。

浊度测量范围为 0~100FTU。

2. 仪器

（1）JZ-Ⅲ 型激光测浊仪

（2）滤膜过滤器：装配孔径为 0.15μm 的滤膜。

3. 试剂

（1）无浊水：二级化学除盐水经 0.15μm 微孔滤膜过滤（弃去 200mL 初滤水）。

（2）福马肼储备浊度标准（400FTU）

① 硫酸联胺溶液：称取 1.000g 硫酸联胺，加少量无浊水，温热使之溶解，冷却至室温后，移入 100mL 容量瓶中，用无浊水稀释至刻度。

② 六亚甲基四胺溶液：称取 10.00g 六亚甲基四胺，加少量无浊水溶解，移入 100mL 容量瓶中用无浊水稀释至刻度。

③ 福马肼储备浊度标准液：用移液管吸取 5mL 硫酸联胺溶液和 5mL 六亚甲基四胺溶液注入 100mL 容量瓶中，充分摇匀，在 25℃±3℃ 下保温 24h 后，用无浊水稀释至刻度。此溶液的浊度为 400FTU，在 30℃ 以下放置，可使用一周。

④ 福马肼浊度标准液（100FTU）：取 400FTU 储备液 25mL 注入 100mL 容量瓶中，用无浊水稀释至刻度。

⑤ 福马肼浊度标准液（10FTU）：取 100FTU 标准液 10mL 注入 100mL 容量瓶中，用无浊水稀释至刻度。

⑥ 福马肼浊度标准（2FTU）：取 100FTU 标准溶液 2mL 注入 100mL 容量瓶中，用无浊水稀释至刻度。

4. 步骤

（1）准备工作

① 制备无浊水 300mL，配制 2FTU、10FTU、100FTU 浊度标准液各 100mL。

② 按总电源键，电源接通，调电流调整电位器，使激光电流表指示为 4mA，10min 再将电流调至 4mA。

③ 在按总电源键后，立即压紧泵管压角，将泵管入口置入无浊水中，按泵电源键，调节压角压紧程度至无浊水顺利泵入管中为好。

（2）仪器标定

① 首先将程序/监控切换键置于监控位置，然后按复位键，显示器显示提示符"="，再按程序键，继续显示"="。

② 调零

按泵电源键，将无浊水泵入比浊管，仔细观察 1min，将管中可能残存气泡排出比浊管。按调零键（按键前显示为"="）待显示"="后再按调零键，待再次显示"="时调零完成。

为检查调零结果，可按测量 2 键，若显示平均值 P 不超过 0±0.02 范围，符合调零要求，否则不符合要求，可按复位键，显示"="后再按调零键，重新调零，直至符合上述要求为止。

③ 校满度

1）2FTU 挡满度校准

将泵管入口置于 2FTU 标准液中，此标准液代替无浊水通过比浊管，观察一分钟，比浊管内不存留气泡，按复位键，显示"="，按校 2 键，显示"="即可。为检查校满结果，可按测量 2 键，显示平均值 P 不超过 2±0.04 范围，符合要求，否则按复位键，显示"="后按校 2 键重新校准，直至满足上述要求为止。

仪器的标定步骤"2"、"3"需反复操作 2~3 次，以得到满意结果，操作时应首先复位。

2）10FTU挡和100FTU挡满度校准同2FTU挡

（3）测量

① 粗测：将被测水样、泵入比浊管，观察一分钟左右，比浊管内的气泡排尽，将程序/监控切换键置于程序位置，显示的平均值 P 即为被测水样浊度值。

② 细测：将程序/监控切换键置于监控位置，当粗测值或已知被测值在大于2FTU小于10FTU范围内，可按测量10键，显示值 P 即被测水样浊度平均值；若粗测值或已知被测浊度在不大于2FTU范围，可按测量2键，显示值 P 即为被测样浊度平均值，同样当粗测值或已知被测浊度在大于10FTU小于100FTU范围内，按测量100键，显示值 P 即为被测挡浊度平均值。

5. 注意事项

（1）浊度计标定后，程序/监控切换键一般应置于程序位置，这时仪器处在自动换挡测量状态，各功能键均失去作用。此键若置于监控位置，各功能键均具有原功能，这时不能随意按功能键，否则会影响标定结果。

（2）当测量高浊度水的浊度时，停止测量时，要用(1+5)HCl溶液清洗5min，再用低浊水清洗1min，保持比浊管及管路清洁。

10.2.2　pH值的测定

1. 原理

当氢离子选择性电极–pH电极与甘汞参比电极同时浸入水溶液后，即组成测量电池。其中pH电极的电位随溶液中氢离子的活度而变化。用一台高输入阻抗的毫伏计测量，即可获得同水溶液中氢离子活度相对应的电极电位，以pH值表示。即

$$pH = -lg\alpha_{H^+}$$

pH电极的电位与被测溶液中氢离子活度的关系符合能斯特公式，即

$$E = E_0 + 2.3026\frac{RT}{nF}lg\alpha_{H^+}$$

式中　E——pH电极所产生的电位，V；

E_0——当氢离子活度为1时，pH电极所产生的电位，V；

R——气体常数；

F——法拉第常数；

T——绝对温度，K；

n——参加反应的得失电子数；

α_{H^+}——水溶液中氢离子的活度，mol/L。

根据上式可得(在20℃时)：

$$pH = pH^1 + \Delta E/0.058$$

因此，在20℃时，每当$\Delta pH = 1$时，测量电池的电位变化为58mV。

根据上述原理，测定水样的pH值。利用pH计及pH电极、甘汞电极来测定。

2. 仪器

（1）实验室用pH计，附电极支架以及测用烧杯。

（2）pH电极，饱和或3mol/L氯化钾甘汞电极。

3. 试剂

（1）pH=4.00标准缓冲溶液：准确称取预先在115℃±5℃干燥过的优级纯邻苯二甲酸

氢钾（KHC$_8$H$_4$O$_4$）10.21g（0.05mol）溶解于少量除盐水中，并稀释至1L。

（2）pH=6.86标准缓冲液（中性磷酸盐标准缓冲溶液）：准确称取经115℃±5℃干燥过的优级纯磷酸二氢钾（KH$_2$PO$_4$）3.390g（0.025mol）以及优级纯无水磷酸氢二钠（Na$_2$HPO$_4$）3.55g（0.025mol），溶于少量除盐水中，并稀释至1L。

（3）pH=9.20标准缓冲溶液：准确称取优级Na$_2$B$_4$O$_7$·10H$_2$O3.81g（0.01mol），溶于少量除盐水中，并稀释至1L。此溶液贮存时，应用充填有烧碱石棉的二氧化碳吸收管以防止二氧化碳的影响。四周后应重新制备。

上述标准缓冲溶液在不同温度下，其pH值的变化列在表10-2中。

4. 步骤

（1）调好机械零点

（2）接通电源

（3）安装电极

① 玻璃电极要在除盐水中活化48h。

② 甘汞电极拔去橡皮帽，其内充液的液面要高于被测液液面。

③ 玻璃电极头部要比甘汞电极头部稍高些。

④ 电极要无断线，无气泡，无破损，无干涸现象等。

（4）预热：一般10min即可，长期不用要预热0.5h。

（5）按下选择测量项目开关pH。

表 10-2　标准缓和冲溶液在不同温度下的 pH 值

温度/℃	邻苯二甲酸氢钾	中性磷酸盐	硼　砂
5	4.01	6.95	9.39
10	4.00	6.92	9.33
15	4.00	6.90	9.27
20	4.00	6.88	9.22
25	4.01	6.86	9.18
30	4.01	6.85	9.14
35	4.02	6.84	9.10
40	4.03	6.84	9.07
45	4.04	6.83	9.04
50	4.06	6.83	9.01
55	4.08	6.84	8.99
60	4.10	6.84	8.96

（6）校正

① 定温度：用温度计测出定位液的温度，并把温度补偿旋钮拨到该温度位置。

② 调零：量程开关拨到非"校"位置，调节调零旋钮使指针指"1"。

③ 校正：量程开关拨到"校"位置，调节校正旋钮使指针指右满度"2"位置。

④ 重复②、③两项直到这两项都满足为止。

（7）pH 定位

定位用的标准缓冲溶液应选用一种其pH值与被测溶液相似的，在定位前：

①用定位液清洗电极。②将电极浸入定位液中，将量程开关拨至适当位置。

③按下读数按键。④调节定位旋钮。使指示值等于定位液相应温度的 pH 值（可查

表10-2），松开测量按键。

（8）复定位

用另一种缓冲溶液清洗电极，并测量其 pH 值。测得的结果应与该标准缓冲液在相应温度下的 pH 值相同（误差不得大于±0.05pH）。否则要查找原因。

（9）水样的测定

①被测水样与定位液同温度。②依次用除盐水和被测液清洗电极。③用 pH 试纸确定分挡开关位置。④电极插入被测液，按下读数键读数。松开读数键。测定完毕后应将电极用除盐水反复冲洗干净，最后将 pH 电极浸泡在除盐水中备用。

5. 注意事项

（1）新电极或长时间干燥保存的电极在使用前，应将电极在蒸馏水中浸泡过夜使其不对称电位趋于稳定。如有急用，可用 0.1mol/L 盐酸浸泡 1h，再用蒸馏水冲洗干净后使用。

（2）为了减少测定误差，定位用 pH 标准缓冲液的 pH 值，应与被测水样的 pH 值相接近。

（3）温度对 pH 值测定的准确性影响较大，对于 pH 大于 8.3 的水样，会引起众多影响 pH 值的因素改变。仪器上的温度补偿仅能消除一个因素的影响。为了消除温度的影响，水样可采取水浴升温或降温的措施使 pH 的测定在 25℃时进行。

10.2.3 电导率的测定

1. 原理

酸、碱、盐等电解质溶于水中，离解成带正、负电荷的离子，溶液具有导电的能力。其导电能力的大小，可用电导率来表示。

电解质溶液的电导率，通常是用两个金属片（即电极）插入溶液中测量两极间电阻率大小来确定，电导率是电阻率的倒数。根据欧姆定律，溶液的电导（G）与电极面积（A）成正比，与极间距离（L）成反比。

$$即\ G = DD\frac{A}{L} \quad 或\ DD = G\frac{L}{A} \tag{1}$$

上式中 DD 称为电导率，它是指电极面积 $1cm^2$，极间距离 $1cm$ 时溶液的电导，其单位为西/厘米，用符号 S/cm 表示。除盐水电导率用微西/厘米，$\mu S/cm$ 表示。对同一电极 L/A 不变，可用 K 表示（K 称为电导池常数），因此，被测溶液的电导率和电导的关系为：

$$DD = G \times K \quad 或\ G = DD/K \tag{2}$$

对于同一溶液，用不同电极测出的电导值不同，但电导率是不变的。溶液的电导率和电解质的性质，浓度及溶液的温度有关，一般应将测得的电导率换算成 25℃时的电导率值来表示见式（4）。在一定条件下，可用电导率来比较水中溶解物质的含量。

除盐水水样的电导率测定即是用 DDS-11 电导率仪和电导电极测其电导率。

2. 仪器

（1）测定电导率用的专用仪器

（2）电导电极及其他附属装置

3. 试剂

（1）1mol/L 氯化钾标准溶液：准确称取 74.55g 预先在 150℃烘箱中烘 2h，并在干燥器内冷却至恒重的优级纯氯化钾，用新制的高纯水溶解后稀释至 1.00L。此溶液在 25℃时的电导率为 111800$\mu S/cm$。

（2）0.1mol/L 氯化钾标准溶液：将 1mol/L 氯化钾标准溶液用新制的高纯水稀释至 10 倍即可。此溶液的电导率在 25℃时是 12880μS/cm。

（3）0.01mol/L 氯化钾标准溶液：将 0.1mol/L 氯化钾标准溶液，用新制的高纯水稀释至 10 倍即可。此溶液的电导率在 25℃时是 1413μS/cm。

4. 步骤

（1）电导率仪的校正：按仪器说明书的要求进行。

（2）电导池常数的标定：用未知电导池常数的电极来测定已知电导率的氯化钾标准溶液的电导，然后按所测结果算出该电极的电导池常数。为了减小标定的误差，应选用电导率与待测水样相似的氯化钾标准溶液来进行标定。

若标定电极用的氯化钾标准溶液的电导率为 DD_{KCl}（μS/cm），标定该电极时测得的电导为 G_{KCl}（μS），配制氯化钾标准溶液所用高纯水本身的电导率为 DD_{H_2O}（μS/cm）时，则该电极的电导池常数 $K(cm^{-1})$ 应为：

$$K = (DD_{KCl} + DD_{H_2O}) / G_{KCl} \tag{3}$$

各种氯化钾标准溶液在不同温度下的电导率，列表于 10-3 中。

（3）电导电极的选用：实验室测量电导率的电极，通常都使用铂电极。铂电极分为两种：光亮电极与铂黑电极。光亮电极适用于测量电导率较低的水样，而铂黑电极适用于测量中、高电导率的水样。

电导池常数分为下列三种：即 0.1 以下，0.1~1.0 及 1.0~10。电导池常数的选用，应满足所用测试仪表对被测水样的要求，例如某电导仪最小的电导率仅能测到 $10^{-6}S/cm$，而用该仪器来测定电导率小于 0.2μS/cm 的高纯水时，就应当选用电导池常数为 0.1 以下的电极；如所用仪表的测试下限可达 $10^{-7}S/cm$ 时，则用该仪表来测定高纯水时，可用电导池常数为 0.1~1.0 的电极。为了减少测定时通过电导池的电流，从而减小极化现象的发生，通常电导池常数较小的电极适于测定低电导率的水样，而电导池常数大的电极则适于测定高电导率的水样。

（4）频率的选用：为了减少测定时电极极化和极间电容的影响，若测定电导率大于 100μS/cm 的水样时，应选用频率为 1000Hz 以上的高频率；测定电导率小于 100μS/cm 的水样时，则可用 50Hz 的低频率。

（5）电极导线容抗的补偿：在选用高频率以及测定电导率小于 1μS/cm 的纯水或高纯水时，应当考虑到电级导线容抗的补偿问题。某些电导仪有 0~14pF 的容抗补偿电容器，则所用电极导线的长短和两根导线的平行问题，以及仪表和电极的接地问题等等，都应在这个容抗补偿的范围以内，否则对所测的结果会带来误差。补偿的方法是将干燥的电导电极连同导线接在仪表上，将电导仪的选择开关放在最小一挡测量。如此时电导仪的读数不是"零"，则应用补偿电容器将读数调整为零。补偿完毕后即可进行测量。

（6）电导率的测量

① 调好表头机械零点，把校正测量开关置于"校"的位置，打开电源开关，预热数分钟，待指针稳定即可开始测量。

② 将电极常数旋钮旋到与所使用电极的常数一致的位置，调校正调节电位器，使指示为满刻度。

③ 把量程选择开关放到第 11 挡，将电极与仪器接好，电极插入溶液，校正测量开关置"测量"位置，然后将量程选择开关逐挡下降，直到指针偏转角为 40°~120°为止。

以上②、③步为粗测，如果已知被测溶液的电导率范围可以省略粗测步骤，直接进行下面步骤：

④ 根据粗测的电导率档次，选择好频率和电极。

⑤ 置电导池常数调节旋钮位置与被选用电极的常数一致。

⑥ 将校正测量开关置于"校正"位置，调校正调节电位器，使指示为满刻度，电导率值在 10~12 挡范围内时，应将电极与仪器接好，并将电极浸入待测液后再进行校正。

⑦ 将校正测量开关置于"测量"位置，指示值乘以量程开关倍率即为被测溶液的电导率。在水温为 10~30℃的条件下，测出水样的电导率，并记录水样的温度，将测得结果换算成 25℃时的电导率。

$$DD_{25℃} = GK/[1+\beta(t-25)] \tag{4}$$

式中　$DD_{25℃}$——换算成 25℃时水样的电导率，$\mu S/cm$；

　　　G——在测定水温为 $t(℃)$ 时的电导，μS；

　　　K——电导电极常数，cm^{-1}；

　　　β——温度校正系数。对 pH 为 5~9，电导率为 30~300$\mu S/cm$ 的天然水，β 的近似值为 0.02。

表 10-3　氯化钾标准溶液的电导率($\mu S/cm$)

| 温度/℃ | 电导率 | | | | 温度/℃ | 电导率 | | | |
| | KCl 浓度[①] | | | | | KCl 浓度 | | | |
	1	0.1	0.01	0.001		1	0.1	0.01	0.001
10.0	83190	9330	1020.0	105.57	22.0	105940	12150	1332.0	138.30
10.5	84130	9450	1032.2	106.89	22.5	106920	12270	1345.5	139.70
11.0	85060	9570	1044.4	108.20	23.0	107890	12390	1359.0	141.10
11.5	86000	9675	1056.7	109.55	23.5	108870	12515	1372.5	142.55
12.0	86930	9780	1069.0	110.90	24.0	109840	12640	1386.0	144.00
12.5	87870	9890	1081.5	112.20	24.5	110820	12760	1399.5	145.40
13.0	88800	10000	1094.0	113.50	25.0	111800	12880	1413.0	146.80
13.5	89730	10125	1107.0	114.78	25.5	112790	13005	1427.0	148.25
14.0	90670	10250	1120.0	116.10	26.0	113770	13130	1441.0	149.70
14.5	91610	10365	1133.5	117.45	26.5	114760	13250	1454.5	151.15
15.0	92540	10480	1147.0	118.70	27.0	115740	13370	1468.0	152.60
15.5	93490	10600	1160.0	120.30	27.5	116730	13495	1482.0	154.10
16.0	94430	10720	1173.0	121.60	28.0	117710	13620	1496.0	155.60
16.5	95380	10835	1186.0	122.95	28.5	118700	13745	1510.0	157.00
17.0	96330	10950	1199.0	124.30	29.0	119680	13870	1524.0	158.40
17.5	97290	11070	1212.0	125.70	29.5	120670	13990	1538.0	159.90
18.0	98240	11190	1225.0	127.10	30.0	121650	14120	1552.0	161.40
18.5	99130	11310	1238.0	128.50	31.0	—	14370	1581.0	—
19.0	100160	11430	1251.0	129.90	32.0	—	14620	1609.0	—
19.5	101250	11526	1264.5	131.30	33.0	—	14880	1638.0	—
20.0	102090	11670	1278.0	132.70	34.0	—	15130	1667.0	—
20.5	103050	11790	1291.0	134.10	35.0	—	15390	—	—
21.0	104020	11910	1305.0	135.50	36.0	—	15640	—	—
21.5	104980	12030	1318.5	136.90					

①KCl 浓度单位为 mol/L。

5. 注意事项

（1）测量电导率时，应注意水样与测试电极不受污染，因此在测量前应反复冲洗电极，同时还应当避免将测试电极浸入浑浊和含油的水样中，以免污染电极而影响其电导池常数。

（2）测定电导率时，应特别注意被测溶液的温度。因溶液中离子的迁移速度、溶液本身的黏度都与水温有密切的关系。对中性盐来说，温度每增加 1℃ 电导率约增大 2%，平时所测电导率都应该换算成 25℃ 的数值来表示。

10.2.4 硬度的测定（容量法）

1. 原理

在 pH 为 10.0 ± 0.1 缓冲溶液中，用铬黑 T 等作指示剂，以乙二胺四乙酸二钠盐（简称 EDTA）标准溶液滴定至纯蓝色为终点。根据消耗 EDTA 的体积，即可计算出水中钙镁含量。其反应为：

加指示剂后：

$$Me^{2+}+HIn^{2-}\rightarrow MeIn^-+H^+（In^{2-}为指示剂）$$
（蓝色）（酒红色）

滴定过程中

滴定至终点时：

$$MeIn^-+H_2Y^{2-}\rightarrow MeY^{2-}+HIn^{2-}+H^+$$
（酒红色）　　　　（蓝色）

本法列有两种测定手续：第一法适于测定硬度大于 0.5mmol/L 的水样。第二法适于测定硬度在 1~500μmol/L 的水样。

2. 试剂

（1）［EDTA］=0.02mol/L 的 EDTA 标准溶液：配制和标定方法见钙的测定。

（2）［EDTA］=0.001mol/L 的 EDTA 标准溶液：先配［EDTA］=0.05mol/L 的 EDTA 标准溶液，标定后准确稀释至 50 倍制得，浓度由计算得出。

［EDTA］=0.05mol/L 标准溶液的配制和标定：

① 配制：称取 20g 乙二胺四乙酸二钠溶于 1L 蒸馏水中，摇匀。

② 标定：称取于 800℃ 灼烧至恒重的基准氧化锌 1g（称准至 0.2mg）。用少许蒸馏水湿润，加盐酸溶液（1+1）至样品溶解，移入 250mL 容量瓶中，稀释至刻度，摇匀。取上述溶液 20.00mL，加 80mL 水，用 10% 氨水中和至 pH 为 7~8，加 5mL 氨-氯化铵缓冲溶液（pH=10），加 5 滴 0.5% 铬黑 T 指示剂，用 [EDTA]=0.05mol/L 的 EDTA 溶液滴定至溶液由紫色变为纯蓝色。

EDTA 标准溶液的浓度按下式计算：

$$[EDTA] = \frac{G}{V \times 0.08138} \times \frac{20}{250} = \frac{0.08G}{V \times 0.08138} = mol/L$$

式中　　G——氧化锌质重，g；

　　　　V——滴定时消耗 EDTA 溶液的体积，mL；

　　0.08——250mL 中取 20mL 滴定，相当于 G 的 0.08 倍；

0.08138——每 [1/2ZnO]=1mmol/L 的氧化锌的质量，g。

（3）氨-氯化铵缓冲溶液：称取 20g 氯化铵溶于 500mL 高纯水中，加入 150mL 浓氨水，用高纯水稀释至 1L，混匀，取 50.00mL 按第二法（不加缓冲溶液）测定其硬度。根据测定结果，往其余 950mL 缓冲溶液中，加所需的 EDTA 标准溶液，以抵消其硬度。

（4）硼砂缓冲溶液：称取硼砂（$Na_2B_4O_7 \cdot 10H_2O$）40g 溶于 80mL 高纯水中，加入氢氧化钠 10g，溶解后用高纯水稀释至 1L，混匀。取 50.00mL，加 [HCl]=0.1mol/L 的盐酸溶液 40mL，然后按第二法测定其硬度，并按上法往其余 950mL 缓冲溶液中加入所需的 EDTA 标准溶液，以抵消其硬度。

（5）0.5% 铬黑 T 指示剂（乙醇溶液）：称取 0.5g 铬黑 T（$C_{20}H_{12}O_7N_3SNa$）与 4.5g 盐酸羟胺，在研钵中磨匀，混合后溶于 100mL 95% 乙醇中，将此溶液转入棕色瓶中备用。

（6）酸性铬蓝 K（乙醇溶液）：称取 0.5g 酸性铬蓝 K（$C_{16}H_9O_{12}N_2S_3Na_3$）与 4.5g 盐酸羟胺混合，加 10mL 氨-氯化铵缓冲溶液和 40mL 高纯水，溶解后用 95% 乙醇稀释至 100mL。

3. 步骤

（1）水样硬度大于 0.5mmol/L 时的测定步骤：

① 按表 10-4 吸取适量透明水样注于 250mL 锥形瓶中，用高纯水稀释至 100mL。

② 加入 5mL 氨-氯化铵缓冲溶液，2 滴 0.5% 铬黑 T 指示剂，在不断摇动下，用 [EDTA]=0.02mol/L 的 EDTA 标准溶液滴定至溶液由酒红色变为蓝色即为终点，记录消耗 EDTA 标准溶液的体积。

③ 另取同样体积的高纯水，按①、②操作步骤测定空白值。

表 10-4　不同硬度的水样需取水样体积

水样硬度/(mmol/L)	0.5~5.0	5.0~10.0	10.0~20.0
需取水样体积/mL	100	50	25

水样硬度（YD）的含量（mmol/L）按式（1）计算：

$$YD = \frac{[EDTA] \times a \times 2}{V} \times 10^3 \qquad (1)$$

式中　　[EDTA]——EDTA 标准溶液的浓度，mol/L；

　　　　a——滴定水样时所消耗 EDTA 标准溶液的体积与空白值之差，mL；

　　　　V——水样的体积，mL。

（2）水样硬度在 1~500μmol/L 时的测定步骤：

① 取 100mL 透明水样注于 250mL 锥形瓶中。

② 加 3mL 氨-氯化铵缓冲溶液（或 1mL 硼砂缓冲溶液）及 2 滴 0.5%酸性铬蓝 K 指示剂。

③ 在不断摇动下，以[EDTA]=0.01mol/L 的 EDTA 标准溶液用微量滴定管滴定至蓝紫色即为终点。记录 EDTA 标准溶液所消耗的体积。

④ 另取同样体积的高纯水，按①、②、③操作步骤测定空白值。

水样硬度（YD）的数量（μmol/L）按式（2）计算：

$$YD = \frac{[EDTA] \times a \times 2}{V} \times 10^6 \qquad (2)$$

式中 [EDTA]，a，V 意义同式（1）。

4. 注意事项

（1）若水样的酸性或碱性较高时，应先用[NaOH]=0.1mol/L 的氢氧化钠或[HCl]=0.1mol/L 的盐酸中和后再加缓冲溶液，否则加入缓冲溶液后，水样 pH 值不能保证在 10.0±0.1 范围内。

（2）对碳酸盐硬度较高的水样，在加入缓冲溶液前，应先稀释或加入所需 EDTA 标准溶液的 80%~90%（记入在所消耗的体积内），否则在加入缓冲溶液后，可能析出碳酸盐沉淀，使滴定终点拖长。

（3）冬季水温较低时，络合反应速度较慢，容易造成过滴定而产生误差。因此，当温度较低时，应将水样预先加温至 30~40℃后进行测定。

（4）如果在滴定过程中发现滴不到终点色，或加入指示剂后，颜色呈灰紫色时，可能是 Fe、Al、Cu 或 Mn 等离子的干扰。遇此情况，可在加指示剂前，用 2mL1% 的 L-半胱胺酸盐酸盐和 2mL 三乙醇胺溶液(1+4)进行联合掩蔽。此时，若因加入 L-半胱胺酸盐酸盐，试样 pH 小于 10，可将氨缓冲溶液的加入量变为 5mL 即可。

（5）pH 10.0±0.1 的缓冲溶液，除使用氨-氯化铵缓冲溶液外，还可用氨基乙醇配制的缓冲溶液（无味缓冲液）。此缓冲溶液的优点是：无味，pH 值稳定，不受室温变化的影响。配制方法：取 400mL 高纯水，加入 55mL 浓盐酸，然后将此溶液慢慢加入 310mL 氨基乙醇中，并同时搅拌均匀，用高纯水稀释至 1L。100mL 水样中加入此缓冲溶液 1.0mL，即可使 pH 维持在 10.0±0.1 范围内。

（6）指示剂除用酸性铬蓝 K 外，还可选用酸性铬深蓝、酸性铬蓝 K+萘酚绿 B、铬蓝 SE、依来铬蓝黑 R。

（7）新试剂瓶（玻璃、聚乙烯等）用来存放缓冲溶液时，有可能使配制好的缓冲溶液又复出现硬度。为了防止上述现象发生，贮备硼砂缓冲溶液和氨缓冲溶液的试剂瓶（包括瓶塞、玻璃管、量瓶），应用加有缓冲溶液的[EDTA]0.01mol/L 的 EDTA 充满约 1/2 容量处，于 60℃下间断地摇动，放置处理 1h。将溶液倒出，更换新溶液再处理一次。然后用高纯水充分冲洗干净。

（8）由于氢氧化钠对玻璃有较强的腐蚀性，硼砂缓冲溶液不宜在玻璃瓶内贮存。另外，此缓冲溶液只适于测定硬度为 1~500μmol/L 的水样。

10.2.5 碱度的测定（容量法）

1. 原理

水中的碱度是指水中含有能接受氢离子的物质的量，例如氢氧根、碳酸盐、重碳酸盐、磷酸盐、磷酸氢盐、硅酸氢盐、亚硫酸盐、腐植酸盐和氨等，都是水中常见的碱性物质，它们都能与酸进行反应。因此可用适宜的指示剂以标准酸溶液对它们进行滴定。

碱度可分为酚酞碱度和全碱度两种。酚酞碱度是以酚酞作指示剂时所测出的量，其终点的 pH 约为 8.3；全碱度是以甲基橙作指示剂时测出的量，终点的 pH 约为 4.2；若碱度<0.5mmol/L，全碱度宜用甲基红–亚甲基兰作指示剂，终点的 pH 约为 5.0。

本实验中所采用的测定方法是以酚酞作指示剂测水样的酚酞碱度，以甲基橙作指示剂测水样的全碱度，在测定过程中均用硫酸标准溶液滴定中和水样中的碱度物质。单位以毫摩尔/升(mmol/L)表示。

2. 试剂

(1) 1%酚酞指示剂(乙醇溶液)。

(2) 0.1%甲基橙指示剂。

(3) [$1/2H_2SO_4$]=0.01mol/L 硫酸标准溶液。

3. 步骤

(1) 取 100mL 透明水样注入锥形瓶中。

(2) 加入 2~3 滴 1%酚酞指示剂，此时若溶液显红色，则用硫酸标准溶液滴定至恰无色，记录耗酸体积 a。

(3) 在上述锥形瓶中加入 2 滴甲基橙指示剂，继续用上述硫酸标准溶液滴定至溶液至橙红色为止，记录第二次耗酸体积 b(不包括 a)：

(4) 水样中酚酞碱度(JD)$_{酚}$和全碱度(JD)$_{全}$的数量(mmol/L)按下式计算：

$$(JD)_{酚}=\{([1/H_2SO_4]\times a)/V\}\times 10^3$$

$$(JD)_{全}=\{([1/2H_2SO_4]\times(a+b)\}/V\times 10^3$$

式中　[$1/2H_2SO_4$]——硫酸标准溶液的浓度；

a, b——滴定碱度所消耗硫酸标准溶液的体积，mL；

V——水样体积，mL。

4. 注意事项

(1) 水样中若含有较大量的游离氯(>1mg/L)时，会影响指示剂的颜色，可以加入[$1/2Na_2S_2O_3$]=0.05mol/L 硫代硫酸钠溶液 1~2 滴以消除干扰。或用紫外线光照射也可除残氯。

(2) 由于乙醇自身的 pH 较低，配制成 1%酚酞指示剂(乙醇溶液)，则会影响碱度的测定。为避免此影响、配制好的酚酞指示剂，应用[NaOH]=0.01mol/L 氢氧化钠溶液中和至刚见稳定的微红色。

10.2.6　酸度的测定

1. 原理

水的酸度是指水中含有能接受氢氧离子物质的量。在本法测定中，以甲基橙作指示剂，用氢氧化钠标准溶液滴定到橙黄色为终点(pH 约为 4.2)。测定值只包括较强的酸(一般为无机酸)。这种酸度称为甲基橙酸度。其反应为：

$$H^++OH^-\rightarrow H_2O$$

本法适用于氢离子交换水的测定。

2. 试剂

(1) [NaOH]=0.05mol/L(或 0.1mol/L)的氢氧化钠标准溶液。

(2) 0.1%甲基橙指示剂。

3. 步骤

（1）取 100mL 水样注于 250mL 锥形瓶中。

（2）加 2 滴甲基橙指示剂，用[NaOH]＝0.05mol/L（或 0.1mol/L）氢氧化钠标准溶液滴定至溶液呈现橙黄色为止，记录所消耗氢氧化钠标准溶液的体积(a)。

水样酸度(SD)的数量(mol/L)按下式计算：

$$SD = \frac{[NaOH] \times a}{V} \times 1000$$

式中　[NaOH]——氢氧化钠标准溶液的浓度，mol/L；

　　　V——水样体积，mL；

　　　a——滴定酸度时所消耗氢氧化钠标准溶液的体积，mL。

4. 注意事项

水中若含有游离氯，可加数滴[$1/2Na_2S_2O_3$]＝0.1mol/L 的硫代硫酸钠溶液，以消除游离氯对测定的影响。

10.2.7　钠离子的测定（pNa 的测定）

1. 原理

当钠离子选择电极——pNa 电极与甘汞参比电极同时浸入溶液后，即组成测量电池。其中 pNa 电极的电位随溶液中的钠离子的活度而变化。用一台高输入阻抗的毫伏计测量，可获得同水溶液中的钠离子活度相对应的电极电位以 pNa 值表示：

$$pNa = -lg\alpha_{Na^+}$$

pNa 电极的电位与溶液中钠离子活度的关系，符合能斯特公式：

$$E = E_0 + 2.3026\frac{RT}{nF}lg\alpha_{Na^+}$$

式中各符号的代表意义同 10.2.2 中的 pH 的测定。

离子活度与浓度的关系为：

$$\alpha = rC$$

式中　α——离子的活度，mol/L；

　　　r——离子的活度系数；

　　　C——离子的浓度，mol/L。

根据测试的结果，如 C 小于 10^{-3}mol/L 时，$r \approx 1$，此时活度和浓度相接近。当 C 大于 10^{-3}mol/L 时，r 小于 1，因此测得的结果必须要考虑活度系数的修正。

当测定溶液的 C_{Na^+} 小于 10^{-3}mol/L 时，如被测溶液和定位溶液的温度为 20℃，则能斯特公式可简化为：

$$0.058lg C'_{Na^+}/C_{Na^+} = \Delta E$$
$$0.058(pNa - pNa') = \Delta E$$
$$pNa = pNa' + \Delta E/0.058$$

式中　C'_{Na^+}——定位溶液的钠离子浓度，mol/L；

　　　C_{Na^+}——被测溶液的钠离子浓度，mol/L。

测定水溶液中钠离子浓度时，应特别注意氢离子以及钾离子的干扰。前者可以通过加入碱化剂，使被测溶液的 pH＞10 来消除；后者必须严格控制 C_{Na^+} : C_{K^+} 至少为 10 : 1，否则对测试结果会带来误差。本方法在电极和试验条件良好的情况下，仪表可指示出 0.23μg/L 的钠离子含量。

2. 仪器

（1）pNa 计

（2）钠离子选择性电极

（3）甘汞电极

3. 试剂

（1）氯化钠标准溶液（即定位液）的配制：

① pNa_2 标准贮备溶液（10^{-2} mol/L Na^+）：精确称取 1.169g，经 250~350℃烘干 1~2h 的基准试剂（或优级纯）氯化钠（NaCl），溶于高纯水中，然后移至容量瓶并稀释至 2L。

② pNa_4 标准溶液（10^{-4} mol/L Na）：相当于 2.3mgNa^+/L。取 pNa_2 贮备液，用高纯水精确稀释至 100 倍。

③ pNa_5 标准溶液（10^{-5} mol/L Na^+），相当于 230μgNa^+/L。取 pNa_4 标准溶液，用高纯水精确稀释至 10 倍。此溶液一般是作复核用，不能用作定位液。

（2）碱化剂：二异丙胺。

4. 步骤

（1）准备工作

① 调好机械零点。

② 接通电源。

③ 安装电极：玻璃电极要在蒸馏水中活化48h，甘汞电极拔去橡皮帽。其内充液面要高于被测液液面。玻璃电极头部要比甘汞电极头部稍高些。电极要无断线无气泡，无破损，无干涸现象等。

（2）校正

① 开启电源，预热 20~30min，温度补偿旋钮调到定位液的温度。

② 读数开关处于松开位置，量程分挡开关置于"0"，调节零点调节旋钮，使指针指 0。

③ 量程分挡开关置"校"位置上，调节校正旋钮，使指示值为满刻度。

④ 重复②、③操作过程。

（3）定位

① 清洗电极：在塑料杯中加入 5 滴二异丙胺，再将 pNa_4 的标准定位溶液约 100mL 倒入塑料杯中，清洗电极（反复清洗 2~3 次），然后把电极浸入该溶液中。

② 把量程分挡开关置于"3"位置，按下读数开关，调节定位旋钮，使指针在刻度范围内，再观察指针的移动，待 2~3min 后，指针指示最大值，1~2min 没有明显倒退，立即调节定位旋钮，使指针指右满度。

③ 放开读数开关，检查"0"如偏差在一小格内，说明仪器正常，如要确保定位准确，可靠，还可以重复定位 1~2 次，直至定位误差不超过±0.02pNa。

定位完毕，应当进行 pNa_5 的校核，如测 pNa_5 标准溶液时，钠度计的指示为 pNa5.00±0.02~0.03，则说明仪器及电极均正常，即可进行水样测定。

（4）测量

① 清洗电极：用加好碱化剂二异丙胺的蒸馏水或无钠水清洗电极 4~5 次（测量含极微量 Na^+ 水样时，还须用加碱性试剂的水样清洗 2~3 次）。

② 估计水样 pNa 值，选择好量程分挡开关的位置。

③将电极移入加有碱性试剂的水样中，按下读数开关，如指针超过满刻度，增加量程分档开关的挡次，如指针左偏于"0"刻度，应减小量程分挡开关的挡次，让指针在刻度范围内，待数分钟指针达到最大值(然后倒退)时读数。

5. 注意事项

（1）所用试剂瓶以及取样瓶都应用聚乙烯塑料制品。各种标准溶液应贮放在5~20L的聚乙烯塑料桶内，不用时应密封以防污染。

（2）新买来的塑料瓶及桶都应用热盐酸溶液(1+1)处理，然后用高纯水反复冲洗多次才能使用。

（3）各取样及定位用塑料容器都应专用，不宜经常更换不同钠离子浓度的定位标准溶液，或将钠离子浓度相差悬殊的各取样瓶相混。

（4）长期不用的电极以干放为宜，但干放前，电极的敏感膜都应以高纯水冲洗干净，以防溶液侵蚀敏感膜。干放的电极或新电极，在使用前应在已加碱化剂(二异丙胺等)的pNa$_4$定位溶液中浸渍1~2h以上，电极不宜闲置过久。

（5）甘汞电极也应干存放，但需在液部以及添加氯化钾溶液的口上塞上专用的橡皮，以防液部位因长期干涸而变成不能渗透的绝缘体，同时也要防止甘汞电极内部因长期缺水而使棉花连接处变干，造成汞-甘汞同棉花接合面不导电而使电极报废。所有甘汞电极在使用或存放时都不宜长时期浸渍在液面超过盐桥内部氯化钾溶液的纯水中，以防液部位微孔内氯化钾溶液被稀释，然后形成浓差电动热对所测结果带来误差。

（6）电极导线有机玻璃的引出部分切勿受潮湿。

（7）为减少温度影响，定位溶液温度和水样温度相差不宜超过±5℃。

10.2.8 可溶性二氧化硅的测定(钼蓝比色法)

1. 原理

在pH1.2~1.3的酸度下，活性硅与钼酸铵反应生成硅钼黄，再用氯化亚锡还原生成硅钼蓝，此蓝色的色度与水样中活性硅的含量有关，磷酸盐对本法的干扰可用调整酸度或再补加草酸或酒石酸的方法加以消除。

当水样中活性硅含量小于0.5mgSiO$_2$/L时，硅钼蓝颜色很浅，可用微量硅的方法测定(硅酸根分析仪测定法)，或用正丁醇等有机溶剂萃取浓缩，提高灵敏度，便于比色。

本法仅供现场控制试验用。

2. 仪器

具有磨口塞的25mL比色管。

3. 试剂

（1）5%钼酸铵溶液：用高纯水配制，配制后溶液应澄清透明。

（2）1%氯化亚锡溶液：称取1.5g优级纯氯化亚锡于烧杯中，加20mL盐酸溶液(1+1)，加热溶解后，再加80mL纯甘油(丙三醇)，搅匀后将溶液转入塑料壶中备用。

（3）[1/2H$_2$SO$_4$]=10mol/L的硫酸溶液：于720mL高纯水中徐徐加入280mL浓硫酸。

（4）二氧化硅工作液：

①贮备液(1mL含0.1mgSiO$_2$)：准确称取0.1000g经700~800℃灼烧过已研磨细的二氧化硅(优级纯)，与0.7~1.0g已于270~300℃焙烧过的粉状无水碳酸钠(优级纯)置于铂坩埚内混匀，马弗炉升温至900~950℃温度下熔融5min。冷却后，将铂坩埚放入硬质烧杯中，用热的高纯水溶解熔融物，等熔融物全部溶解后取出坩埚，以高纯水仔细冲洗坩埚内外壁，

待溶液冷却至室温后，移入1L容量瓶中，用高纯水稀释至刻度，混匀后移入塑料瓶中贮存。此溶液应完全透明，如有浑浊须重新配制。

② 工作溶液

1）1mL含0.02mgSiO$_2$工作液：取1mL含0.1mgSiO$_2$的储备液，用高纯水准确稀释至5倍。

2）1mL含0.001mgSiO$_2$工作液：取1mL含0.02mgSiO$_2$储备液，用高纯水准确稀释至20倍(此溶液应在使用时配制)。

以上试剂均应贮存于塑料瓶中。

（5）正丁醇(或异戊醇)

4. 步骤

（1）水样中活性硅含量大于0.5mgSiO$_2$/L时，测定方法如下：

① 于一组比色管中分别注入二氧化硅工作溶液(1mL含0.02mgSiO$_2$)0.25mL、0.5mL、1.0mL、1.5mL… 用除盐水稀释到10mL。

② 在另一支比色管中注入适量水样并用除盐水补足到10mL。

③ 往上述比色管中各加0.2mL[1/2H$_2$SO$_4$]=10mol/L的硫酸溶液，摇匀。

④ 用滴定管分别加入1mL钼酸铵溶液，摇匀。

⑤ 静止5min后，用滴定管分别加5mL[1/2H$_2$SO$_4$]=10mol/L的硫酸溶液，摇匀，静止1min。

⑥ 再分别加入2滴氯化亚锡溶液，摇匀。

⑦ 静止5min后进行比色。

（2）水样中活性硅含量小于0.5mgSiO$_2$/L时，测定方法如下：

① 于一组比色管中分别注入二氧化硅工作液(1mL含0.001mgSiO$_2$)，用高纯水稀释到10mL.

② 取10mL水样注入另一支比色管中。

③ 往上述比色管中各加0.2mL[1/2H$_2$SO$_4$]=10mol/L的硫酸溶液和1mL钼酸铵溶液，摇匀。

④ 静止5min后，各加入5mL[1/2H$_2$SO$_4$]的硫酸溶液，摇匀。

⑤ 静止1min后，各加入2滴氯化亚锡溶液，摇匀。

⑥ 静止5min后，准确加入3mL正丁醇，剧烈摇动20～25次，静止待溶液分层后进行比色。

（3）水样活性硅(SiO$_2$)含量(mg/L)按下式计算：

$$SiO_2 = \frac{C \times a}{V} \times 1000$$

式中　C——配标准色用的二氧化硅工作液浓度，mg/mL；

　　　a——与水样颜色相当的标准色中二氧化硅工作溶液加入量，mL；

　　　V——水样的体积，mL。

5. 注意事项

（1）供本试验用的比色管，应事先用硅钼酸废液充分洗涤并进行空白试验，以检查清洁程度。

（2）当用萃取比色法测定含硅量小于0.5mg/L水样时，所用仪器的最后淋洗，均须使用高纯水。水样注入比色管后，应尽快测定，以免影响结果。

（3）已用过的正丁醇，或发现正丁醇质量不好时，可在蒸馏后使用。

（4）如按本测定方法测定炉水，且炉水磷酸盐含量较高时，可在加10mol/L的硫酸后再加3mL10%草酸或酒石酸溶液，以进一步掩蔽磷酸盐（这时在所配制标准色中也同样加入草酸或酒石酸溶液）。

（5）由于温度影响硅钼黄的生成和还原，水样温度不得低于20℃，水样与标准液温度差不超过±5℃。

（6）配制钼酸铵溶液若发生溶解困难时，可采用每升溶液加入0.3~1mL浓氨水方法，以促进其溶解，而且这样配制的溶液，贮存时不易出现沉淀。

（7）氯化亚锡-甘油溶液，也可采取全部用甘油配制。为了加速氯化亚锡溶解，可以把甘油加热至50℃左右。这样配制的溶液稳定性更好。

10.2.9 磷酸盐的测定（磷钒钼黄分光光度法）

1. 原理

在$[1/2H_2SO_4]=0.6mol/L$ H_2SO_4的酸度下，磷酸盐与钼酸盐和偏钒酸盐形成黄色的磷钒钼酸。其反应为：

$$2H_3PO_4+22(NH_4)2MoO_4+2NH_4VO_3+23H_2SO_4\rightarrow$$
$$P_2O_5 \cdot V_2O_5 \cdot 22MoO_3 \cdot n\,H_2O+23(NH_4)2SO_4+(26-n)H_2O$$

磷钒钼酸可在420nm的波长下测定。本法适用于炉水磷酸盐的测定，相对误差为±2%。

2. 仪器

分光光度计或者光电比色计（具有420nm左右的滤光片）。

3. 试剂

（1）磷酸盐储备溶液（1mL含1mgPO_4^{3-}）：称取在105℃干燥过的磷酸二氢钾（KH_2PO_4）1.433g，溶于少量除盐水中，并稀释至1L。

（2）磷酸盐工作溶液（1mL含0.1mgPO_4^{3-}）：取上述标准溶液，用除盐水准确稀释至10倍。

（3）钼酸铵-偏钒酸铵-硫酸显色溶液（简称钼钒酸显色溶液）的配制：

① 称取50g钼酸铵$[(NH_4)_6Mo_7O_{24} \cdot 4H_2O]$和2.5g偏钒酸铵（$NH_4VO_3$），溶于400mL除盐水中。

② 取195mL浓硫酸，在不断搅拌下徐徐加入到250mL除盐水中，并冷却至室温。

将按②配制的溶液倒入按①配制的溶液中，用除盐水稀释至1L。

4. 步骤

（1）工作曲线绘制

① 根据待测水样的磷酸盐含量范围，按表10-5中所列数值分别把磷酸盐工作溶液（1mL含0.1mgPO_4^{3-}），注入一组50mL容量瓶中，用除盐水稀释至刻度。

表10-5 磷酸盐标准溶液的配制

容量瓶编号	1	2	3	4	5	6	7	8	9	10	11
工作溶液体积/mL	0	0.5	1.5	2.5	3.5	5.0	6.5	7.5	10	12.5	15
相当于水样磷酸盐含量/(mg/L)	0	1	3	5	7	10	13	15	20	25	30

② 将配制好的磷酸盐标准溶液分别注入相应编号的锥形瓶中，各加入5mL钼钒酸显色

溶液，摇匀，放置2min。

③ 根据水样磷酸盐的含量，按表10-6选用合适的比色皿和波长，以试剂空白作参比，分别测定显色后磷酸盐标准溶液的吸光度，并绘制工作曲线。

表10-6　不同磷酸盐浓度的比色皿和波长的选用

磷酸盐浓度/(mg/L)	比色皿/mm	波长/nm
10~30	10	450
5~15	20	420
0~10	30	420

（2）水样的测定

① 取水样50mL注入锥形瓶中，加入5mL钼钒酸显色溶液，摇匀，放置2min，以试剂空白作参比，在与绘制工作曲线相同的比色皿和波长条件下，测定其吸光度。

② 从工作曲线查得水样磷酸盐含量。

5. 注意事项

（1）水样混浊时应过滤，将最初的100mL滤液弃去，然后取过滤后的水样进行测定。

（2）水样温度应与绘制曲线时的温度大致相同，若温差大于±5℃，则应采取必要的加热或冷却措施。

（3）磷钒钼酸的黄色可稳定数日，在室温下不受其他因素影响。

10.2.10　溶解氧的测定（两瓶法）

1. 原理

在碱性溶液中，水中溶解氧可以把Mn(Ⅱ)氧化成锰Mn(Ⅲ)、Mn(Ⅳ)；在酸性溶液中，Mn(Ⅲ)、Mn(Ⅳ)能将碘离子氧化成游离碘，以淀粉作指示剂，用硫代硫酸钠滴定，根据消耗量即能计算出水中溶解氧的含量。其反应如下

固定溶氧：

$$MnSO_4 + 2KOH \rightarrow Mn(OH)_2 + K_2SO_4$$
$$2MnSO_4 + O_2 \rightarrow 2H_2MnO_3 \downarrow$$
$$4Mn(OH)_2 + O_2 + 2H_2O \rightarrow 4Mn(OH)_3 \downarrow$$

酸化：

$$H_2MnO_3 + 2H_2SO_4 + 2KI \rightarrow MnSO_4 + K_2SO_4 + 3H_2O + I_2$$
$$2Mn(OH)_3 + 3H_2SO_4 + 2KI \rightarrow 2MnSO_4 + K_2SO_4 + 6H_2O + I_2$$

用硫代硫酸钠滴定碘：

$$2NaS_2O_3 + I_2 \rightarrow Na_2S_4O_6 + 2NaI$$

本法适用于测定含氧量大于20μg/l的水样。

2. 仪器

（1）取样桶：桶要比取样瓶高150mm以上，使其中能放两个取样瓶。

（2）取样瓶：250~500mL，具有严密磨口塞的无色玻璃瓶。

（3）滴定管：25mL，下部接一细长玻璃管。

3. 试剂

（1）硫代硫酸钠（$Na_2S_2O_3 \cdot 5H_2O$）。

（2）重铬酸钾（基准试剂）。

（3）碘化钾。

（4）[1/2H$_2$SO$_4$]=4mol/L硫酸。

（5）1%淀粉指示剂：在玛瑙研钵中将10g可溶性淀粉和0.05g碘化汞研磨。将此混合物贮于干燥处。称取1.0g混合物置于研钵中，加少许蒸馏水研磨成糊状物，将其徐徐注入100mL煮沸的蒸馏水中，再继续煮沸5~10min，过滤后使用。

（6）[1/2Na$_2$S$_2$O$_3$]=0.01mol/L硫代硫酸钠标准溶液：

① [1/2Na$_2$S$_2$O$_3$]=0.01mol/L硫代硫酸钠标准溶液的配制与标定：

配制：称取26g硫代硫酸钠（或16g无水硫代硫酸钠），溶于1L已煮沸并冷却的蒸馏水中，将溶液保存于具有磨口塞的棕色瓶中，放置数日后，过滤备用。

标定：以重铬酸钾作基准标定：称取120℃烘至恒重的基准重铬酸钾0.15g（称准到0.2mg），置于碘量瓶中，加25mL蒸馏水溶解，加2g碘化钾及20mL[1/2H$_2$SO$_4$]=4mol/L硫酸，待碘化钾溶解后于暗处放置10min，加150mL蒸馏水，用[1/2H$_2$SO$_4$]硫代硫酸钠溶液滴定，滴到溶液呈淡黄色时，加1mL1.0%淀粉指示剂，继续滴定至溶液由蓝色变成亮绿色。同时作空白试验。

硫代硫酸钠标准溶液的浓度按下式计算：

$$[1/2Na_2S_2O_3]=\frac{G}{(a-b)\times0.04903}$$

式中　G——重铬酸钾的重量，g；

　　　　a——标定消耗硫代硫酸钠溶液的体积，mL；

　　　　b——空白试验消耗硫代硫酸钠溶液的体积，mL；

0.04903——[1/6K$_2$Cr$_2$O$_7$]=1mmol/L重铬酸钾的质量，g。

② [1/2Na$_2$S$_2$O$_3$]=0.01mol/L硫代硫酸钠标准溶液的配制与标定：可采用[1/2Na$_2$S$_2$O$_3$]=0.01mol/L硫代硫酸钠标准溶液，用煮沸冷却的蒸馏水稀释至10倍制得。其浓度不需标定，由计算得出。此溶液很不稳定，宜使用时配制。

（7）氯化锰或硫酸锰溶液：称取45g氯化锰（MnCl$_2$·4H$_2$O）或55g硫酸锰（MnSO$_4$·5H$_2$O），溶于100mL蒸馏水中。过滤后于滤液中加1mL浓硫酸，贮存于带磨口塞的试剂瓶中，此液应澄清透明，无沉淀物。

（8）碱性碘化钾混合液：称取36g氢氧化钠、20g碘化钾、0.05g碘酸钾，溶于100mL蒸馏水中，混匀。

（9）磷酸溶液（1+1）或硫酸溶液（1+1）。

4. 步骤

（1）在采取水样前，先将取样瓶，取样桶洗净，并充分地冲洗取样管。然后将两个取样瓶放在取样桶内，在取样管的厚壁胶管上接一个玻璃三通，并把三通上连接的两根厚壁胶管插入瓶底，调整水样流速约为700mL/min。并应溢流一定时间，使瓶内空气驱尽。当溢流至取样桶水位超过取样瓶150mm时，将取样管轻轻地由瓶中抽出。

（2）立即在水面下往第一瓶水样中加入1mL氯化锰或硫酸锰溶液。

（3）往第二瓶水样中加入5mL磷酸溶液（1+1）或硫酸溶液（1+1）。

（4）用滴定管往两瓶中各加入3mL碱性碘化钾混合液，将瓶塞盖紧，然后由桶中将两瓶取出，摇匀后再放置于水层下。

（5）待沉淀物下沉后，打开瓶塞，在水面下向第一瓶水样内加5mL磷酸溶液（1+1）或硫酸溶液(1+1)，向第二瓶内加 1mL 氯化锰或硫酸锰溶液，将瓶塞盖好，立即摇匀。

（6）将溶液冷却到 15℃ 以下，从两瓶中各取出 200～250mL 溶液，分别注入两个 500mL 锥形瓶中。

（7）分别用硫代硫酸钠标准溶液滴定至浅黄色，加入 1mL 淀粉指示剂，继续滴定至蓝色消失为止。

水样中溶解氧(O_2)的含量(mg/L)，按下式计算：

$$O_2 = \{[(a_1 - a_2) \times 0.01 \times 8 - 0.005]/V\} \times 10^3$$

式中　a_1——第一瓶水样在滴定时所消耗的硫代硫酸钠标准溶液的体积，相当于水样中所含有的氧化剂还原剂和加入碘化钾混合液所生成的碘量，mL；

　　　　8——1/2O 的物质的量；

　0.005——由试剂带入的溶解氧的校正系数(用容积约 500mL 的取样式瓶取样，并取出 200～250mL 试样进行滴定时所采用的校正值)；

　　　　V——滴定溶液的体积，mL。

5. 注意事项

（1）当水中含有较多还原剂(如亚硫酸盐、二价硫离子、有机悬浮物、氨和类似的化合物)时，会使结果偏低；若含有较多的氧化剂(如亚硝酸盐、铬酸盐、游离氯和次氯酸盐等)时，会使结果偏高。

（2）碘和淀粉的反应灵敏度和温度间有一定的关系，温度高时，滴定终点的灵敏度会降低。因此必须在 15℃ 以下进行滴定。

第11章　装置的安全、环保和节能降耗

11.1　安　全

11.1.1　水处理工作的有关安全规定

1. 生产现场一般安全措施

(1) 工作人员的工作服不准有可能被转动的机器绞住的部分。

(2) 工作时应穿着工作服，衣服和袖口应扣好；禁止戴围巾和穿长衣服。

(3) 禁止工作服使用尼龙、化纤或棉、化纤混纺的衣料制作，以防工作服遇火燃烧加重烧伤程度。

(4) 工作人员进入生产现场禁止穿拖鞋、凉鞋、高跟鞋，禁止女工作人员穿裙子。辫子、长发应盘在工作帽内。

(5) 做接触高温物体的工作时，应戴手套和穿专用的防护工作服。

(6) 任何人进入生产现场(办公室、控制室、值班室和检修班组室除外)，应正确佩戴安全帽。

(7) 运行和检修人员巡检过程中，身体不得碰及转动部件，保持与带电设备的安全距离。

2. 设备的维护安全措施

(1) 机器的转动部分应装有防护罩或其他防护设备（如栅栏），露出的轴端应设有护盖，以防绞卷衣服。禁止在机器转动时，从靠背轮和齿轮上取下防护罩或其他防护设备。

(2) 对于正在转动中的机器，不准装卸和校正皮带，或直接用手往皮带上撒松香等物。

(3) 在机器完全停止以前，不准进行修理工作。修理中的机器应做好防止转动的安全措施，如：切断电源(电动机的开关、刀闸或熔丝应拉开，开关操作电源的熔丝也应取下)；切断风源、水源、气源；所有有关闸板、阀门等应关闭；上述地点都应挂上安全标示牌。必要时还应采取可靠的制动措施。检修工作负责人在工作前，应对上述安全措施进行检查，确认无误后，方可开始工作。

(4) 禁止在运行中清扫、擦拭和润滑机器的旋转和移动的部分，以及把手伸入栅栏内。清拭运转中机器的固定部分时，不准把抹布缠在手上或手指上使用，只有在转动部分对工作人员没有危险时，方可允许用长嘴油壶或油枪往油盅和轴承里加油。

(5) 禁止在栏杆上、管道上、靠背轮上、安全罩上或运行中设备的轴承上行走和坐立，如必须在管道上坐立才能工作时，应做好安全措施。

(6) 应尽可能避免靠近和长时间停留在可能受到烫伤的地方，例如：汽、水、燃油管道的法兰盘、阀门，煤粉系统和锅炉烟道的人孔、检查孔、防爆门、安全门以及除氧器、热交换器、汽包的水位计等处。如因工作需要，必须在这些场所长时间停留时，应做好安全措施。设备异常运行可能危及人身安全时，应停止设备运行。在停止运行前除运行维护人员外，其他清扫、油漆等作业人员以及参观人员不准接近该设备或在该设备附近逗留。

（7）上爬梯应逐挡检查爬

梯是否牢固，上下爬梯应抓牢，并不准两手同时抓一个梯阶。垂直爬梯宜设置人员上下作业的防坠安全自锁装置或速差自控器，并制定相应的使用管理规定。

3. 取样工作安全措施

（1）汽、水取样地点，应有良好的照明。取样时应戴手套。

（2）汽水取样必须通过冷却装置，应保持冷却水管畅通和冷却水量充足。

（3）取样时应先开启冷却水门，再慢慢开启取样管的汽水门，使样品温度一般保持30℃以下。调整阀门开度时，应避免有蒸汽冒出，以防烫伤。

（4）取样过程中如遇冷却水中断，应立即将取样管入口阀门关闭。

4. 化验工作的一般注意事项

（1）化验人员应穿工作服，化验室应有自来水、通风设备、消防器材、急救箱、防护眼镜、急救酸、碱伤害时中和用的溶液以及毛巾、肥皂等物品。

（2）禁止将药品放在饮食器皿内，禁止将食品和食具放在化验室内。工作人员在饭前和工作后要洗手。

（3）禁止用口尝和正对瓶口用鼻嗅的方法来鉴别性质不明的药品，可以用手在容器口上方轻轻扇动，在稍远的地方去嗅发散出来的气味。

（4）禁止用口含玻璃管吸取酸碱性、毒性及有挥发性或刺激性的液体，而应用滴定管或吸取器吸取。

（5）试管加热时，不准把试管口朝向自己或别人。刚加热过的玻璃仪器不可接触皮肤及冷水。

（6）不准使用破碎的或不完整的玻璃器皿。

（7）每个装有药品的瓶子上均应贴上明显的标签，并分类存放。禁止使用没有标签的药品。

（8）不准把氧化剂和还原剂以及其他容易互相起反应的化学药品储放在相邻近的地方。

（9）凡有毒性、易燃或有爆炸性的药品不准放在化验室的架子上，应储放在隔离的房间和柜内，或远离厂房的地方，并有专人负责保管。易爆物品、剧毒药品应用两把锁，钥匙分别由两人保管。使用和报废药品应有严格的管理制度。对有挥发性的药品亦应存放在专门的柜内。使用这类药品时要特别小心，必要时要戴口罩、防护眼镜及橡胶手套。操作时，应在通风机内或通风良好的地力进行，并应远离火源。接触过的器皿应彻底清洗。

（10）蒸馏易挥发和易燃液体所用的玻璃容器应完整无缺陷。蒸馏时，禁止用火加热，应采用热水浴法或其他适当的方法。采用热水浴法时，应防止水浸入加热的液体内。

（11）用烧杯加热液体时，液体的高度不准超过烧杯的2/3。

（12）往水斗中倾倒实验用的酸性溶液时，应遵守稀释强酸的有关规定，稀释排入地沟。

（13）高温季节开启满瓶易挥发化学品时，应先稍加冷却。开瓶时，瓶口朝无人方向，人站在上风口。

5. 水处理药品的使用保管

（1）储存生石灰、菱苦土、凝聚剂及漂白粉等药品的房屋应通风良好，保持室内干燥无潮气。

（2）使用和装卸这些药品的工作人员，应熟悉药品的特性和操作方法。工作时应穿工作服，戴防护眼镜、口罩、手套，穿橡胶靴。在露天装卸这些药品时，应站在上风的位置，以防吸入飞扬的药品粉末。

（3）工作地点应装有自来水，并备有毛巾和肥皂。

（4）当凝聚剂或漂白粉溶液溅到眼睛内时，应立即用大量清水冲洗。漂白粉溶液溅到皮肤上时，应立即用水和肥皂冲洗。

（5）不准把装过漂白粉的空桶放在厂房内，撒落在地上的漂白粉应立即清除干净。

（6）联氨在搬运和使用时，应放在密封的容器内，不准与人体直接接触。如漏落在地上，应立即用水冲刷干净。联氨管道系统应有"剧毒危险"的标志。联氨及其容器的存放地点，应安全可靠，禁止无关人员靠近。

（7）筒装联氨的存放应远离热源。发现联氨筒受温度影响鼓胀时，应淋水降温，之后才能开启筒盖。

6. 强酸性或强碱性药品的使用保管

（1）在进行酸碱类工作的地点，应备有自来水、喷淋器及洗眼器、毛巾、药棉及急救时中和用的溶液。

（2）搬运和使用浓酸或强碱性药品的工作人员，应熟悉药品的性质和操作方法，并根据工作需要戴口罩、橡胶手套及防护眼镜，穿橡胶围裙及长筒胶靴（裤脚须放在靴外）。工作负责人应检查防护设备是否合适。

（3）搬运密封的浓酸或浓苛性碱溶液的坛子时，应将坛子放在牢固的木箱或框篮内（口朝上），并用软物塞紧。木箱或框篮上应有牢固的把手，由两人搬一个坛子，不准由一人单独搬运。用车子或抬箱搬运时，应将木箱或框篮稳固地放在车上或抬箱中，或加以捆绑。禁止用肩扛、背驮或抱住的方法搬运坛子。

（4）搬运的道路应畅通，并在必要地点设有水源和急救站。

（5）凡属使用浓酸的一切操作，都应在室外或宽阔和通风良好的室内通风柜内进行。如果室内没有通风柜，则应装强力的通风设备。

（6）酸碱槽车进厂后应取样检验。用压缩空气顶压卸车时，顶压的压力不准超过槽车允许的压力。禁止在带压下开启法兰泄压。无送气门、空气门的槽车和不准承压的槽车，都禁止用压缩空气顶压卸车。

（7）从酸槽或酸坛中取出酸液，一般应用虹吸管吸取（但不准用不耐酸的橡胶管）。在室内取酸时，如必须用酸瓶倒酸，则操作应特别缓慢，下面应放置较大的玻璃盆或陶瓷盆。

（8）配制稀酸时，禁止将水倒入酸内，应将浓酸少量地缓慢地滴入水内，并不断进行搅拌，以防剧烈发热。

（9）当浓酸倾撒在室内时，应先用碱中和，再用水冲洗，或先用泥土吸收，扫除后再用水冲洗。

（10）开启苛性碱桶及溶解苛性碱，均须戴橡胶手套、口罩和眼镜，并使用专用工具。打碎大块苛性碱时，可先用废布包住，以免细块飞出。配制热的浓碱液时，应在通风良好的地点或在通风柜内进行，溶解的速度要慢，并经常以木棒搅拌。

（11）地下或半地下的酸碱罐的顶部不准站人。酸碱罐周围应设围栏及明显的标志。

（12）酸碱罐的玻璃液位管，应装金属防护罩。

（13）当浓酸溅到眼睛内或皮肤上时，应迅速用大量的清水冲洗，再以0.5%的碳酸氢钠溶液清洗。当强碱溅到眼睛内或皮肤上时，应迅速用大量的清水冲洗，再用2%的稀硼酸溶液清洗眼睛或用1%的醋酸清洗皮肤。经过上述紧急处理后，应立即送医务所急救。当浓酸溅到衣服上时，应先用水冲洗，然后用2%稀碱液中和，最后再用水清洗。

（14）用氢氟酸酸洗锅炉时，应遵守下列规定：

a. 氢氟酸应盛装在聚乙烯或硬橡胶容器内，桶盖密封，不准放在日光下曝晒。

b. 参加浓酸系统工作人员除遵照（2）的规定穿戴必要的防护用具外，还应戴防毒口罩（含有钠石灰过滤的）和面罩。工作结束后，应冲洗头面和身体各部。

c. 淡酸系统如有泄漏，应用红白带围起，并派人看守，禁止接近。

d. 皮肤上溅着酸液，应立即用大量清水冲洗，并涂可的松软膏；眼睛内溅入酸液，应用大量清水冲洗，并滴氢化可的松眼药水。

e. 禁止将酸洗废液直接排放入河流。

f. 酸碱系统进行停役，应认真做好隔绝，放去剩余酸碱，并用水冲洗干净后，方可开始检修。

g. 二步氨水设备及系统需动火时，应办理动火工作票，并认真做好有关氨水系统的隔绝工作，放尽剩余氨水，并用除盐水冲洗干净后，方可明火作业。

7. 液氯设备的运行和检修

（1）氯气室屋顶应设有足够的淋水设施（水门应装在室外）和排气风扇。加液氯工作应由两人进行。

（2）氯瓶应涂有暗绿色"液氯"字样的明显标志。氯瓶禁止放在烈日下曝晒或用明火烤。为增加氯气挥发量，应用淋水法，但水温不宜过高，更不准用沸水浇氯瓶安全阀。

（3）应用10%氨水检查储氯设备有无泄漏。如有泄漏，应及时处理。漏氯处不可与水接触，以防腐蚀。

（4）当发生故障有大量氯气漏出时，工作人员应立即戴上防毒面具，关闭门窗，开启室内淋水阀门，将氯瓶放入碱水池中。最后，用排气风扇抽去余氯。

（5）受氯气轻微中毒仍能行动者，应立即离开现场，口服复方樟脑酊解毒，并在胸部用冷湿敷法救护；中毒较重者，应吸氧气；已昏迷者，应立即施行人工呼吸法，并通知医务人员急救。

（6）拆卸加氯机时，检修人员应尽可能站在上风位置。如感到身体不适，应立即离开现场，到空气流通地方休息。

（7）在用酒精擦洗加氯机零件时，严禁烟火。

（8）加氯机检修工作结束后，应由专人对所有接头逐个检查，防止漏装错装，并用氨水检漏。

（9）加氯站应设置"危险！"、"严禁烟火！"等标示牌。

（10）使用的氯瓶附近不得有火种和易燃物，夏季不受日光直接照射，温度保持在40℃以下。

（11）如加氯站跑氯，禁止抢救人员直接接触跑氯部位，以防冻伤。

（12）氯瓶瓶体冻结时，只能用40℃以下的温水加热，禁止用明火、开水、蒸汽直接加热。

11.1.2　防止设备超压损坏的措施

（1）严格按设备操作规程规定的参数和程序进行操作，严禁超出力运行。

（2）对有缺陷的设备，及时检修和处理。

（3）设备的启动及停止操作，应集中精力，严格按规程操作。

（4）反渗透的压力容器、各类离子交换器、压力滤池应定期检查出入口压差。发现压差超标要及时清洗或者反洗。避免设备超压运行。

（5）运行中经常进行检查，发现问题及时处理。

11.1.3 防止离子交换器内部装置损坏及树脂流失的措施

（1）启动前，检查各离子交换器均完好，处于备用状态。

（2）交换器投运、反洗或树脂输送操作时，检查是否满水。如缺水，首先小流量充满水。缺水操作会导致树脂呈柱塞状托起，对内部装置造成严重损害。

（3）检查树脂捕捉器完好无损。

（4）压力表、流量表、电导率表完好。控制流量压差，禁止超设计流量运行。

（5）按时巡检，发现问题及时停运处理。

11.1.4 防止蒸汽管道振动和蒸汽喷出伤人的措施

（1）蒸汽管道运行前，应检查阀门、压力表、疏水系统是否完好，有缺陷处理后再操作。

（2）开启蒸汽阀门时，应缓慢开启，充分暖管，防止振动。

（3）蒸汽门开度应按规程规定，达到规定温度即可，避免过热。

11.2 水处理常用化学品的危害与防护

11.2.1 酸的危害与防护

1. 盐酸

（1）盐酸的危害

食入：能引起口腔、咽喉、食道的烧伤。立即出现疼痛并有吞咽与说话困难。可引起呼吸困难，窒息。引起休克(重度低血压、脉搏快而弱、呼吸表浅和皮肤湿冷)。严重病例可能显示胃或食道穿孔并有腹膜炎、发热与腹部僵直。食道或幽门括约肌可发生狭窄。由于腹腔、肾或肺的感染，可出现昏迷和惊厥，继之发生死亡。

眼睛接触：如果滴入眼睛，会造成眼睛的严重损害。直接接触眼睛能造成疼痛、流泪、畏光以及烧伤。上皮组织的轻度烧伤一般会较快完全痊愈。重度烧伤能引起持续性，有时不可逆的损害。烧伤的出现会在首次接触数周后才发生。角膜最终可变得不透明而导致失明。

皮肤接触：皮肤接触可引起疼痛和烧伤，烧伤可较深并有明显的边缘，往往愈合过程较慢，并会形成疤痕组织。通过其他损伤进入血液，可产生全身作用。

吸入：酸性腐蚀物造成呼吸道刺激，伴有咳嗽、气哽和粘膜损害。症状包括头晕、头痛、恶心及无力。可立即或迟发肺水肿。发展为肺水肿后数小时病人可因缺氧而死亡。吸入大量雾滴可造成严重危害，甚至可因喉和支气管痉挛和强烈刺激，化学性肺炎和肺水肿而致死。

慢性健康影响：长期或多次接触酸能引起牙齿的腐蚀和口腔粘膜的肿胀或溃疡。引起呼吸道刺激伴随咳嗽和肺组织炎症。长期接触可造成皮炎或结膜炎。反复接触低浓度蒸气可引起皮肤过敏，鼻和齿龈出血，慢性支气管炎和胃炎。

环境危害：对环境有危害。对大气和水体可造成污染。

（2）防护

皮肤接触：用大量流动清水冲洗皮肤和头发，尽可能使用淋浴。立即脱去所有被污染的衣物包括鞋。送医院。

眼睛接触：立即翻开上下眼睑，用流动清水彻底冲洗。立即送医院或寻求医生帮助。眼睛受伤后，应由专业人员取出隐形眼镜。

泄露应急处置：迅速撤离泄漏污染区人员至安全区，并进行隔离，严格限制出入。建议应急处理人员戴正压自给式呼吸器，穿防酸、碱工作服。不要直接接触泄漏物。尽可能切断泄漏源。小量泄漏时用砂土、干燥石灰或苏打灰混合。也可以用大量水冲洗，洗水稀释后放入废水系统。大量泄漏时构筑围堤或挖坑收容。用泵转移至槽车或专用收集器内，回收或运至废物处理场所处置。

废弃处置方法：用碱液-石灰水中和，生成氯化钠和氯化钙，用水稀释后排入废水系统。

2. 硫酸

（1）硫酸的危害

健康危害：对皮肤、黏膜等组织有强烈的刺激和腐蚀作用。蒸气或雾可引起结膜炎、结膜水肿、角膜混浊，以致失明；引起呼吸道刺激，重者发生呼吸困难和肺水肿；高浓度引起喉痉挛或声门水肿而窒息死亡。口服后引起消化道烧伤以致溃疡形成；严重者可能有胃穿孔、腹膜炎、肾损害、休克等。皮肤灼伤轻者出现红斑、重者形成溃疡，愈后瘢痕收缩影响功能。溅入眼内可造成灼伤，甚至角膜穿孔、全眼炎以至失明。

慢性影响：牙齿酸蚀症、慢性支气管炎、肺气肿和肺硬化。

环境危害：对环境有危害，对水体和土壤可造成污染。

燃爆危险：本品助燃，具强腐蚀性、强刺激性，可致人体灼伤。

（2）硫酸的防护

泄漏应急处理、皮肤接触、眼睛接触的防护与盐酸应急处理相同。

吸入：迅速脱离现场至空气新鲜处。保持呼吸道通畅。如呼吸困难，给输氧。如呼吸停止，立即进行人工呼吸。就医。

食入：用水漱口，饮牛奶或蛋清。就医。

11.2.2 碱的危害与防护

1. 烧碱的危害

健康危害：本品有强烈刺激和腐蚀性。粉尘或烟雾刺激眼睛和呼吸道，腐蚀鼻中隔；皮肤和眼直接接触可引起灼伤；误服可造成消化道灼伤，黏膜糜烂、出血和休克。

危险特性：本品不会燃烧，遇水和水蒸气大量放热，形成腐蚀性溶液。与酸发生中和反应并放热。具有强腐蚀性。

燃烧产物：可能产生有害的毒性烟雾。

2. 烧碱的防护

泄漏处置：发生泄漏时，隔离泄漏污染区，周围设警告标志，建议应急处理人员戴好防毒面具，穿化学防护服。不要直接接触泄漏物，用大量水冲洗到中和系统，调节至中性后，放入废水系统。如大量泄漏，收集回收或无害处理后废弃。

皮肤接触：立即用水冲洗至少15min。若有灼伤，就医治疗。

眼睛接触：立即提起眼睑，用流动清水或生理盐水冲洗至少15min。或用3%硼酸溶液冲洗，就医。

吸入：迅速脱离现场至空气新鲜处。必要时进行人工呼吸。就医。

食入：患者清醒时立即漱口，口服稀释的醋或柠檬汁，就医。

11.2.3 氨溶液的危害与防护

1. 危害

健康危害：吸入后对鼻、喉和肺有刺激性，引起咳嗽、气短和哮喘等；重者发生喉头水肿、肺水肿及心、肝、肾损害。溅入眼内可造成灼伤。皮肤接触可致灼伤。口服灼伤消化道。

慢性影响：反复低浓度接触，可引起支气管炎；可致皮炎。

环境危害：对环境有危害。

燃爆危险：本品具腐蚀性、刺激性，可致人体灼伤。

2. 防护措施

皮肤接触：立即脱去污染的衣着，用大量流动清水冲洗至少 15min。就医。

眼睛接触：立即提起眼睑，用大量流动清水或生理盐水彻底冲洗至少 15min。就医。

吸入：迅速脱离现场至空气新鲜处。保持呼吸道通畅。如呼吸困难，给输氧。如呼吸停止，立即进行人工呼吸。就医。

食入：用水漱口，饮牛奶或蛋清。就医。

应急处理：迅速撤离泄漏污染区人员至安全区，并进行隔离，严格限制出入。建议应急处理人员戴自给正压式呼吸器，穿防酸碱工作服。不要直接接触泄漏物。尽可能切断泄漏源。小量泄漏时用砂土、蛭石或其他惰性材料吸收。也可以用大量水冲洗，洗水稀释后放入废水系统。大量泄漏时构筑围堤或挖坑收容。用泵转移至槽车或专用收集器内，回收或运至废物处理场所处置。

11.2.4 联氨的危害与防护

1. 危害

健康危害：吸入本品蒸气，刺激鼻和上呼吸道。此外，可出现头晕、恶心、呕吐和中枢神经系统症状。液体或蒸气对眼有刺激作用，可致眼的永久性损害。对皮肤有刺激性，可造成严重灼伤。可经皮肤吸收引起中毒。可致皮炎。口服引起头晕、恶心，以后出现暂时性中枢性呼吸抑制、心律紊乱，以及中枢神经系统症状，如嗜睡、运动障碍、共济失调、麻木等。肝功能可出现异常。

慢性影响：长期接触可出现神经衰弱综合征，肝大及肝功能异常。

环境危害：对环境有危害，对水体可造成污染。

燃爆危险：本品可燃，高毒，具强腐蚀性、刺激性，可致人体灼伤。

2. 防护

泄漏应急处理：迅速撤离泄漏污染区人员至安全区，并进行隔离，严格限制出入。切断火源。建议应急处理人员戴自给正压式呼吸器，穿防酸碱工作服。不要直接接触泄漏物。尽可能切断泄漏源。防止流入下水道、排洪沟等限制性空间。小量泄漏：用砂土或其他不燃材料吸附或吸收。也可以用大量水冲洗，洗水稀释后放入废水系统。大量泄漏：构筑围堤或挖坑收容。用泵转移至槽车或专用收集器内，回收或运至废物处理场所处置。

皮肤接触：立即脱去污染的衣着，用大量流动清水冲洗至少 15min。就医。

眼睛接触：立即提起眼睑，用大量流动清水或生理盐水彻底冲洗至少 15min。就医。

吸入：迅速脱离现场至空气新鲜处。保持呼吸道通畅。如呼吸困难，给输氧。如呼吸停止，立即进行人工呼吸。就医。

食入：饮足量温水，催吐。洗胃。就医。

11.3 节能降耗与废水处理

11.3.1 提高离子交换经济性的措施

离子交换除盐系统运行中费用最大的是再生剂酸和碱的消耗，原水中含盐量越多，这种费用就越大。因此，如何降低再生剂比耗是提高离子交换除盐经济性的主要措施；其次，在用水量比较大时，还应注意节约用水量，设法将交换器的自用水回收，以防止环境污染、解决排酸、排碱等问题。

在离子交换过程中，可通过以下措施来降低酸耗和碱耗。

1. 碱液加热

为了提高阴树脂的再生效果，可以采用加热再生液的办法，但加热温度不宜过高，否则会使交换基团分解、树脂变质。对强碱性阴树脂，一般 I 型以 35~50℃、II 型以 35℃±3℃为宜，对弱碱性阴树脂以 25~30℃ 为宜。

2. 应用强碱性浮动床时改进操作条件

关于硅酸化合物在水中的存在形态，前面已经做过介绍，由于对其研究工作存在的困难较多。但总的趋势是：随着水中 SiO_2 浓度的增大或 pH 值的降低，单分子硅酸逐渐缩合成二硅酸、三硅酸等多聚体硅酸。同时，也会从溶解态转变成胶态。当 pH<7 时，胶态硅酸表面带有负电荷。

离子交换树脂对水中的杂质除了具有交换作用外，还具有吸附作用。基于上述分析，可以推论出强碱性阴树脂的除硅性能主要是依靠其表面的吸附作用，加热除盐水，有利于硅化合物的解吸。这样，对强碱性阴树脂层中 SiO_2 的洗脱，也应选择合适的方法。

综上所述，强碱性阴浮动床建议采用如下操作条件：

（1）热除盐水清洗。运行至失效的交换器，先用 35~40℃ 的热除盐水，由上向下通过树脂层，通过的水量为树脂体积的 2~3 倍，流速为 5~7m/h。

（2）以碱液再生。以 1m³ 树脂 18kg 固体 NaOH 的碱耗标准，配成 0.7%~0.8% 浓度的 NaOH 溶液加热至 35~40℃，以 5m/h 的再生液流速进行再生。

（3）排空再生液。如设备再生后不立即投入制水，可在排空再生液后留作备用。

（4）顺流清洗。用阳床出水自下而上清洗树脂层，至排水符合出水水质后，投入制水。

3. 增设弱酸性、弱碱性离子交换器和采用双层床交换器

在系统中增设弱型树脂可以节约再生用酸和碱的量，采用双层床可以发挥其节省离子交换设备、降低酸碱耗、有利于防止有机物污染(弱碱性树脂采用大孔型)、废酸碱浓度低易于进行中和处理等长处。但在使用双层床时，必须注意下面几个问题：

（1）强酸性树脂与弱酸性树脂组成的双层床，最好用盐酸再生。如用硫酸再生，在交换剂层中，容易析出 $CaSO_4$ 沉淀。

（2）强碱性树脂与弱碱性树脂组成的双层床，要注意防止胶体硅的沉积。因为制水时，强碱性阴树脂吸着了大量硅酸。再生时，由于碱液首先接触这一层树脂，因此在废碱液中含有大量硅的化合物。当这种废液接触弱碱性树脂时，因弱碱性阴树脂吸着了 OH^-，使废液的 pH 值下降，有可能形成部分胶体硅酸。一旦形成胶体硅酸沉积在弱碱性阴树脂层中，将使再生后的清洗产生困难，影响出水水质。且在下一周期制水时它又可能被强碱性阴树脂吸

着，从而减少了设备的周期制水量。

（3）采用双层床时，所用水源的水质必须稳定，否则会使经济性及出水水质降低。实践中，阴双层床存在问题较多，使用的已经减少；阳双层床在水源水质稳定的条件下，使用效果较好。

4. 采用逆流再生式

如前所述，当用固定床式离子交换器时，逆流再生的运行方式要比顺流式优越，在除盐系统中也是这样。将强酸性 H 型交换器做成对流式运行，其优越性最显著，特别是当原水含盐量较大时。至于强碱性 OH 型交换器，当采用对流再生运行方式时，有些单位也取得了与 H 型交换器相似的经验，即可以大幅度提高出水水质和降低碱耗；总的说来，采用对流再生，对于强酸性、强碱性交换器都可节约再生剂用量，提高出水水质。

5. 提高淡化高含盐量水的经济性措施

对于含盐量很高的苦咸水或海水来说，如采用一般的离子交换法除盐，再生剂用量太大，很不经济。例如，当含盐量超过 1000mg/L 时，反渗透作为先期处理，除去大部分盐类，然后再进一步用离子交换除盐，进行深度处理。

6. 回收再生废液和清洗水

在除盐系统的运行中，设法降低酸、碱用量不仅可以提高经济性，而且可以减轻环境污染。做好废液回收工作和处置好排废液问题，是离子交换除盐系统运行中很重要的一项工作。

当用顺流式固定床交换器时，再生强酸性或强碱性树脂的废液均应加以回收利用。在开始排废酸和废碱时，由于其中再生产物较多，不宜应用，可排掉，但在废液中再生出的离子含量高峰过去后，可将废液储存于专设的回收箱中，供下次再生时作初步再生之用。至于究竟应排除多少废液后方能开始回收，可通过连续测定废液中有关离子浓度的试验来决定。

逆流再生交换器再生初期排水水质好于工业水，在再生初期排水电导率较小的情况下，可以回收利用。可以设专用回收水箱，回收到厂内其他需要工业水的地方。比如，作为循环水的补水。

交换器再生后正洗用水的量是很大的。一般对于 H 型树脂，约为其树脂体积的 7 倍；强碱性 OH 型阴树脂约为其树脂体积的 10 倍；弱碱性 OH 树脂的正洗水量更大。无论是一级复床还是混床，这些清洗水常采用的是一级除盐水，因此回收部分清洗水加以利用也是一种节约措施。清洗水的回用途径一般是将它送至除盐系统的某一部分，比如原水箱。作为交换器的进水再利用。

11.3.2 反渗透系统降低能耗和提高水回收率的措施

（1）严格控制进水水质，保证装置在符合进水指标要求的水质条件下运行。以减少膜元件的污染，降低高压泵的能耗。

（2）操作压力控制，应在满足产水量与水质的前提下，取尽量低的压力值，这样有利于降低膜的水通量衰减，减少膜的更换率。

（3）进水温度控制，应根据实际用水量，取邻界压力(进水压力低于该值脱盐率产生明显下降的压力值)不能满足产水量与水质要求的最低温度来作为该时间阶段内的进水温度。这样可以降低膜水量的衰减。

（4）排放量控制，由于水温、操作压力等因素的变化，使装置的产水量也发生相应的变化，这时应对排放量进行调整，控制排放量与产水量之间比例为 1:2.5~1:3，否则将影响装置的脱盐率。

（5）达到化学清洗条件时，及时进行化学清洗。

（6）装置不得长时间停运，每天至少运行 2h。如准备停机 72h 以上，应用化学清洗装置向组件内充装 1% 亚硫酸氢钠和 18% 甘油实施保护。防止细菌滋生。

11.3.3 降低水处理装置电耗的措施

（1）尽量调整装置按额定负荷运行，减少节流损失。利用阀门节流调节流量会消耗很大的电能，应该尽量避免。

（2）适当利用变频技术，降低电耗。在多台离心泵并联工作的情况下，可以考虑将其中 1 台或几台进行变频改造，用来自动调节出口母管压力，避免因节流使离心泵偏离最佳工况点，以降低电能消耗。

（3）反渗透装置处理海水时，必须设有先进的能量回收装置。能量回收装置的使用，可使反渗透海水淡化的电耗降低到 1.5kWh/t。

（4）加强节能宣传教育，不需要工作的电动转机应及时停运。比如，一级复床系统再生时，除碳器的风机应停运。中和池的搅拌风机，在 pH 值合格后应及时停运。

11.3.4 火电厂废水的处理

11.3.4.1 火电厂排放的废水

火电厂是利用热能转变为机械能进行发电的，作为发电过程的能源的燃料是一种首要的生产原料，其次就是水，它是一个重要的工质，因为在许多重要的生产环节上都要用水，因此也必不可少地有大量的废水。

火电厂排出的废水多种多样，其特点是水量大、分布广、成分复杂，排出的废水中含有固体污染物、有机物污染物、有毒污染物、酸碱污染和热污染等。

1. 凝汽器的冷却水

凝汽器是热力系统中将汽轮机排出的乏汽凝结成水的设备。要使乏汽凝结成水，就必须用冷却水吸收乏汽的汽化潜热。凝汽器的冷却水分循环式和开放式两种。循环式冷却一般不直接向环境排放，而开放式冷却水是从水体取水在凝汽器吸热后，直接排回水体。凝汽器的冷却水的特点是水量大，由于在冷却过程中，冷却水直接与被冷物接触，所以排水除热污染外没有增加其他的污染物。目前对凝汽器冷却水无需进行处理而直接向水体排入。

2. 化学水处理设备排水

化学水处理设备排水包括阳床、阴床和混床的酸、碱再生废液，设备反洗水和正洗水等，约占制水量 10%~13%。

3. 含石油产品污染物的废水

被油污染的水包括汽机房排水、油库区排水和辅助设施区排出的含油废水。含油成分有重油、润滑油、柴油、煤油和汽油等，含油废水对自然界危害很大，特别是对水中鱼类影响更大，所以国家制定允许排入浓度小于 10mg/L。而被石油产品污染的水，其含量大大超过标准。

4. 锅炉排污水

为了保证蒸汽品质的合格，所以炉水中的含盐量要保持在一定的范围内，当超出规定的范围，锅炉就必须进行排污。锅炉的排污率一般不超过 1%。一部分炉水排污通过扩容器汽化而回收，实际每天的排水量不超过 200m³。锅炉排污水中含少量的 PO_4^{3-}，NH_3-N 等污染物，但都不超过排放标准，但其 pH 值较高，一般大于 9，故需要进行中和处理。

5. 热力设备化学清洗和停用保护排放水

化学清洗时排出的水量很大，每台次锅炉化学清洗大约要排水 10 万吨。

锅炉的停用保护一般采用碱性联氨水溶液保护热力设备。N_2H_4 的浓度一般控制在 50~200mg/L，并用 NH_3 调节其 pH 值大于 10。

上述两种废水外观大多呈深褐色，悬浮物含量每升上千毫克，酸性废液 pH 一般均小于 3~4，碱性废液 pH 高达 10~11。而且含有亚硝酸钠、联氨这类致癌物质，另外它的排水量较大，且集中，往往在 2~3 天内需排出，所以这类废水会给环境造成影响。

6. 锅炉受热面清洗水

这部分水主要是指清洗空气预热器和暖风器沉积物的水，这种清洗一般在检修时进行，当用清水进行冲洗时，冲洗排水的 pH 约为 2~6，固形物约 4000mg/L，还有大量的 Fe^{3+}、Fe^{2+} 等。

空气预热器冲洗每次用水量约数千吨，因此如此大量的高浊度、酸性水直接排入水体，必然造成环境污染。

7. 冲灰及除渣水

冲灰及除渣水是水力输送灰及底渣的载体。由于与灰接触，所以灰渣中的可溶性物质将溶于水中，灰水中的主要污染物为 $Ca(OH)_2$，此外还有少量的砷、氟、硒等有毒物质，但一般灰水除因含大量 $Ca(OH)_2$ 而使 pH 超标外，其他污染物都不要超过排入标准。对于灰水 pH 高而超标，可通过减少排放，加酸处理等手段来满足环保规定。

8. 生活污水

电厂日常生活污水含有机杂质，生物耗氧量和化学耗氧量超过排放标准，通过曝气、澄清、中和处理，即可满足排放标准。

11.3.4.2 废水处理的工艺

火电厂排水中的污染物是各种各样的，对各种不同的污染物有不同的处理方法．按电厂废水产生的频率划分，排水可分为经常性排水和非经常性排水。所谓经常性排水是指电厂正常生产运行中产生的废水。它包括化学水处理设备排水、锅炉排污水、含石油产品污染物的废水和输煤系统及煤场的冲洗水；而非经常性排水是指电厂在特定的生产环节中产生的废水。它大致包括热力设备化学清洗和停用保护排水和锅炉受热面清洗排水等。从污染物的成分来看，经常性排水与非经常性排水的区别也较大。

1. 经常性排水的处理工艺

（1）化学水处理设备排水的处理

上面介绍过，化学水处理设备的排放水分为阳床、阴床、混床再生过程中排出的酸、碱再生废液、反洗水和正洗水等。一般除 pH 可能不符合 6~9 的排放指标和悬浮物可能较高外，其他指标均能达到综合排放标准，这些废水一般只需根据它的 pH 高低情况进行加酸或加碱中和，便能使水质达到排放标准。对于集中处理系统，这类废水还随其他水一起进行凝聚、澄清处理，经过这样工艺处理的出水，不仅排水 pH 值达到标准，而且出水的悬浮物含量将大大低于排放指标，排水水质更佳。

（2）锅炉排污水的处理

从锅炉排出的炉水中一般含磷酸钠盐、氨和少量的联氨，这些污染物本身由于其含量较低，都能满足废水排放特殊处理。但由于炉水中存在上述的碱性物质，使这部分排水呈碱性，一般 pH 值都大于 9，因此需进行加酸中和处理。这部分排水通常是被送到废水集中处

307

理系统处理。采用废水分散处理的系统，可被送入化学处理排水中和池与化学水处理设备排水一同进行中和处理。

（3）含石油产品污染物的废水处理

这部分废水的污染物比较单纯，仅为石油产品。由于油品的密度都小于水的密度，所以废水中所含油的绝大多数浮于水的表面。通过气浮池的分离装置，可使油从水中自然分离，上浮于表面，然后用设在分离器上部的撇油装置撇除油。

（4）输煤系统及煤场清洗水的处理

这部分废水是煤系统及煤场清洗水及雨水，其污染物主要是细小的煤粒和煤粉。它依靠煤自身的重力，从水沉降分离出来进行处理。这种分离一般在专门的沉淀池中进行，从水中分离出来的煤泥被集中池底部，再用泵将其送回煤场，而上层清水可回收作为煤场喷淋用水重复使用。

2. 非经常性排水的处理工艺

非经常性排水有热力系统化学清洗、停用保护排水和空气预热器冲洗排水等，下面分别介绍它们的处理工艺。

（1）热力系统化学清洗和停用保护排水的处理

热力系统化学清洗包括水冲洗、碱洗、酸洗、漂洗和钝化等几个阶段，由于各个阶段清洗的目的和所用的化学药品不同，所以各个阶段排出的废水中的污染物不同，处理的方法也就不同。

水冲洗阶段排水的处理，由于水中含油的浓度低，且水量较大，所以对油一般不作处理，而只对悬浮物进行处理，通常将排水送入废水集中处理装置中通过凝聚、澄清除去这部分悬浮物。

碱洗废液中的污染物为有磷酸盐的碱洗液、COD、一定量的油和少量的悬浮物。废液中的 COD 通常可以贮放池中用曝气的办法进行处理，在处理过程中定时测定废液的 COD，直到其符合排放标准。对碱洗废液中所含的油，如含量不大，可不考虑对其处理。但如废液表面可见明显的油层，就应该对其进行处理。可用临时处理设备将碱洗废液表面的含油层吸取，并用泵送入含油污水系统中进行处理。在碱洗废液中的 COD 和油被先行去除后，便可送入集中处理装置进行中和及凝聚、澄清处理。废液的悬浮物和 pH 被处理合格后便可排入环境水体中。

酸洗目前广泛使用的无机酸洗剂有盐酸和氢氟酸，有机酸洗剂有柠檬酸。无论使用何种酸进行酸洗，酸洗液中都加有一定浓度的缓蚀剂和其他添加剂。

① 盐酸清洗废液的处理　盐酸清洗废液中的污染物有 HCl、COD 等，另外还含有大量的 Fe^{2+} 和 Fe^{3+}。处理盐酸清洗液可先用碱将 pH 调节至 9 以上，一般 pH 为 $10 \sim 12$。然后对废液进行曝气处理，以使废液中的 Fe^{2+} 氧化为 Fe^{3+}，并在一定程度上去除废液中的 COD，曝气的时间由废液中 Fe^{2+} 的残余量的 COD 决定。根据曝气处理后废液中 COD 含量决定是否需要对 COD 进一步处理，如需要，则可向废液中加入 COD 去除剂 H_2O_2、NaClO 或过硫酸铵，直至废液中的 COD 含量满足排放标准。在对盐酸清洗废液进行上述处理后，可将废液送入集中处理装置进行中和凝聚、澄清处理，由于废液中含有较高浓度的 Fe^{3+}，所以凝聚过程中可少加或不加凝聚剂。经过上述处理后，废液可满足排放标准。

② 氢氟酸清洗废液的处理　氢氟酸清洗废液中的主要污染物为 F^-，由于 CaF_2 在水中的溶解度很小，所以废液可用石灰石或石灰乳进行处理，通常石灰加入量是为理论量的 2 倍以

上，如用粉状石灰石，则其中的 CaO 含量应大于 50%。

③ 柠檬酸清洗液的处理　柠檬酸清洗液中的主要污染物为 COD，处理时首先应加入 H_2O_2、NaClO 或过硫酸铵，使废液中的 COD 下降。然后再添加碱[NaOH 或 $Ca(OH)_2$]调节 pH 至 10~12，通过曝气使废液中的 Fe^{2+} 全部转化为 Fe^{3+}。这样在 COD 合格后，再通过常规处理，使排水水质最终符合排放标准。

热力系统酸洗后，需立即进行钝化。亚硝酸钠钝化废液处理，通常采用尿素或氯化铵处理。联氨钝化反应废液的处理，目前使用的方法是次氯酸盐氧化法，根据废液中联氨的含量，计算出需使用氧化剂的含量，然后分 2~3 次将其加入废液中，每次加入后对废液曝气 2~3h，使次氯酸钠与联氨充分反应，为防止处理后的废液中含过量的次氯酸钠，在对 N_2H_4 处理结束后，还需测定废液中残余的 NaClO 量，如其含量过大，则可用亚硝酸钠处理。

热力系统停用保护排水一般也为碱性联氨液，它的处理方法大致与处理联氨钝化废液相同。由于保护废液中可能含有较高浓度的 Fe^{2+}，处理中可先行曝气，使之转化为 Fe^{3+}。关于保护废液的处理不再专门介绍了。

（2）空预器冲洗排水的处理

空预器冲洗水中污染物主要是悬浮物，另外排水中还有一定量的酸性污染物和 Fe^{2+}、Fe^{3+}。处理的工艺为首先加入一定量的碱，调节其 pH 为 10~12。然后进行曝气处理，使废水中的 Fe^{2+} 氧化为 Fe^{3+}，并生成 $Fe(OH)_3$ 沉淀。然后将水送入集中处理装置处理，使排水中的悬浮物的 pH 值最终符合排放标准。

11.3.4.3　废水处理系统及设备

目前电厂采用的废水处理系统一般有集中和分散两种形式，所谓集中处理系统就是将含悬浮物和酸、碱污染物的排水，全部集中在同一套处理装置中，分不同步骤进行处理，使出水的悬浮物和 pH 值最终达到排放标准的规定，在这样的系统中，一般设有较大容积的贮存池，它是用来接纳、贮存、处理一些含特殊污染物（COD、N_2H_4、Fe 等）的废水。废水中的特殊污染物被处理合格后再将它们送入集中处理装置进行常规的除悬浮物和中和处理。所谓分散形式是指根据废水中污染物的形式，针对性地进行单独处理，如废水中含酸、碱污染物，就进行中和处理，系统中就有单独的中和池；如废水中含悬浮物，就对其进行浓缩、分离，系统中就有单独的泥浆水处理设备。对一些含特殊污染物的排水，系统中无专门的贮存处理设备，它只能借助于中和池进行处理。因此系统中和池一般有两个（或分两格），且容量比较大。

1. 工业废水处理系统及设备

工业废水处理设施、生活污水处理处理设施系统是相对独立的，可以集中布置。工业废水处理系统设有调节池（起来水与处理之间的缓冲作用），工业废水通过工业水排放管道系统进入调节水池，然后进行生化和过滤处理，达到排放标准后排入回收水池再利用。

化学水处理再生废水就地在各自的中和池进行中和，pH 值达到 6~9 后，排入回收水池回收利用，锅炉酸洗废液采用中和池中和锅炉焚烧的方式处理，设锅炉酸洗废液回收池一座，可储存一台炉子酸洗废液。

2. 生活污水处理系统

生活污水处理系统装置由生活污水调节池和生活污水生物处理设备及清水池组成。一般需要采用生化处理，属于污水处理的知识范畴，这里不再详述。

参 考 文 献

1　施燮钧，王蒙聚，肖作善．热力发电厂水处理．北京：中国电力出版社，1996

2　周本省等．工业水处理技术．北京：化学工业出版社，1997

3　汪东红等．炼油基础知识．北京：中国石化出版社，2007

4　刘志高等．化工化纤基础知识．北京：中国石化出版社，2007

5　宋业林．锅炉水处理实用手册．北京：中国石化出版社，2007

6　国家电网公司．电力安全工作规程(火电厂动力部分)．北京：中国电力出版社，2008

7　宋珊卿．动力设备水处理手册．北京：中国电力出版社，1988

8　张葆宗．反渗透水处理应用技术．北京：中国电力出版社，2004

9　吴仁芳等．电厂化学．北京：中国电力出版社，2004